基金资助：

国家“十二五”科技支撑计划项目(2013BAC10B02)黄河流域旱情监测与水资源调配技术开发与应用

国家国际科技合作项目(2013DFG70990)变化环境下流域最严格水资源管理决策方法与策略研究

西北典型缺水地区水资源可持续利用与综合调控研究

王　煜　彭少明　刘　钢　张新海　杨立彬　李清波　万伟锋　等著

黄河水利出版社

·郑州·

内 容 提 要

本书针对西北地区水资源特点和面临的主要资源环境问题，开展了西北典型缺水地区水资源可持续利用与综合调控研究。以鄂尔多斯市为典型地区，深入研究西北缺水地区水资源与经济社会、生态环境耦合机制，系统开展了理论、技术和方法的研究，形成了西北典型缺水地区水资源可持续利用与综合调控的技术体系，在环境剧烈变化地区水资源评价方法、地下水循环及评价、水资源与国民经济互动关系、多水源多目标优化决策技术等方面具有突破和创新。

本书可供从事水资源规划、研究的科研工作者以及大中专院校的学生、教师和研究生学习参考。

图书在版编目(CIP)数据

西北典型缺水地区水资源可持续利用与综合调控研究/王煜等著. —郑州:黄河水利出版社,2014.9
ISBN 978-7-5509-0934-2

Ⅰ.①西… Ⅱ.①王… Ⅲ.①水资源利用-可持续性发展-研究-西北地区 Ⅳ.①TV213.9

中国版本图书馆 CIP 数据核字(2014)第 227058 号

组稿编辑:王路平　电话:0371-66022212　E-mail:hhslwlp@126.com

出 版 社:黄河水利出版社

地址:河南省郑州市顺河路黄委会综合楼 14 层　邮政编码:450003

发行单位:黄河水利出版社

发行部电话:0371-66026940、66020550、66028024、66022620(传真)

E-mail:hhslcbs@126.com

承印单位:河南省瑞光印务股份有限公司

开本:787 mm×1 092 mm　1/16

印张:22.5

字数:520 千字　印数:1—1 000

版次:2014 年 9 月第 1 版　印次:2014 年 9 月第 1 次印刷

定价:78.00 元

序　一

水资源不仅是生态环境的控制因素,还是经济社会发展的物质基础。随着工业化、城镇化的快速发展以及全球变化影响的不断深化,我国水资源面临的形势更加严峻,提高水资源调控水平的需求越来越迫切,合理调配有限的水资源、以水资源可持续利用保障经济社会与生态环境的良性发展,是当前水利科技工作者需要研究的一个重大课题。

我国西北地区地域广袤,资源丰富,然而水资源短缺、生态环境脆弱、水土资源不匹配造成资源开发过程中问题突出,经济社会发展与水资源利用及保护之间出现了严重的不协调,并成为制约经济社会发展的关键瓶颈要素。

水资源的合理开发、高效利用、有效保护,必须处理好十大基本关系:①水资源利用与保护的关系;②近期、中期和远期水资源利用的关系;③国民经济用水、生活用水与生态环境用水的关系;④节流与开源的关系;⑤生产力布局与水资源承载能力的关系;⑥各旗(区)水资源利用的关系;⑦地表水利用和地下水利用的关系;⑧常规水源与非常规水源利用的关系;⑨平水年供水与特殊枯水年应急调配保障的关系;⑩工程措施与非工程措施的关系。十大基本关系的协调需要在全面摸清区域水资源数量、质量及其分布规律、水资源开发利用现状和存在的主要问题、生态环境现状及演化规律以及社会经济发展历程的基础上,依据可持续发展观点,深入研究地区国民经济发展用水和生态环境用水的关系,探索西北地区生态环境保护目标及适宜的经济社会发展模式,提出符合国民经济发展和生态环境保护的水资源合理配置方案,为我国正在实施的西部大开发战略提供科学的决策依据。

黄河勘测规划设计有限公司长期以来一直从事流域和区域水循环模拟以及水资源配置、调度的研究工作,先后承担和参加了多项国家"973"、"八五"、"九五"科技攻关、"十一五"、"十二五"科技支撑计划以及"世行"项目等研究,取得了大量的创新性成果,为水资源优化配置、实时调度管理以及重大工程论证提供了重要的科技支撑,推动了水资源系统分析理论和方法的发展。

项目研究以鄂尔多斯市水资源可持续利用规划为依托,针对上述十大问题开展研究,在理论创建、技术方法研究、模型开发和应用管理等方面取得了一系列的创新性成果,形成西北典型缺水地区水资源可持续利用和综合调控的技术体系:在理论研究方面,创建了水资源与国民经济互动关系理论和区域水资源综合调控的柔性决策理论;在模型与方法方面,提出了环境剧烈变化地区水资源评价方法,建立了区域水资源多维尺度优化模型,创建了缺水地区水资源供需的三次平衡框架;在应用方面,采用多因子综合判别方法,提出了复杂地下水流系统深层水、浅层水的划分标准,并提出了区域水资源多水源联合调配、丰枯调剂的可持续利用方案;在支撑管理方面,从适应现代水资源管理方面提出了可持续利用的管理制度框架和政策性建议。研究成果为鄂尔多斯市未来经济社会发展布局、水资源开发利用格局指明了方向,对指导我国西北缺水地区水资源的合理开发、高效利用和有效保护具有广泛的指导作用。

《西北典型缺水地区水资源可持续利用与综合调控研究》一书是在国家“十二五”科技支撑计划重大项目“黄河流域旱情监测与水资源调配技术研究与应用”课题研究成果以及“鄂尔多斯市水资源可持续利用规划”的基础上提炼而成的,凝聚了作者多年来的科研成果,系统地总结了在“十二五”科技支撑课题和相关重大规划中取得的创新性成果。该专著的出版将会对缺水地区水资源系统的优化理论的发展与完善起到巨大的推动作用,促进水资源系统分析向更加广阔的视野和更加深入的方向发展。

中国工程院院士:

2014 年 8 月

序　二

水资源是基础性的自然资源和战略性的经济资源，水资源的合理开发是支撑经济社会发展、生态环境保护和实现可持续发展的重要前提。

黄河是我国西北、华北地区重要的水源，流域内土地、矿产资源特别是能源资源丰富，在我国经济社会发展战略格局中具有十分重要的地位，但黄河水资源总量不足、供需矛盾突出，长期以来一直制约着流域经济社会的发展。黄河上中游的大部分地区地处我国西北，能源矿产富集，依托资源禀赋逐步发展成为重要的能源化工基地。然而区域干旱少雨、生态脆弱、水土矛盾突出，生态需水刚性大、水资源可利用量相对较少，可持续发展面临重大挑战，亟需从技术和管理层面破解水资源开发利用和保护的重大技术问题。

《西北典型缺水地区水资源可持续利用与综合调控研究》以黄河中上游的鄂尔多斯市为典型地区，历时3年多，通过细致调查区域水资源条件，系统梳理经济社会发展与水资源利用之间存在的问题，深入剖析区域国民经济－生态环境－水资源的互动耦合关系，综合研究强化节水、高效用水、适度开源、合理配水、严格管理等调控手段，全面构建了不同时期鄂尔多斯市水资源合理开发、高效利用与有效保护的方案和布局。

研究在环境剧烈变化下水资源演变情势领域取得了新认识，在水资源与国民经济互动关系理论研究方面取得了新突破，在多水源、多目标优化技术方面取得了新进展，在水资源综合调控技术等方面取得了新成果，形成西北典型缺水地区水资源可持续利用和综合调控的技术体系。研究了制约水资源可持续利用的三大瓶颈问题：一是经济社会发展格局问题，基于水资源时空分布格局提出产业结构、规模和布局优化的方案，协调水资源与经济社会的关系；二是水资源高效利用问题，基于各种水源条件分析提出多水源的联合调配的方案，提高水资源调控水平和供水保障能力；三是水资源有序管理问题，按照现代水资源管理的要求建立事权清晰、分工明确、运转协调的水资源管理机制，实现区域水资源的一体化管理。研究提出的方案和策略具有促进鄂尔多斯市节水型社会建设、缓解水资源供需矛盾、支撑经济社会持续发展、促进人与自然和谐、适应新时期水资源管理需求等五个方面效果。研究中坚持问题导向，以破解水资源瓶颈制约为主攻目标，提出的近、中、远期对策措施有较强的针对性和可操作性，对于提高干旱缺水地区水资源可持续利用水平具有重要意义。

《西北典型缺水地区水资源可持续利用与综合调控研究》为我国西北缺水地区的水

资源合理开发、高效利用和有效保护提供了系统性研究成果和解决方案，对黄河流域及其他缺水地区的水资源利用与管理具有重要的示范意义和借鉴作用。

黄河水利委员会副主任、总工程师：薛松贵

2014 年 8 月

目 录

前　言

水是生命之源,人类社会的产生和发展都与水息息相关。水资源是基础性的自然资源、战略性的经济资源和生态环境的控制因素,水资源的合理开发、高效利用、有效保护是解决干旱缺水问题、保障经济社会可持续发展、全面实现建设小康社会战略目标的重要措施,是落实科学发展观、促进人与自然和谐发展的必然要求。西北地区面积占我国国土面积的1/3,水资源短缺、生态环境脆弱,水资源的合理利用对支持区域经济社会持续快速发展、维持生态环境健康具有十分重要的意义。

鄂尔多斯市能源矿产资源十分丰富,拥有各类矿藏50多种,含煤面积约占全市面积的70%,目前煤炭已探明储量1 496亿t,占内蒙古自治区的1/2,约为全国的1/6,是中国产煤第一地级市;天然气探明储量约占全国的1/3。丰富的煤炭、天然气等资源为鄂尔多斯市发展能源和化工产业开辟了广阔的资源空间,依托丰富的能源矿产资源,鄂尔多斯市成为内蒙古自治区乃至我国西部经济最为活跃的地区。目前,鄂尔多斯已经初步完成了经济结构的战略性调整,经济增长方式由粗放型转向集约型,经济形态由资源导向型转向市场导向型,产业结构由单一型转向多元化,从一个自然条件恶劣、经济落后的贫困地区一跃成为全国经济发展最快速的地区之一。随着经济社会的快速发展、工业化和城镇化进程的加快,对水资源的需求不断上升,水资源供需矛盾日益突出。从战略高度和可持续发展角度系统研究经济社会发展布局与水资源利用格局,构建支撑经济协调发展的水资源可持续利用框架体系是鄂尔多斯市当前亟需解决的战略命题。

针对西北地区水资源的特点和面临的重大资源环境问题,以鄂尔多斯市为典型地区深入研究西北缺水地区水资源与经济社会、生态环境耦合机制,创建了水资源与国民经济互动关系理论和水资源综合调控的柔性决策理论,提出了地下水流系统之间相互转换的阈值概念以及复杂地下水流系统深、浅层水的划分标准,建立了区域水资源多维尺度优化模型,完善了缺水地区水资源供需的三次平衡框架体系,并建立了区域水资源管理的制度和策略。在水资源与国民经济互动关系、地下水循环及评价、多水源优化技术等方面取得多项突破和创新,并成功应用于鄂尔多斯市经济社会的重大规划和建设中,经济社会和生态环境效益显著,对我国西北干旱半干旱缺水地区经济社会发展和生产力布局、生态环境保护以及水资源的开发、利用、保护和管理等均具有重要的指导意义。

本书共分14章:第1章为概述,介绍研究背景,相关领域的国内外研究状况以及项目研究技术路线;第2章为研究区现状,介绍研究区域——鄂尔多斯市经济社会、水资源及生态环境状况;第3章为环境剧烈变化地区水资源评价,分析气候变化和人类活动等因素对区域水资源的影响,采用分离-耦合方法构建具有物理机制的二元水循环模型,评价区域水资源量及其可利用量;第4章为鄂尔多斯市地下水系统研究,从地下水系统及地下水流系统出发,采用地下水循环和地下水更新的理论和方法,评价研究区域的地下水资源量;第5章为水资源与国民经济互动关系研究,系统提出水资源与国民经济互动关系的理论,建立宏观经济模型,定量分析水资源对国民经济的支撑作用,剖析水资源对国民经济发展的制约,揭示了鄂尔多斯市水资源与国民经济互动关系的演变与发展;第6章为区域水资源高效利用模式与节水潜力研究,研究各部门节水标准,分析节水潜力,研究农业、工业和城镇生活节水分析方法,提出各部门节水量;第7章为经济社会发展预测,分析经济学关于区域经济增长的理论,在分析区域经济社会发展历程及现阶段特征的基础上,判断区域发展面临的宏观经济形势和机遇,提出区域发展态势和总体格局预测;第8章为经济社会及生态环境保护对水资源的需求分析,研究水资源需求预测方法和机理,预测研究水平年鄂尔多斯市水资源需求形势;第9章为区域水资源系统优化研究,引入多目标柔性决策的概念、理论和决策方法,研究区域水资源多目标利用的耦合关系,建立融合社会、经济与生态环境综合效益的水资源多目标优化模型体系;第10章为面向可持续利用的水资源综合调控与合理配置,根据区域水资源与国民经济及生态环境协调的要求,提出区域水资源可持续利用的水资源分析及配置方案;第11章为基于水环境承载能力的水资源保护,以水域水环境承载能力为约束条件,制定了入河污染物总量控制方案,提出了水环境综合保护措施;第12章为水资源可持续利用方案研究,在水资源供需分析和配置的基础上提出了各分区近期和中期的水资源配置方案;第13章为水资源可持续利用的效果评价,以保障水资源可持续利用、经济社会持续发展、生态环境良性维持为主线,建立一套水资源科学的评价指标体系,综合评价区域水资源利用和保护效果;第14章为水资源可持续利用的管理制度与政策建议,从促进区域水资源可持续利用的角度,提出适应现代水资源管理的7项制度和4项政策性建议。

本书编写人员及编写分工如下:第1章由王煜、彭少明、刘钢、张新海、杨立彬编写;第2章由杨立彬、刘争胜、靖娟、毛陆春编写;第3章由张新海、蒋桂芹、靖娟、彭少明、何桥、张志斌、齐宝林编写;第4章由李清波、万伟锋、邹剑锋、张海丰、苗旺、王耀邦编写;第5章由赵勇、严登华、肖伟华、蒋桂芹编写;第6章由贾冬梅、肖素君、彭少明、贺丽媛编写;第7章由彭少明、王煜、靖娟、张新海、毛陆春编写;第8章由贺丽媛、肖素君、陈红莉、刘争胜编写;第9章由彭少明、王煜、张新海、何刘鹏、胡德祥、武见编写;第10章由王煜、张新海、彭少明、杨立彬编写;第11章由崔长勇、郑小康、王莉编写;第12章由王煜、张新海、靖娟编写;第13章由彭少明、王煜、张新海编写;第14章由王煜、刘钢、周丽艳、张新海、杨立彬编写。全书由王煜、彭少明、张新海统稿。

本书的编写得到了中国水利水电科学研究院王浩院士,黄河水利委员会副主任、总工程师薛松贵教授,黄河水利委员会科技委主任陈效国教授、副总工程师刘晓燕教授的悉心指导,来自水利部水资源司、黄河水利委员会、黄河水利委员会水资源管理与调度局、中国水利水电科学研究院、清华大学、内蒙古自治区水利厅、内蒙古水文总局、鄂尔多斯市人民政府、鄂尔多斯市水利局等单位的领导和专家对书稿的编制、修改、完善提出了诸多宝贵意见和建议,在此表示衷心的感谢!向所有支持本书出版的单位及个人一并表示感谢!

由于我国西北缺水地区地域广阔,水资源利用和生态环境问题极为复杂,作者水平有限,加之时间仓促,对复杂水资源系统优化问题研究还不够深入,提出的理论方法还不尽完善,难免有所纰漏,希望广大读者批评指正。

作 者

2014 年 8 月

第 1 章　概　述

西北地区面积约占我国总面积的 1/3,深居我国内陆,气候干燥、降水稀少,地区水资源匮乏、生态环境脆弱,在气候变化背景下水资源短缺问题日益突出、洪旱灾害频发,严重制约了区域经济社会的可持续发展和生态环境的良性维持,急需开展多学科交叉的理论与方法研究、探索水资源可持续利用的有效途径。

鄂尔多斯市地处黄河上中游,属西北内陆地区,气候干旱,水资源贫乏。鄂尔多斯市能源矿产资源丰富,近年来随着城市化进程的不断加快、社会经济的快速发展,经济社会的发展与水资源利用及保护之间出现了严重的不协调,面临深层次水资源问题并成为制约经济社会发展的关键瓶颈要素。2010 年鄂尔多斯市政府委托开展《鄂尔多斯市水资源可持续利用规划》,针对区域突出的水资源问题,按照经济发展、社会和谐、环境改善和维系良好生态对水资源的要求,科学调控经济规模布局和水资源利用格局,提出水资源合理利用和有效保护方案,支撑水资源的可持续利用。针对缺水地区水资源可持续利用的关键技术问题,设立了"西北典型缺水地区水资源可持续利用与综合调控研究"研究专题,为规划编制提供了技术支撑。研究以鄂尔多斯市为典型地区,分析西北地区水资源特点和面临的主要资源环境重大问题,研究区域水资源支撑经济社会可持续发展与维持生态环境系统的理论方法和关键技术,形成西北典型缺水地区水资源可持续利用和综合调控的技术体系,促进缺水地区水资源可持续利用和科学调控。

1.1　鄂尔多斯市水资源利用的主要问题

1.1.1　水资源短缺,供需矛盾突出,开发利用潜力不大

鄂尔多斯市水资源贫乏,是我国缺水最严重的地区之一,境内河流有外流河和内流河两部分,内流河均属季节性河流,径流量小,开发利用价值低;外流河均属黄河水系,黄河从西、北、东三面流过,是鄂尔多斯市主要的供水水源,但受制于黄河分水指标,可取水量受限。

2009 年鄂尔多斯市供水量 19.46 亿 m^3,而现状实际需水量已达到 19.63 亿 m^3,现状缺水 0.17 亿 m^3,一方面表现为农业未得到充分灌溉,另一方面则表现为工业项目由于缺少水源而无法立项,缺水已制约了区域经济社会的发展。随着经济社会的快速发展,对水资源需求的不断增长,可以预见未来区域水资源供需矛盾将更加突出,水资源短缺成为制约鄂尔多斯市经济社会发展的"第一瓶颈要素"。

常规水资源开发潜力不大。根据调查分析结果,鄂尔多斯市 2009 年黄河流域地表水供水量 7.59 亿 m^3,折算消耗黄河地表水量已达 6.32 亿 m^3。按照《黄河可供水量分配方案》,在黄河多年平均来水条件下,鄂尔多斯市分水指标为 7.0 亿 m^3,地表水可利用的潜

力仅 0.68 亿 m^3。2009 年鄂尔多斯市浅层地下水开采量 10.77 亿 m^3，根据《鄂尔多斯市水资源评价》成果，鄂尔多斯市浅层地下水可开采量为 12.54 亿 m^3，地下水尚有开采潜力，但总体来看常规水资源开发利用潜力不大。

1.1.2 水资源利用效率不高，尚有节水潜力

近年来，鄂尔多斯市通过大力推进节水型社会建设，2009 年万元 GDP 用水量降低到 90.1 m^3，用水水平和利用效率有了较大提高，但与国内先进地区和发达国家相比仍存在较大差距，尚有节水潜力。

农业灌溉存在一定节水潜力。在黄河南岸灌区实施一期水权转换之后，鄂尔多斯市农业用水水平和用水效率得到了明显改善，当前农业灌溉以地下水为主的占灌溉用水量的 61%，农业灌溉水综合利用系数从 2000 年的 0.39 提高到 0.65，但节水多以常规渠道节水为主，高新技术节水面积不大、田间节水发展不足，农业节水管理工作薄弱，施肥、耕作、秸秆覆盖、保水剂应用等农艺技术措施推广应用力度不够，未形成综合节水模式。

工业用水重复利用率不高。鄂尔多斯市当前工业用水以火电和煤炭开采为主，除一些新型的化工项目外，多数工业项目工艺水平落后，工业用水重复率仅为 70.5%，需要加强工业用水工艺的更新和技术改造，提高工业项目内部水循环和处理利用水平，提高工业用水重复利用率。

城镇供水管网漏失率偏高、节水器具普及率偏低。现状鄂尔多斯市城镇（包括东胜区和主要旗府）供水管网的漏失率为 19%，跑、冒、漏现象普遍存在，城镇供水管网漏损率偏大，远高于目前我国城乡建设部颁布的标准（不高于 12%）。目前，城镇居民生活节水器具的普及率仅为 40%，用水节制性差，用水指标偏高，影响用水总体效率。

1.1.3 供用水结构不合理，有待调整优化

鄂尔多斯市供水结构不尽合理，地表水利用相对较多、地下水开采分布不合理，非常规水源利用量偏少。2009 年鄂尔多斯市黄河地表供水量已达到 7.59 亿 m^3，耗水已达 6.32亿 m^3，接近黄河分水指标，在地表水供水中，对黄河取水依赖程度高，而一些支流由于缺乏调蓄工程不能形成有效供水。现状浅层地下水开采量总体不超过可开采量，但由于地下水开采过于集中，已在东胜区、达拉特旗树林召和鄂托克旗的部分地区造成地下水位下降并出现地下水漏斗等生态环境和地质问题。据统计，2009 年鄂尔多斯市地下水不合理开采量（指浅层地下水超采量）约 0.38 亿 m^3，其中东胜区浅层地下水超采 0.03 亿 m^3，达拉特旗浅层地下水超采 0.20 亿 m^3，鄂托克旗地下水超采 0.15 亿 m^3。

现状鄂尔多斯市非常规水源尚未得到有效利用，非常规水源利用量仅 0.74 亿 m^3，仅占总供水量的 3.8%。城镇污水处理厂多在建设阶段，运用的不多，处理后回用率不高；煤炭矿井水的利用仅限于煤炭洗选和附近电厂利用，远未达到统一收集、统一分配、合理利用的水平；区域的微咸水及其他劣质水尚未得到合理利用。鄂尔多斯市水资源短缺，供水结构和布局不合理也加剧了区域水资源短缺的问题。

农业用水过多，结构不合理。2009 年农业用水量占总用水量的 80% 以上，是鄂尔多斯市的第一用水大户，而农业增加值低，对 GDP 的贡献率不足 3%；农业用水结构本身也

不尽合理,高附加值作物种植面积较少。农业用水量过大影响了工业项目的发展用水。

1.1.4 局部水污染问题突出,水环境保护亟须加强

主要河流水环境以有机污染为主,局部水污染问题突出。达拉特旗境内十大孔兑的下游均有不同程度的污染,主要超标因子为高锰酸盐指数和COD;准格尔旗境内的地表水水质现状污染严重,其中黑岱沟、皇甫川、孤山川水质现状基本为Ⅴ类至劣Ⅴ类,主要超标项目为COD;伊金霍洛旗境内窟野河水质现状为Ⅲ类至劣Ⅴ类,个别河段污染严重,主要超标项目为氨氮和氟化物;乌审旗境内无定河水质现状为Ⅳ类至劣Ⅴ类,主要超标项目为COD;杭锦旗境内摩林河是鄂尔多斯市境内最长的内陆河,常年有水,水质现状为劣Ⅴ类,主要超标项目为COD、砷和汞。

区域结构性水污染突出。目前流域粗放型的经济增长模式造成资源消耗大、污染物排放强度高,煤炭、能源化工、有色金属冶炼等行业的COD排放量占流域工业排放量的80%以上,结构性污染问题突出。随着区域经济社会用水需求的不断增长,水环境压力将越来越大。

城镇污水处理率远低于国内先进水平,污水回用率低。区域现状污水处理率尚不足50%,工业污水回用率仅为13%,与鄂尔多斯市国家重要能源化工基地的定位以及水资源严重短缺的局面不符。

水环境监测能力不足,尤其是对水功能区、省(区)界、水源地、排污口等监测断面和频次不能满足区域水资源保护监督管理的需要。

1.1.5 水土流失依然严重,需进一步治理

鄂尔多斯市严重水土流失面积4.73万km^2,占总面积的54.1%,其中强度沙漠化面积2.77万km^2,占总面积的31.6%,年侵蚀总量约1.9亿t,每年向黄河输沙1.5亿t左右,其中粗沙约1亿t。近年来,通过实施一系列治理措施,已累计治理水土流失面积1.54万km^2,占水蚀面积的32.6%,累计减少入黄泥沙3亿t。

鄂尔多斯市境内水土流失以十大孔兑最为严重。十大孔兑位于黄河河套内,发源于鄂尔多斯台地,流经库布齐沙漠腹地,横穿下游冲洪积平原后泄入黄河。十大孔兑丘陵起伏,地表支离破碎,沟壑纵横,植被稀疏,水土流失严重,沟壑密度3~5 km/km^2,水土流失面积8 361.7 km^2,占流域总面积的77.6%。十大孔兑水土流失对下游及黄河干流内蒙古河段造成了严重的危害,特别是山洪灾害,每逢暴雨,山洪爆发,洪水挟带大量泥沙倾入下游沿河平原区,造成房屋倒塌、农田冲毁、交通中断等。此外,还造成土地资源沙化,生态环境恶化;大量的泥沙淤积在下游河槽,使下游河床不断淤积抬高。十大孔兑水土保持生态建设始于20世纪50年代初期,以"大量繁育牧草,保护牧场,严禁开荒"为目标,收到了很大的成效。1980年以后,水土流失治理速度明显加快,通过多年治理,有效地拦截了泥沙,改善了生态和生产条件,促进了水土流失治理区的经济发展,提高了当地农牧民群众的生活水平。

尽管国家和地方政府均加大了对十大孔兑水土保持生态环境建设的力度,但由于投入资金有限,治理规模小,目前治理度仅达27.1%,远没有达到中游的平均治理水

平46%。

1.1.6 水资源高效利用的管理机制尚未形成,不适应现代水资源管理的需要

水资源统一、高效管理的制度尚未建立。目前,鄂尔多斯市水资源的开发利用及其管理属于不同部门,地表水、地下水的开发利用分别由水利、地矿、农业、城建等部门"多龙管水",水利工程的建设、调度和管理分属不同部门和各级政府。鄂尔多斯市现行的水资源管理体制与机构已不足以应对缺水和水污染的挑战,违背了水资源的自然规律。水资源管理的责、权、利不明确,造成多个部门管水,各部门之间各自为政、相互掣肘。

体现资源稀缺性的水价形成机制仍未建立。目前,鄂尔多斯市由于现行水价构成不是全成本水价,水价处于偏低状态,不利于节水工作的健康发展和水资源的合理配置;水价分摊补偿机制不健全,制约鄂尔多斯市城市供水企业的可持续发展。水价严重背离成本也是造成浪费水现象的重要原因,鄂尔多斯市大部分自流灌区水价不及成本的40%。由于水价严重偏低,丧失了节约用水的内在经济动力,阻碍了节水工程的建设和节水技术的推广使用。水资源利用方式粗放,用水效率较低,浪费仍较严重,与区域水资源总量缺乏、供需矛盾突出的形势形成强烈反差。

促进非常规水资源开发利用激励机制不完善。现状鄂尔多斯市城镇废污水再处理利用率仍十分低,煤炭矿井水未得到有效利用,非常规水资源缺乏合理利用,既污染了水生态环境,又浪费了水资源,促进各行业节水的激励机制不完善。长期以来节水工作主要靠工程建设和行政推动,缺乏促进自主节水的激励机制和适应市场经济的管理体制,节水主体与节水利益之间没有挂钩,节水主体和利益不能充分体现,难以调动用户自主、自愿节水的积极性,致使公众参与节水的程度和意识受到一定影响。

鄂尔多斯市自然地理特点和水资源条件、水资源开发利用状况、经济社会发展和环境保护的需要,破解鄂尔多斯市水问题必须走水资源可持续利用之路。实施水资源可持续利用战略必须遵循人与自然和谐相处的客观规律,因此必须按照科学发展观要求,科学调控,协调区域经济、水资源、生态环境的关系,构建经济持续发展的布局、水资源高效利用的格局、生态环境良性保护的框架。

1.2 区域水资源可持续利用研究概况

1996年,联合国教科文组织(UNESCO)国际水文计划工作组将可持续水资源利用定义为"支撑从现在到未来社会及其福利而不破坏它们赖以生存的水文循环及生态系统完整性的水的管理与使用"。水资源可持续利用特别强调了未来变化、社会福利、水文循环、生态系统保护这样完整性的水的管理。

目前对水资源可持续利用比较认可的界定是:在人口、资源、环境和经济协调发展战略下,水资源开发利用在促进经济增长和社会繁荣的同时,注重保护生态环境(包括水环境),避免单纯追求经济效益的弊端,保证可持续发展顺利进行,实现人与自然的和谐相处。

1.2.1 研究进展

1.2.1.1 水资源需求研究方面

水资源需求研究是水资源规划和水资源开发利用中的最基础性工作。20世纪60年代,发达国家开始重视对国民经济各部门未来用水量的预测,1977年在阿根廷马德普拉塔(MarDelPlata)召开了联合国世界水会议,会后各国陆续开展了对中长期供需水量的预测,预测2025年工业用水量要比1995年增加一倍多,届时工业用水量将达到15 000亿m^3。20世纪八九十年代以后,国际上对水资源需求的预测开展了大量的研究,在预测方法上取得了新进展。

(1)农业需水方面。早期的农业需水主要集中在需水的观测研究,自19世纪初,美、英、法、日、俄等发达国家就开始采用简单的筒测法与田测法对比,观测作物需水量,到19世纪末作物需水量试验逐步在各国展开。1887年美国建立了农业试验站,开始进行作物需水量试验。20世纪以后,更多的研究倾向于作物需水机理,研究方法包括水分平衡、气象学、生理学等方法。随着遥感技术的发展以及应用面的扩大,许多测定作物蒸发蒸腾的新方法、新技术、新概念不断涌现,从而把求取蒸发蒸腾的途径扩大到一个全新的领域,目前采用较为普遍的是通过红外温度测量估算大范围作物蒸发蒸腾量的方法。

(2)工业需水方面。工业需水预测是一项非常复杂的工作,涉及的因素较多。目前最普遍采用的方法为发展指标与用水定额法(一般简称为定额法),其他方法包括时间序列预测、回归分析预测、指数法预测和灰色预测。

水资源需求预测在我国开始于20世纪80年代,第一次水资源调查评价1986年分别提出了全国、流域和各省(区)三个层次的需水预测成果,预测了2000年需水形势。中国工程院在中国可持续发展水资源战略研究中,预测了我国2000~2050年的需水量,认为2030年以后东、中、西部地带将依次进入需水总量的零增长期,全国需水量于2050年达到峰值8 000亿m^3。

由于需水预测涉及社会、经济、人口、城市化、技术进步以及环境等复杂问题,不确定性因素众多,目前常用的预测方法(如指数预测法、定额预测法、趋势法等)只能反映一种平稳的几何增长过程,所以预测的结果常常与客观实际情况偏差较大,因此具有一定的局限性。对工业结构调整带来的需水影响考虑不足,在工业发展上升阶段通常工业用水结构复杂多变,若简单地用工业增加值单一的指标预测需水量,会产生较大误差。由于各种基础数据比较缺乏,各种预测计算依据的不确定因素较多,用水量预测计算结果精度一般不高。

1.2.1.2 水资源合理配置方面

国外水资源配置研究起步较早,研究的问题从最初的水库优化调度,逐步扩展到农业区地下水与地表水的调节,研究方法也从简单的水资源系统模拟到复杂大系统,技术方法也从应用经济学、数学方法模型发展到模拟、人工智能技术模拟等。从时间发展来看,基本可分为四个阶段:①20世纪40~60年代,为理论探索阶段;②20世纪70年代,为理论发展与成熟阶段;③20世纪80年代,为理论推广阶段;④20世纪90年代至今,为理论应用阶段。

我国在水资源合理配置方面的研究起步较晚,20 世纪 80 年代开始面向水利工程的水资源合理配置研究领域,经过 20 多年的研究,我国在水资源合理配置问题上已经取得了比较丰硕的研究成果。研究内容从单纯的水问题拓展到社会问题以及资源、环境和生态问题,研究的范围从流域、区域水资源配置拓展到泛流域水资源配置。从时间发展来看,20 世纪 60 年代开始了以水库优化调度为先导的水资源分配研究;20 世纪 80 年代开展了全国第一次水资源评价,《华北水资源研究》系统地评价了水资源总量并研究了"四水"转化规律;20 世纪 90 年代早期研究的重点在于地表水、地下水联合配置及基于区域宏观经济的水资源配置;20 世纪 90 年代后期,随着国内水生态和环境问题的日益突出,基于二元水循环模式和面向生态的水资源配置为阶段研究的重点方向;21 世纪以来,水资源实时调度与水量分配以及基于 ET 的水资源整体配置等成为新的研究热点。从水资源配置方法发展进程方面进行划分可分为:以需定供、以供定需、基于宏观经济的水资源优化配置、基于可持续发展理论的水资源优化配置四个阶段。

在区域水资源配置领域,1982 年国家重点科技攻关项目《华北水资源研究》中首次提出水资源合理配置的概念,并系统研究提出了该地区水资源问题的解决措施。进入 20 世纪 80 年代中期,随着多目标和大系统优化理论的逐渐成熟,区域水资源合理配置研究成为水资源学科研究的热点之一。20 世纪 90 年代我国学者正式提出"水资源优化配置",专门开拓了以水资源配置以及相关问题为主的研究方向。经过 20 多年的研究发展,国内水资源合理配置理论和方法体系框架已基本形成。

1.2.2 区域水资源可持续利用研究存在的主要问题

1.2.2.1 区域水资源可持续利用研究存在的主要问题

纵观国内外水资源优化配置研究进展,水资源优化配置理论和方法研究已取得了长足的进展和很多有价值的成果,研究方法从由单一的数学规划模型发展为数学规划与模拟仿真技术、向量优化技术等多种方法的组合模型。但目前我国关于可持续发展的水资源优化配置研究还处于理论性阶段,实践应用比较少,存在的主要问题包括:

(1)静态看待水资源量,忽视区域水资源条件变化。受气候变化和人类活动的双重影响,区域水资源的量和时空分布等发生了较大的变化,也深刻地影响了区域水资源利用的边界条件。

(2)重视水资源量的配置,对生态和环境问题关注不够,水质水量统一综合优化配置研究不透,忽视水资源利用方案的环境效应。水资源可持续发展的水资源合理配置要求遵循人口、资源、环境和经济协调发展的战略原则,在保护生态环境的同时,促进经济增长和社会繁荣。

(3)重视工程措施,对非工程措施在水资源可持续利用中的作用研究不够。以往的研究强调水资源对经济社会的满足,注重通过水源工程的建设满足不断增长的水资源需求,而对于控制需水合理增长的管理配置研究不够深入。

(4)强调优化技术,忽视决策者的参与,模型缺乏实用性。流域水资源配置问题非常复杂,往往不存在最优解,仅仅通过优化技术难以得到满意的结果,当前众多的模型求解过程和结果不能有效反映决策者的愿望和需求,不具有实用价值或者可行性差,缺乏多目标、多层次、多用户、全过程面向对象的交互式决策支持系统。

1.2.2.2 区域水资源可持续利用研究的突破方向

面向区域可持续发展的水资源优化配置作为水资源优化配置的一种理想模式,综合考虑区域的经济发展、环境保护、社会公平等问题,全面统筹区域水资源开发利用和保护的需求,必然是水资源优化配置理论的发展方向。

(1)生态型经济社会体系策略研究。针对区域水资源的主要问题,研究强调资源节约型和生态化的产业发展模式及社会消费观念,全面协调水资源和生态环境的关系,提出区域生态文明建设的水资源保障策略。

(2)水资源与国民经济、生态环境系统互动关系的研究。研究水资源与国民经济、生态环境系统的相互作用机理,定量评估水资源对国民经济以及生态系统的支撑与制约作用,为水资源合理开发和生态环境的有效保护提供依据。

(3)区域水资源综合调控研究。研究水资源系统内资源水、环境水、生态水以及难以被利用的洪水的转化机理,提出促进不同水之间的转化与利用的技术;通过研究水资源与经济要素的相互作用原理,提出区域产业结构调整及布局优化的方向,提高水资源高效、节约和生态化利用水平。

(4)多目标协调优化技术及模型研究。深入研究多目标优化与协调的技术原理,建立适用于多水源、多用户联合优化的模型系统,开发具有智能化的交互决策支持系统,将决策者的偏好加入决策过程。

1.3 研究目标、内容和技术路线

1.3.1 研究目标

项目研究目标:①在模型方法方面,构建区域二元水循环模拟模型,定量评价环境剧烈变化地区水资源量及其演变趋势;②在理论创建方面,创建水资源与国民经济互动关系理论,系统分析区域水资源与经济社会系统的协调性,并定量评价水资源对经济社会的支撑与制约作用;③在技术应用方面,创建多水源、多目标优化方法,提出区域水资源综合调控方案,为缺水地区水资源高效、可持续利用提供技术支撑。具体目标概括为以下五个方面:

(1)水资源可持续利用目标。根据国家战略需求和区域发展的要求,科学分析经济社会发展对水资源的需求,协调水资源－经济社会和生态环境之间的关系,科学合理确定区域水资源利用阈值。

(2)供水安全保障目标。研究区域水资源安全保障体系,提高水资源调控水平和供水保障能力,实现水资源对区域经济社会的有效支撑。

(3)生态保护与修复目标。研究区域生态环境合理保护的目标及需水量,保障生态环境用水,推进生态环境的修复,使水资源重点开发地区和过度开发地区以及生态环境脆弱地区的水生态环境得到显著改善。

(4)水资源优化配置与高效利用目标。以优化协调为主线,建立生活、生产、生态用水合理调配的理论和决策支撑系统，研究工业、农业及生活节水和高效利用的技术，提出严重缺水地区部门和行业水资源利用效率标准，引导用水结构和用水方式的转变，提高水资源利用效率和效益。

(5)水资源有序管理目标。按照现代水资源管理要求，建立鄂尔多斯市水资源管理的制度框架，完善水资源统一管理体制，为鄂尔多斯市水资源的科学、高效管理提供技术支撑。

1.3.2 研究内容

根据区域可持续发展的总体要求，通过系统研究区域水资源开发、利用、治理、保护和管理过程中的各种工程和非工程措施，统筹协调水资源在经济、社会、生态、环境方面的需求，调控水资源在区域内不同空间以及生产、生活、生态用水等不同部门间的分配，支撑和保障流域经济、社会、生态环境复合系统的协调发展。

(1)研究气候变化和人类活动等因素对水文要素的影响机理，探讨环境剧烈变化下水资源评价的方法，全面评价区域地表水、地下水以及非常规水源的量、质及时空分布特点，揭示水资源演变趋势，根据泥沙河流的特性，统筹考虑生态环境需水以及不可利用洪水等因素，科学确定水资源可利用的阈值；

(2)分析区域水资源供、用、耗、排规律，定量评价区域水资源开发利用效率、水资源开发利用程度，诊断水资源开发利用存在的主要问题及其利用潜力；

(3)创建水资源与国民经济的互动关系理论，建立水资源投入产出的分析模型，定量分析水资源对经济社会的支撑和制约作用；

(4)深入研究鄂尔多斯市经济社会和生态环境发展的态势，分析各种用水需求机理与规律，根据建立节水防污型社会要求，分析不同时期的水资源利用效率标准，提出区域研究水平年的水资源需求量预测；

(5)研究区域水资源可持续利用综合调控的目标和手段，创建水资源利用的多目标协调优化的柔性决策理论，开发多水源、多用户联合优化调配模型系统和求解方法；

(6)研究区域水资源合理利用的原则，全面分析地表水、地下水、疏干水及再生水等包括常规水源和非常规水源在内的可供水量，构建缺水地区水资源三次平衡的框架体系，分析不同时期水资源供需形势；

(7)从资源、环境和经济社会协调发展的要求出发，考虑多水源条件、多用户需求，提出经济合理、技术可行、环境安全的区域水资源优化配置方案及相应的工程措施；

(8)从加强水资源管理、提高水资源利用效率的要求出发，提出区域水资源开发利用和保护的管理制度框架体系及政策建议。

1.3.3 技术路线

研究以鄂尔多斯市为典型地区，在多学科交叉理论的指导下，充分结合各学科的新发展，总体按照“技术集成 - 过程模拟 - 综合调控 - 决策支撑”的科学逻辑组织实施，研究思路可归纳为：搭建一个水资源 - 经济社会 - 生态环境系统联合优化的技术集成平台，揭示人类活动对水资源系统的影响机制、水资源与国民经济互动关系，全过程模拟强烈人类活动干扰下区域水循环、水资源与国民经济互动效果、多水源多目标联合优化调配等，实现区域水资源综合调控的决策支撑。研究技术路线见图1-3-1。

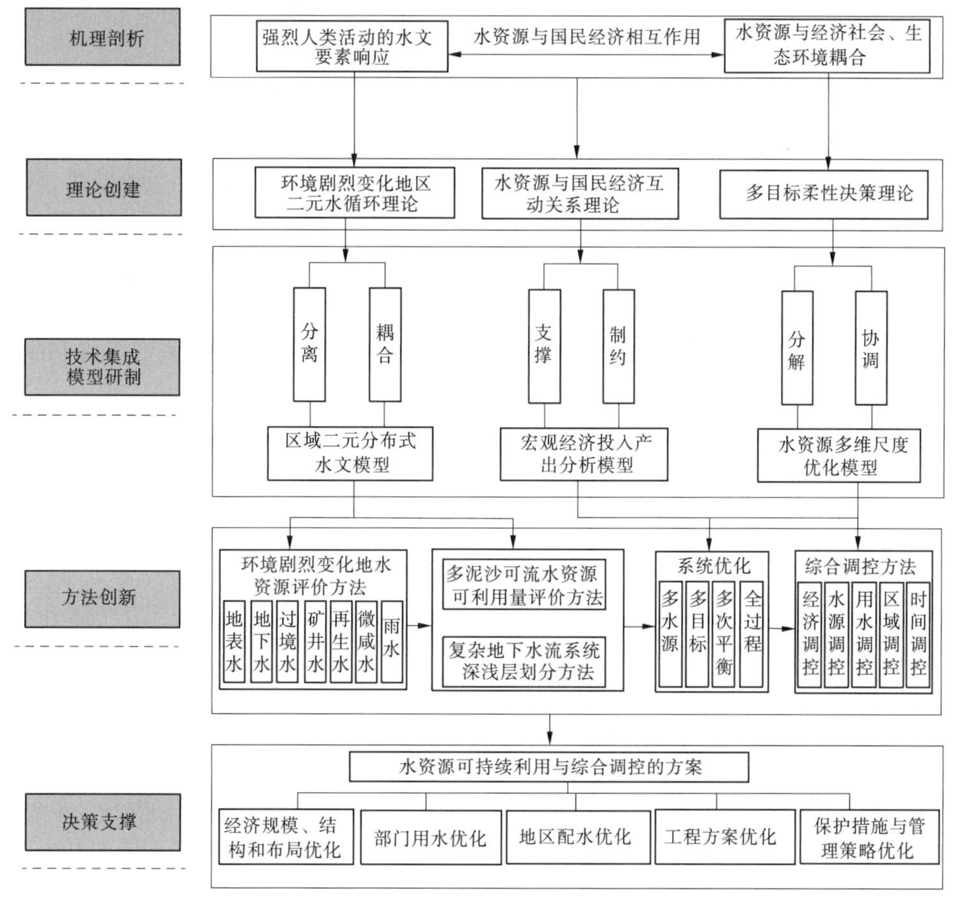

图1-3-1 研究的技术路线

1.3.3.1 剧烈变化环境下的水资源评价技术开发

采用归因分析方法定量评价人类活动和气候变化对水资源的影响；分析水资源要素与环境变化的动态响应关系，采用分离耦合技术建立区域二元水循环模拟模型，以降水量为输入开展全口径的水资源调查评价，分析区域水资源量及其演变趋势。

1.3.3.2 水资源与国民经济协调互动关系研究

以宏观经济理论为指导，研究经济系统与水资源系统的互动关系，建立以水资源为投入要素的宏观经济动态投入产出模型，定量分析水资源对国民经济的支撑与制约作用，揭示水资源与国民经济互动演变与发展规律，提出区域产业布局优化和结构调整的方向建议。

1.3.3.3 社会经济发展与水资源需求分析

分析区域用水变化及特征，研究相关行业的用水技术发展趋势，提出地区水资源高效利用的标准；以区域水资源承载能力为约束，提出与之相适应的国民经济产业结构及规模；预测国民经济发展对水资源的需求。

1.3.3.4 水资源多维尺度优化模型研制

以区域社会、经济和生态环境的协调发展为目标，系统研究多目标优化技术，建立能够协调模拟多水源、多目标且具有不同层次的水资源多维尺度优化模型，定量揭示各目标间的相互竞争与制约关系。

1.3.3.5 水资源综合调控

研究多水源、多目标联合优化技术与水资源综合调控的方法，开展不同水源组合、不同经济规模等多方案情景模式、多次水资源平衡分析，研究区域水资源供需形势；评价水资源开发利用方案的经济社会和生态环境效果及合理性，并提出水资源可持续利用的综合调控方案。

1.3.3.6 缓解水资源供需矛盾的策略研究

从加强水资源管理、提高水资源利用效率的要求出发，提出区域水资源开发利用和保护的管理制度框架体系及政策建议。

1.4 主要研究成果与创新

1.4.1 主要研究成果

研究针对鄂尔多斯市水资源与经济社会及生态环境系统存在的不协调问题，开展理论、技术和方法研究，形成西北典型缺水地区水资源可持续利用和综合调控的技术体系：在理论研究方面，创建了水资源与国民经济互动关系理论，建立了区域水资源综合调控的柔性决策理论；在模型与方法方面，提出了环境剧烈变化下水资源评价方法，建立了区域水资源多维尺度优化模型，创建了缺水地区水资源供需的三次平衡框架体系；在应用方面，采用多因子综合判别方法，提出了复杂地下水流系统深层水和浅层水的划分标准，建立了区域水资源管理制度体系。研究在环境变化地区水资源评价方法、地下水循环及评价、水资源与国民经济互动关系研究、多水源多目标优化配置技术等很多方面具有突破和创新性成果，对我国西北干旱半干旱缺水地区经济社会发展和生产力布局、经济结构调整、生态环境保护以及水资源的开发、利用、保护和管理等均具有重要指导意义。

(1)基于二元水循环理论，采用分离耦合技术创建剧烈变化环境下水资源评价方法，建立分布式水循环模型，全面分析区域的降、补、径、排关系，定量揭示了人类活动对区域水资源的影响，系统评价了区域水资源量及其可利用量，为水资源合理开发提供了重要的阈值基础。

(2)通过补充开展现场勘察和试验，进一步查明了地下水的赋存规律，从地下水系统的理论和方法出发，对鄂尔多斯市的地下水含水岩系和地下水流系统进行了划分，提出了地下水流系统之间相互转换的阈值概念。根据地下水循环模式、水文地球化学特征、地下水年龄、地下水更新速率等，明确提出鄂尔多斯市复杂水文地质条件下的深、浅层水的划分标准，并利用地下水更新速率法计算和评价了鄂尔多斯市可更新的深层承压水资源量及其可持续开采量。

(3)采用现场调查和数理统计提出分类的用水量分析成果，分析区域水资源开发利用的程度及存在的问题,明确了各种水资源的开发利用潜力,为区域水资源利用指明了方向。

(4)创建水资源与国民经济的互动关系理论,建立鄂尔多斯市宏观经济增长模型,定量评价鄂尔多斯市水资源等要素对经济增长的贡献作用,为区域水资源高效利用提供重要科学支撑,开创了水资源系统分析的新理论和新方法。

(5)根据区域用水特征和变化情势,提出了主要行业的用水效率标准,采用多种方法分析鄂尔多斯市工程节水、管理节水以及结构节水的潜力,分阶段提出了合理的节水量,确立了区域水资源高效利用的模式。

(6)研究了经济社会需水的机理与规律,通过水资源供需多方案比选、反馈和分析论证,提出了与水资源承载能力相适应的国民经济的规模、结构和总体布局,为区域生产力布局和结构调整提供重要的决策依据。

(7)提出了水资源系统优化的柔性决策理论和综合调控方法。针对区域水资源开发的多目标特征,建立了多水源、多目标协调优化的柔性决策理论,研究了包括经济、生态与水资源等多种措施的综合调控方法,丰富了水资源系统分析的新途径。

(8)创建缺水地区水资源三次平衡分析的技术框架,提出了水资源优化调配方案。全面分析包括当地地表水、黄河过境水、地下水、矿井水、再生水、微咸水、雨水等水源的可供水量,以抑制需水增长、增加供水以及水源置换等作为调控手段,通过区域水资源的多次供需分析、协调与平衡,提出不同水平年水资源合理配置和高效利用的方案,确立了水资源有序利用的良性格局。

(9)建立区域水资源可持续利用制度体系,提出了解决水资源短缺的政策性建议。根据现代水资源管理要求,提出水资源管理制度建设框架体系,确立现代水资源管理的方向;提出了跨区水权转换、挖沙减淤换水、能源化工区土地管理政策及实施南水北调西线一期工程调水等政策和管理措施建议,为未来水资源利用指明方向。

1.4.2 创新性成果

研究在理论方法、模型创建和技术应用等层面取得了大量创新性成果,主要创新点归纳如下:

(1)采用归因分析方法定量研究人类活动对水资源的影响,揭示了环境剧烈变化下干旱地区水资源特征和变化情势,提出了环境剧烈变化地区的水资源评价方法以及多泥沙河流水资源可利用量的分析方法,首次解决了环境变化剧烈地区水资源评价中的复杂技术难题,评价方法和手段具有较强的推广价值。

(2)首次提出地下水流系统之间相互转换的阈值概念。基于地下水循环模式、水文地球化学、地下水年龄和地下水更新速率等多因子综合判别方法,提出了巨厚含水层及复杂地下水流系统深层水和浅层水的划分标准。创新性地采用地下水更新速率法评价鄂尔多斯市深层承压水资源量及其可持续开采量,为鄂尔多斯市地下水合理利用及有序管理提供了科学依据。

(3)创新性地提出水资源与国民经济互动关系理论,建立以水资源为投入要素的宏观经济投入产出模型,定量分析了鄂尔多斯市水资源对国民经济的支撑和制约作用,发展了区域水资源系统与国民经济协调分析新方法。

(4)融合水资源、经济社会、生态环境等目标,建立多水源、多用户联合调配的多维尺度优化模型系统,将抑制需水增长、增加供水和水源置换等作为调控手段,创建鄂尔多斯地区水资源供需的三次平衡框架体系,提升了区域水资源配置水平和调控能力,推动了多水源联合调配技术的发展。

(5)创新性地提出了跨区域水权转换、挖沙减淤换水、适度减少农牧灌溉面积、加快推进南水北调西线一期工程等政策建议和水资源可持续利用管理制度,具有针对性、前瞻性、可操作性。

第 2 章　研究区现状

鄂尔多斯市地处我国西北，气候干燥、水资源短缺、生态环境脆弱，近年来经济社会快速发展对水资源需求强烈，受水资源总量限制，经济社会发展和生态环境保护之间存在尖锐的矛盾。

2.1　自然地理概况

鄂尔多斯市位于内蒙古自治区西南部，地处黄河上中游的鄂尔多斯高原腹地，地理坐标为北纬 37°35′24″～40°51′40″，东经 106°42′40″～111°27′20″，面积 86 752 km^2。鄂尔多斯市西、北、东三面为黄河“几”字弯环绕，北隔黄河与“草原钢城”包头市、首府呼和浩特市相望，东临山西，南与陕西省接壤，西与宁夏自治区毗邻，“黄河环抱，长城相依”，具有得天独厚的地理区位优势。鄂尔多斯市地理位置见图 2-1-1。

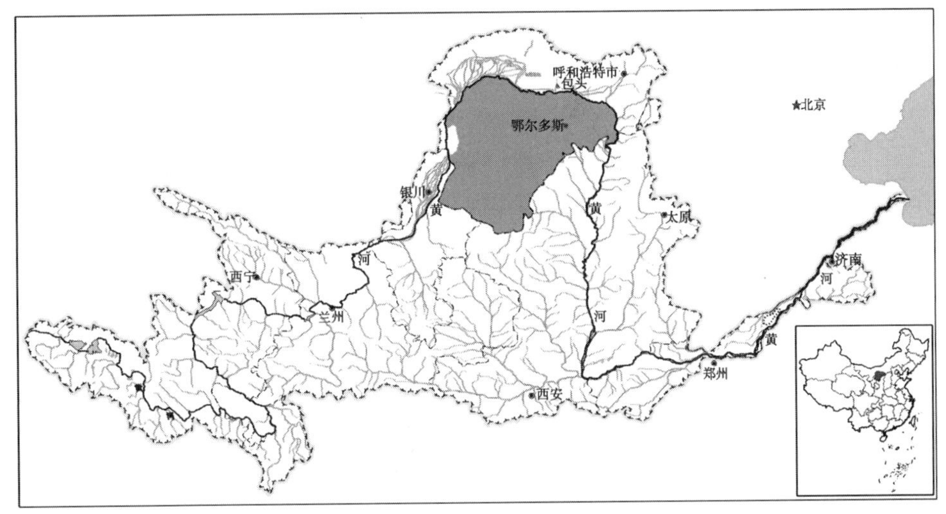

图 2-1-1　鄂尔多斯市地理位置图

鄂尔多斯市辖东胜区、康巴什新区、准格尔旗、达拉特旗、伊金霍洛旗、乌审旗、杭锦旗、鄂托克旗、鄂托克前旗等 7 个旗 2 个城区，人口 162.54 万，其中蒙古族约 18.3 万人，是以蒙古族为主体、汉族占多数的地级市。鄂尔多斯市行政区划见图 2-1-2。

历史上，鄂尔多斯市是一个以农牧为主的地区，直到 20 世纪 90 年代初，农牧业总产值仍占地区生产总值的 60% 左右。随着国家西部大开发战略的实施和中央提出的地区间协调发展的经济建设方针，鄂尔多斯市经济发展速度快速提高，近几年一直保持着持续高速发展的势头，已发展成为全国著名的纺织工业基地，并形成以轻纺工业为主体，煤炭、煤化工、电力、建材、食品、冶金等多门类相配套的现代化工业体系。同时，随着鄂尔多斯

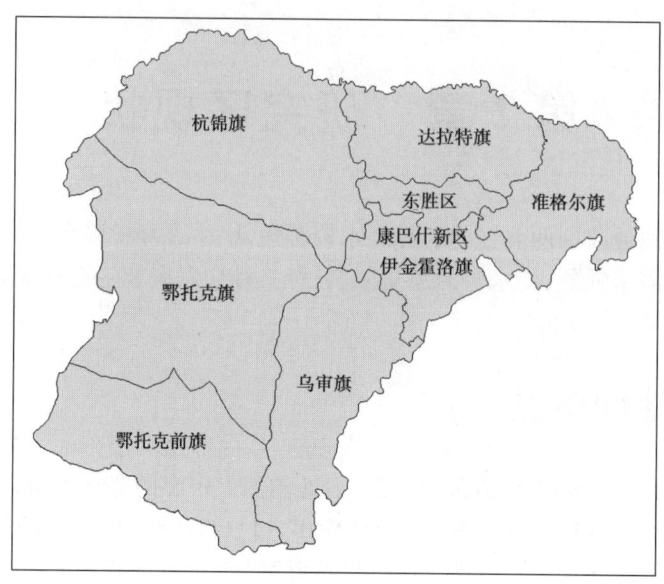

图 2-1-2　鄂尔多斯市行政区划

市城市化进程的不断加快、社会经济的快速发展以及人民生活水平的不断提高，城市服务业也迅速崛起，第三产业比重不断增加，初步形成了多形式、多层次、多元化的经济发展格局。

2.1.1　地形地貌

鄂尔多斯市属我国二级台地内蒙古高原的一部分，地势较高，平均海拔 1 400 m，一般在 1 200 ~ 1 500 m，总的地势特点是西北高东南低，起伏不平。最高在桌子山，海拔 2 149 m，最低为准格尔旗马栅，海拔 850 m。

鄂尔多斯市地形复杂，西北东三面被黄河环绕，南与黄土高原相连。地貌类型复杂多样，主要可划分为 5 种地貌类型：西部和乌海市毗邻处为中低山地；中西部为典型的波状高原；东部为丘陵沟壑区和砂岩裸露区；南部和东南部为毛乌素沙地；北部为库布齐沙漠及黄河沿岸的冲积平原。毛乌素和库布齐两大沙漠约占全市总面积的 48%。鄂尔多斯市地形见图 2-1-3。

2.1.1.1　中低山地

中低山地分布于西部千里山、桌子山、岗德尔山、五虎山地区。由二叠系、石炭系、奥陶系、寒武系、震旦系及太古界地层组成。山势陡峻，切割剧烈，沟谷发育。地面海拔 1 600 ~ 2 149 m，相对高程 300 ~ 500 m，为本区最高地形。

2.1.1.2　波状高原

波状高原分布于鄂尔多斯市中西部地区，地形波状起伏，海拔 1 200 ~ 1 500 m，相对高程一般小于 100 m。按形态可进一步分为梁地、高平原和宽谷洼地。梁地主要有东胜 - 四十里梁、新召梁、大庙 - 苏步井梁、玛拉迪庙梁、嘎拉图庙 - 巴彦敖包梁、亚斯图梁、楚鲁图梁等，梁高一般为 1 400 ~ 1 600 m，基本上以塔布乌素高地为中心，呈放射状展

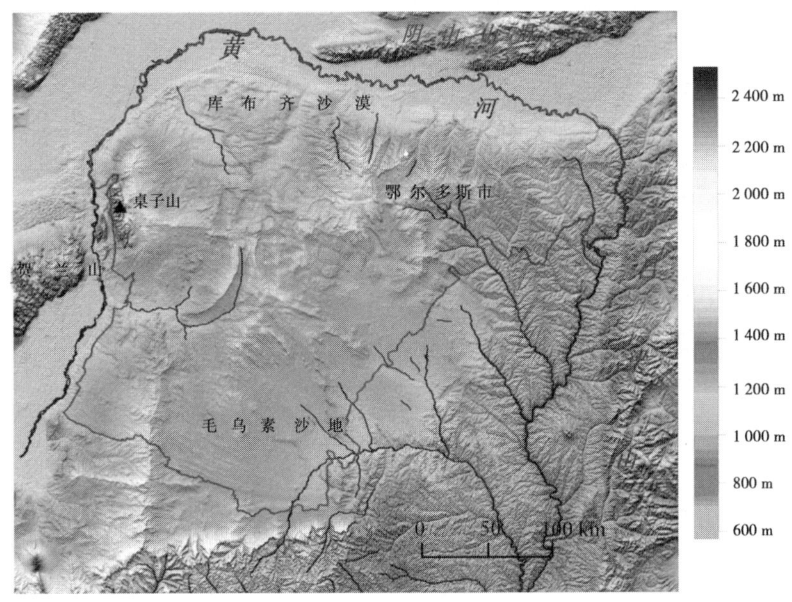

图 2-1-3 鄂尔多斯市地形(DEM 图)

布。在梁地之间的地形低洼处,常形成河流宽谷或湖盆洼地。高梁与宽谷洼地之间带状分布着高平原。高平原一般海拔 1 200 ~ 1 400 m,相对高程 20 ~ 30 m。

2.1.1.3 丘陵

丘陵分布于鄂尔多斯市东部的准格尔旗及东胜区、达拉特旗、伊金霍洛旗部分地区。由白垩系、侏罗系、三叠系、二叠系地层组成。沟壑纵横,地面切割支离破碎。海拔一般在 1 100 ~ 1 400 m,准格尔旗马栅乡最低,为 850 m,相对高程 60 ~ 100 m。布日嘎斯太—黑召赖—潮脑梁一线为地表水南北分水岭。

2.1.1.4 冲积平原

冲积平原分布于北部、西部黄河沿岸地区。由第四系中上更新统 - 全新统地层组成。地形平坦,坡面微向河流方向倾斜。海拔 1 000 ~ 1 100 m,多开垦为农田、灌区,沟渠纵横交错。

2.1.1.5 沙漠高原

沙漠高原包括库布齐沙漠及毛乌素沙地,由沙地、沙丘及丘间洼地组成。沙丘分流动、半固定及固定三类。库布齐沙漠西部多为格状流动沙丘,东部多为半固定及固定沙丘,腹地由高大的沙山组成。毛乌素沙地由于受基底地形、流水及风向等因素影响,形成了北西 - 南东向的沙梁、草滩相间的地貌格局。鄂尔多斯市地貌见图 2-1-4。

2.1.2 土壤植被

鄂尔多斯市土壤类型主要有栗钙土、棕钙土、灰漠土、风沙土、粗骨土、沼泽土、潮土、盐土。土壤类型主要是东部为栗钙土带,西部为棕钙土和灰钙土,高原北部和南部大面积为风沙土。

鄂尔多斯市地带性植被有草原、荒漠草原与草原化荒漠,隐域性植被有草甸、沼泽、盐

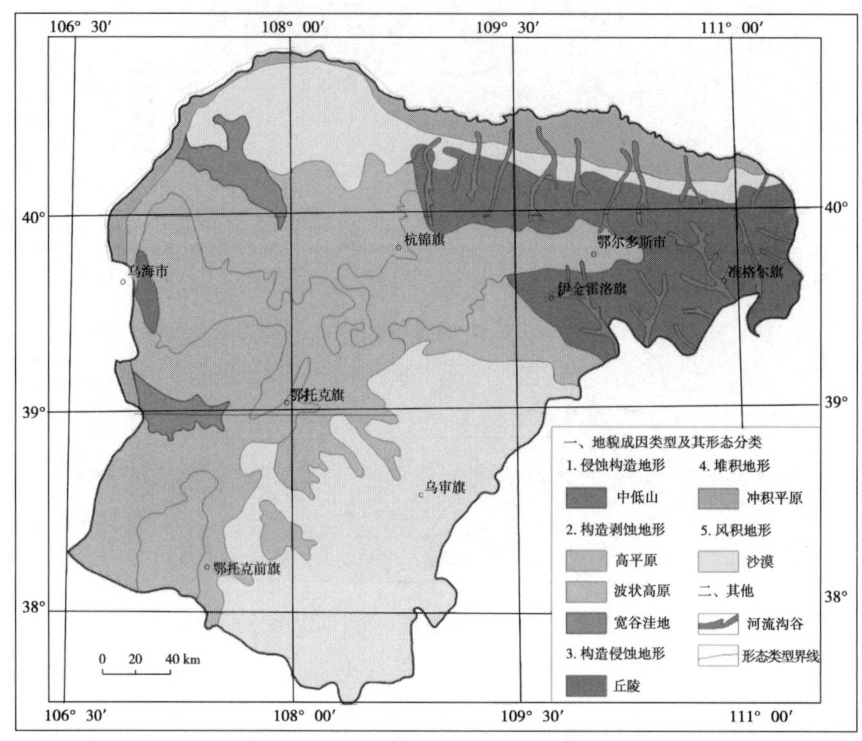

图 2-1-4　鄂尔多斯市地貌

生和沙生植被类型。地带性植被因同处温带范围，纬向分异不明显，但湿润度的径向判别较大，影响到植被类型东西带状分异明显。自东而西出现典型草原、荒漠草原、草原化荒漠三个植被类型空间分异更替带。

2.1.3　矿产和资源

鄂尔多斯市自然资源富集，拥有各类矿藏 50 多种，其中具有工业开采价值的重要矿产资源有 12 类 35 种。鄂尔多斯市煤炭资源储量丰富、品质优良，是中国最重要的优质煤炭基地，在全市 8.7 万 km^2 土地上，含煤面积约占 70%，已探明的煤炭资源量约为 1 496 亿 t，预测远景储量 10 000 亿 t，总储量占全国煤炭总量的 1/6，占内蒙古自治区的 1/2，优质动力煤保有储量占全国的 80%，是中国产煤第一地级市。鄂尔多斯市非金属矿产中具有较大开采价值的有天然碱、芒硝、石膏、耐火土和石英砂等。鄂尔多斯境内的天然气储量丰富，天然气探明储量约占全国的 1/3，其中苏里格气田探明储量为 7 504 亿 m^3，为国内最大的整装气田。富集的能源和矿产资源为鄂尔多斯市发展能源和化工产业提供了良好的基础，鄂尔多斯市被列为我国重要的能源生产基地之一。

鄂尔多斯羊绒素有“纤维钻石”、“软黄金”的美称，同时也是我国在国际市场上少数几个占绝对优势的资源之一。2009 年鄂尔多斯羊绒产量 1 808 t，约占全国的 1/3、世界的 1/4，已经发展成为中国绒城、世界羊绒产业中心。

2.1.4　水文气象

鄂尔多斯市属干旱 - 半干旱温带大陆性气候区，干燥少雨，风大沙多，无霜期短，为 158 d，春季风大、干旱少雨。年平均气温 7.1 ℃，年均降水量为 265.2 mm，降水主要集中在 6 ~ 8 月。每年最多风向为南风、东南风，历年平均风速 3.1 m/s。气候特征及主要要素见表 2-1-1。

表 2-1-1　鄂尔多斯市气候要素

旗(区)	年平均气温(℃)	≥10 ℃积温(℃)	日照时数(h)	无霜期(d)	年均降水量(mm)	年均蒸发量(mm)
准格尔旗	7.3	3 119.8	3 026.8	165	349.3	1 230.0
伊金霍洛旗	6.2	2 651.4	3 019.4	158	322.3	1 391.9
达拉特旗	6.1	2 954.1	3 132.6	157	295.3	1 283.9
东胜区	5.5	2 515.7	3 093.4	157	289.7	1 398.8
杭锦旗	5.7	2 698.0	3 142.2	151	317.8	1 513.6
鄂托克旗	6.4	2 799.9	2 988.3	157	195.2	1 529.3
鄂托克前旗	7.2	3 120.8	2 956.9	157	230.3	1 543.4
乌审旗	6.7	2 821.3	2 894.9	162	267.5	1 444.9
鄂尔多斯市	7.1	2 835.13	3 031.8	158	265.2	1 513.4

2.2　河流水系

鄂尔多斯市境内流域面积大于 100 km^2 的河流有 27 条，河流水系可分为外流河和内流河。黄河从鄂托克前旗的城川镇入境，至准格尔旗的马栅乡出境，流经鄂尔多斯市的鄂托克旗、杭锦旗、达拉特旗、准格尔旗四个旗，干流长约 800 km。黄河在鄂尔多斯市境内的主要水文站及其水文特征见表 2-2-1。

表 2-2-1　黄河流经鄂尔多斯市的主要水文站及其径流特征

水文站	石嘴山	磴口	昭君坟	头道拐
多年平均年径流量(亿 m^3)	332.51	334.22	333.71	335.80
多年平均含沙量(kg/m^3)	4.22	4.06	5.28	5.75
多年平均输沙量(亿 t)	1.30	1.24	1.36	1.43

2.2.1　外流河

鄂尔多斯市的外流河属黄河水系，总流域面积 5.14 万 km^2，占鄂尔多斯市总面积的

59.3%。据调查,外流河多年平均径流量为9.30亿m^3,主要河流水系及其特征见表2-2-2。

都思兔河,发源于鄂托克旗察汗淖尔苏木,流域内为干旱的波状高平原。据观测资料分析,都思兔河多年平均径流量1 004万m^3,汛期与非汛期径流量各50%,上游水质较好,含沙量低,中下游水质较差,矿化度高。

毛不拉孔兑、布日嘎斯太沟、黑赖沟、西柳沟、罕台川、壕庆河、哈什拉川、母哈日沟、东柳沟、呼斯太河,十条河流基本平行分布,地质地貌条件相似,流向从南向北,上游均发源于丘陵区,中游经库布齐沙漠之后进入冲、洪积平原,最后汇入黄河,合称为十大孔兑。十大孔兑均属季节性河流,各河上游为干河,中下游有一定的清水流量,年径流以洪水为主,河道比降较大,中游经库布齐沙漠后含沙量高。

皇甫川、窟野河两大水系,还有一些较小的支沟,如大沟、黑岱沟、龙王沟等,河流流量随季节变化明显,年际径流量变化大,河道下切深,洪水含沙量高,侵蚀模数大,给水资源开发利用带来诸多不便。

无定河在鄂尔多斯市境内主河道长110 km,支流有海流图河、白河等。河流特点是河道下切深,比降大,河网密度小,具有年径流分配比较均匀、洪水少、含沙量低、基流量大的特征。

表2-2-2 鄂尔多斯市境内主要外流河及其特征

水系	河流名称	流域面积(km^2)	河长(km)	径流量(万m^3/a)	输沙量(万t/a)
都思兔河		4 160	166	1 004	31
十大孔兑	毛不拉孔兑	1 260	111	1 344	210
	布日嘎斯太沟	1 410	74	1 536	150
	黑赖沟	1 256	89	2 140	360
	西柳沟	1 712	106	3 356	580
	罕台川	1 260	77	2 823	450
	壕庆河	572	34	773	108
	哈什拉川	1 414	92	3 738	590
	母哈日沟	509	77	1 205	203
	东柳沟	660	75	1 522	260
	呼斯太河	696	65	1 965	245
无定河	纳林河	2 142	91	6 183	2 781
	红柳河	1 982	110	5 910	38
皇甫川	十里长川	673	76	2 334	1 193
	正川	822	93	9 448	1 379
窟野河	乌兰木伦河	3 219	104	13 040	2 501
	牸牛川	1 383	72	7 162	2 182
孤山川		355	33	3 112	930

注:根据查勘资料收集整理数据。

2.2.2 内流河

鄂尔多斯市内流区分水岭东以伊金霍洛旗新街镇—红庆河—苏布尔嘎苏木为界,北以库布齐沙漠南缘为界，西以鄂托克旗阿尔巴斯苏木—乌兰镇—鄂托克前旗昂素镇为界，南以鄂托克前旗敖勒召其镇—城川镇—乌审旗嘎鲁图镇—图克镇为界，总面积为 3.53 万 km^2，占全市总面积的 40.7%。

鄂尔多斯市内流区气候干燥，降水量少，蒸发量大，多年平均降水量为 150 ~ 300 mm，多年平均蒸发量高达 2 200 ~ 2 600 mm，水资源贫乏，河流稀少，多年平均径流量 2.50 亿 m^3，区内流域面积大于 100 km^2 的河流有摩林河、陶赖沟、红庆河等。内流区河流的特点是河流短、比降缓、河道下切不明显，径流量小，径流年内分配均匀，年际变化不大，特别是南部地区河流常年有水且泥沙含量低，有利于开发利用。鄂尔多斯市河流水系见图 2-2-1。

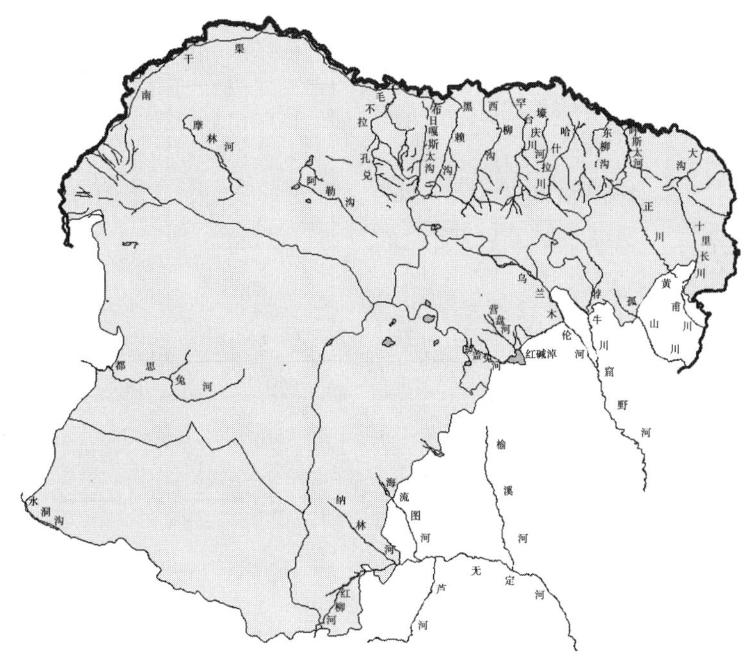

图 2-2-1　鄂尔多斯市河流水系图

2.2.3　湖泊湿地

鄂尔多斯市星罗棋布般地分布有许多湖泊（淖尔），特别是毛乌素沙地中更为多见，境内有面状水体 437 个，总面积 754 km^2，其中面积大于 1 km^2 的有 139 个，面积 640 km^2；面积小于 1 km^2 的有 298 个，面积 114 km^2。同时还有长轴直径小于 75 m 的点状水体 398 个，其中伊金霍洛旗与神木县交界的红碱淖最大，面积约为 38.2 km^2，平均水深 6.68 m，中部水深 8 ~ 9 m，矿化度 2.23 g/L。鄂尔多斯市湖泊（淖尔）受气候干燥、降水量小、蒸发量大的影响，水质多含盐碱硝，为鄂尔多斯市的化工工业创造了良好的条件。鄂尔多斯市主要湖泊湿地特征见表 2-2-3。

表 2-2-3 鄂尔多斯市境内主要湖泊湿地及其主要特征

湖泊湿地名称	所在旗(区)	水面面积(km^2)	集水量(万 m^3)	矿化度(g/L)	水位年变幅(m)
红碱淖	伊金霍洛旗	38.2	36 100	2.23	0.5~1
东西红海子	伊金霍洛旗	4.81	836	1.61	1~2
桃日木海子	东胜区	4.87	974		
赤盖淖	伊金霍洛旗	3.54	1 593	3.64	1~2
哈獭兔淖	伊金霍洛旗	2.54	762	8.23	1~2
巴嘎淖	乌审旗	21.76	4 367	8.60	0.5~1
查干淖	鄂托克前旗、乌审旗	5.37	1 161	12.96	1~2
乌兰淖	伊金霍洛旗	4.26	852	21.21	1~2
浩通音查干淖	乌审旗	22.28	2 067	>50	0.5~1
苏贝淖	乌审旗	7.09	800	>50	1~2
巴彦淖	达拉特旗	6.21	854	>50	1~2

注:根据查勘资料收集数据整理。

2.3 经济社会发展状况

2.3.1 人口及其分布

2.3.1.1 总人口及其分布

鄂尔多斯市是一个以蒙古族为主体、汉族居多数的少数民族聚居区,市内有蒙古族、满族、回族、朝鲜族、藏族、达翰尔族、鄂温克族、鄂伦春族、壮族、苗族、白族、锡伯族、土家族、瑶族、彝族、维吾尔族和汉族等近 20 个民族。其中,汉族人口最多,占总人口的 87.3%,蒙古族占 12.3%,其他少数民族占 0.4%。

截至 2009 年,鄂尔多斯市总人口 162.54 万,其中城镇人口 108.36 万,城镇化率为 66.67%,高于全国城镇化率的 46.6%,比内蒙古自治区高 14.6%,人口密度为 18.74 人/km^2,低于内蒙古自治区平均值(20.47 人/km^2),人口多集中在市府东胜区、各旗旗府以及工业园区,农牧区人口相对稀少。

从各旗(区)来看,鄂尔多斯市人口主要分布在准格尔旗、伊金霍洛旗、达拉特旗和东胜区等经济发达、自然条件相对较好的东部旗(区),而位于西部沙漠、自然条件较差的鄂托克旗、杭锦旗、鄂托克前旗和乌审旗人口相对较少,人口最多的是东胜区,为 44.40 万人(含康巴什新区);鄂托克前旗人口最少,仅 6.87 万人。

从人口密度看,2009 年鄂尔多斯市平均人口密度为 18.74 人/km^2,东部各区旗人口分布密度较高,其中东胜区人口密度达到 194.38 人/km^2,是全市平均人口密度的 10.4

倍;西部的杭锦旗、鄂托克旗、鄂托克前旗和乌审旗四个旗人口分布相对稀疏,普遍在 10 人/km^2 以下。鄂尔多斯市 2009 年人口情况见表 2-3-1。

表 2-3-1　鄂尔多斯市 2009 年人口情况

旗(区)	总人口(万人)	城镇人口(万人)	城镇化率(%)	土地面积(km^2)	人口密度(人/km^2)
准格尔旗	32.15	20.09	62.49	7 564	42.50
伊金霍洛旗	16.45	10.63	64.61	5 588	29.44
达拉特旗	30.10	15.35	51.00	8 192	36.74
东胜区	41.54	38.42	92.49	2 163	192.05
康巴什新区	2.86	1.66	58.04	352	81.25
杭锦旗	10.07	8.23	65.35	18 834	5.35
鄂托克旗	12.60	5.04	50.04	20 384	6.18
鄂托克前旗	6.87	3.74	54.47	12 180	5.64
乌审旗	9.90	5.20	52.53	11 495	8.61
鄂尔多斯市	162.54	108.36	66.67	86 752	18.74

注:表中数据为常住人口,资料源于鄂尔多斯市 2010 年统计年鉴。

新中国成立以来,鄂尔多斯市人口数量快速增长,据统计,1952 年鄂尔多斯市总人口仅 46.31 万,2009 年增加到 162.54 万,为 1952 年的 3.51 倍,年均增长率为 21.9‰,58 年总人口增加了 116.23 万。

2.3.1.2　城镇人口和城镇化率

2000 年以来,随着鄂尔多斯市区域经济社会的快速发展,吸引了周围地区大量外来人口的迁入,促进了城市化进程的加快,初步形成了中心城市和小城镇协调发展的整体格局。2009 年鄂尔多斯市总人口达到 162.54 万,其中城镇人口 108.36 万,城镇化率达到 66.67%。

鄂尔多斯市城镇化发展呈现出了以下特征:

(1)城镇人口大幅增长,城镇化进程逐年加快。2009 年,鄂尔多斯市总人口达到 162.54 万,较 2000 年增加了 23.0 万,平均每年增加 2.56 万,年增长率为 17.1‰。而期间城镇人口增加了 47.67 万,平均每年增加 5.30 万,年增长率为 66.5‰,是总人口增速的 2 倍多。

(2)城镇沿河、沿边分布的特征明显。鄂尔多斯市城镇化受水资源和煤炭资源的吸引而呈现出明显的两极特征:受水资源的制约,鄂尔多斯市境内的大量城镇分布于北部和东部黄河沿岸,呈现出沿河发展的趋势;而在南部,依托煤、天然气资源分布较多的城镇,呈现出延边发展的趋势。

(3)城镇化水平差别大。总体上,鄂尔多斯市城镇空间分布表现为:鄂尔多斯市城镇发展水平东高西低,城镇人口主要集中在东部,城镇分布密度东部远大于西部,东胜区、达拉特旗、准格尔旗、伊金霍洛旗一区三旗的城镇总数为 37 个,占全市城镇总数(60 个)的 61.7%,城镇人口占全市城镇人口总数的 78.0%。而杭锦旗、鄂托克旗、鄂托克前旗、乌审旗四旗的城镇总数为 23 个,占全市城镇总数的 38.3%,仅占全市城镇人口的 22.0%。

2.3.2　经济发展现状

历史上鄂尔多斯市是一个以农牧业为主的地区,到 20 世纪 90 年代初,农牧业总产值占地区生产总值的 60%左右。2000 年以来,鄂尔多斯市经济发展速度快速提高,近几年一直保持着持续高速发展的势头。经济增长方式由粗放型转向集约型,经济形态由资源导向型转向市场导向型,产业结构由单一型转向多元化。经过十几年的发展,鄂尔多斯市已从一个生态条件恶劣、经济落后的贫困地区一跃成为全国经济发展最活跃的地区之一。

2.3.2.1　主要经济指标

据统计,2009 年鄂尔多斯市国内生产总值达到 2 161 亿元,人均 GDP 13.30 万元,从空间分布来看表现出明显的区域发展不平衡。

从旗(区)经济总量对比来看,东部三旗二区以工业和第三产业为主,经济实力相对较强,而西部四旗则以农牧业为主,经济实力相对较弱,发展水平较低。东胜区、准格尔旗、达拉特旗、伊金霍洛旗等一区三旗经济实力较强,GDP 约占全市总量的 80%,其中准格尔旗和东胜区 GDP 总量最高,分别为 539.48 亿元和 496.44 亿元,占鄂尔多斯市 GDP 总量的 24.7%和 23.0%,而杭锦旗、鄂托克前旗的经济实力相对较弱,GDP 分别仅为 41.79 亿元和 36.57 亿元,占鄂尔多斯市 GDP 总量的 1.9%和 1.7%,两者经济总量之和不足东胜区和准格尔旗的 1/5。2009 年鄂尔多斯市国内生产总值及其构成见图 2-3-1、表 2-3-2。

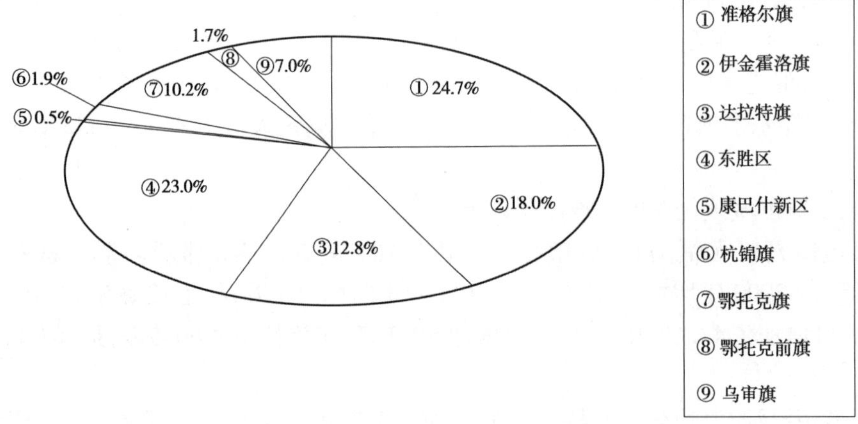

图 2-3-1　2009 年鄂尔多斯市地区生产总值分布

从人均国内生产总值看,伊金霍洛旗、鄂托克旗、东胜区和准格尔旗的人均 GDP 较高,而杭锦旗、鄂托克前旗的人均 GDP 较低。伊金霍洛旗人均 GDP 最高,为 23.92 万元;杭锦旗人均 GDP 最低,仅为 4.15 万元。

2.3.2.2　经济发展主要特征

随着西部大开发战略以及我国能源产业政策的实施,近年来鄂尔多斯市经济社会呈快速发展态势,并表现出两大特征。

表2-3-2　2009年鄂尔多斯市地区生产总值及其构成统计　（单位:亿元）

分区		第一产业	第二产业	第三产业	GDP
行政区	准格尔旗	6.38	335.23	197.87	539.48
	伊金霍洛旗	5.20	241.64	146.65	393.49
	达拉特旗	21.48	170.37	88.18	280.03
	东胜区	2.10	192.43	287.54	482.07
	康巴什新区		8.04	2.92	10.96
	杭锦旗	9.00	14.78	18.01	41.79
	鄂托克旗	3.94	170.88	47.04	221.86
	鄂托克前旗	6.02	14.91	15.64	36.57
	乌审旗	6.49	110.59	36.05	153.13
水资源分区	石嘴山以上	2.79	14.22	15.79	32.80
	河口镇以上黄河南岸	22.75	353.10	127.04	502.89
	黄河南岸灌区	7.40	22.67	13.23	43.30
	河口镇以下(不含窟野河)	4.41	293.78	188.29	486.48
	窟野河	2.91	384.90	394.14	781.95
	无定河	5.09	78.63	25.80	109.52
	内流区(不含红碱淖)	13.66	94.36	65.08	173.10
	红碱淖	1.60	18.83	10.53	30.96
鄂尔多斯市		60.61	1 260.49	839.90	2 161.00

1. 经济总量快速增长

2009年鄂尔多斯市地区生产总值从2000年的150.1亿元增长到2009年的2 161.0亿元(按2000年不变价925.9亿元,年增长率为22.4%,2000年不变价的计算,采用国家统计局公布的GDP折减系数),尤其是近3年来经济总量的年增长率均在40%以上;其中第一产业增长较缓慢,增加值从2000年的24.5亿元增加到2009年的60.61亿元(按2000年不变价,2009年第一产业增加值29.96亿元,年增长率为0.6%);第二、三产业增加较快,第二产业增加值从2000年的83.9亿元增加到2009年的1 260.5亿元,增长了15倍(按2000年不变价,2009年第二产业增加值540.1亿元,年增长率为23.0%),已构筑起以能源重化工为支柱产业,纺织、冶金、建材、机械制造、农畜产品加工等门类较为齐全的工业体系,是内蒙古发展循环经济最具优势的地区之一,目前正向打造国家级能源重化工基地的目标迈进;第三产业从2000年的41.6亿元发展到2009年的839.90亿元,增长了20倍(按2000年不变价,2009年第二产业增加值359.9亿元),年增长率为27.1%,已初步建立起完善的社会服务体系。

2. 国民经济结构变化大、加快向更加合理的方向调整

2009 年鄂尔多斯市国民经济第一、二、三产业的增加值比例从 2000 年的 16.3∶55.9∶27.8，调整到 2.8∶58.3∶38.9，2009 年第一产业增加值所占比例低于 3%，而第三产业增加值所占比例接近 40%。2000～2009 年以来国内生产总值及第一、二、三产业结构对比分别见表 2-3-3、图 2-3-2。

表 2-3-3　2000～2009 年鄂尔多斯市国内生产总值统计

年份	国内生产总值(亿元)				
	第一产业	第二产业	第三产业	合计	2000 年不变价
2000	24.5	83.9	41.6	150.0	150.0
2001	24.4	95.4	52	171.8	159.9
2002	28.1	110.3	66.4	204.8	176.0
2003	33.1	141.7	103.6	278.4	217.5
2004	38.0	199	163.6	400.6	284.3
2005	40.6	312.5	241.7	594.8	365.9
2006	42.6	439.6	317.8	800.0	446.4
2007	50.0	633.1	467.8	1 150.9	577.6
2008	57.7	931.4	613.9	1 603.0	749.4
2009	60.6	1 260.5	839.9	2 161.0	925.9

注：资料源于《2010 鄂尔多斯统计年鉴》。

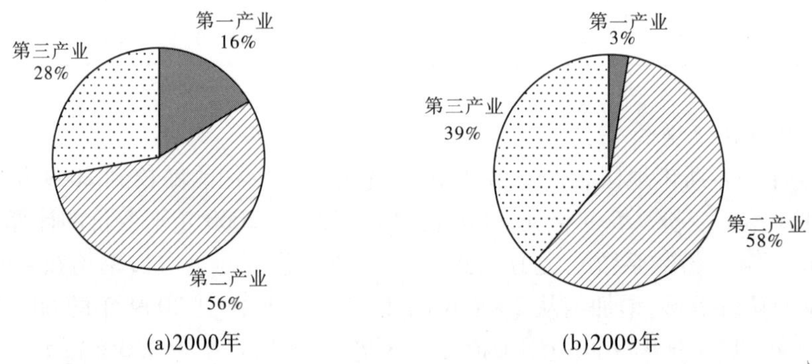

图 2-3-2　2000 年、2009 年鄂尔多斯市国内生产总值三产结构对比

2.3.2.3　经济发展的主要问题

近年来，鄂尔多斯市经济在快速发展中出现了一系列布局和结构等问题，影响区域经济的进一步持续快速发展。

1. 产业发展不平衡、结构不合理

鄂尔多斯市第二产业比重偏大、第三产业比重偏低，从工业内部各主要工业部门的结构来看，鄂尔多斯市工业增加值主要集中在煤炭、电力、煤化工、燃气等资源型加工工业，而生物医药产业、电子信息产业、装备制造业等科技含量高且代表工业发展方向的行业发

展仍相对滞后。目前鄂尔多斯市的现代金融服务业等发展速度相对缓慢，与经济不协调。

2. 区域发展不均衡，“东强西弱”格局明显、中心区对外辐射能力不足

从旗(区)的经济实力对比来看，鄂尔多斯市东部东胜区、准格尔旗、伊金霍洛旗以及达拉特旗等经济基础和工业发展起步早的旗(区)经济发展水平相对较强，占鄂尔多斯市经济总量的近80%。西部的杭锦旗、鄂托克旗、鄂托克前旗为传统的农牧区，工业基础薄弱、经济发展相对滞后，人均经济指标不足东部的1/3。

3. 技术创新能力不强、知识对经济增长的贡献不足

目前，鄂尔多斯市虽然制定了一些适合高新技术产业发展的优惠政策，但由于地处中西部地区，对高科技人才吸引力不足，缺乏一支高层次的研发力量。当前鄂尔多斯市高新技术产业的发展模式以技术引进为主，技术引进与消化、吸收再创新的能力还没有明显的表现出来，导致目前产业自主创新能力不强，效益无法提高，知识对经济增长的贡献偏少将影响后期经济增长。

2.4 水资源开发利用现状

2.4.1 供水量及其构成

2.4.1.1 供水量构成

据统计，2009年鄂尔多斯市各类水源工程总供水量为19.46亿 m^3，其中地表水供水量7.85亿 m^3，占总供水量的40.3%；地下水供水量10.87亿 m^3(含深层地下水供水0.10亿 m^3)，占总供水量的55.9%；非常规水源供水量0.74亿 m^3(主要为矿井水利用0.16亿 m^3、岩溶水利用0.19亿 m^3、潜流利用0.24亿 m^3 和再生水利用0.14亿 m^3)，占总供水量的3.8%。鄂尔多斯市现状供水结构见图2-4-1。

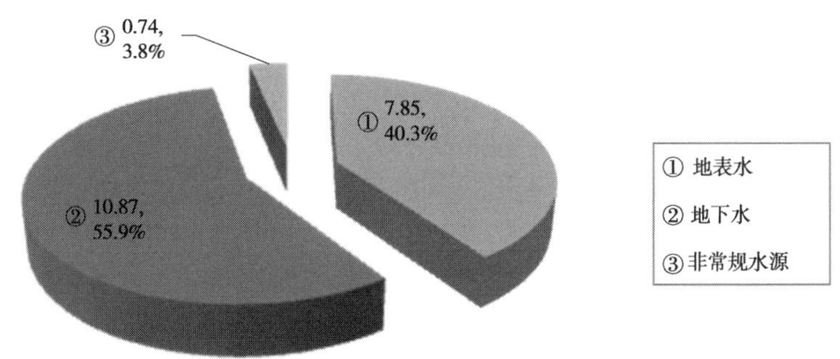

图2-4-1 鄂尔多斯市现状供水结构 (供水量单位：亿 m^3)

鄂尔多斯市现状地表水供水量中，引提水工程(主要指从过境的黄河取水)供水量6.81亿 m^3，占地表供水量的86.7%，为主要供水水源；蓄水工程(主要为境内河流地表水蓄积利用)供水量1.04亿 m^3，占地表供水量的13.3%。现状地下水源供水量中，浅层地下水10.77亿 m^3，占地下供水量的99.1%；深层承压水0.10亿 m^3，占地下供水量的0.9%，详见表2-4-1。

表 2-4-1　鄂尔多斯市现状各种水源供水量

（单位：亿 m^3）

分区		地表水			地下水			非常规水源					总供水量
		引提水	蓄水	合计	浅层	深层	合计	再生水	矿井水	岩溶水	潜流利用	合计	
水资源分区	黄河南岸灌区	5.41	0.01	5.42	1.31	0.00	1.31	0.00	0.00	0.00	0.00	0.00	6.73
	河口镇以上南岸	0.82	0.32	1.14	3.10	0.00	3.10	0.06	0.03	0.00	0.00	0.09	4.33
	石嘴山以上	0.00	0.02	0.02	0.43	0.00	0.43	0.00	0.00	0.00	0.00	0.00	0.45
	内流区	0.00	0.15	0.15	3.32	0.10	3.42	0.01	0.00	0.00	0.00	0.01	3.58
	无定河	0.00	0.21	0.21	1.52	0.00	1.52	0.00	0.00	0.00	0.00	0.00	1.73
	红碱淖	0.00	0.09	0.09	0.14	0.00	0.14	0.00	0.00	0.00	0.00	0.00	0.23
	窟野河	0.00	0.12	0.12	0.84	0.00	0.84	0.04	0.09	0.00	0.19	0.32	1.28
	河口镇以下	0.58	0.12	0.70	0.11	0.00	0.11	0.04	0.04	0.19	0.05	0.32	1.13
行政区	准格尔旗	0.67	0.16	0.83	0.48	0.00	0.48	0.04	0.04	0.19	0.12	0.39	1.70
	伊金霍洛旗	0.00	0.21	0.21	0.88	0.00	0.88	0.00	0.09	0.00	0.12	0.21	1.30
	达拉特旗	3.51	0.23	3.74	3.47	0.00	3.47	0.04	0.01	0.00	0.00	0.05	7.26
	东胜区	0.00	0.04	0.04	0.46	0.00	0.46	0.04	0.00	0.00	0.00	0.04	0.54
	康巴什新区	0.00	0.03	0.03	0.04	0.00	0.04	0.00	0.00	0.00	0.00	0.00	0.07
	杭锦旗	2.22	0.14	2.36	1.64	0.00	1.64	0.00	0.00	0.00	0.00	0.00	4.00
	鄂托克旗	0.41	0.01	0.42	0.92	0.00	0.92	0.03	0.02	0.00	0.00	0.05	1.39
	鄂托克前旗	0.00	0.05	0.05	1.32	0.00	1.32	0.00	0.00	0.00	0.00	0.00	1.37
	乌审旗	0.00	0.17	0.17	1.56	0.10	1.66	0.00	0.00	0.00	0.00	0.00	1.83
鄂尔多斯市		6.81	1.04	7.85	10.77	0.10	10.87	0.15	0.16	0.19	0.24	0.74	19.46

2.4.1.2　供水量分布

鄂尔多斯市地域辽阔，各旗(区)地理位置、水源条件差别较大，供水难易程度不同，因此各种水源供水量在鄂尔多斯市各旗(区)分布也有所不同，达拉特旗、杭锦旗和准格尔旗以地表水供水为主，地表水供水量占一半以上，其他旗(区)则主要以地下水供水为主。鄂尔多斯市各旗(区)现状供水水源构成见图 2-4-2。

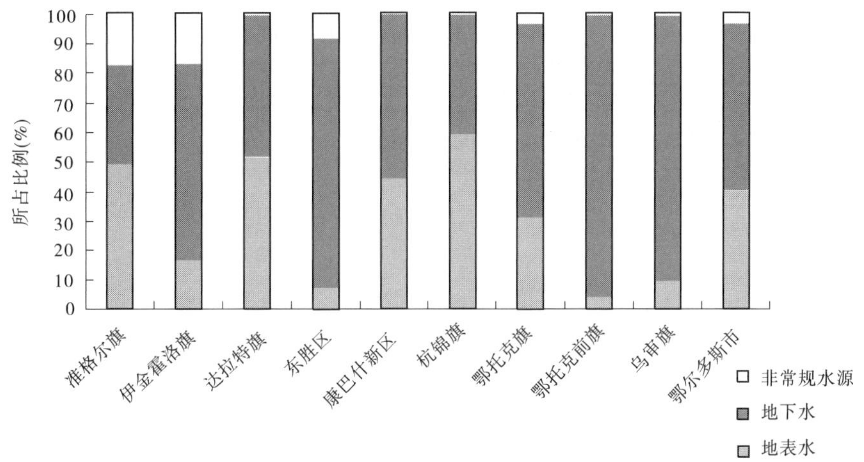

图 2-4-2　鄂尔多斯市现状供水水源构成

从各旗(区)现状总供水量分析，总供水量最大的为达拉特旗，供水总量为 7.25 亿 m^3，占鄂尔多斯市供水总量的 37.2%；其次为杭锦旗和乌审旗，供水量分别为 4.00 亿 m^3 和 1.82 亿 m^3，分别占鄂尔多斯市供水总量的 20.6% 和 9.4%；而康巴什新区正处于建设之中，供水量仅为 0.07 亿 m^3，占鄂尔多斯市总供水量的 0.1%。2009 年鄂尔多斯市供水空间分布见图 2-4-3。

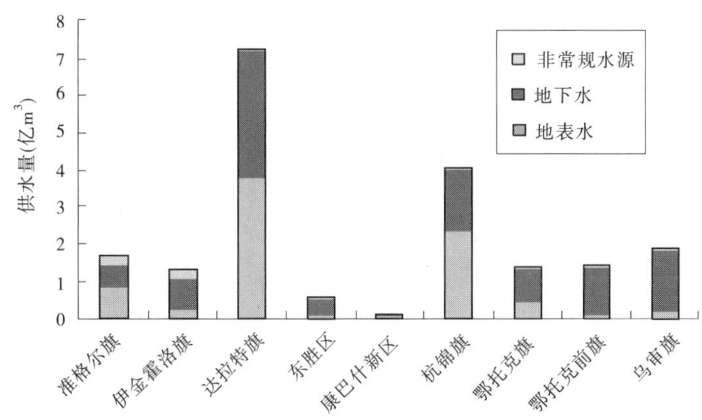

图 2-4-3　鄂尔多斯市现状供水空间分布图

综上所述，鄂尔多斯市现状供水中以常规水源为主，非常规水源的利用量不大。地表供水以黄河取水为主，且主要集中在达拉特旗和杭锦旗；地下水供水主要集中在达拉特旗和乌审旗。从旗(区)对各种水源的依赖程度来看，杭锦旗对黄河水的依赖程度高达 60%

左右，鄂托克前旗对地下水的依赖程度高达90%以上。

2.4.1.3　供水量变化趋势分析

自20世纪80年代以来，随着国民经济的发展，鄂尔多斯市的供水量不断增加。1980年，鄂尔多斯市供水量仅5.84亿m^3，供水的主要对象是农业及生活，2009年鄂尔多斯市总供水量达到19.46亿m^3，30年间供水增长了近14亿m^3。1980～2009年鄂尔多斯市供水量变化情况见表2-4-2和图2-4-4。

表2-4-2　鄂尔多斯市供水量变化　（单位：亿m^3）

年份	地表水源供水量				地下水源供水量			非常规水源	总供水量
	蓄水	引水	提水	小计	浅层水	深层水	小计		
1980	0.38	0.93	1.04	2.35	3.47	0.02	3.49	0.00	5.84
1985	0.43	1.12	1.28	2.83	3.61	0.04	3.65	0.00	6.48
1990	0.66	1.30	1.43	3.39	3.98	0.02	4.00	0.00	7.39
1995	0.81	1.95	1.86	4.62	5.76	0.03	5.79	0.00	10.41
2000	1.05	2.57	3.43	7.05	6.61	0.05	6.66	0.00	13.71
2005	1.45	2.54	3.05	7.04	9.76	0.28	10.04	0.28	17.36
2009	1.04	2.81	4.00	7.85	10.77	0.10	10.87	0.74	19.46

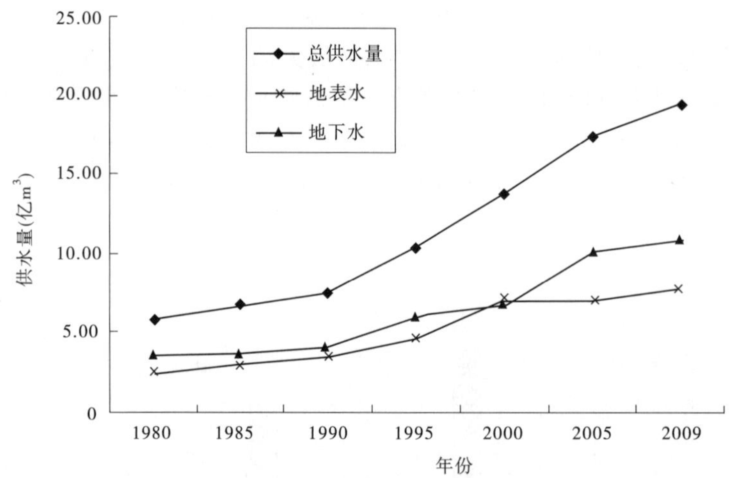

图2-4-4　1980～2009年鄂尔多斯市供水量变化

2.4.2　用水量及其构成

根据鄂尔多斯市现状用水情况，用水户分生活、生产和生态环境三大类，并以此进行细分开展现状用水的调查。

2.4.2.1　现状总用水量

2009年鄂尔多斯市各部门总用水量19.46亿m^3，其中农业灌溉用水量15.77亿m^3（包括农田灌溉11.34亿m^3、林草灌溉3.73亿m^3、鱼塘补水0.32亿m^3、牲畜用水0.38亿m^3），占总用水量的81%，为第一用水大户；工业用水量2.45亿m^3，占13%；生态环境用水量 0.58 亿 m^3，占 3%；居民生活用水量 0.42 亿 m^3（包括城镇生活用水 0.32 亿 m^3、农村生活用水 0.10 亿 m^3），占 2%；建筑业及第三产业用水 0.24 亿 m^3，占 1%。鄂尔多斯市现状用水详见图 2-4-5 及表 2-4-3。

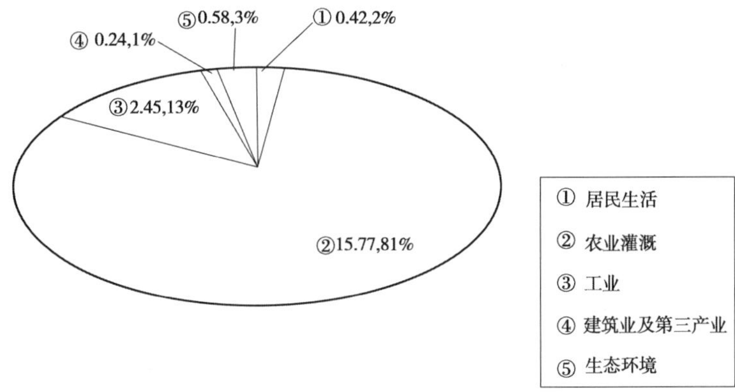

图 2-4-5　鄂尔多斯市现状用水结构图（单位：亿 m^3）

表 2-4-3　2009 年鄂尔多斯市总用水量　　（单位：亿 m^3）

分区		生活	生产				生态环境	总用水量
			农业	工业	建筑业及第三产业	合计		
水资源分区	黄河南岸灌区	0.01	6.71	0.03	0.00	6.74	0.01	6.76
	河口镇以上南岸	0.10	3.06	0.94	0.06	4.06	0.12	4.28
	石嘴山以上	0.01	0.39	0.01	0.01	0.41	0.04	0.46
	内流区	0.06	3.28	0.09	0.02	3.39	0.13	3.58
	无定河	0.02	1.59	0.02	0.01	1.62	0.11	1.75
	红碱淖	0.00	0.19	0.01	0.00	0.20	0.00	0.20
	窟野河	0.15	0.43	0.50	0.10	1.03	0.12	1.30
	河口镇以下	0.07	0.12	0.85	0.04	1.01	0.06	1.13
行政区	准格尔旗	0.08	0.56	0.97	0.04	1.57	0.06	1.71
	伊金霍洛旗	0.04	0.94	0.25	0.03	1.22	0.04	1.30
	达拉特旗	0.07	6.53	0.58	0.03	7.14	0.00	7.21
	东胜区	0.13	0.08	0.18	0.09	0.35	0.08	0.56
	康巴什新区	0.01	0.03	0.00	0.00	0.03	0.02	0.06
	杭锦旗	0.02	3.84	0.01	0.01	3.86	0.14	4.02
	鄂托克旗	0.03	0.85	0.39	0.02	1.26	0.10	1.39
	鄂托克前旗	0.02	1.31	0.02	0.01	1.34	0.04	1.40
	乌审旗	0.02	1.63	0.05	0.01	1.69	0.10	1.81
鄂尔多斯市		0.42	15.77	2.45	0.24	18.46	0.58	19.46

2.4.2.2 现状总用水分布

从总用水的空间分布来看，达拉特旗用水量最多为7.21亿m^3，占总用水量的37.1%；其次为杭锦旗，用水量4.02亿m^3，占20.6%；东胜区和康巴什新区用水量较少，分别为0.56亿m^3和0.06亿m^3。

2.4.2.3 农业用水及其分布

农业用水主要集中在达拉特旗和杭锦旗，分别为6.53亿m^3和3.84亿m^3，占农业用水量的41.6%和24.2%。农业利用地表水6.20亿m^3，占39.3%；地下水9.57亿m^3，占60.7%。

2.4.2.4 用水量变化

2000年以来鄂尔多斯市总用水量总体呈现增长趋势，2000～2009年用水量年均增长3.5%，略高于黄河流域同期增长率。随着工业化进程的加快，工业用水量增长快速，10年间工业用水增加了1.5倍，由于城镇化的发展，鄂尔多斯市生活用水量及其所占比例均有所提升；随着鄂尔多斯市生态保护意识逐渐提高及生态环境建设逐步深入，生态环境用水量也逐年增加，10年生态环境用水量增加了14倍。

综合各部门用水量分析，鄂尔多斯市现状用水以农牧业为主，占用水总量的81%；工业用水量2.45亿m^3，仅占总用水量的12.6%，能源化工产业仍处于起步阶段，用水量较少。鄂尔多斯市当前的用水结构与能源化工基地的区域定位不相称，因此加大农业产业结构的调整力度并进行灌区续建配套与节水改造、进一步实施水权转换仍是今后一个时期甚至在较长时段内的重要任务。

2.4.3 地表水耗水量

2009年鄂尔多斯市地表水取用水量7.85亿m^3，地表总耗水量6.56亿m^3，综合耗水率为0.84。其中，黄河及其支流地表供水7.59亿m^3，地表耗水6.32亿m^3，综合耗水率为0.83；内流区地表供水0.26亿m^3，地表耗水0.24亿m^3，综合耗水率0.91。2009年鄂尔多斯市地表耗水量见表2-4-4。

从部门来看，鄂尔多斯市地表供水对象主要包括农业、工业和城镇生活及生态环境，其中农业取地表水6.20亿m^3，地表耗水量5.19亿m^3，为最大的耗水户，占地表耗水量的79.1%；其次为工业，地表取水量1.30亿m^3，地表耗水量1.07亿m^3，占16.2%。从地表耗水的分区来看，地表水消耗主要在黄河南岸灌区，耗水量4.49亿m^3，占鄂尔多斯市地表耗水总量的68.4%；地表耗水量最多的行政区为达拉特旗3.16亿m^3，占全市地表耗水量的48.2%，其次是杭锦旗，地表耗水量1.92亿m^3，占29.3%。

2.4.4 水资源利用效率

2.4.4.1 综合用水指标

鄂尔多斯市2009年万元GDP用水量为90.1 m^3，比2000年的979.4 m^3下降78%（按2000年可比价计算，万元GDP用水量为212.08 m^3），表明鄂尔多斯市产业结构的调整和节水型社会建设已显成效。近10年鄂尔多斯市综合用水指标变化见图2-4-6。

表 2-4-4 2009 年鄂尔多斯市地表耗水量 （单位：亿 m^3）

分区		黄河流域		内流区		地表总耗水量
		取水	耗水	取水	耗水	
资源分区	黄河南岸灌区	5.42	4.49	0.00	0.00	4.49
	河口镇以上南岸	1.14	0.97	0.00	0.00	0.97
	石嘴山以上	0.02	0.01	0.00	0.00	0.01
	内流区	0.00	0.00	0.17	0.16	0.16
	无定河	0.21	0.19	0.00	0.00	0.19
	红碱淖	0.00	0.00	0.09	0.08	0.08
	窟野河	0.10	0.09	0.00	0.00	0.09
	河口镇以下	0.70	0.57	0.00	0.00	0.57
行政区	准格尔旗	0.83	0.69	0.00	0.00	0.69
	伊金霍洛旗	0.09	0.08	0.12	0.11	0.19
	达拉特旗	3.74	3.16	0.00	0.00	3.16
	东胜区	0.03	0.02	0.01	0.01	0.03
	康巴什新区	0.01	0.01	0.02	0.02	0.03
	杭锦旗	2.25	1.82	0.11	0.10	1.92
	鄂托克旗	0.42	0.35	0.00	0.00	0.35
	鄂托克前旗	0.05	0.05	0.00	0.00	0.05
	乌审旗	0.17	0.15	0.00	0.00	0.15
鄂尔多斯市		7.59	6.32	0.26	0.24	6.56

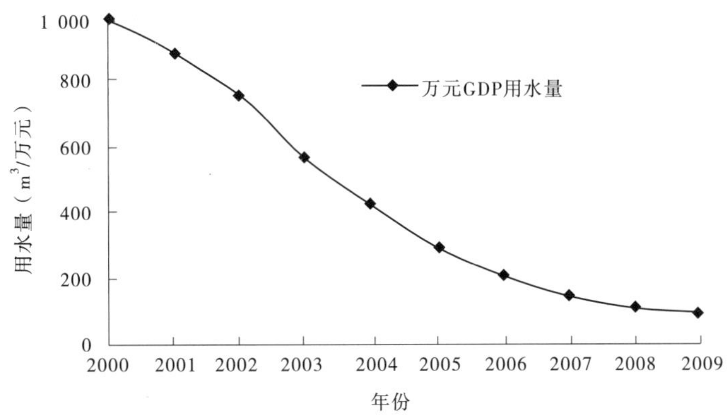

图 2-4-6 鄂尔多斯市 2000 ~2009 年万元 GDP 用水量变化

从各旗（区）的综合用水效率来看，工业化程度较高，第三产业发展较快的东胜区、准格尔旗、伊金霍洛旗用水效率较高，万元 GDP 用水量分别为 11.2 m^3、31.5 m^3 和 33.2

m³;而杭锦旗和鄂托克前旗为传统的农牧业旗,工业、第三产业发展相对落后,用水效率较低,万元 GDP 用水量分别为 952.9 m³ 和 375.3 m³。鄂尔多斯市 2009 年综合用水效率指标见表 2-4-5。

表 2-4-5 2009 年鄂尔多斯市综合用水效率指标

旗(区)	GDP(亿元)	用水量(万 m³)	单位 GDP 用水量(m³/万元)
准格尔旗	539	16 965	31.5
伊金霍洛旗	393	13 053	33.2
达拉特旗	280	72 454	258.8
东胜区	484	5 453	11.2
康巴什新区	11	708	64.4
杭锦旗	42	40 022	952.9
鄂托克旗	222	13 863	62.4
鄂托克前旗	37	13 887	375.3
乌审旗	153	18 240	119.2
鄂尔多斯市	2 161	194 645	90.1

虽然 2000 年以来鄂尔多斯市的水资源利用效率有较大幅度提高,综合用水效率指标超过全国平均 178 m³/万元及黄河流域平均 135 m³/万元的用水水平。但鄂尔多斯市现状万元 GDP 用水量还相当高,与国内先进地区及发达国家、世界先进水平相比还有较大差距,约为深圳的 2.38 倍、日本的 2.08 倍、韩国的 1.5 倍,仍存在一定的差距。鄂尔多斯市与国内及世界部分地区水资源利用效率比较见表 2-4-6。

表 2-4-6 鄂尔多斯市万美元 GDP 用水量与国内外部分地区对比

国家地区	鄂尔多斯市	黄河流域	全国	国内发达地区			高收入国家	中收入国家	低收入国家	世界平均
				北京	天津	深圳				
单位 GDP 用水量(m³/万美元)	621	918	1 210	204	231	263	337	2 663	12 716	1 088

注:均按照中国人民银行公布的当年汇率折算。

2.4.4.2 农业用水指标

鄂尔多斯市农田综合灌溉用水指标主要从节水面积、灌溉水利用系数、亩均用水量三方面进行分析。

截至 2009 年年底,鄂尔多斯市节水灌溉工程面积 173.4 万亩,节灌率达 38.9%,其中渠道防渗灌溉工程面积 57.7 万亩,占 33%;管道输水灌溉工程面积 53.3 万亩,占 31%;喷灌工程面积 58.4 万亩,占 34%;微灌工程面积 4.0 万亩,占 2%。通过大力推广节水灌溉技术,鄂尔多斯市农业用水水平和用水效率明显改善,灌溉水综合利用系数从 2000 年的 0.39 提高到 2009 年的 0.65(其中渠灌 0.52,井灌 0.74)。农业灌溉亩均用水量从 2000 年的 397

m^3 降低到 2009 年的 342 m^3。2009 年鄂尔多斯市农业用水指标及用水效率分析见表 2-4-7。

表 2-4-7　2009 年鄂尔多斯市农业用水指标及用水效率

旗(区)	农业用水指标(m^3/亩)			灌溉水利用系数		
	粮经灌溉	牧草灌溉	综合	渠灌	井灌	综合
准格尔旗	267	255	263	0.61	0.76	0.73
伊金霍洛旗	280	263	273	0.51	0.76	0.72
达拉特旗	376	351	371	0.46	0.72	0.59
东胜区	264	253	262		0.80	0.80
康巴什新区	264	253	262		0.80	0.80
鄂托克旗	309	331	313	0.51	0.77	0.72
杭锦旗	415	410	414	0.60	0.75	0.66
鄂托克前旗	291	261	280	0.65	0.75	0.74
乌审旗	278	265	272	0.45	0.72	0.71
鄂尔多斯市	351	320	342	0.52	0.74	0.65

鄂尔多斯市近 10 年农业灌溉用水水平和用水效率有了较大提高,但与全国先进地区和世界发达国家相比,农业灌溉水利用方式还很粗放,用水效率较低,浪费仍较严重。部分扬水灌区渠系老化失修、工程配套较差、灌水田块偏大、沟长畦宽、土地不平整、灌水技术落后及用水管理粗放等造成了灌区大水漫灌、浪费水严重的现象。当前达拉特旗和乌审旗的渠灌区灌溉水利用系数仍低于 0.5。田间节水管理与节水技术还比较落后,主要用水效率指标与先进地区和发达国家相比尚有较大差距。

2.4.4.3　工业用水指标

2009 年鄂尔多斯市工业实现增加值 1 132 亿元,工业用水量 2.45 亿 m^3,万元增加值用水量 21.68 m^3/万元,总体来看工业用水效率较 2000 年的 114 m^3/万元有了较大提高。总体上看,鄂尔多斯市现状工业用水效率高于全国平均 103 m^3/万元和黄河流域 41 m^3/万元,但现状工业用水重复利用率仅 70.5%,与国内外先进地区相比差距仍较大。

2.5　生态环境状况

2.5.1　生态环境特征

2.5.1.1　降水量少、生态环境脆弱

鄂尔多斯市地处鄂尔多斯高原,全年多受西北气流控制,形成典型的温带大陆性气候,多年平均降水量 265.2 mm,而大部分地区蒸发量高达 1 500 ~ 2 200 mm,气候干燥,干旱少雨。境内毛乌素沙地、库布齐沙漠占总面积的 48%,丘陵沟壑区、干旱硬梁区占总面积的 48%,自然条件恶劣,生态环境脆弱。

鄂尔多斯市所在鄂尔多斯高原是我国北方一个非常特殊和敏感的生态过渡带:从大气环流上看,处在蒙古－西伯利亚反气旋高压中心向东南季风区的过渡;从土壤方面来讲,处在栗钙土亚地带向棕钙土亚地带和黑垆土亚地带的过渡;在植被方面来看,处于森林草原－温带草原－荒漠化草原和草原化荒漠的过渡带;从植物区系上说,是欧亚草原区和中亚荒漠区的交汇和过渡地区;在水文上是大陆内流区向外流区的过渡,也是风蚀和水蚀交错作用的地带;在地质地貌上,是沙区向戈壁和黄土区的过渡。

鄂尔多斯市处于气候过渡地带和生态环境交错区,生态环境具有明显的过渡性和波动性特点,对气候变化及人为扰动的响应极为敏感,在气候大幅度变化和高强度的人类干扰下,导致一些重要生态功能丧失,而且一旦受到破坏,自然恢复的周期较为漫长。

2.5.1.2　生态环境空间差异显著

鄂尔多斯市属于温带季风气候类型,草原植物得以充分广泛发育,荒漠植物分布在西北部强干旱荒漠地带,天然林只在东南部有小面积残存。

据调查统计,2009 年鄂尔多斯市一级土地利用分类中耕地面积 4 201 km^2,占总面积的 4.8%;林地面积 2 337 km^2,占 2.7%;草地面积 58 803 km^2,占 67.8%;水域湿地面积 2 357 km^2,占 2.7%;城市建设用地 1 689 km^2,占 2.0%;另有未利用地 17 365 km^2,占全市面积的 20.0%,见表 2-5-1。鄂尔多斯市土地利用结构见图 2-5-1。

从空间分布上看,林地主要分布于乌审旗和鄂托克前旗,两者林地面积约占鄂尔多斯市林地总面积的 49%;草地在各旗(区)均有大面积分布;水域湿地主要集中于杭锦旗、鄂托克旗及达拉特旗;耕地则主要分布于达拉特旗、准格尔旗和鄂托克旗。此外,从未利用地类型来看,东胜区和伊金霍洛旗的未利用土地比例最低,分别占各自旗(区)的 0.098%和 5.01%,土地利用率相对较高。

表 2-5-1　鄂尔多斯市各旗(区)现状不同类型用地面积统计　　(单位:km^2)

旗(区)	林地	草地	水域湿地	耕地	建设用地	未利用地	合计
准格尔旗	215	5 205	200	838	297	809	7 564
伊金霍洛旗	177	4 484	119	387	141	280	5 588
达拉特旗	234	4 802	492	1 238	255	1 171	8 192
东胜区	146	1 511	142	220	142	2	2 163
康巴什新区	0	0	0	32	168	152	352
杭锦旗	294	16 227	561	166	131	1 455	18 834
鄂托克旗	119	11 065	565	667	347	7 621	20 384
鄂托克前旗	602	8 838	145	268	178	2 149	12 180
乌审旗	550	6 671	133	385	30	3 726	11 495
鄂尔多斯市	2 337	58 803	2 357	4 201	1 689	17 365	86 752
百分比(%)	2.7	67.8	2.7	4.8	2.0	20.0	100

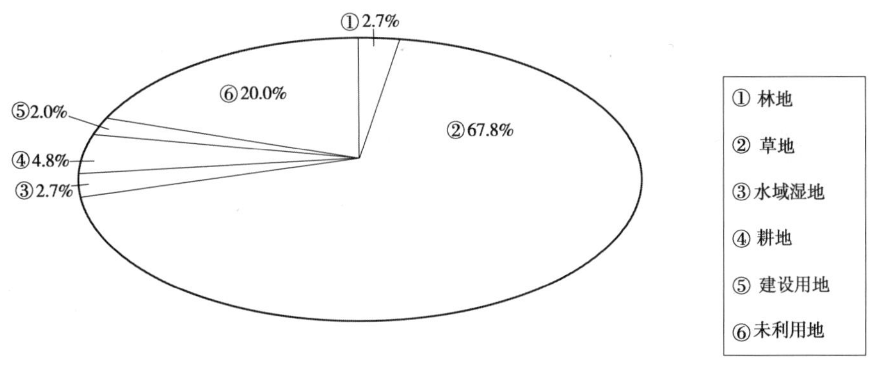

注:水域湿地包括河渠、水库、坑塘、海涂和滩地;未利用土地包括沙地、盐碱地、裸土地、裸岩石砾。

图 2-5-1　鄂尔多斯市土地利用结构示意图

2.5.2　生态环境现状

20 世纪八九十年代,由于人口的增长、经济的发展以及过度放牧,导致鄂尔多斯市沙化土地面积一度占到土地总面积的 49.6% ,水土流失面积占到 54% 。

2000 年以后尤其是国家西部大开发战略实施以来,鄂尔多斯市着手实施了国家生态建设重点工程,将全市划分为优化开发区、限制开发区和禁止开发区。根据鄂尔多斯市农牧业“三区”划分,限制区和禁止区面积为 7.63 万 km^2,占总面积的 87.1% ,全面推行禁牧、休牧、划区轮牧政策,以产业化带动城乡统筹,推进现代化农业发展和农牧业生产方式转变,实施防沙治沙、退耕还林、禁牧休牧、“生态建设产业化、产业发展生态化”等生态恢复和建设举措,植被得到了有效恢复,生态持续恶化的态势得到有效控制,初步实现生产发展、生态恢复和生活改善“三生共赢”的和谐局面。

统计结果显示,2004 ~ 2009 年间,鄂尔多斯市水域和未利用土地面积有所减少,其他土地利用类型面积均有所增加。植被覆盖度从 2004 年的 63.5% 提高到 2009 年的 74.6% ,人与自然和谐程度有了较大改善。

土地利用/土地覆盖变化,简称 LUCC,是用于提示生态环境系统与人类日益发展的生产系统(农业化、工业化/城市化等)之间相互作用的基本过程的重要指标。从 LUCC 综合动态变化度来看,通过对比 2004 年和 2009 年鄂尔多斯市一级土地利用分类的主要项目可以发现,近年来通过实施退耕还林还草措施,2009 年耕地面积较 2004 年减少了 1 348 km^2,减少了 24.3% ;同期草地和林地的面积则分别增加了 7 546 km^2 和 200 km^2,植被覆盖度从 2004 年的 63.5% 提高到 74.6% ;其他土地利用类型变化幅度不大。鄂尔多斯市土地利用情况变化统计见表 2-5-2。

总体上讲,鄂尔多斯市生态环境状况已从“整体恶化、局部治理”走向“整体遏制、局部好转”,生态环境已明显改善。但同时不可忽视,鄂尔多斯市依然存在一些生态环境问题,突出表现在:

表 2-5-2　鄂尔多斯市土地利用情况变化统计　（单位:km^2）

旗(区)	2004 年				2009 年			
	林地	草地	耕地	植被覆盖程度(%)	林地	草地	耕地	植被覆盖程度(%)
准格尔旗	234	5 030	1 179	72.5	215	5 205	838	74.8
伊金霍洛旗	350	3 525	300	74.8	177	4 484	387	88.3
达拉特旗	177	3 757	1 388	54.0	234	4 802	1 238	66.8
东胜区	215	1 568	354	90.0	146	1 511	252	87.4
杭锦旗	294	14 315	325	75.6	294	16 227	166	84.1
鄂托克旗	119	9 243	1 192	52.5	119	11 065	667	62.2
鄂托克前旗	147	8 215	541	69.1	602	8 838	268	74.1
乌审旗	602	5 604	271	54.4	550	6 671	385	63.6
鄂尔多斯市	2 138	51 257	5 550	63.5	2 337	58 803	4 201	74.6

(1)水土流失。鄂尔多斯市除沿黄河 4 000 km^2 山洪冲积平原外均存在水土流失问题。东部以水蚀为主,西部以风蚀为主,中部风、水蚀皆有。主要发生在鄂尔多斯市丘陵沟壑区,包括准格尔旗、东胜区、达拉特旗南部梁外地区,伊金霍洛旗东部和杭锦旗北部。近年来,鄂尔多斯市加强了重点流域水土流失治理,使 2 300 万亩水土流失面积得到初步治理和控制,累计减少入黄泥沙 3 亿多 t,大大减轻了对黄河及下游地区的威胁。

(2)沙漠化。现状鄂尔多斯市沙化土地面积 4.3 万 km^2,占鄂尔多斯市总土地面积的 49.6%,其中包括沙化耕地 255 万亩,沙化草地 928 万亩。截至 2009 年年底,“三北”防护林工程造林保存面积 135 万亩(沙区占 80%),目前已有 1 950 万亩风沙危害面积得到初步治理和控制,总体上实现了生态治理速度超过沙化扩展速度,呈现出整体遏制、局部好转的势头。

(3)土壤盐渍化。鄂尔多斯市有盐渍化土地 143 万亩,占全市总土地面积的 1.09%,广泛分布于黄河南岸阶地、河滩地、湖滨低地、沙丘间洼地等地貌部位,以达拉特旗的中和西、昭君坟、展旦召、解放滩、大树湾、德胜太、乌兰淖尔以及吉格斯太等乡镇较为集中。

(4)湿地萎缩。鄂尔多斯市现有湿地总面积 255 万亩,占鄂尔多斯市国土总面积的 1.95%,具有重要生态保护湿地价值保护区三个:鄂尔多斯遗鸥国家级自然保护区、都思兔河湿地自然保护区和内蒙古杭锦淖尔自然保护区,其中鄂尔多斯遗鸥国家级自然保护区是国际重要湿地。近期统计资料显示,鄂尔多斯市湿地正面临面积减少、功能降低的风险。

2.6　本章小结

鄂尔多斯市矿产资源丰富、品质优良,是中国最重要的优质煤炭基地之一。依托资源优势，经济发展迅速，城镇化崛起，形成了多元发展的经济格局。

鄂尔多斯市位于我国西北干旱半干旱地区，降水量少，生态环境脆弱、抗干扰能力差，历史上不合理的开发造成生态环境恶化，土地沙化，水土流失严重。近年来在实施生态保护和林草建设等措施下，生态环境状况有所改善，但依然面临土地沙化、水土流失、土壤盐滞化以及湿地萎缩等生态环境问题。

第 3 章　环境剧烈变化地区水资源评价

3.1　水文要素分析

鄂尔多斯高原深居欧亚大陆腹地，远离海洋，受极地气团影响较大，形成了典型的温带大陆性气候。全年大部分时间为西北气流控制，所以气候干燥、寒冷、多风，只有盛夏季节东南季风带着海洋水汽输入内地形成降水。

3.1.1　水资源分区

根据鄂尔多斯市的区域特点，按照旗（区）行政区套水资源分区进行水资源利用分区的划分，将鄂尔多斯市划分为 24 个水资源利用分区，详见表 3-1-1。为保持水系的完整性，对鄂尔多斯市境内的 19 条主要河流水系进行单独评价。

表 3-1-1　鄂尔多斯市水资源利用分区

行政区	水资源利用分区	面积（km^2）
准格尔旗	河口镇以上黄河南岸	1 056
	河口镇以下（不含窟野河）	5 511
	窟野河	997
	小计	7 564
伊金霍洛旗	窟野河	2 511
	无定河	155
	内流区（不含红碱淖）	2 101
	红碱淖	821
	小计	5 588
达拉特旗	河口镇以上黄河南岸	7 145
	南岸灌区	1 047
	小计	8 192
东胜区	河口镇以上黄河南岸	778
	窟野河	742
	内流区	643
	小计	2 163

续表 3-1-1

行政区	水资源利用分区	面积(km^2)
康巴什新区	窟野河	352
杭锦旗	河口镇以上黄河南岸	6 481
	南岸灌区	1 764
	内流区	10 589
	小计	18 834
鄂托克旗	石嘴山以上	9 408
	河口镇以上黄河南岸	1 889
	内流区	9 087
	合计	20 384
鄂托克前旗	石嘴山以上	4 154
	内流区	7 524
	无定河	502
	小计	12 180
乌审旗	无定河	6 957
	内流区	4 538
	小计	11 495
鄂尔多斯市		86 752

3.1.2　降水

本书选取鄂尔多斯市境内具有长期观测资料的水文雨量站点 23 个,气象站点 10 个,雨量站及资料情况见表 3-1-2。

表 3-1-2 中有 9 个观测资料在 50 年以上,其中鄂托克站超过 54 年;有 16 个雨量站资料在 40 年以上;有 4 个雨量站是 20 世纪 90 年代后设立的,观测资料仅十余年。为了获得 1956~2009 年同期系列数据,研究对有 40 年以上资料的具有不完整系列的测站降水量进行插补延长,采用了单变量或双变量统计回归分析方法进行插补。在选择用于插补的参证站时,首先尽量选择邻近的降水量测站,其次选择纬度相近的降水量测站,最后选择经度相近的降水量测站。与邻站相关密切的,选用资料系列长、距离近、降水特性相似的站作为参证站,采用相关法进行插补;与邻站相关较差的,采用降水量等值线图内插。由于非汛期月降水量较少,各年变化不大,采用历年月平均值进行插补,或在邻站气候、地形条件一致时,搬用邻站月降水量。本次评价对市内 15 个雨量站降水量系列进行了插补,得到 1956~2009 年完整系列,作为评价、分析、计算的基础,对部分雨量站缺测较多或系列较短,为避免过多的插补延长未进行插补,只作为参考站。

表 3-1-2　选用雨量站基本情况

序号	站名	资料系列	系列长度	站别	地址	地理坐标	
						东经	北纬
1	转龙湾	1997～2009	13	水文	伊金霍洛旗布尔台格乡巴图塔村	110°03′	39°31′
2	灶火壕	1996～2009	14	水文	东胜区布日都梁乡灶火壕村	109°57′	39°41′
3	垛子梁	1996～2009	14	水文	东胜区漫赖乡垛子梁村	109°28′	39°48′
4	阿腾席热	1985～2008	24	水文	伊金霍洛旗红海子乡瓦窑圪台村	109°47′	39°35′
5	合同庙	1985－2009	25	水文	伊金霍洛旗合同庙乡合同庙村	109°30′	39°40′
6	长滩	1976～2009	34	水文	准格尔旗长滩乡长滩村	111°10′	39°36′
7	刘家塔	1977～2009	33	水文	准格尔旗巴润黑岱乡刘家塔村	111°04′	39°52′
8	西营子	1976～2009	34	水文	准格尔旗西营子乡西营子村	110°43′	39°37′
9	沙圪堵	1960～2009	40	水文	准格尔旗沙圪堵镇	110°52′	39°38′
10	奎洞不拉	1978～2009	32	水文	准格尔旗纳林乡奎洞不拉村	110°48′	39°43′
11	德胜西	1976～2009	34	水文	准格尔旗德胜西乡德胜西村	110°35′	39°51′
12	后山神庙	1982～2009	28	水文	准格尔旗巴润黑岱乡燕家塔村	110°56′	39°56′
13	乌兰沟	1973～2009	37	水文	准格尔旗布尔陶亥乡乌兰沟林场	110°41′	39°57′
14	响沙湾	1999～2009	11	水文	达拉特旗树林召乡瓦窑村	109°57′	40°14′
15	耳字壕	1980～2009	30	水文	达拉特旗耳字壕乡耳字壕村	110°01′	39°59′
16	青达门	1980～2009	30	水文	达拉特旗青达门乡青达门村	109°49′	40°01′
17	罕台庙	1980～2009	30	水文	鄂尔多斯市东胜区罕台镇罕台庙村	109°49′	39°50′
18	龙头拐	1960～2009	50	水文	达拉特旗展旦召苏木王马驹圪卜村	109°46′	40°21′
19	高头窑	1964～2009	46	水文	达拉特旗高头窑乡高头窑村	109°37′	40°03′
20	柴登壕	1965～2009	45	水文	东胜区柴登壕乡柴登壕村	109°33′	39°53′
21	哈拉汉图壕	1965～2009	45	水文	达拉特旗呼斯梁乡哈拉汉图壕村	109°21′	40°01′
22	图格日格	1982～2009	28	水文	杭锦旗图格日格苏木	108°52′	40°18′
23	塔然高勒	1965～2009	45	水文	杭锦旗独贵特拉镇塔然高勒嘎查	109°03′	40°05′
24	达旗	1957～2009	53	气象	达旗树林召镇	110°10′	40°17′
25	伊克乌苏	1960～2009	40	气象	鄂尔多斯市杭锦旗	107°54′	40°02′
26	鄂托克	1955～2009	55	气象	鄂托克旗乌兰镇	107°59′	39°06′
27	杭锦	1959～2009	51	气象	杭锦旗锡尼镇	108°44′	39°51′
28	东胜	1957～2009	53	气象	东胜境中东部羊场壕乡	109°59′	39°50′
29	伊旗	1958～2009	52	气象	伊金霍洛旗阿藤席连镇	109°44′	39°34′
30	乌审召	1959～2009	51	气象	乌审旗乌审召镇	109°02′	39°06′
31	乌审旗	1959～2009	51	气象	乌审旗达布察克镇	109°04′	38°24′
32	鄂前旗	1967～2009	43	气象	鄂尔多斯市鄂托克前旗	107°22′	38°12′
33	河南	1959～2009	51	气象	乌审旗河南乡	108°43′	37°51′

3.1.2.1　降水量

根据鄂尔多斯市 1956～2009 年 54 年同期降水系列评价，鄂尔多斯市多年平均降水量为 265.2 mm，折合 230.1 亿 m^3。各分区降水量见表 3-1-3。

表 3-1-3　鄂尔多斯市各分区 1956 ~ 2009 年平均降水量成果

分区		计算面积（km^2）	统计参数			不同频率年降水量(mm)			
			年均值（mm）	C_v	C_s/C_v	20%	50%	75%	95%
水资源分区	黄河南岸灌区	2 811	199.9	0.3	2	246.5	194.2	158.1	114.6
	河口镇以上南岸	17 349	245.8	0.3	2	304.4	238.6	193.2	138.9
	石嘴山以上	13 562	235.3	0.3	2	293.3	227.9	183.0	129.7
	内流区	34 482	252.5	0.3	2	307.3	246.4	203.8	151.8
	无定河	7 614	334.0	0.3	2	388.3	309.3	254.3	187.5
	红碱淖	821	343.7	0.3	2	434.5	331.1	261.2	179.4
	窟野河	4 602	329.6	0.3	2	402.4	321.3	264.8	196.0
	河口镇以下	5 511	352.9	0.3	2	433.6	343.4	280.9	205.3
行政区	准格尔旗	7 564	349.3	0.3	2	430.4	339.6	276.7	201.0
	伊金霍洛旗	5 588	322.3	0.3	2	406.7	310.6	245.7	169.4
	达拉特旗	8 192	295.3	0.3	2	366.1	286.6	231.7	166.2
	东胜区	2 163	289.7	0.3	2	357.9	281.4	228.6	165.2
	康巴什新区	352	317.8	0.3	2	393	308.6	250.3	180.4
	杭锦旗	18 834	195.2	0.3	2	241	189.7	154.2	111.6
	鄂托克旗	20 384	230.3	0.3	2	287.0	223.0	179.1	127.0
	鄂托克前旗	12 180	267.5	0.3	2	331.4	259.6	210.1	150.8
	乌审旗	11 495	328.9	0.3	2	376.3	304.4	253.8	191.6
鄂尔多斯市		86 752	265.2	0.3	2	322.9	258.8	214.1	159.4

从表 3-1-3 可见，鄂尔多斯市多数旗区（鄂托克前旗、东胜区、达拉特旗、康巴什新区、伊金霍洛旗、乌审旗）降水量为 260 ~ 330 mm。准格尔旗降水量最高，为 349.3 mm；杭锦旗降水量最低，为 195.2 mm。

3.1.2.2　降水时空分布特征

1. 空间分布不均

鄂尔多斯市降水量空间分布特征是由东南向西北逐渐递减的。东南部准格尔旗、乌审旗降水量在 300 mm 以上，西北部的杭锦旗多年平均降水量仅 195.2 mm。从水资源分区来看，河口镇以下（准格尔境内）降水量最大，多年平均降水量为 352.9 mm；最小为黄河南岸灌区（鄂托克旗境内），多年平均降水量为 199.9 mm，属于内蒙古干旱地区。

2. 年内集中、年际变化大

鄂尔多斯市降水量的年内分配极不均匀，最大月降水量一般出现在 7、8 月，占年降水量的 60% ~70%，汛期 6 ~9 月连续 4 个月降水量一般占全年降水量的 60% ~90%，冬季 12 月至次年 2 月降水量最小，一般占全年的 1.2% ~3.4%。

鄂尔多斯市降水量年际变化大,54 年系列降水量 C_v 值为 0.3,降水量最大值和最小值之比为 2.4,20 世纪 60 年代降水量最高,为 353 mm。

3.1.3 蒸发

3.1.3.1 水面蒸发量

水面蒸发是反映当地蒸发能力的指标。鄂尔多斯市多年平均水面蒸发量为 1 513.4 mm。水面蒸发量地带明显,变化幅度大,由东南向西北递增,与降水量分布趋势相反,即降水量大的地区蒸发量小,降水量小的地区蒸发量大。境内杭锦旗的伊和乌素苏木蒸发量最高,可达 2 500 mm;准格尔旗的马栅最低,为 1 050 mm。

3.1.3.2 陆面蒸发量

陆面蒸发量指区域内水体蒸发、土壤蒸发和植物蒸腾的总和。陆面蒸发量主要取决于降水量及其时空分布,并受地表植被、地形、地质、地下水埋藏深度及其他促进蒸发的各气象因素影响。当降水量较充分时,陆面蒸发量趋近于水面蒸发量;当气候干燥径流深较小时,趋近于降水量。鄂尔多斯市多年平均陆面蒸发量为 242.2 mm,受降水和气候条件的制约,陆面蒸发量变化幅度较大,总的分布与降水分布一致,即由东南向西北递减。

3.1.4 干旱指数

干旱指数是反映一个地区气候干湿程度的指标,一般用年水面蒸发能力与年降水量的比值来表示。鄂尔多斯市多年平均干旱指数为 5.71,反映了区域干旱、少雨、蒸发量较大的气候特点。由于地形复杂、空间跨度大,鄂尔多斯市干旱指数在地区上的分布差异明显,干旱指数变化范围在 3.2 ~ 11.4,总体趋势是由东南向西北逐渐递增。代表站多年平均(1980 ~ 2009 年)干旱指数见表 3-1-4。

表 3-1-4 代表站 1980 ~ 2009 年多年平均干旱指数

站名	水面蒸发量(mm)	降水量(mm)	干旱指数
达拉特旗	1 283.9	305.4	4.2
东胜区	1 398.8	365.2	3.8
鄂托克前旗	1 543.4	251.3	6.1
鄂托克旗	1 529.3	266.5	5.7
杭锦旗	1 513.6	273.1	5.5
河南	1 315.5	302.1	4.4
乌审旗	1 395.4	329.2	4.2
乌审召	1 444.9	315.3	4.6
伊克乌苏	1 995.0	175.5	11.4
伊金霍洛旗	1 391.9	339.6	4.1
准格尔旗	1 230.0	384.1	3.2
转龙湾	1 157.8	341.2	3.4
图格日格	1 565.3	253.6	6.2

3.2　区域环境变化研究

气候变化对径流的影响体现在气象因素变化对径流的影响，其中降水和径流的关系密切，是必须考虑的因素；而气温、日照时数、风速、相对湿度等主要通过影响蒸散发而影响径流，根据相关研究结论，气温是影响水面蒸发的最主要因素，其次是日照时数、相对湿度和风速，因此选取气温作为影响径流的另一重要气象因素。

水土保持、水利工程建设、采矿、地下水开采等人类活动也会减小径流，一方面人类活动通过对水系统进行干扰直接减小径流；另一方面通过改变下垫面而使产流条件发生变化，导致同样降水情况下径流发生变化。统计表明，在过去 30 年间，受强烈人类活动影响，鄂尔多斯市下垫面发生剧烈变化。

鄂尔多斯市径流量变化是气候变化和人类活动共同作用的结果。首先对鄂尔多斯市环境变化进行分析，再分析环境变化下径流变化规律。

3.2.1　气候变化

3.2.1.1　降水系统变化

从 1956 ~ 2009 年降水量分析来看，54 年来鄂尔多斯市降水量总体呈现下降趋势。20 世纪 60 年代降水偏丰，80 年代及 2000 年以来降水量偏枯。2000 年以来年均降水量较多年平均降水量减少了 15.4 mm，偏少 6%。鄂尔多斯市不同时期降水量见图 3-2-1，代表站降水量与多年平均降水量比较见表 3-2-1。

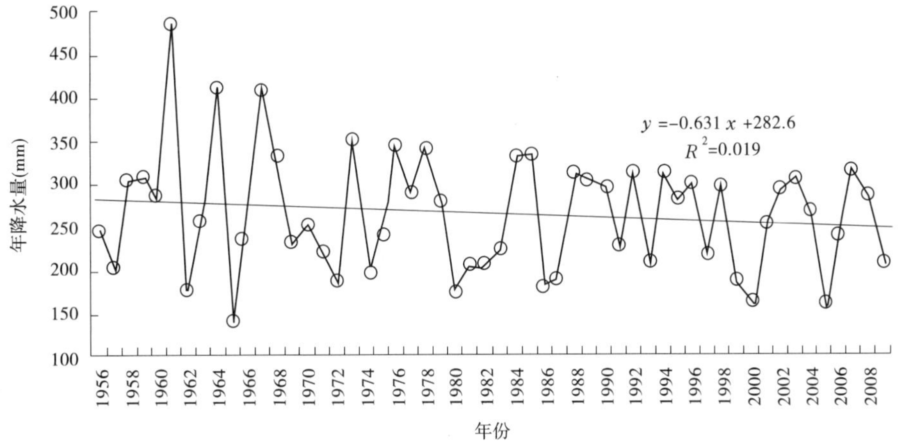

图 3-2-1　鄂尔多斯市 1956 ~ 2009 年降水量变化趋势

表 3-2-1　代表站降水量与多年平均降水量比较　　(%)

站名	1956～1959 年	1960～1969 年	1970～1979 年	1980～1989 年	1990～1999 年	2000～2009 年
伊克乌苏	14.2	9.8	0.9	-6.4	3.2	-13.1
鄂托克	-14.6	4.0	6.9	-1.0	-6.6	4.0
乌审旗	17.6	8.8	-2.2	-10.5	-10.3	7.2
龙头拐	9.0	-2.3	5.3	-10.8	4.8	-0.7
沙圪堵	14.2	0.4	1.1	-13.9	4.2	2.4

3.2.1.2　气温和蒸发的演变

对鄂尔多斯市境内的主要气象站系列监测数据进行分析，结果表明，在过去 50 年间鄂尔多斯市多年平均气温升高了 1～2 ℃，高于同期黄河流域平均升温水平，然而蒸发皿观测的蒸发量则未发生明显变化。鄂尔多斯市气温变化及蒸发量变化见图 3-2-2、图 3-2-3。

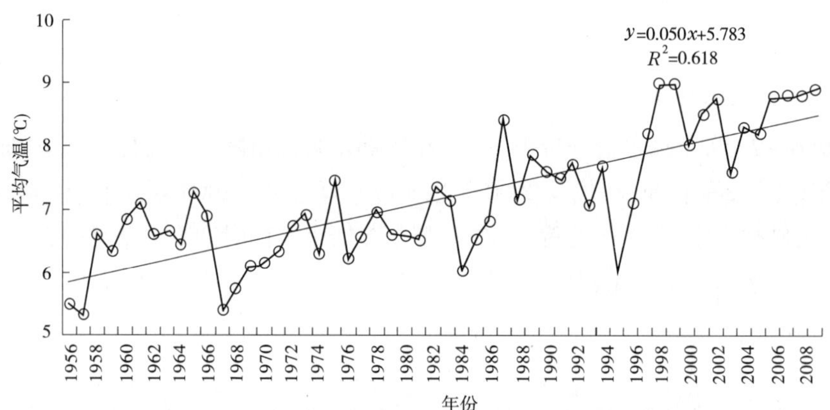

图 3-2-2　鄂尔多斯市 1956～2009 年平均气温变化趋势

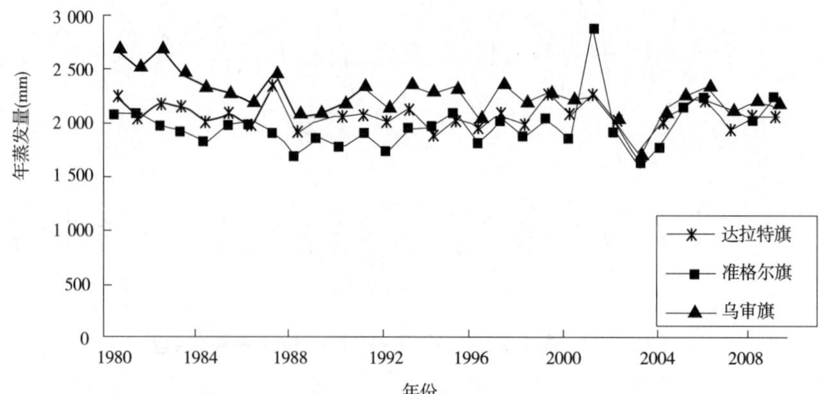

图 3-2-3　鄂尔多斯市主要气象站观测的蒸发变化

3.2.2　人类活动

人类活动因素主要考虑水土保持、水利工程建设、地下水开采、潜流的截留利用、矿井水利用、集雨工程等几个重要因素。

3.2.2.1　水土保持工程和植被建设

据统计，2000 年以来，鄂尔多斯市水土流失治理和生态环境建设取得了显著成效，生态环境建设面积超过 1 万 km^2，植被覆盖率从 2000 年的不足 30% 提高到 2009 年的 74.6%。其中，兴建基本农田 6.69 万 hm^2，栽植水土保持林草 18.77 万 hm^2，建成沟道和田间拦蓄工程 2 000 座（处）。一些小流域的综合治理程度已达 50% 以上。水土保持工程有效地拦蓄了泥沙，改善了生态、生产条件，解决了人畜饮水困难，增强了抗灾能力，促进了当地经济的发展。

3.2.2.2　水利工程建设

2009 年，鄂尔多斯市已建成小（Ⅰ）型以上水库 95 座，塘坝 830 余座，总库容 5.15 亿 m^3，其中死库容 2.87 亿 m^3，供水库容 1.84 亿 m^3。据调查，在水面蒸发强烈的鄂尔多斯市地区，水利工程的修建增加了水面面积约 36.8 km^2。

3.2.2.3　地下水开采量增加

据统计，2000～2009 年鄂尔多斯市浅层地下水开采量从 6.66 亿 m^3 增加到 10.87 亿 m^3，地下水开采净消耗量增加到 4.21 亿 m^3，尤其是山丘区地下水开采量大量增加，部分地区浅层地下水超采影响了区域水循环。

3.2.2.4　截潜流利用

潜流是地下水与地表水之间的重复计算量，在没有人类活动影响的山丘区，通常形式是河道的基流，近年来鄂尔多斯市潜流利用量的不断增加，是造成河川基流持续减少的原因之一。

3.2.2.5　煤炭开采和矿井水利用

鄂尔多斯市煤炭储量丰富，境内现状的产煤区包括东胜、准格尔、桌子山和上海庙四大煤田。煤炭的开采一方面改变了区域下垫面条件；另一方面形成大量的矿井水，对区域水循环造成一定影响。据调查统计，鄂尔多斯市 2009 年煤炭开采量 3.38 亿 t，煤炭开采产生的矿井水量为 3 970.5 万 m^3。

3.2.2.6　集雨工程

广泛分布于农村和城镇的集雨利用工程的存在积聚了雨水，影响了地表径流的形成。在鄂尔多斯市东南部的乌审旗、伊金霍洛旗，城镇和农村建成了部分直接利用雨水的工程。据统计，2009 年鄂尔多斯市集雨工程利用雨水 30 万 m^3 左右。

3.2.3　地表水资源量变化

受区域降水量、蒸发及下垫面变化等要素的共同作用，鄂尔多斯市自 20 世纪 60 年代以来地表径流量呈现明显的减少趋势。鄂尔多斯市不同时期主要河流径流量变化见表 3-2-2。

鄂尔多斯市 1956～2009 年径流量线性趋势分析结果如图 3-2-4 和表 3-2-3 所示。可

以看出,鄂尔多斯市年径流量呈显著减小趋势($|R|>R_{0.01}$),尤其是20世纪90年代以来,年径流量持续减小。

表3-2-2　主要河流各年代平均径流量与多年均值比较　(%)

年代	十大孔兑	乌兰木伦河	犊牛川	札萨克河	纳林河	红柳河	摩林河
20世纪50、60年代	13.9	13.9	13.9	23.1	23.1	23.1	4.8
20世纪70年代	61.2	61.2	61.2	2.0	2.0	2.0	1.8
20世纪80年代	10.5	10.5	10.5	7.6	7.7	7.6	-6.3
20世纪90年代	-21.0	-21.0	-21.0	-28.0	-28.0	-28.1	4.7
2000年以来	-70.2	-70.2	-70.2	-13.9	-13.9	-14.0	-7.0

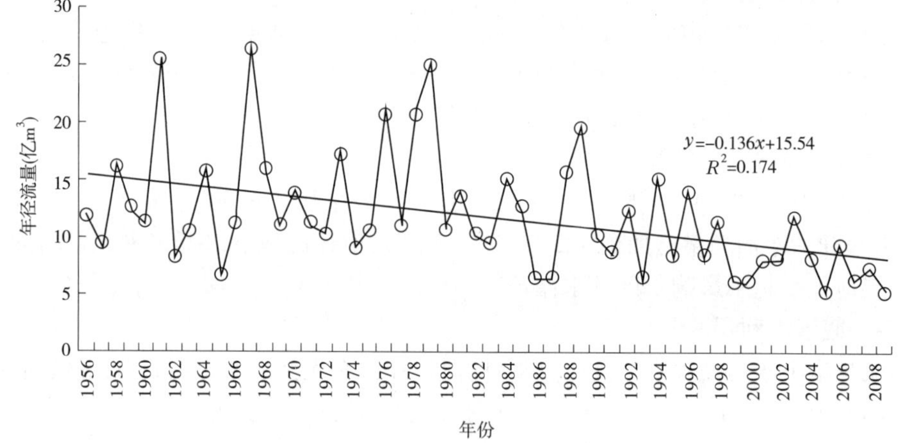

图3-2-4　鄂尔多斯市1956～2009年径流量线性趋势分析结果

表3-2-3　鄂尔多斯市年径流量线性趋势估计参数值

a	b	R	$R_{0.01}$
-0.136	15.545	-0.417	0.347

3.3　剧烈变化环境地区水资源评价方法研究

水资源在数量上为扣除降水期蒸发的总降水量,通过天然水循环不断得到补充和更新,同时受到人类活动的影响。水资源评价要求在客观、科学、系统和实用的基础上,遵循地表水与地下水统一评价、水量水质统一评价、常规和非常规统一评价等原则。

水资源评价的基本原理:根据水量转化规律和水量平衡,降水为流域水循环的全口径输入通量,区域水分的输入与输出关系简要表示如下:

$$P = R + E + \Delta V \tag{3-3-1}$$

式中:P 为降水通量;R 为地表水量;E 为蒸散发通量;ΔV 为存量蓄变量(蓄积为正值,损耗为负值)。

大气降水的垂向系统结构大致可以分为四层,由上而下分别为:①冠层截流,包括林冠截流、草冠截流、人工建筑物截流等,截流的水分一部分在重力作用下至地面,一部分被直接蒸发返回大气;②地面截流,地面是大气层与地下层的界面,到达地面的降水有三大去向,一是下渗至土壤,二是形成地表径流(包括直接降在水面上),三是被直接蒸发返回大气;③土壤入渗量,土壤入渗量也有三种去向,一是继续下渗补给地下水,二是形成壤中流补给地表径流,三是通过蒸腾蒸发重新返回大气;④ 地下水补给量,地下水分为浅层地下水和深层地下水两类,地下水补给量去向也包括三种,一是通过潜水蒸发返回大气,二是通过地下径流补给地表水,三是人工开采消耗。

鄂尔多斯市水循环示意简图见图 3-3-1。

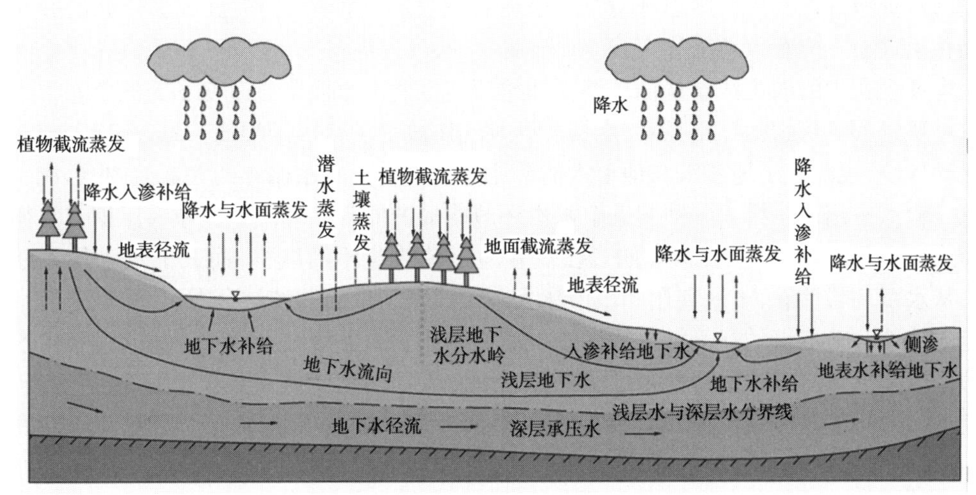

图 3-3-1　鄂尔多斯市水循环示意简图

近年来,在强烈的人类活动干扰下,水循环发生了深刻变化,并呈现出明显的人工 + 自然的二元循环特征。人类活动对区域水循环的影响主要表现在两个方面:第一,随着经济和社会的发展,河道外引用消耗的水量不断增加,直接造成地表径流量的减少,水文站实测径流已不能代表天然情况;第二,由于工农业生产、基础设施建设和生态环境建设改变了流域的下垫面条件(包括植被、土壤、水面、耕地、潜水位等因素),导致入渗、径流、蒸散发等水平衡要素的变化,从而造成产流量的减少或增加。在强烈的人类活动干扰地区,人工作用影响越来越大,在某些方面甚至超过了天然作用力的影响,因此需要将人工驱动力作为与自然作用力并列分内生驱动力,研究自然 - 人工二元作用下的水循环及水资源演化规律。

3.3.1　二元水循环模型构建

传统的一元静态的评价方法试图通过简单的还原、还现计算方法,即通过观测得到实测水文要素后,再把实测水文系列中隐含的人类活动影响扣除,还原到流域水资源的天然本底状态。还原的水量包括国民经济耗水量和水库调蓄量两部分。

(1)国民经济耗水量还原。国民经济耗水量的还原通常采用两种方法,一是在历年有实测资料的地区,采用引水减退水作为用水消耗量;二是在无实测数据的地区,借用有资料地区的耗水定额推求耗水量。

(2)水库调蓄量还原。水库调蓄水量的还原包括水库蓄水和水库放水对径流的影响量,以入库径流与出库径流的差值作为还原量进行计算。

通过实测还原方法人类活动影响可被消除,还原后水资源演化的驱动因素仅为自然要素;另外,天然水循环和人工侧支循环的动态相互作用被消除,成为没有加速效应的静态演化模式。一元静态模式在人类活动影响程度较小的情况下,能够满足实际需要。然而对于我国西北人类活动剧烈的地区而言,人类活动对流域水循环的影响程度和影响范围不断深化甚至超过天然水循环本身;脆弱的生态环境对流域水循环的演变十分敏感,高强度的水资源开发利用使生态环境发生了显著变化。这种情况下,流域水资源的一元静态演化模式已不能有效地指导实践。

发展进程中的人类活动从循环路径和循环特性两个方面明显改变了天然状态下的流域水循环过程。从水循环路径看,水资源开发利用改变了江河湖泊的关系,改变了地下水的赋存环境,也改变了地表水和地下水的转化路径。在天然水循环的大框架内,形成了由取水—输水—用水—排水—回归五个基本环节构成的侧支循环圈。流域人工侧支水循环的形成和发展,使得天然状态下地表径流和地下径流量不断减少,而人工供水量不断增加。从水循环特性看,土地利用和城市化大范围改变了地貌与植被分布,使流域地表水的产汇流特性和地下水的补给排泄特性发生相应变化。人类取水—用水—排水过程中产生的蒸发渗漏更对流域水文特性产生了直接影响。人类活动使得天然状态下降水、蒸发、产汇流、入渗、排泄等流域水循环特性发生了全面改变。随着人类水土资源开发活动的深入,水循环过程呈现出显著的自然 - 人工二元驱动特征。科学识别水循环的演变规律及其驱动机制是准确定量评价区域水资源的关键,也是现代水文水资源学科研究的重点内容。地表水资源的评价需要建立具有物理机制的分布式水文模型。

以二元水循环理论为基础建立区域的分布式水资源评价模型,二元水循环模式从水循环的物理机制入手,将产汇流、土壤水运动、地下水运动及蒸发过程等与人类活动影响下的蓄水、取水、输水、用水和排水等社会水循环联系在一起分析,按照区域水量平衡和能量平衡的原理,模拟区域水循环的全过程及其相互作用,详细分析区域内各流域和集水区的水量收支和水资源量。区域二元水循环框架示意见图 3-3-2,图中虚线箭头表示人工侧支循环,实线箭头表示天然水循环。

3.3.2　分离与耦合分析方法

研究以强烈人类活动影响下的鄂尔多斯市为例,采用实测—分离—耦合—建模思路,提出考虑人类活动影响的自然 - 人工二元动态水资源评价方法。在实测水文量中识别自然要素与人类活动影响各自的贡献,在历史序列中分离出天然和人工作用因素影响;在对分离后的天然和人工保持其间的动态联系、耦合。通过对天然水循环与人工侧支循环过程的分离,同时保持天然与人工过程的分离—耦合动态机制,建立鄂尔多斯市水资源的二

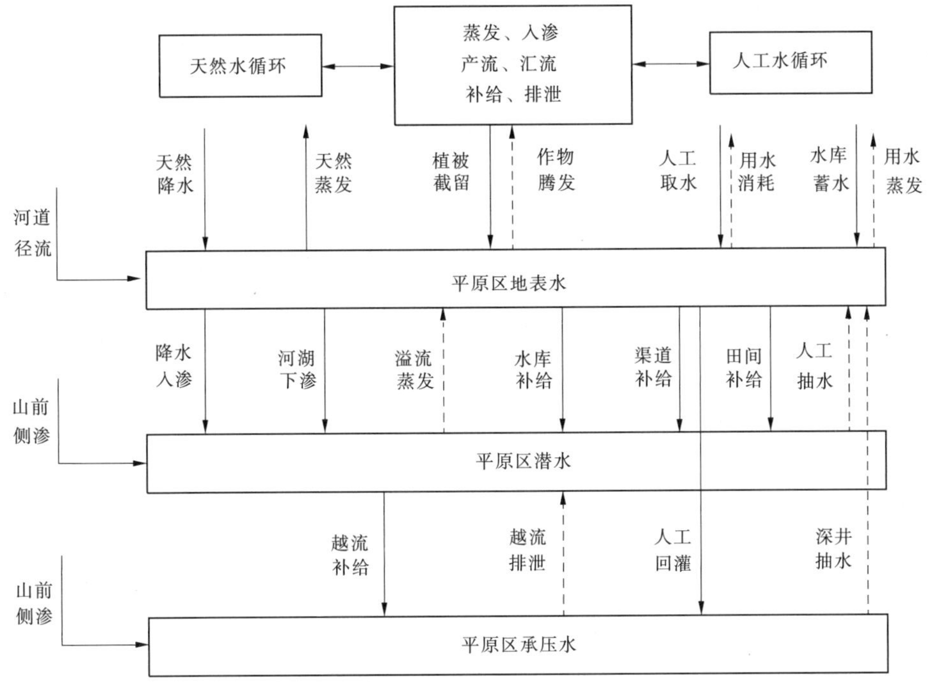

图3-3-2 区域二元水循环框架示意图

元演化模型。通过分离—耦合的定量机制,处理水资源实测量与还原量之间的关系。将人工侧支循环从天然水循环中分离后,即完成了还原过程;将天然水循环与人工侧支循环耦合后,即可得到实测径流量。

通过将区域发展和水资源开发利用保护规划与流域蒸发、入渗、产汇流、补给、排泄等特性耦合,可对各个规划水平年的流域水资源演化进行情景预测,进而对规划水平年的流域水资源进行定量评价。

地表水系统,将全部的蒸发、入渗、收入、支出分离为天然状态下的原有项和水资源开发利用导致的附加项,并保持天然和人工两类收支项之间的联系,同时保持各开发利用量与对应人工项之间的联系。

地下水系统,将全部的补给、排泄、收入、支出分离为天然状态下的原有项和水资源开发利用导致的附加项,并保持天然和人工两类收支项之间的联系,同时保持各开发利用量与对应人工项之间的联系。

天然生态系统,根据其植被群落构成和蒸腾发量,确定其最小水分需求量与适宜水分需求量,然后将水资源二元演化模型中的有效降水深、潜水蒸发深、径流深这些天然水循环项相加,作为天然生态系统的水资源支撑条件。若天然水循环提供的可利用水深大于地表植被的最小生态需水量,则植被可以存活但生态稳定性相对脆弱;若可利用水量接近适宜生态需水量深,则生态系统状态良好;若该区天然植被有条件直接或间接利用人工系统的供水及退水,则将人工供水折算成水深后与天然可利用水深项相加,作为天然生态系统的生态可利用水量。通过上述步骤,可以建立内陆干旱区水循环演变与相应生态系统演变的动态关系。

人工社会水循环系统,包括城市生态、农林牧渔业、人工水面、人工供水系统等。对不同类型的人工生态,根据规划总量指标和需水、耗水定额推算其需水量和耗水量。可利用水分包括有效降水、地表水、潜水、承压水、再生回用水等。人工系统的供水量与实际耗水量之差即为排水量或退水量,重新进入到天然水循环中,并可为人工或天然生态系统所利用。

3.3.3 天然与人工影响的归因分离

产流条件变化是径流量变化的根本原因。影响产流的因素包括降水、气温等气候因素,以及水土保持、水利工程建设、水资源开发等人类活动因素。

深入分析区域天然径流量 1956 ~ 2009 年变化特性,利用区域 1956 ~ 2009 年系列降水量和天然径流量,用双累积相关法(年降水量累积值与天然径流量累积值相关),结合区域经济社会发展状况,判断年降水径流变化的转折年份,以转折年份为界,从气候变化和人类活动两个方面分析转折年份以后河川天然径流量减少的原因。

3.3.3.1 气候变化对径流的影响

气候因子变化对径流的影响体现在:降水变化直接影响径流的补给量,气温、风速、日照等则通过影响蒸散发而影响径流量,而气温是影响蒸散发的最主要因素,本书主要考虑了降水和气温两种气候因素对径流的影响。

1. 降水因素

采用双累积曲线法定量评价降水因素和非降水因素对鄂尔多斯市径流量变化的影响。采用 Mann – Kendall 突变检验法分析鄂尔多斯市年径流量突变年份,作为双累积曲线变化的临界年份,突变分析结果见图 3-3-3。可以看出,绘制的 UF_b、UB_b 曲线在临界值(显著性水平取 0. 05)之间有两个显著突变点,分别为 1992 年、1994 年,说明径流突变的区间为[1992,1994]年,取区间中点 1993 年作为鄂尔多斯市年径流量的突变点,将径流序列分为两段,即以 1956 ~ 1992 年为基准期,以 1993 ~ 2009 年为影响期。

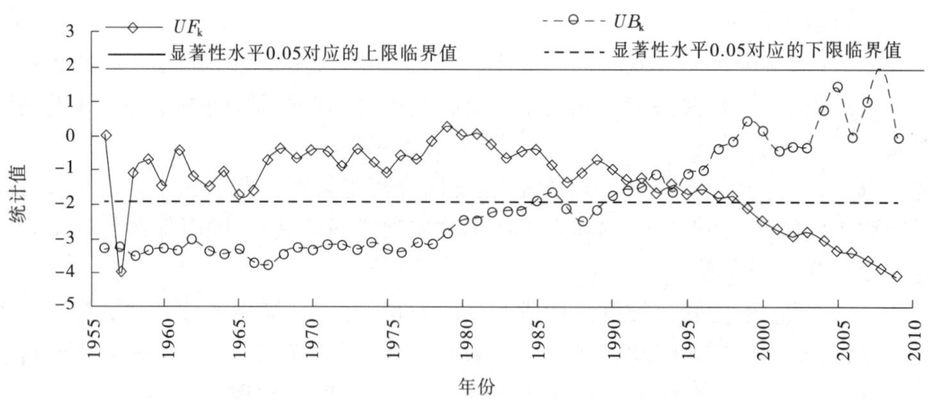

图 3-3-3 鄂尔多斯市年径流量 M – K 突变分析结果

对基准期的累积降水量 $\sum P_1$ 和累积径流量 $\sum R_1$ 进行线性回归,得到关系式:

$$\sum P_1 = 0.051 \sum R_1 - 8.394 \tag{3-3-2}$$

基准期降水—径流双累积曲线如图 3-3-4 所示。可以看出,累积降水量和累积径流量的线性拟合相关性较高($r^2=0.998$),可用于将影响期年径流还原到非降水因素影响较小时期的状况。将式(3-3-2)应用到影响期,输入影响期的累积降水量$\sum P_2$计算累积径流量$\sum R'_2$,以消除基准期和影响期的降水变异影响。由 1956~2009 年鄂尔多斯市累积径流量实测值和计算值对比(见图 3-3-5)可以看出,在影响期计算值大于实测值,说明非降水因素导致径流减少。

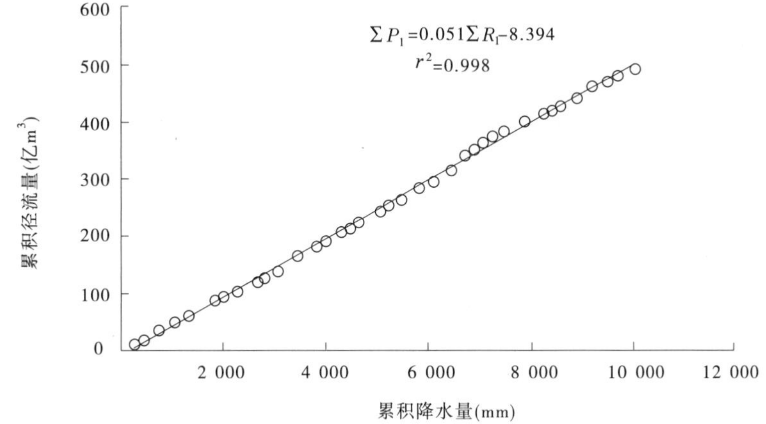

图 3-3-4　鄂尔多斯市基准期降水—径流双累积曲线

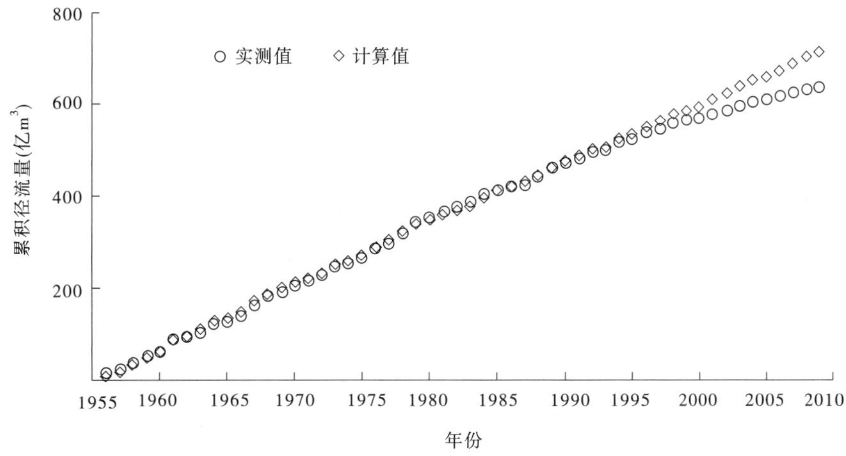

图 3-3-5　鄂尔多斯市 1956~2009 年累积径流量实测值和计算值对比

用计算出的影响期累积径流量反推年径流量,然后按下式分割降水因素和非降水因素对径流的影响:

$$\Delta R = \overline{R}_2 - \overline{R}_1 \tag{3-3-3}$$

$$\Delta R_h = \overline{R'}_2 - \overline{R}_2 \tag{3-3-4}$$

$$\Delta R_c = \Delta R - \Delta R_h \tag{3-3-5}$$

式中:ΔR为降水因素和非降水因素共同作用导致的径流量变化,$\overline{R}_2$和$\overline{R}_1$分别为影响期和基准期的实测年均径流量;ΔR_h为非降水因素导致的径流量变化,$\overline{R'}_2$为根据式(3-3-2)

计算得出的影响期年均径流量；ΔR_c 为降水因素导致的径流量变化。

气候变化和人类活动对鄂尔多斯市径流的影响分析结果见表 3-3-1，基准期计算年径流平均值为 13.6 亿 m^3，与相应实测值（13.3 亿 m^3）的误差仅为 2.3%，拟合精度满足要求。影响期实测和计算年径流均值分别为 8.5 亿 m^3 和 12.4 亿 m^3，说明非降水因素导致径流量减少 3.9 亿 m^3；而影响期实测径流量与基准期实测径流量相比减少 4.8 亿 m^3，因此可认为非降水因素对鄂尔多斯市径流减少的贡献率为 81%，而降水因素对径流减少的贡献率为 19%。

表 3-3-1　气候变化和人类活动对鄂尔多斯市径流的影响

<table>
<tr><th rowspan="2">时段</th><th colspan="2">降水量（mm）</th><th colspan="2">实测径流量（亿 m³）</th><th rowspan="2">计算径流量（亿 m³）</th><th colspan="2">非降水因素影响</th><th colspan="2">降水因素影响</th></tr>
<tr><th>均值</th><th>变化量</th><th>均值</th><th>变化量</th><th>径流量（亿 m³）</th><th>贡献率（%）</th><th>径流量（亿 m³）</th><th>贡献率（%）</th></tr>
<tr><td>1956 ~ 1992 年</td><td>270.7</td><td rowspan="2">17.5</td><td>13.3</td><td rowspan="2">4.8</td><td>13.6</td><td rowspan="2">3.9</td><td rowspan="2">81</td><td rowspan="2">0.9</td><td rowspan="2">19</td></tr>
<tr><td>1993 ~ 2009 年</td><td>253.3</td><td>8.5</td><td>12.4</td></tr>
</table>

2. 气温因素

气温主要通过影响蒸散发量而影响径流，王国庆等分析了黄河中游气温变化对蒸发能力的影响，认为气温与蒸发能力之间具有良好的正相关关系，气温升高 1 ℃，流域蒸发能力增加 5% ~7%。采用该成果来评估气温变化对鄂尔多斯市径流的影响，选取与鄂尔多斯市较为接近的榆林站的气温与蒸发能力关系来分析，即气温升高 1 ℃，流域蒸发能力增加 6.78%。1956 ~ 1992 年鄂尔多斯市平均气温为 6.71 ℃，1993 ~ 2009 年平均气温为 8.16 ℃，气温升高 1.45 ℃，按照气温升高 1 ℃导致流域蒸发能力增加 6.78% 来评估，蒸发能力增加 10%，即导致径流量减少 10%，径流量减少 0.48 亿 m^3。

综合降水和气温因素对鄂尔多斯市径流量的影响，降水减少使径流减少 0.9 亿 m^3，占径流变化量的 19%；气温升高使径流减少 0.48 亿 m^3，占径流变化量的 10%；气候变化使径流减少 1.38 亿 m^3，对径流减少的贡献率为 29%，则人类活动对径流减少的贡献率为 71%，减少径流量 3.42 亿 m^3。

3.3.3.2　人类活动对径流的影响

考虑下垫面剧烈变化，传统的水资源评价还原计算项目没有包括水土保持建设减水量、地下水过量开采影响地表水资源量、水利工程建设引起的水面蒸发附加损失量、集雨工程影响量等因素。人类活动使径流量减少 3.45 亿 m^3，水土保持、水利工程建设、地下水开采、潜流截留利用、矿井水利用、集雨工程等人类活动对径流的影响估算如下。

1. 生态环境建设、植被截留以及水土保持工程利用了一部分地表水资源量

据统计，2000 年以来，鄂尔多斯市水土流失治理和生态环境建设取得了显著成效，生态环境建设面积超过 1 万 km^2，植被覆盖率从 2000 年的不足 30% 提高到 2009 年的 74.6%。其中，兴建基本农田 6.69 万 hm^2，栽植水土保持林草 18.77 万 hm^2，建成沟道和

田间拦蓄工程2 000座(处)。一些小流域的综合治理程度已达50%以上。水土保持工程有效地拦蓄了泥沙,改善了生态、生产条件,解决了人畜饮水困难,增强了抗灾能力,促进了当地经济的发展。同时,水土保持工程也利用了一部分地表水资源量,按照常丹东等研究提出的水土保持减水定额估算(330 m^3/hm^2),鄂尔多斯市生态环境建设及水土保持工程减水0.84亿 m^3,占径流减少总量的18%。

2. 水利工程建设引起水面蒸发损失量增大

2009年,鄂尔多斯市已建成小(Ⅰ)型以上水库95座,塘坝830余座,总库容5.15亿 m^3,其中死库容2.87亿 m^3,供水库容1.84亿 m^3。据调查,在水面蒸发强烈的鄂尔多斯市地区,水利工程的修建增加了水面面积约36.8 km^2;根据鄂尔多斯市年均降水量(265.2 mm)和年均蒸发量(1 513.4 mm)推算,单位面积水面蒸发损失为126万 m^3/km^2。故估算鄂尔多斯市水利工程建设引起水面蒸发损失量增大0.47亿 m^3,占径流减少总量的10%。

3. 地下水开采量增加

据统计,2000~2009年鄂尔多斯市浅层地下水开采量从6.66亿 m^3 增加到10.87亿 m^3,地下水开采净消耗量增加到4.21亿 m^3,尤其是山丘区地下水开采量的大量增加,部分地区浅层地下水超采影响了区域水循环。参照井涌提出的地下水开采对河川径流的影响幅度估算(25%),鄂尔多斯市地下水开采导致河川径流减少1.05亿 m^3,占径流减少总量的22%。

4. 河川基流量不断减少

潜流是地下水与地表水之间的重复计算量,在没有人类活动影响的山丘区,通常形式是河道的基流,近年来鄂尔多斯市潜流利用量的不断增加,是造成河川基流持续减少的原因之一。据统计,2009年鄂尔多斯市潜流利用量为0.24亿 m^3,占径流减少总量的5%,潜流的截留利用影响了河川基流的形成。

5. 部分地区煤炭开采导致河川径流量减少

鄂尔多斯市煤炭储量丰富,境内现状的产煤区包括东胜、准格尔、桌子山和上海庙四大煤田。煤炭的开采一方面改变区域下垫面条件;另一方面形成大量的矿井水,对区域水循环造成一定影响。据调查统计,鄂尔多斯市2009年煤炭开采量3.38亿t,煤炭开采产生的矿井水量为3 970.5万 m^3,同样按照井涌提出的地下水开采对河川径流的影响幅度估算(25%),煤炭开采产生的矿井水导致径流量减少0.1亿 m^3,占径流减少总量的2%。

6. 集雨工程直接利用了一部分雨量

在鄂尔多斯市东南部的乌审旗、伊金霍洛旗,城镇和农村建成了部分直接利用雨水的工程。据统计,2009年鄂尔多斯市集雨工程利用雨水30万 m^3 左右,占径流减少总量的0.1%。

7. 其他人类活动因素影响

除以上各项人类活动因素对鄂尔多斯市径流量减少的影响,其他人类活动因素(如城市建设、修路、农业垦殖活动等)以及各种因素之间相互作用导致径流减少0.74亿 m^3,约占径流减少总量的15%。

3.4 剧烈变化环境下的水资源量评价

采用二元水循环理论，在建立区域分布式水文模型的基础上，系统评价了区域水资源量及其分布情况。

1956～2009 年，鄂尔多斯市多年平均降水量为 230.1 亿 m^3，通过坡面产流形成地表径流量为 11.8 亿 m^3，占降水量的 5.1%；蒸发蒸腾回到大气的水量为 194.2 亿 m^3，占降水量的 84.4%；降水入渗形成地下径流量为 23.41 亿 m^3，占降水量的 10.5%。在地表水资源量中，黄河水系径流量为 9.3 亿 m^3，内流区水资源量为 2.5 亿 m^3。在地下水资源量中，20.21 亿 m^3 形成浅层地下水，3.2 亿 m^3 越流补给形成深层地下水。鄂尔多斯市全口径水资源评价成果见图 3-4-1。

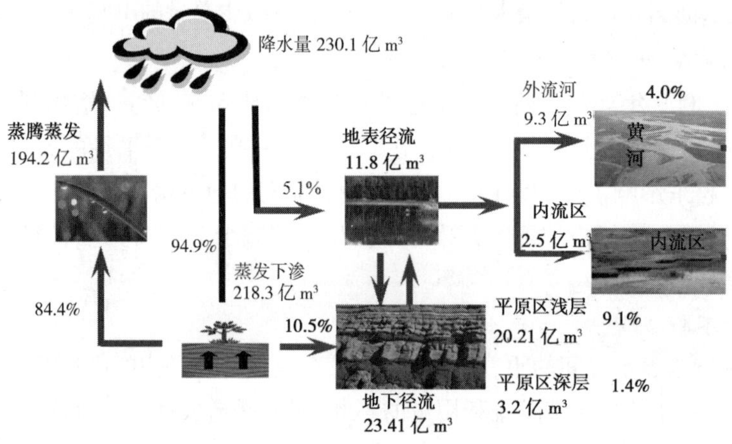

图 3-4-1　鄂尔多斯市全口径水资源评价成果

3.4.1 分区地表水资源量评价

分区地表水资源量评价以各个水资源分区的控制站作为骨干站点，计算各分区 1956～2009 年的天然年径流量系列，再利用控制站资料，采用水文比拟法将水资源分区天然年径流量系列划分为所属行政区系列。

地表水资源评价采用实测径流还原计算和天然径流量系列一致性分析与处理，以系列一致性较好、反映近期下垫面条件下的天然年径流系列作为评价地表水资源量的依据，评价 1956～2009 年资料系列鄂尔多斯市各分区地表水资源量。经计算，鄂尔多斯市 1956～2009 年多年平均径流量为 11.802 4 亿 m^3，多年平均径流深为 13.6 mm，分区地表水资源量见表 3-4-1。

鄂尔多斯市地表水资源量与气候条件、降水特征、下垫面类型及分布规律密切相关，径流深由东南向西北递减，窟野河、红碱淖流域东南部地区径流深较大，在 60 mm 以上；西北部的水洞沟—都思兔河区间径流深小于 3 mm，鄂尔多斯市径流深分布见图 3-4-2。

表 3-4-1　鄂尔多斯市分区地表水资源量

分区		计算面积(km²)	地表水资源	
			径流深(mm)	地表水资源量(万 m³)
水资源分区	黄河南岸灌区	2 811	5.9	1 671
	河口镇以上南岸	17 349	14.0	24 228
	石嘴山以上	13 562	0.7	1 004
	内流区	34 482	6.0	20 748
	无定河	7 614	30.2	23 015
	红碱淖	821	51.3	4 213
	窟野河	4 602	43.9	20 201
	河口镇以下	5 511	41.6	22 944
行政区	准格尔旗	7 564	40.5	30 665
	伊金霍洛旗	5 588	37.2	20 785
	达拉特旗	8 192	18.4	15 085
	东胜区	2 163	32.3	6 993
	康巴什新区	352	40.0	1 408
	杭锦旗	18 834	5.3	10 014
	鄂托克旗	20 384	2.6	5 221
	鄂托克前旗	12 180	2.6	3 125
	乌审旗	11 495	21.5	24 728
鄂尔多斯市		86 752	13.6	118 024

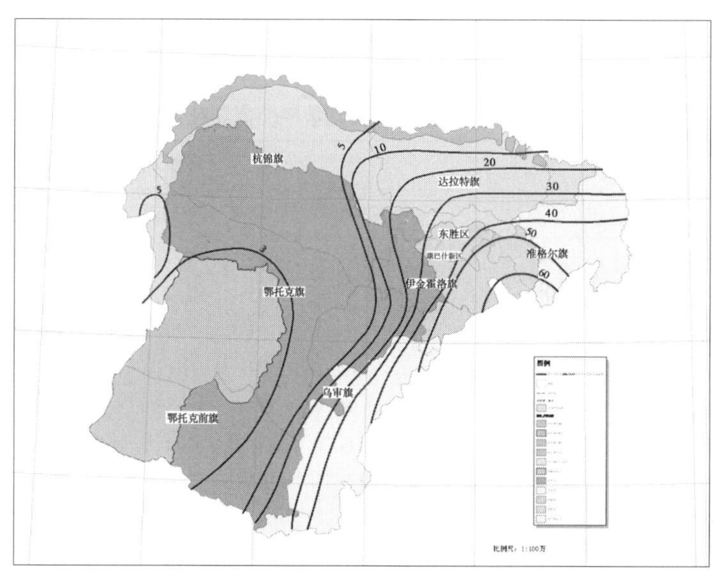

图 3-4-2　鄂尔多斯市径流深分布图

3.4.2　主要河流的地表水资源量

河川径流量的计算主要根据 1956 ~ 2009 年平均径流深等值线图量算出各分区多年平均径流深,考虑径流站控制区降水量与未控区降水量的影响以及下垫面条件的一致性,分区内有水文站控制时,根据该测站分析计算成果,采用水文比拟法求出分区的天然年径流系列;分区内没有水文站控制时,选取邻近流域的水文测站作为参证站,计算出分区的天然年径流系列。

评价采用 54 年(1956 ~ 2009 年)径流系列,在鄂尔多斯市境内选取资料质量较好,系列比较长的龙头拐、沙圪堵、图格日格、阿勒腾席热、转龙湾 5 个水文测站作为主要参证站。为使河川径流量计算成果能反映天然情况,提高资料系列的一致性,需要对测站以上受人类活动影响部分水量进行还原计算,将实测系列还原成天然径流系列,鄂尔多斯市代表站天然径流特征值见表 3-4-2。

表 3-4-2　主要水文站天然年径流量特征值

水文站名称	河流	天然年径流量											
		最大		最小		多年平均		C_v	C_s/C_v	不同频率年径流量(万 m^3)			
		径流量(万 m^3)	出现年份	径流量(万 m^3)	出现年份	径流量(万 m^3)	径流深(mm)			20%	50%	75%	95%
龙头拐	西柳沟	10 619	1961	586	1965	2 948.6	25.5	0.85	2.5	4 466	2 164	1 196	683
沙圪堵	纳林川	20 944	1979	280	2007	5 329.7	39.5	0.95	2.5	8 127	3 589	1 883	1 151
图格日格	毛不拉沟	8 784	1989	136	2007	1 687.5	16.3	1.1	2.5	2 559	983	491	345
阿勒腾席热	窟野河	3 880	1985	5	2007	929.1	27.5	1.35	2.5	1 363	415	215	186
转龙湾	窟野河	8 545	1996	224	2007	1 743.9	11.2	1.6	2.5	2 375	592	363	349

对鄂尔多斯市境内缺乏控制水文站的河流,采用条件相应的水文站比拟,推算不同河流天然年径流系列,见表 3-4-3。

表 3-4-3　主要河流天然年径流量特征值

水系	河流	统计参数		径流量(万 m^3)					
		C_v	C_s/C_v	20%	50%	75%	95%	97%	多年平均
十大孔兑	毛不拉孔兑	1.00	2.5	2 055	868	435	259	249	1 344
	布日嘎斯太沟	0.98	2.5	2 330	1 005	522	326	315	1 536
	黑赖沟	0.98	2.5	3 246	1 401	727	454	439	2 140
	西柳沟	0.72	2.5	4 909	2 679	1 611	892	814	3 356
	罕台川	0.72	2.5	4 130	2 254	1 355	751	685	2 823
	壕庆河	0.72	2.5	1 130	617	371	205	188	773
	哈什拉川	0.72	2.5	5 468	2 984	1 795	994	907	3 738
	母哈日沟	0.73	2.5	1 771	958	569	307	279	1 205
	东柳沟	0.72	2.5	2 227	1 215	731	405	369	1 522
	呼斯太河	0.72	2.5	2 875	1 569	944	522	477	1 965

续表 3-4-3

水系	河流	统计参数		径流量(万 m^3)					
		C_v	C_s/C_v	20%	50%	75%	95%	97%	多年平均
窟野河	乌兰木伦河	0.66	2.5	18 760	10 820	6 801	3 813	3 446	13 040
	牸牛川	0.75	2.5	10 754	5 769	3 243	1 364	1 132	7 162
皇甫川	正川	0.89	2.5	14 356	6 722	3 542	1 882	1 762	9 448
	十里长川	0.99	2.5	3 682	1 585	711	255	222	2 334
红碱淖	木独石犁河	0.29	2.5	490	386	315	230	213	398
	札萨克河	0.25	2.5	1 786	1 455	1 229	959	903	1 493
	松道沟	0.25	2.5	266	217	183	143	135	223
	蟒盖兔河	0.25	2.5	2 512	2 047	1 728	1349	1 270	2 100
无定河	纳林河	0.27	2.5	7 515	6 013	4 984	3 758	3 503	6 183
	海流图河—白河	0.25	2.5	13 064	10 647	8 991	7 019	6 608	10 921
	红柳河	0.25	2.5	7 070	5 762	4 866	3 798	3 576	5 910
孤山川		0.86	2.5	4 672	2 245	1 234	707	669	3 112
摩林河		0.33	2.5	3 732	2 846	2 255	1 575	1 437	2 961
都思兔河		0.32	2.5	1 253	962	772	560	519	1 004

鄂尔多斯市河流主要受降水补给影响,汛期 6 ~ 9 月径流量占全年径流量的 60% 左右,非汛期各月径流变化不大,最大月径流量一般发生在 7、8 月。径流量的年际变化主要取决于年降水量的多年变化,最大年径流量为 26.48 亿 m^3,发生在 1967 年;最小年径流量为 5.23 亿 m^3,发生在 2005 年,极值比 5.1,河流径流系列 C_v 值介于 0.25 ~ 1.00,变化幅度较大。

3.4.3　水资源总量

区域内的水资源总量是指当地降水形成的地表和地下产水量,即地表径流量与降水入渗补给量之和。采用下式计算:

$$W = R_s + P_r = R + P_r - R_g \tag{3-4-1}$$

式中:W 为水资源总量,万 m^3/a;R_s 为地表径流量(河川径流量与河川基流量的差值),万 m^3/a;P_r 为降水入渗补给量,万 m^3/a;R 为河川径流量(地表水资源量),万 m^3/a;R_g 为河川基流量(平原区为降水入渗补给量形成的河道排泄量),万 m^3/a。

根据水量平衡公式,水资源总量由两部分组成,第一部分为河川径流量,即地表水资源量;第二部分为降雨入渗补给地下水而未通过河川基流排泄的水量,即地下水资源量中与地表水资源量计算之间的不重复量。

1956 ~ 2009 年鄂尔多斯市多年平均分区水资源总量为 28.466 0 亿 m^3,其中分区地表水资源量 11.802 4 亿 m^3,分区地表水与地下水之间不重复计算量 16.67 亿 m^3,产水模数为 3.28 万 m^3/km^2,不足黄河流域平均产水模数的 1/2。从地区分布来看,鄂尔多斯市分区水资源总量主要分布于内流区、河口镇以上南岸及无定河流域,这三个水资源分区的水资源量分别占总量的 33.2%、20.5% 和 17.9%。从行政区来看,乌审旗水资源总量最多,占鄂尔多斯市水资源总量的 26.9%。鄂尔多斯市各分区多年平均水资源总量见表 3-4-4。

表 3-4-4　鄂尔多斯市各分区多年平均水资源总量成果　（单位:万 m^3）

分区		面积(km^2)	降水量(mm)	地表水资源量	降水入渗补给量	降水入渗补给量形成的河道排泄量	河川基流量	水资源总量	产水模数(万 m^3/km^2)
水资源分区	黄河南岸灌区	2 811	199.9	1 671	5 603	0	0	7 274	2.59
	河口镇以上南岸	17 349	245.8	24 228	39 799	0	5 670	58 357	3.36
	石嘴山以上	13 562	235.3	1 004	15 391	0	0	16 395	1.21
	内流区	34 482	252.5	20 748	73 910	0	138	94 520	2.74
	无定河	7 614	334.0	23 015	40 499	12 463	0	51 050	6.70
	红碱淖	821	343.7	4 213	3 352	0	0	7 565	9.21
	窟野河	4 602	329.6	20 201	8 840	0	4 337	24 705	5.37
	河口镇以下	5 511	352.9	22 944	4 714	0	2 864	24 794	4.50
行政区	准格尔旗	7 564	349.3	30 665	9 888	0	4 509	36 044	4.77
	伊金霍洛旗	5 588	322.3	20 785	14 320	426	2 675	32 044	5.73
	达拉特旗	8 192	295.3	15 085	24 802	0	4 022	35 865	4.38
	东胜区	2 163	289.7	6 993	4 507	0	798	10 702	4.95
	康巴什新区	352	317.8	1 408	418	0	363	1 463	4.16
	杭锦旗	18 834	195.2	10 014	25 733	0	302	35 445	1.88
	鄂托克旗	20 384	230.3	5 221	27 557	0	340	32 438	1.59
	鄂托克前旗	12 180	267.5	3 125	21 556	652	0	24 029	1.97
	乌审旗	11 495	328.9	24 728	63 327	11 385	0	76 670	6.67
鄂尔多斯市		86 752	265.2	118 024	192 108	12 463	13 009	284 660	3.28

3.4.4　非常规水资源量

3.4.4.1　矿井水评价

矿井水是伴随煤炭开采而形成的疏干水量。矿井水评价是通过对不同旗区、不同煤田的典型煤矿进行抽样调查,分析生产现状、用水现状、开采煤层和矿井水排放量,运用水文地质比拟法计算不同地区可能产生的矿井水水量进行评价,并对典型煤矿的矿井水水样进行水质分析。

1. 矿井水量评价方法

以旗(区)为计算单元。评价主要以本次现场调研的数据为基础,煤炭的产量按照设计产量计算,利用水文地质比拟法进行计算评价:

$$r_{均} = \frac{W_{总}}{M_{总}} = \frac{(M_1 + M_2) \times \frac{W_1}{M_1}}{M_{总}} \tag{3-4-2}$$

式中：$r_{均}$ 为矿井水总排放率，即生产每吨煤所排出的水量；$W_{总}$ 为研究区矿井水总排放量；$M_{总}$ 为研究区煤矿的总产量；W_1 为被调查煤矿矿井水排放量；M_1 为被调查煤矿的产量；M_2 为区内未被调查煤矿的产量。

2. 矿井水评价结果

鄂尔多斯市现状年的煤矿矿井水水量为 3 970.5 万 m^3，其中东胜区的煤矿矿井水水量为 75.4 万 m^3，伊金霍洛旗煤矿矿井水水量为 2 652.4 万 m^3，准格尔旗煤矿矿井水水量为 529.2 万 m^3，达拉特旗煤矿矿井水水量为 76.7 万 m^3，鄂托克旗煤矿矿井水水量为 531.3 万 m^3，鄂托克前旗煤矿矿井水水量为 105.5 万 m^3，分布情况见图 3-4-3。

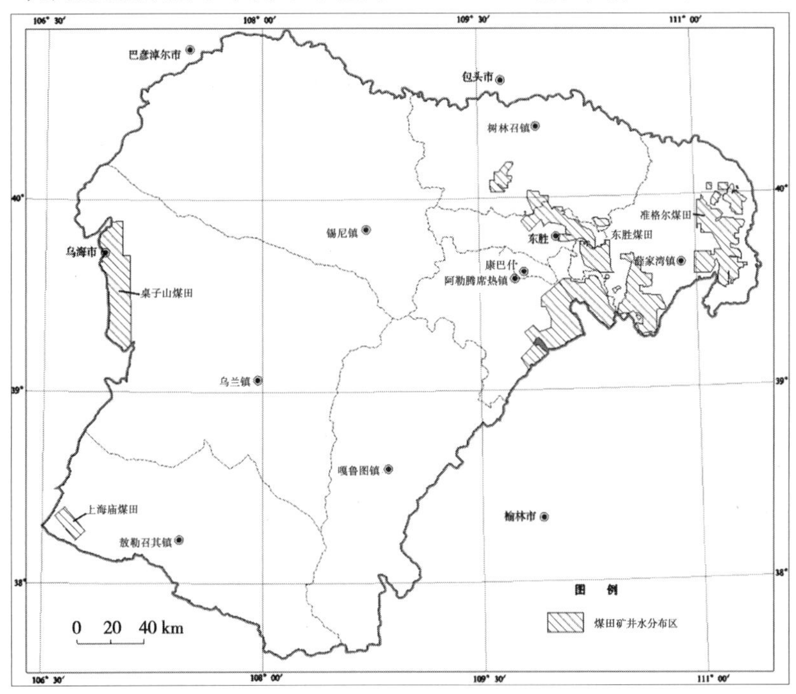

图 3-4-3　鄂尔多斯市煤矿矿井水分布图

根据鄂尔多斯市煤炭行业发展规划，2015 年、2020 年、2030 年煤碳产量分别为 6.0 亿 m^3、7.0 亿 m^3 和 8.0 亿 m^3，煤矿矿井水排水量将分别为 7 872.9 万 m^3、9 305.8 万 m^3、10 635.6 万 m^3。

3. 矿井水水质评价

结合不同矿区的水文地质条件和现状排水水质情况，选取其中 15 座正在生产的煤矿进行地下水取样，并选取 21 项指标进行专项分析。

1）矿井水水化学类型

根据舒卡列夫（С. А. Щукалев）分类法，东胜区煤矿矿井水化学类型主要为 $Cl \cdot HCO_3$—Na、Cl—Na 和 HCO_3—$Na \cdot Ca \cdot Mg$；伊金霍洛旗煤矿矿井水化学类型主要为

$HCO_3\cdot Cl$—Na、HCO_3—Na·Ca 和 HCO_3—Na；准格尔旗煤矿矿井水化学类型主要为 HCO_3—Na·Ca·Mg；达拉特旗煤矿矿井水化学类型主要为 $HCO_3\cdot Cl$—Na 和 $HCO_3\cdot Cl$—Na·Ca；鄂托克旗煤矿矿井水化学类型主要为 Cl—Na·Ca·Mg、$CO_3\cdot Cl$—Ca·Na、$HCO_3\cdot Cl$—Ca·Mg 和 Cl—Ca·Mg；鄂托克前旗煤矿矿井水化学类型主要为 Cl—Na。

2）矿井水质量

依据《地下水质量标准》（GB/T 14848—93）评价区地下水质量划分区内煤矿矿井水的质量大部分为极差（Ⅴ），部分为较差（Ⅳ），不适宜饮用。其他用水可根据使用目的选用，比如经处理后可作为生态环境用水和建筑用水。

3.4.4.2 微咸水评价

微咸水指矿化度大于 2 g/L 的浅层水。微咸水形成的主要原因是浓缩作用，溶滤作用把岩土体中的某些盐分溶入水中，地下水的流动又把这些溶解物质带到排泄区。微咸地下水的形成通常受岩性、地貌及水文地质条件、气候条件、积盐作用、人为活动等因素影响。

1. 微咸水量及其分布

根据计算结果，鄂尔多斯市大于 2 g/L 的浅层微咸水为 6 890 万 m^3，其中杭锦旗 3 369万 m^3。微咸水分布范围见图 3-4-4。

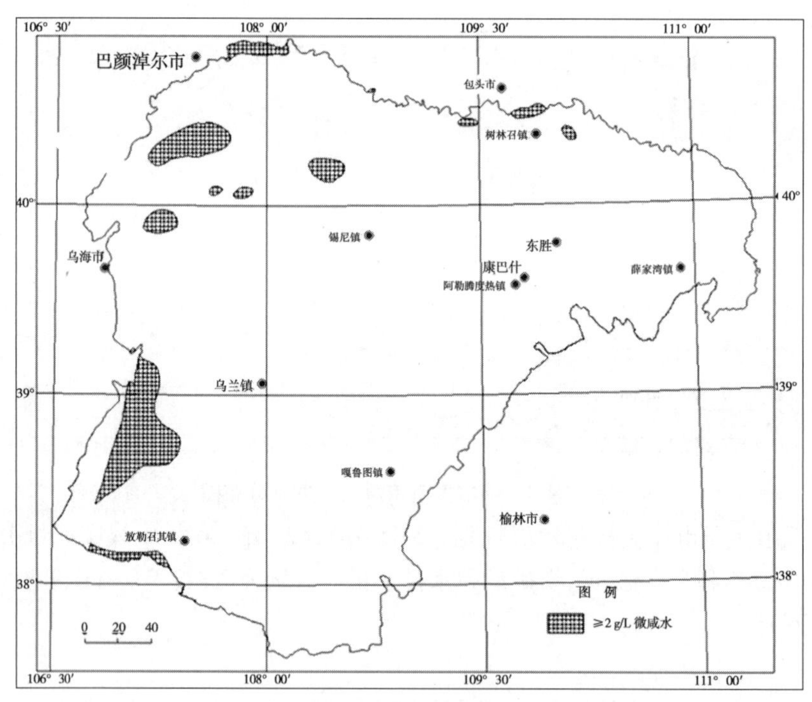

图 3-4-4 鄂尔多斯市微咸水分布图

从分布来看：杭锦旗微咸水主要分布在沿黄灌区和摩林河盐海子一带。杭锦旗沿黄灌区建设灌域全盐量整体偏高，吉日嘎郎图镇五树苗大队、三大队以北，黄河以南的引黄自流灌区内全盐量为 3 ~5 g/L，建设灌域西侧的光兴大队一带和东侧的永胜大队一带全盐量为 2 ~3 g/L;独贵杭锦灌域独贵塔拉镇北侧的杨老虎圪旦和马福义圪旦向北直至黄河沿岸一带,全盐量普遍偏高,为 2 ~3 g/L。达拉特旗展旦召灌域北侧天义长、团结村、铁户圪卜、大树湾一线以北直至黄河沿岸,全盐量偏高,为 2 ~3 g/L。树林召灌域以南地区树林召镇至武何圪旦一带,南起刘大营子、李家营子,北至渠口、小淖一线;西起刀劳窑子、张铁营子,东至武何圪旦范围内全盐量偏高,为 2 ~3 g/L,该范围内四大股一带全盐量最高,为 3 ~5 g/L。鄂托克旗微咸水主要分布在都思图河下游地段及其西南部地区,主要是由第三系渐新统石膏地层的分布造成的,矿化度以 1 ~5 g/L 为主,局部大于 5 g/L。鄂托克前旗微咸水分布主要分布在西北部,紧邻鄂托克旗,矿化度以 2 ~5 g/L 为主。

2. 水质评价

根据舒卡列夫(C. A. Щукалев)分类法,杭锦旗摩林河、盐海子和沿黄灌区微咸水水化学类型主要为 Cl · HCO_3—Na、Cl—Na · Mg;达拉特旗沿黄微咸水水化学类型主要为 HCO_3 · Cl—Na 和 HCO_3 · Cl—Na · Ca;鄂托克旗微咸水水化学类型主要为 Cl—Na、HCO_3 · Cl—Ca · Na 和 HCO_3 · Cl—Ca · Mg;鄂托克前旗微咸水水化学类型主要为 Cl—Na 和 HCO_3 · Cl—Ca · Na。

3.4.4.3　雨水资源评价

鄂尔多斯市气候干燥、降水量少,多年平均降水量仅 265.2 mm,空间分布不均,东部和南部的准格尔旗、伊金霍洛旗和乌审旗降水量相对较多,在 300 mm 以上,局部可达到 400 mm,降水主要集中在 7 ~9 月,雨强大,容易形成地表径流,为雨水收集利用提供了便利条件。

1. 雨水资源理论潜力计算

雨水资源利用主要在城镇采用各种措施对雨水资源进行保护和利用,利用各种人工或自然水体、池塘、湿地或低洼地对雨水径流实施调蓄、净化和利用,改善水环境和生态环境;在农村利用庭院、路旁以及农田建设水窖等积水设施利用雨水。

$$R_t = P \times A \times 10^3$$

式中:R_t 为年雨水资源的理论潜力,m^3;P 为年降水量,mm,A 为集水面积,km^2。

考虑在鄂尔多斯市多年平均降水量 300 mm 以上的地区开展雨水收集利用,总面积为 20 831 km^2。城镇主要包括东胜区,准格尔旗的薛家湾、大路,伊金霍洛旗的阿镇、新街镇,乌审旗的嘎鲁图镇和图克镇,根据统计的公园硬化广场、建筑屋顶以及其他便于收集的场所面积为 3 000 万 m^2,城镇雨水资源理论潜力为 900 万 m^3。广大农村利用农舍、田头、路边的理论计算面积为 2 万亩(1 亩 =1/15 hm^2),农村雨水资源理论潜力为 1 000 万 m^3。

2. 利用雨水分析

在考虑雨水利用中受到气候、降水季节、不同径流介质的径流系数等因素的影响,雨水的可利用量一般都小于理论潜力。鄂尔多斯市降水量小、蒸发量大。考虑降水的径流系数和季节折减系数,鄂尔多斯市雨水可利用量计算公式为

$$R_t = \varphi \times \alpha \times P \times A \times 10^3 \tag{3-4-3}$$

式中:φ 为径流系数,城镇综合取 0.5,农村取 0.35;α 为季节折减系数,综合取 0.45;其他符号意义同上。

计算鄂尔多斯市多年平均城镇雨水资源可利用量为 202.5 万 m^3,农村雨水资源可利用量为 315 万 m^3。

3.5 区域地表水资源可利用量评价

地表水资源可利用量是指在可预见的时期内，统筹考虑区域内生活、生产和生态环境用水，在协调区域内与区域外用水需求的基础上，通过经济合理、技术可行的措施可供河道外一次性利用的最大水量(不包括回归水重复利用量)。影响地表水资源可利用量评价的因素主要包括经济能力、技术水平和环境容许保护目标。

地表水资源量估算可采用下式计算：

$$W_{地表水可利用量} = W_{地表水资源量} - W_{河道内最小生态环境需水量} - W_{不可利用洪水} \quad (3\text{-}5\text{-}1)$$

式中：$W_{地表水可利用量}$为地表水资源可利用量；$W_{地表水资源量}$为地表水资源量；$W_{河道内最小生态环境需水量}$为河道内最小生态环境需水量；$W_{不可利用洪水}$为汛期不可利用的洪水，其界定需要考虑洪水流量和含沙量。

3.5.1 黄河主要支流水资源可利用量

鄂尔多斯市境内的黄河主要支流多为季节性河流(除无定河外)，径流集中在汛期，含沙量大，并形成山洪，利用难度较大，近十年来年均实际利用量不足 0.80 亿 m^3。本次黄河主要支流水系地表水可利用量评价采用典型分析法。

3.5.1.1 十大孔兑等多沙河流的水资源可利用量分析

十大孔兑位于鄂尔多斯市北部，地处黄土高原丘陵沟壑区和库布齐沙漠腹地。从西向东依次为毛不拉孔兑、布日嘎斯太沟、黑赖沟、西柳沟、罕台川、壕庆沟、哈什拉川、母哈日沟、东柳沟和呼斯太河。十大孔兑地势南高北低，上游为丘陵沟壑区，地表支离破碎，沟壑纵横，植被稀疏，水土流失严重，地表覆盖有极薄的风沙残积土，颗粒较粗，粒径大于 0.05 mm 的粗沙占 60% 左右；地面坡度一般为 40°，最大可达 70°。十大孔兑为季节性河流，汛期才有洪水，流域上游为丘陵沟壑区，中游为库布齐沙漠，一旦暴雨中心在此区域产生，形成的洪水往往是峰高量大，陡涨陡落，大量的泥沙倾泄黄河，常常在入黄口处形成沙坝淤堵黄河。

黄河支流地表水的利用存在两个方面的重大难题：第一，十大孔兑径流多集中在汛期，具有急涨陡落、高含沙的特征，径流多以含沙洪水形式出现，利用难度大；第二，工程建设和运行难度大，在十大孔兑上建设水利工程常常面临遭遇洪水泥沙淤积，而失去供水功能。因此，必须结合十大孔兑等河流的径流特征，安排分散式的小型拦蓄工程，蓄清排浑，在清水季节适当蓄水有效利用地表水资源。选择西柳沟和皇甫川为典型，分析多沙河流的水资源利用量分析方法。

西柳沟龙头拐水文站位于西柳沟的接近入黄口处，设立于 1960 年。据评价，西柳沟龙头拐水文站 1960 ~ 2009 年系列多年平均天然径流量为 2 949 万 m^3。采用水文站 1956 ~ 2009年 54 年汛期洪水量系列，逐年计算汛期下泄洪水量，汛期洪水洪量大于河流最大可能拦蓄水量 W_0 或含沙量高于可能利用的最高含沙量 G_0 的部分作为难以控制利用的高含沙洪水量。汛期难以控制利用的高含沙洪水量按 7 ~ 9 月统计分析计算。根据实测资料统计，龙头拐站汛期含沙量超过 150 kg/m^3 的高含沙、难以控制利用的洪水量为 1 958 万 m^3，考虑维持河道内最小生态环境需水量 531 万 m^3，则通过工程措施可利用的地表水量为 460 万 m^3,可利用率为 15.6%。

纳林川属黄河一级支流皇甫川的支流,沙圪堵站位于准格尔旗。据评价,沙圪堵水文站 1960~2009 年系列多年平均天然径流量为 5 329 万 m^3,汛期高含沙、难以控制利用的洪水量为 4 035 万 m^3,考虑维持河道内最小生态环境需水量 533 万 m^3,则可利用的地表水量为 761 万 m^3,可利用率为 14.3%。

3.5.1.2 无定河水资源可利用量分析

海流图河是无定河上游的二级支流,位于乌审旗风沙草滩区,径流主要依靠基流补给,相对较为稳定。海流图河韩家峁水文站观测资料始于 1957 年。据评价,海流图河韩家峁水文站 1957~2009 年多年平均天然径流量为 8 647 万 m^3,汛期难以控制利用的洪水量为 1 660 万 m^3,河道内生态环境需水量为 3 459 万 m^3,分析得到地表水可利用量为 3 528万 m^3,现状条件的地表水可利用率为 40.8%。

根据鄂尔多斯市水资源量评价结果,在现状下垫面情况下,1956~2009 年系列鄂尔多斯市主要河流多年平均天然径流量约为 9.31 亿 m^3。考虑河流生态环境需水量以及不可利用的洪水影响等因素,结合典型河流的地表水可利用率分析,采用类比法估算鄂尔多斯市境内的黄河支流地表水资源可利用量约为 1.96 亿 m^3,地表水可利用率为 21%。鄂尔多斯市黄河主要支流多年平均地表水可利用量见表 3-5-1。

表 3-5-1 鄂尔多斯市黄河主要支流多年平均地表水可利用量

水系	河流	天然径流量(万 m^3)	可利用率	可利用量(万 m^3)
十大孔兑	毛不拉孔兑	1 344	0.15	202
	布日嘎斯太沟	1 536	0.15	230
	黑赖沟	2 140	0.15	321
	西柳沟	3 356	0.15	503
	罕台川	2 823	0.15	423
	壕庆河	773	0.15	116
	哈什拉川	3 738	0.15	561
	母哈日沟	1 205	0.15	181
	东柳沟	1 522	0.15	228
	呼斯太河	1 965	0.15	295
窟野河	乌兰木伦河	13 040	0.15	1 956
	牸牛川	7 162	0.15	1 074
皇甫川	正川	9 448	0.15	1 417
	十里长川	2 334	0.15	350
无定河	纳林河	6 183	0.40	2 473
	红柳河	5 910	0.40	2 364
	海流图河	10 137	0.40	4 055
孤山川		3 112	0.20	622
都思兔河		1 004	0.20	201
黄河其他小支流		14 331	0.14	2 006
合计		93 063	0.21	19 578

3.5.2　内流区地表水可利用量

鄂尔多斯市内流河流具有河流短、比降缓、河道下切不明显,径流量小,径流年内分配较均匀,年际变化不大,特别是南部地区河流常年有水且泥沙含量低,有利于开发利用等特征。经评价,在现状下垫面情况下,1956～2009 年 54 年系列鄂尔多斯市内流区河流多年平均天然径流量约为 2.50 亿 m^3,地表水可利用量约为 0.45 亿 m^3,可利用率为 18%。其中,红碱淖流域和摩林河地表水可利用率为 0.3,内流区北部河流地表水可利用率为 0.13, 鄂尔多斯市内流区地表水可利用量见表 3-5-2。

表 3-5-2　鄂尔多斯市内流区主要河流多年平均地表水可利用量

水系	河流	天然径流(万 m^3)	可利用率	可利用量(万 m^3)
摩林河		2 961	0.3	888
红碱淖	木独石犁河	398	0.3	119
	札萨克河	1 493	0.3	448
	松道沟	223	0.3	67
	蟒盖兔河	2 100	0.3	630
内流区北部河流		17 786	0.13	2 377
合计		24 961	0.18	4 529

3.6　本章小结

本章全面分析了气候变化和人类活动对区域水资源的影响,采用分离—耦合方法构建了具有物理机制的二元水循环模型,评价了全口径水资源量,考虑径流和泥沙特征分析了区域水资源可利用量。主要结论如下:

(1)根据区域气象水文要素特征、水力联系以及水资源开发利用等因素,将鄂尔多斯市划分为 24 个水资源利用分区。

(2)在气温、降水、蒸发等水文气象要素变化以及强烈人类活动对下垫面改变的共同作用下,鄂尔多斯市水资源情势发生了深刻变化,降水量有减少趋势,降水径流关系发生偏离。

(3)从区域水循环的物理机制入手,将产汇流、土壤水运动、地下水运动及蒸发过程等与人类活动影响下的蓄水、取水、输水、用水和排水等社会水循环联系在一起建立分布式水循环模型,按照区域水量平衡和能量平衡的原理,模拟区域水循环的全过程及其相互作用,评价区域内各流域和集水区的水量收支和水资源量。区域水资源总量为 28.47 亿 m^3,其中地表水资源可利用量为 11.80 亿 m^3,不重复量地下水资源量为 16.67 亿 m^3。

(4)统筹考虑区域生态环境保护需求,结合河流水沙特征、水资源利用的工程技术等因素,全面分析了区域水资源可利用量。区域地表水可利用量为 2.41 亿 m^3,其中外流水系水资源可利用量约为 1.96 亿 m^3,可利用率为 21%;内流水系可利用量约为 0.45 亿 m^3,可利用率为 18%。

第 4 章　鄂尔多斯市地下水系统研究

4.1　鄂尔多斯市地下水系统划分

4.1.1　地下水系统划分的原则

地下水系统是由若干具有一定独立性又互相关联、互相影响的不同等级的亚系统或次系统所组成的；地下水系统是水文系统的一个组成部分，与大气降水和地表水系统存在密切联系，互相转化；每个地下水系统都具有各自的特征与演变规律，包括各自的含水层系统、水循环系统、水动力系统、水化学系统；含水层系统与地下水系统代表两种不同的概念，前者具有固定的边界，而后者的边界是自由可变的；地下水系统的时空分布与演变规律既受自然条件的控制，又受社会环境，特别是人类活动的影响而发生变化（陈梦熊，2002）。广为人们运用的地下水系统概念有地下水含水系统与地下水流动系统。地下水含水系统往往由含水介质和相对隔水介质组成，它既包括饱水带又包括包气带。地下水含水系统在概念上更侧重于介质的空隙特性及地质结构。根据不同的地质背景条件，地下水含水系统可分为由基岩构成的含水系统和以松散堆积物为主的含水系统。地下水流动系统是指由源到汇的流面群构成的、具有统一时空演化过程的地下水统一体。地下水流动系统的概念是以地下水渗流场的认识为基础的，除水文地质参数的空间差异外，不刻意区分含水层和隔水层。

地下水系统是一个错综复杂，受各种天然因素、人为因素所控制的统一体。将其分解为若干具有不同等级的互相联系又互相影响、在时空分布上具有四维性质和各自特性、不断运动演化的独立单元，即为地下水系统划分。正确认识和合理划分地下水系统是勘查与评价区域地下水资源的理论基础，也是区域地下水资源开发与规划的重要依据。

根据上述理解，在进行鄂尔多斯盆地地下水系统划分时，遵循了下述原则：

（1）将含水介质基本相同、具有固定边界所圈闭的含水岩系划分为同一个含水系统，根据含水介质结构、岩相古地理条件及空间分布进一步划分为次级含水系统。在同一含水系统或不同含水系统之间，将具有统一水力联系的连续水流（具有统一的水动力场、水化学场和地下水温度场）划分为地下水流系统，同一地下水流系统内，根据其内部水循环特征的差异、水力性质及循环方式和水均衡要素的不同，可进一步划分为若干个次级地下水流系统。不同级别的地下水流系统根据循环深度和更新能力的不同可划分为浅循环（局部）系统、中循环（中间）系统和深循环（区域）系统。

（2）所划分的每一个地下水系统应具有相对的独立性，具有完整和独立的水循环过程，各系统之间尽量不存在水量交换。这样划分有利于简化地下水资源均衡计算条件，尽量减少不确定边界，使计算和评价的地下水资源量更接近实际。

(3)地下水系统划分应与地下水资源的开发利用和供水方案相结合,应考虑到开发条件下地下水系统发生的变化,特别是开发引起的含水层厚度、地下水流动系统的范围和边界、水流路径和水质的变化。

4.1.2 地下水流系统阈值

4.1.2.1 地下水流系统阈值的概念

一个地下水流动系统的确定,是与之相关的多种因素共同作用、共同影响的结果。这种结果是多种因素相互影响、相互作用所形成的一种均衡状态,这种均衡状态一经形成就有一种保存现状的惯性。当其中一个要素变化的幅度太小,其力度不足以克服这种惯性时,原有均衡状态就会维持不变。克服惯性、打破原有均衡所需要的最小力度(最小变化量),就是我们所言的阈值。

阈值(threshold)原意为临界值的意思,最初在经济学领域应用较多,经济学家在运用数学方法分析经济活动时,常会把一些经济要素看成是另一些经济要素的函数,即当一个经济要素(自变量)变化时,另一个经济要素(因变量)也会随之发生变化,即$y=f(x)$。那么在地下水流系统中,即当自然条件、开采量、系统边界的性质等诸多因素发生改变时,原有的地下水流系统可能会发生改变。但经济学家在建立经济数学模型时,一般有一个基本的前提或假定:这些经济要素之间如果存在着某种函数关系,则是一种连续的函数关系;即无论自变量变化量多小,因变量都会因之发生相应变化。而事实上,我们在地下水流系统中观察到的大量的实际现象表明,这个前提和假定往往与经验不符:如自然条件中的大气降水量变动幅度太小时,对地下水位几乎不产生什么影响;当地下水开采量很小时,地下水流场也不会因此而发生明显变化;人工修建的地表水工程规模较小时,对地下水和地表水补排关系也不产生作用,等等。进一步观察我们会看到,只有前者变化达到一定幅度时,后者才会产生相应的变化,说明一个要素要影响或作用于地下水流系统时,存在着某种最低量的要求,这就是所谓的地下水流系统阈值。

以此为基础,可以建立数学模型并对其进行分析求解,以便找出各要素之间的内在联系及其规律性。所以,地下水流系统阈值的定义为:在与地下水流系统相关的自然或人工要素中,各要素能够使地下水流系统产生根本性变化(边界条件或者流场形态发生变化)所必需的最小变化量或变化幅度即为阈值。如果小于这一变化量,前者对后者量的变化不会产生作用或影响。同时,我们可以把影响因素与地下水流系统之间的这种关系称之为阈值效应的关系。

如果借助数学工具定义地下水流系统阈值的概念,则更加直观易懂。设y为x的函数,如果$\Delta x<\Delta x_t$时,y值不变;只有当$\Delta x\geqslant\Delta x_t$时,$y$值才有相应的变化量($\Delta y$),则$\Delta x_t$定义为$x$影响$y$变化的阈值。

4.1.2.2 地下水流系统的影响因素

地下水流系统阈值是地下水流系统对外界干扰(尤其是人为干扰)的忍受能力、同化能力和遭到破坏后的自我恢复能力的量度。

地下水流系统是具有统一时空演变过程的地下水体,是具有统一水力联系的连续水流(具有统一的水动力场、水化学场和地下水温度场),因此一般来讲,天然条件下,地下水流系统之间往往不存在相互转换的问题。但在人工开采、自然条件变化等条件的影响下，地下水流系统之间尤其是其子系统之间的边界条件可能会发生变化，系统和系统之间由原来“不存在或很少存在流量交换”的状态而改变为相互连通的一个整体。而这些边界条件的变化或者地下水流系统之间的转换一般会由如下原因引起：

(1)地下水大面积开采，如农田灌溉的超采区，改变了区域原来的流场形态；

(2)自然条件发生明显改变，如大气降水的年际变化，突遇的极枯水年或者丰水年；

(3)人工修建水库等地表水工程明显抬升了河流的正常水位，或造成地下水、地表水的补排关系发生了改变；

(4)集中供水的地下水水源地往往形成地下水开采漏斗，改变了原有流场；

(5)人工地下活动，如矿产开发、地下截渗工程，造成大量地下水的疏干，地下水位明显下降等。

上述原因都有可能造成地下水流系统之间的相互转换，其本质是地下水的流场形态和补径排条件发生了变化。此外，由于地下水流系统本身为一相对的地下水均衡状态，具有一种保存现状的惯性，当这种惯性被克服时，原有均衡状态就会发生变化，而不同地下水流系统保存现状惯性的能力是不同的，这里的能力主要取决于以下两个方面：

(1)含水层本身的性质，如地表的起伏状况(决定了地表水体的流动方向)、地层的结构(隔水底板的倾向，影响着地下水流动的方向)；

(2)地下水流系统边界条件的性质，如有的系统以地下水分水岭为边界，有些系统以透水性差异较大的岩性接触面为边界，还有的系统以一些断层为边界，一般来讲，后两者边界条件不易被扰动，稳定性强，或者说其保持现状的惯性能力较强。

根据上述分析，可以将地下水流系统的影响因素划分为三类：

(1)水文气象条件(N)：如降水量、蒸发量和地表水径流量等；

(2)含水层水文地质条件(H)：地形地貌、系统边界性质、含水层结构特征等；

(3)人工干预(A)：人工开采地下水、地下矿产开发、水利工程修建等。

4.1.2.3 地下水流系统的阈值计算方法

由于地下水流系统阈值受多种因素影响，各因素又不易量化，因此地下水流系统的阈值尚无很好的确定方法，也是一个亟待研究的课题。本书仅进行尝试性的探讨。

前文讨论了各因素可能对地下水流系统的影响，实际上各因素往往是交互出现共同影响地下水流系统的，所以地下水流系统阈值是根据各单一因素评价的综合函数

$$G = f(N,H,A)$$

式中：G 为地下水流系统阈值；N 为气象水文条件；H 为系统边界性质；A 为人工活动，每一影响因素下再细分为 n 个子影响因素。

地下水流系统阈值越大，地下水流系统抗干扰能力或者忍受能力越强，如降水量年际变化越小、地形起伏越大、含水层倾角越大、天然补给量越大，地下水开发程度越低，则地下水流系统的阈值越大，反之则越小。针对多层次多种影响因素，一般可以采用层次分析法来确定其阈值。

其计算评价体系分为三层，从顶层至底层分别为系统目标层(O,Object)、属性层(A,Attribute)和要素指标层(F,Factor)。O层是对地下水流系统阈值的一个总的判断；A层

是对地下水流系统的三个类别影响条件的反映,由气象水文、含水层结构与边界条件和人工活动三部分组成;F 层是描述影响地下水流系统各基础要素,由大气降水量、大气降水年际变化量、含水层岩性、含水层结构、含水层边界类型、人工开采强度、矿产开发疏干比、地表水工程等多方面因素组成(见图 4-1-1)。

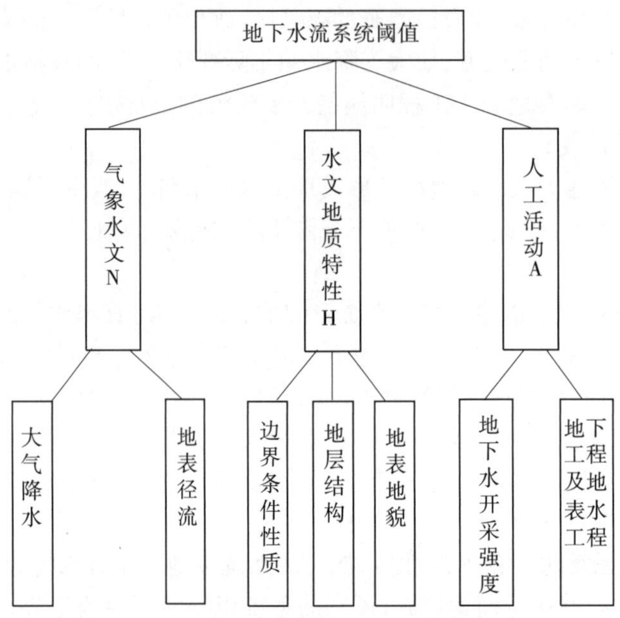

图 4-1-1　地下水流系统阈值计算层次结构示意图

对地下水流系统阈值的综合评价,可以用多目标决策的线性加权方法来描述,建立一个广义的目标含数,将地下水流系统阈值综合评价这个大系统的各个子系统(大因素之下的各个子因素)有机地结合起来,其目标函数可表述为

$$Z = \sum_{i=1}^{3} K_i Z_i = K_1 Z_1 + K_2 Z_2 + K_3 Z_3 \tag{4-1-1}$$

式中:Z 为地下水流系统阈值评价总分;Z_i 为第一层因子的第 i 影响因素的得分;K_i 为第一层因子的第 i 影响因素的权重。

其中
$$Z_i = \sum_{j=1}^{m} k_{ij} z_{ij} \quad j = 1,2,\cdots,m \tag{4-1-2}$$

式中:m 为第一层因子第 i 影响因素的制约因素个数; z_{ij} 为第一层因子第 i 影响因素的第二层第 j 制约因素的得分;k_{ij} 为第一层因子第 i 影响因素的第二层第 j 制约因素的权重系数。

若最终的得分以百分计,则层次分析综合评价数学模型为

$$Z = \sum_{i=1}^{n} K_i Z_i = \sum_{i=1}^{n} \sum_{j=1}^{m} K_i k_{ij} z_{ji} \tag{4-1-3}$$

根据计算出的最终得分,最终评价不同地下水流系统的阈值。

4.1.3　鄂尔多斯市地下水系统划分

鄂尔多斯市境内的地下水依据含水介质类型可划分为四个含水岩系,即杭锦 - 达拉

特平原松散岩类孔隙含水岩系、白垩系碎屑岩裂隙孔隙含水岩系、石炭－侏罗碎屑岩裂隙与上覆松散层孔隙含水岩系，以及寒武系－奥陶系碳酸盐岩岩溶含水岩系。

鄂尔多斯市境内水文地质条件复杂，自下而上埋藏有寒武系－奥陶系碳酸盐岩岩溶地下水、石炭系－侏罗系碎屑岩裂隙水和白垩系碎屑岩裂隙孔隙水及第四系松散岩类孔隙水，其赋存规律、埋藏条件、分布范围和循环特征各异，各自构成相对独立的含水统一体。根据盆地地质及水文地质结构，依据含水介质类型，将鄂尔多斯盆地含水岩系划分为八大含水系统，即杭锦－达拉特平原黄河冲积湖积含水系统、上海庙第四系松散岩类孔隙潜水含水系统、鄂尔多斯高原白垩系－萨拉乌素含水系统、准格尔旗大路乡白垩系含水系统、准格尔石炭系－侏罗系碎屑岩含水系统、鄂旗西石炭系－侏罗系碎屑岩含水系统、准格尔旗东部岩溶含水系统、桌子山岩溶含水系统（见图4-1-2、图4-1-3和表4-1-1）。

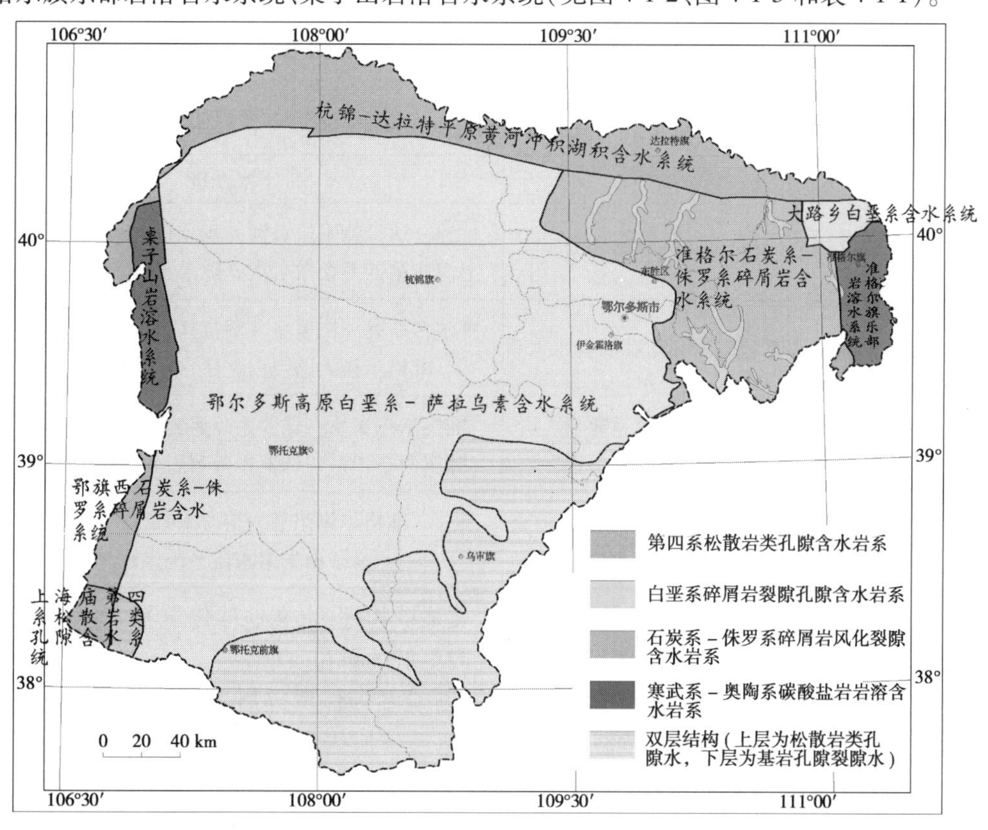

图4-1-2　鄂尔多斯市地下水系统划分

区内地下水主要赋存于第四系松散岩类孔隙含水系统、白垩系－萨拉乌素含水系统以及寒武－奥陶碳酸盐岩岩溶含水系统中，石炭系－侏罗系风化裂隙含水系统，受岩性基础条件控制，地下水富水性差，视为弱地下水含水系统。

需要说明的是，分布于鄂托克前旗和乌审旗一带毛乌素沙地的萨拉乌素组松散堆积物应属于第四系松散岩类孔隙含水岩系，但是由于其和下伏的白垩系碎屑岩类裂隙孔隙含水岩系之间没有稳定的隔水层存在，二者水力联系密切，构成一整体上较富水的含水系统，因此在划分时，将其和下伏白垩系含水岩系统一称为鄂尔多斯高原白垩系－萨拉乌素

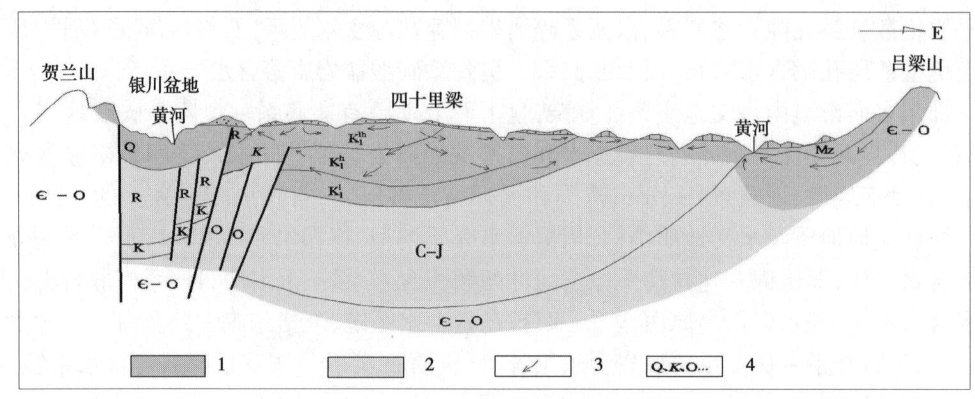

1—浅部径流开启带;2—深部滞流封闭带;3—地下水流向;4—含水系统地层代号

图 4-1-3　鄂尔多斯市地下水系统结构剖面图

含水系统。

表 4-1-1　鄂尔多斯市地下水系统划分

	含水岩系	地下水系统
鄂尔多斯市地下水系统	第四系松散岩类孔隙含水岩系	杭锦－达拉特平原黄河冲积湖积含水系统(Ⅰ) 上海庙第四系松散岩类孔隙潜水含水系统(Ⅱ)
	白垩系碎屑岩裂隙孔隙含水岩系	鄂尔多斯高原白垩系－萨拉乌素含水系统(Ⅲ) 准格尔旗大路乡白垩系含水系统(Ⅳ)
	石炭系－侏罗系碎屑岩风化裂隙含水岩系	准格尔石炭系－侏罗系碎屑岩含水系统(Ⅴ) 鄂旗西石炭系－侏罗系碎屑岩含水系统(Ⅵ)
	寒武系－奥陶系碳酸盐岩岩溶含水岩系	准格尔旗东部岩溶含水系统(Ⅶ) 桌子山岩溶水流系统(Ⅷ)

在一个地下水系统内,又可根据水动力、水文地球物理、水文地球化学等综合因素,划分为若干个地下水流系统和次一级别的亚系统或更低的单位。

寒武系－奥陶系碳酸盐岩岩溶地下水系统、石炭系－侏罗碎屑岩裂隙与上覆松散层孔隙地下水系统(主要指碎屑岩类裂隙水)和白垩系碎屑岩裂隙孔隙地下水系统之间存在着平面上从外围向中心相互链接、在垂向上上下叠置的关系。除局部地段由于构造和岩性变化形成了“天窗”或人为沟通(如矿井或钻孔),其间可能发生少量水力联系外,各地下水系统之间主要通过上覆新生界地下水及地表水系相互关联。因此,各地下水系统之间的隔水性是普遍的,它们彼此之间的水力联系则是相对的和局部的,通过各含水系统上覆第四系含水层向本系统周边以外排泄的区段较多,如白垩系地下水系统东南部地下水通过上覆第四系含水层向区外排泄(见图 4-1-4)。

由于石炭系－侏罗系碎屑岩风化裂隙地下水系统厚度薄,富水性较差,不具有普遍的供水意义,下面仅对具有供水意义的 6 个含水系统的水文地质特征进行论述,即杭锦－达拉特平原黄河冲积湖积含水系统、鄂尔多斯高原白垩系－萨拉乌素含水系统、准格尔旗东部岩溶含水系统、上海庙第四系松散岩类孔隙潜水含水系统、准格尔旗大路乡白垩系含水

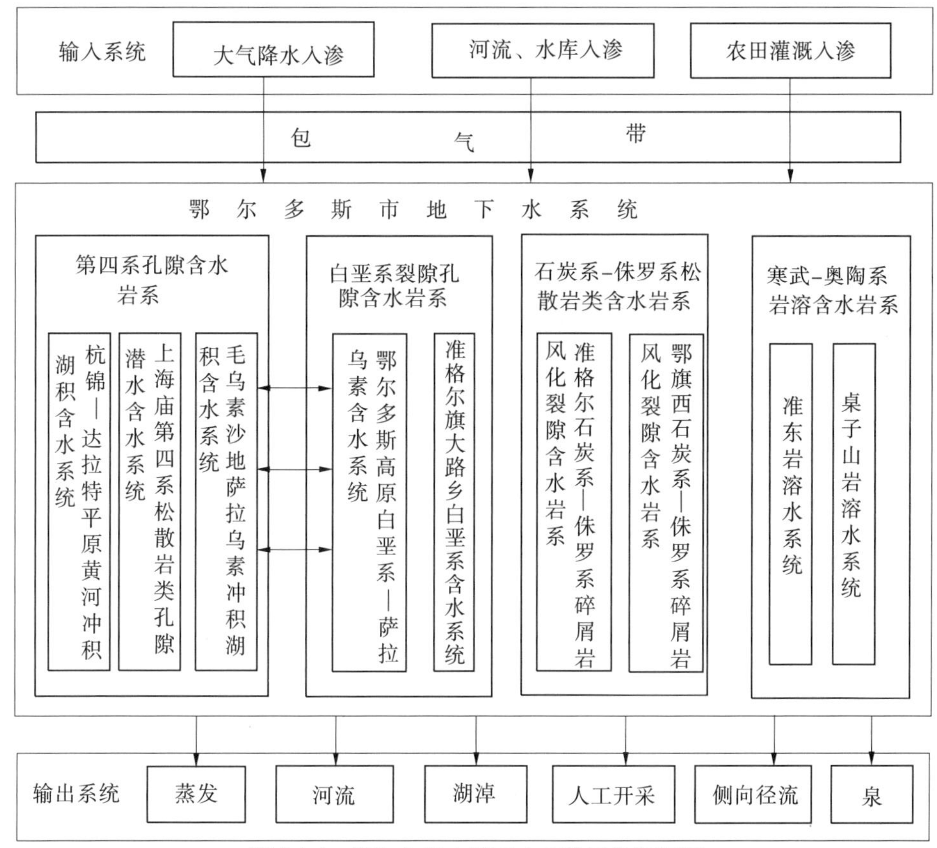

图 4-1-4 鄂尔多斯市地下水系统网络框架图

系统、桌子山岩溶含水系统。

4.2 鄂尔多斯市浅层地下水与深层地下水划分

4.2.1 本次研究地下水的深度

鄂尔多斯市东、北、西3面被黄河环绕，为地下水的排泄边界，区内西部为桌子山山地区，东部为准格尔丘陵区，南为毛乌素沙地，北为库布齐沙漠及黄河南岸杭锦－达拉特冲积平原，中部为鄂尔多斯高原，总面积86 752 km^2；垂向上西部以白垩系地下水系统底板为界，东部以岩溶水的滞留边界为界。根据评价区水文地质条件，并按照现代地下水循环的理论和方法，将区内地下水的循环系统划分为浅部径流开启带和深部滞流封闭带（见图4-2-1）。

浅部径流开启带主要包括第四系孔隙水系统、白垩系地下水系统、岩溶水系统和石炭系－侏罗系碎屑岩类裂隙水系统的浅部，循环深度100～1 800 m不等。根据循环深度，不同的地下水系统可进一步划分为浅循环系统、中间循环系统和区域循环系统。深部地下水滞流封闭带主要包括盆地深部的寒武系－奥陶系碳酸盐岩类岩溶含水系统和石炭系－侏罗系碎屑岩类裂隙地下水系统的深部，一般埋深在300～1 800 m以下。浅部径流

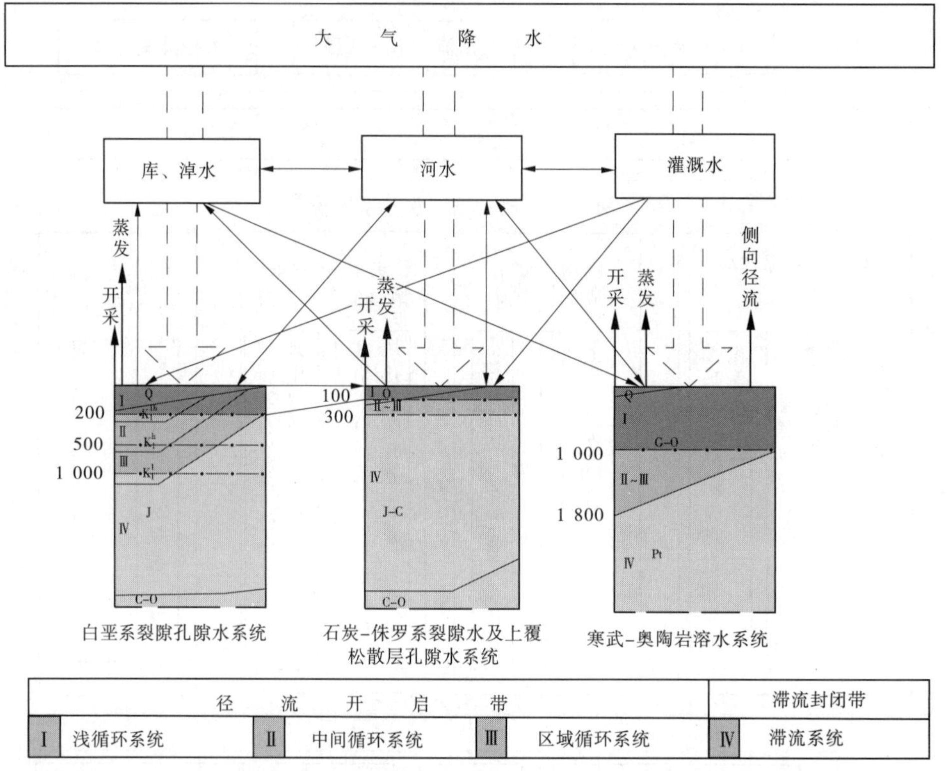

图 4-2-1　鄂尔多斯市地下水循环模式示意图　（据《鄂尔多斯盆地下水勘查研究》）

开启带的地下水与现代大气降水或多或少地存在一定的联系，是目前勘查研究和开发利用的主要对象。当然，其间的界限也不是完全固定的，可以随着气候演变、构造活动、地形改变及人为活动（包括开采）等因素的影响而发生变化。本书研究的主要对象就是区内浅部径流开启带地下水系统。

根据浅部径流开启带的埋深情况，本书对各个地下水系统研究的深度如下：

（1）杭锦－达拉特平原黄河冲积湖积地下水系统，埋深 300 m 以内的主要含水层；

（2）白垩系碎屑岩裂隙孔隙地下水系统，评价深度至白垩系底板，即其下伏侏罗系地层的顶板，深度最深达 1 000 m；

（3）石炭系－侏罗系碎屑岩裂隙与上覆松散层孔隙地下水系统，为富水性相对较差的地下水系统，由于石炭系－侏罗系岩层透水性整体上相对较差，地下水主要赋存在浅部相对破碎或受风化作用强烈的区段，因此评价的深度有限，根据含水层的分布，一般几十米至上百米不等；

（4）寒武系－奥陶系碳酸盐岩岩溶地下水系统，评价对象主要为深部地下水滞留带以上的岩溶水，评价深度约为 1 000 m。

4.2.2　浅层水、深层水的概念

区域水文地质条件、地形地貌、地质构造、含水层埋藏条件等的复杂性决定了对浅层水、深层水的划分标准不尽相同，对各地区尚无非常严格、统一的标准。

水利部水利水电规划设计总院在 2002 年 10 月发布的《地下水资源量及可开采量补充细则(试行)》中,对深层、浅层地下水资源量进行了明确的定义。浅层地下水是指埋藏相对较浅、由潜水及与当地潜水具有较密切水力联系的弱承压水组成的地下水;深层承压水是指埋藏相对较深、与当地浅层地下水没有直接水力联系的地下水。

《中国水资源公报编制技术大纲》(2004 年)中规定:浅层水是指与当地降水、地表水体有直接补排关系的地下水;深层水是指承压地下水。而各省(区、市)的水资源公报中又按照实际情况划定深层水的大致埋藏深度,例如有的省(区、市)按 100 m 或 80 m 埋深,内蒙古草原则采用 50 m 埋深等。这样的划分具有明显的区域性特点,局限性较大。

水利部公报编制组在 2009 年 7 月中国水资源公报编制汇总协调工作会议上提出的"水资源公报编制有关技术问题",确定浅层、深层承压地下水供水量的最新概念:浅层地下水包括潜水、易于补给和更新的承压水,以及岩溶水;深层承压水是指极难更新补给,基本不参与水循环的承压水。

2009 年由水利水电规划设计总院作为技术总负责单位,会同中国水利水电科学研究院、各流域机构和各省(区、市)的项目承担单位共同完成的《全国地下水利用与保护规划(征求意见稿)》中将与当地大气降水和地表水体有直接水力联系的潜水以及与潜水有密切水力联系的承压水统称为浅层地下水,将埋藏相对较深、与当地大气降水和地表水体没有直接水力联系而难以补给的地下水称为深层承压水。

全国水资源综合规划的专题:《深层承压水量计算方法研究专题报告》认为深层承压水除分布于松嫩平原、华北平原(黄、淮、海平原)、长江三角洲地区外,准噶尔盆地、塔里木盆地、柴达木盆地、河西走廊、鄂尔多斯盆地和四川盆地等大盆地也存有深层承压水。

本书从地下水资源评价和地下水开采条件出发,将埋藏较浅、由潜水及与潜水有水力联系的弱承压水组成的地下水称为浅层地下水,而将埋藏相对较深、与浅层地下水没有直接联系的地下水,以及赋存于浅层地下水含水层以下、更新能力差的承压水称为深层承压水。

根据前述深层水的定义,只要寻找出稳定的相对隔水层并结合地下水的补、径、排条件,一般就可以将深层承压水划定出来,如鄂尔多斯市的黄河南岸灌区为河流冲积平原,具有多个含水层和相对隔水层;对于位于准格尔旗东部的岩溶地下水,虽然地下水埋藏深,但是由于其主要是受黄河水补给,地下水更新速率快,根据定义仍然可视为是浅层地下水。但对于鄂尔多斯高原白垩系地下水系统进行划定就存在一定的困难,该含水系统主要是一套以砂岩为主的河流相与沙漠相沉积,其中虽夹有一些泥岩透镜体,但其厚度不大且延展范围较小,尚不能构成区域性隔水层,因此总体上自上而下是一巨厚层统一含水体。以往的水资源评价中,对该含水层浅、深层地下水没有十分明确。在国土资源部门 2000 ~ 2002 年期间组织开展的新一轮全国地下水资源评价工作成果——中国地下水资源(内蒙古卷)中,曾大致以含水层 300 m 深度为界,将其上部划为潜水统一含水体,其下划为深层承压水。

本书在近年来中国地质调查局开展的《鄂尔多斯盆地地下水勘查》的研究成果基础上,从浅层地下水、深层承压水的定义出发,综合考虑地下水含水层的空间分布、水力联系、地下水循环特征、地下水的更新能力等因素,利用模糊综合评价方法,重新对白垩系含水层系统的浅层地下水和深层承压水进行了界定。

4.2.3 鄂尔多斯市白垩系含水系统浅层水与深层水划分

4.2.3.1 鄂尔多斯市白垩系含水系统地下水特征

1. 地下水循环模式

白垩系地下水循环规律主要受现代地貌(地表分水岭)、补给条件和水文系统控制,区内地下水流在天然势能差的作用下,在地势高的地区(地表分水岭)接受补给经过浅、深循环和水平与垂直交替,最终向区域最低侵蚀基准面——河流(湖泊)排泄。地下水的流向严格受地表水输出系统的控制,并与地表水的流向大体一致,分别以都思兔河(西侧)、无定河—乌兰木伦河(东侧)和摩林河(北侧)为归宿。

为了更好地描述白垩系地下水的循环与演化特征,利用完全揭穿白垩系的最新勘探钻孔资料和所获得的不同深度水位等分层资料,将地下水的循环规律划分为浅循环(局部)系统、中循环(中间)系统和深循环(区域)系统三种类型。

1)浅循环(局部)系统

在盆地的北部(白于山以北)局部水流系统是发生在梁(台)地与就近相对低洼地区(河谷洼地、湖沼洼地)之间的地下水的渗流运动,长期不涸竭、大小不等的湖(淖),几乎都是局部水流系统的直接反映(见图4-2-2)。浅循环系统的影响宽度为20 km左右,循环发育深度一般在200 m左右,但在地表分水岭地区(四十里梁)一些较大的湖淖影响宽度在15~30 km,循环深度可达到250 m左右(见表4-2-1)。

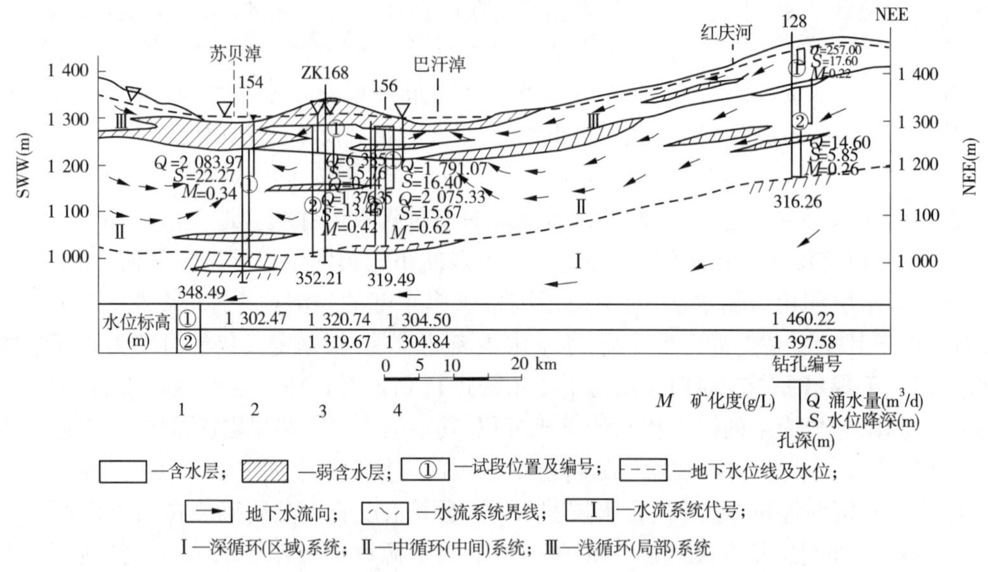

图4-2-2 苏贝淖—红庆河剖面水流系统 (据《鄂尔多斯盆地地下水勘查》)

2)中循环(中间)系统

中循环系统主要受白于山、安边—四十里梁—东胜梁、新召地表分水岭和摩林河、都思兔河、无定河、盐海子、纽格图淖、浩通·查干诺尔、呼和沼、苟池等局部或区域排泄基准面控制。影响宽度为40~80 km左右,循环深度最大达580 m。

表 4-2-1　利用 Packer 系统获得不同深度水位数据划分地下水循环深度

钻孔编号	水文地质单元	循环深度(m)		
		浅循环	中循环	区域循环
B6	达拉图鲁地下水子系统	200	345	1 000
B8	乌兰淖地下水子系统次级地表分水岭	250	580	810
B11	大庙地下水子系统	220	550	840
B13	白于山北坡	100	250	680
B14	苏贝淖地下水子系统下游苏贝淖傍侧	150	350	750
B15	榆溪河地下水子系统上游地表分水岭	95	530	
B16	盐海子地下水子系统下游,盐海子傍侧	120	210	500
B17	无定河地下水子系统下游	200	360	

3)深循环(区域)系统

深循环系统地下水径流交替十分缓慢,补、径、排分带明显、路径长,影响宽度最大,一般在 120 km 以上,循环深度远大于局部和中间循环系统。达到白垩系底界,在地表分水岭地区和白垩系较厚地区,其循环的深度达 500 ~ 1 000 m,水质相对较好。

根据上述浅、中、深循环深度的差异,在垂向上将北部含水层亚系统划分为浅部、中部和深部三个含水层(见图 4-2-3)。

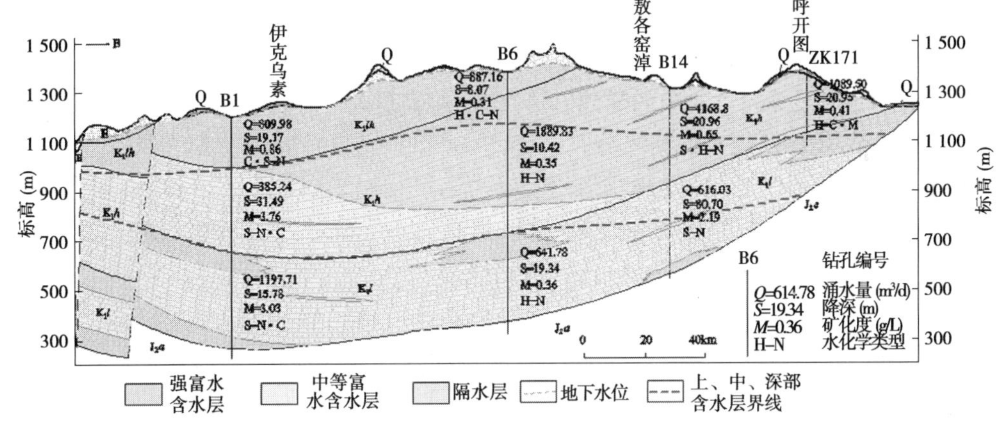

图 4-2-3　白垩系地下水系统结构图

(1)浅部地下水。主要指 200 m 以上赋存的地下水,分布于鄂尔多斯中南部,含水介质主要是河流相砂岩。基本上与浅循环水流系统相一致。主要受大气降水补给,蒸发为其主要排泄方式。含水岩层孔隙度多为 20% ~30%,由于表层多被第四系风积砂覆盖,有利于大气降水的入渗补给,因而富水性好,单井涌水量一般大于 1 200 m^3/d,最大可达 5 000 m^3/d。地下水循环积极,水质较好,矿化度多小于 1 g/L,是地下水最有利的开采层位。

(2)中部地下水。分布于整个盆地北部,埋藏深度 200 m 左右,厚度 300 ~400 m。含水介质主要为河流相砂岩,东南部边缘为沙漠相砂岩。中层地下水基本与中间水流系统相一致。在安边—四十里梁—东胜梁分水岭、新召等分水岭区,受上部浅层地下水向下越流补给。含水岩层孔隙度多在 10% ~20%，局部地段及层位略大，在 20% ~30%。富水性相对较弱，单井涌水量一般为 800 ~2 200 m^3/d，地下水水质普遍较好，大部分地区矿化度小于 1 g/L，也是地下水有利的开采层位。

（3）深部地下水。主要分布于盆地中西部地区，含水层埋藏深度 500 ~600 m，厚度 200 ~400 m。含水介质以河流相与沙漠相砂岩为主。在安边—四十里梁—东胜梁分水岭区，受中层地下水向下越流的补给。单井涌水量为 500 ~2 200 m^3/d，多数水质较好。由于含水层埋藏深度大，地下水循环缓慢，更新能力较差，应根据实际情况合理开发。

2. 地下水水文地球化学特征

根据前人关于该区水文地球化学对地下水循环的示踪研究成果，并结合区域水文地质条件分析，可以得出评价区地下水循环特点总体表现为由四十里梁—东胜梁地表分水岭地区向东西两侧径流排泄（见图 4-2-4）。

1）浅（局部）循环系统

浅（局部）循环系统以图 4-2-4 中的流线①为代表，主要分布于梁（台）地与就近相对低洼地区（河谷洼地、湖沼洼地）之间，地势相对较高的台地及梁岗与都思兔河、摩林河等地表河流以及地势较低的湖淖之间，严格受地表地形条件约束，它包括第四系地下水系统和白垩系地下水系统。其特点是循环路径短、深度浅，径流迅速，地下水交替强烈，水质好，多为低矿化度的 HCO_3 型水，矿化度 <1 g/L。该循环系统循环深度一般在 120 m 以内，对于延展范围较大的循环系统，循环深度较大，可达到 200 ~300 m 甚至更深，是地下水径流交替最强烈的地带。

2）中间循环系统

中间循环系统以图 4-2-4 中的流线②为代表，主要分布于四十里梁地区与都思兔河、摩林河等地表河流以及较大的湖淖分布区，区内主要的地表河流和较大的湖泊是中间水流系统地下水的排泄基准面。相对局部水流系统而言，中间水流系统的影响范围广、深度大，是地下水的积极交替带，水化学分带明显，其水质一般较好。中间循环系统的发育深度大约为 300 m，一般不超过 400 m。

3）深（区域）循环系统

深（区域）循环系统以图 4-2-4 中的流线③为代表，地下水的径流交替十分缓慢，补、径、排分带明显、路径长（从分水岭一直到盆地边界），循环深度远大于局部和中间循环系统，四十里梁西侧白垩系较厚地区，循环深度一般在 800 m 左右；在四十里梁东侧地区，循环深度达到白垩系的底部边界。地下水流主要呈水平活塞式流动。地下水水质较好，水化学分带典型，矿化度一般小于 1 g/L。

3. 地下水年龄

1）浅部地下水的 ^{14}C 年龄

评价区浅部地下水多为近几十年以来形成的现代水。浅部地下水年龄分布明显受地形及分水岭的控制，从区域性地表分水岭向东、北和西侧沿地下水流向，地下水的年龄逐渐增大（见图 4-2-5）。

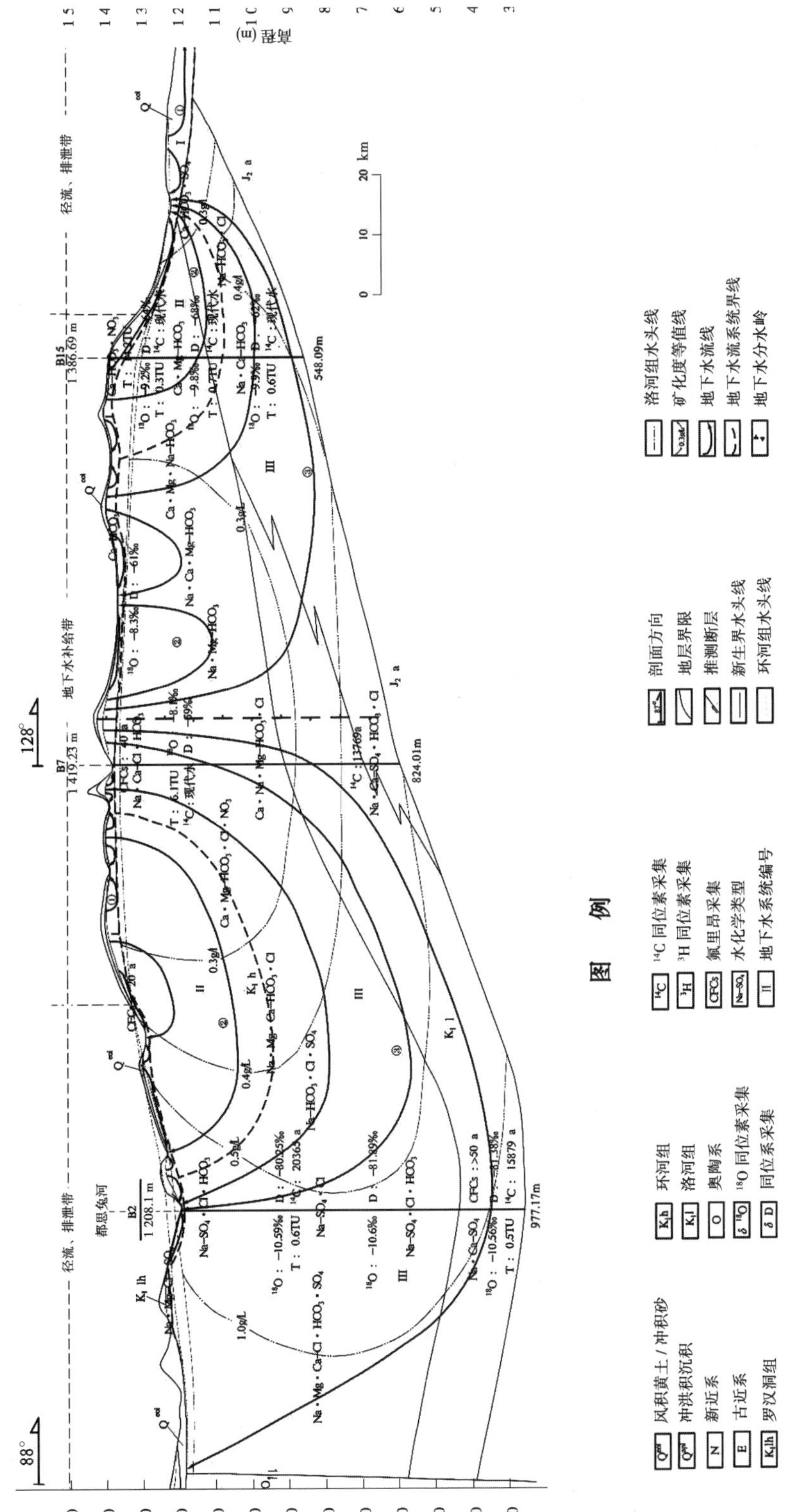

图 4-2-4　地下水循环示意图　（据《鄂尔多斯盆地地下水勘查》）

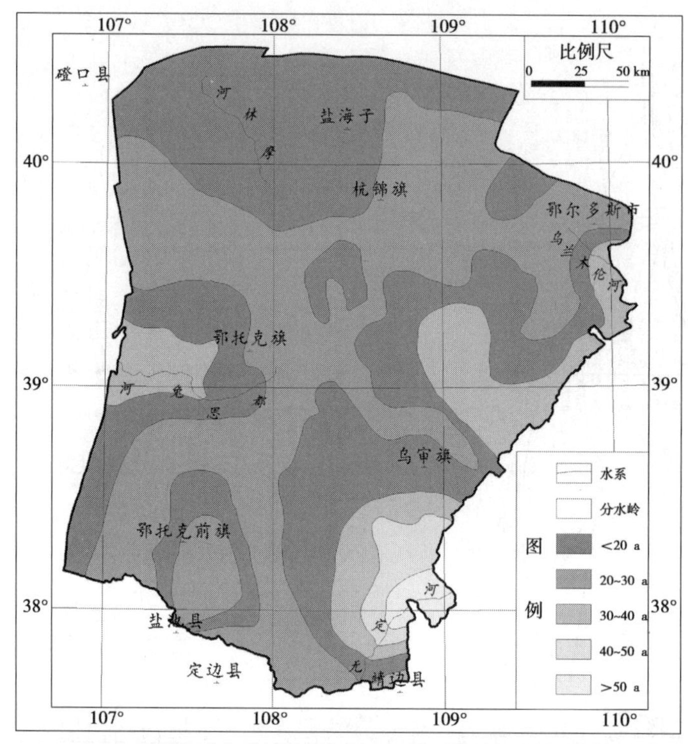

图 4-2-5 浅部地下水^{14}C 年龄分区图

在北部摩林河—盐海子地下水子系统和西部都思兔河—盐池地下水子系统,浅部地下水补径排比较通畅,年龄为 20 ~ 30 a。从达拉图鲁湖、大克泊湖等闭流区四周到排泄中心,地下水年龄逐渐变大,地下水从补给到排泄的时间一般大于 50 a,地下水循环更替较慢。

2)中、深部地下水的^{14}C 年龄

评价区中部和深部地下水年龄在空间上总体表现为随着地下水埋藏深度增大以及沿着地下水的流向从地下水补给区向排泄区逐渐变老的总体变化特点(见图 4-2-6、图 4-2-7)。大部分地区中深层地下水的^{14}C 年龄小于 5 000 a,仅在少数滞流区地下水年龄大于 5 000 a。

地下水年龄的上述特征表明,评价区白垩系地下水系统浅部地下水主要为近几十年来形成的现代水,其更新能力最强。中深部地下水年龄沿地下水流向随水流路径的延长或深度的增加而越来越大。现代水积极参与了中间和区域水循环系统,地下水系统具有一定的开启性,地下水更新能力较强。

4. 地下水年更新速率

由于地下水不断地参与自然界的水循环,与外界发生着水量交换,因而地下水处于一种不断更新的状态。地下水更新能力的评价是地下水资源评价的重要基础,也是制定地下水合理开发利用模式的一个重要依据。但是,由于水循环条件的差异,不同地下水系统中的地下水具有不同的更新速率(R)。

为便于分析评价区内地下水年更新速率的区域分布规律,按 $R>1\%/a$,$0.1\%/a<R<1\%/a$,$R<0.1\%/a$ 三个等级将评价区划分为强更新区、中等更新区和弱更新区。总

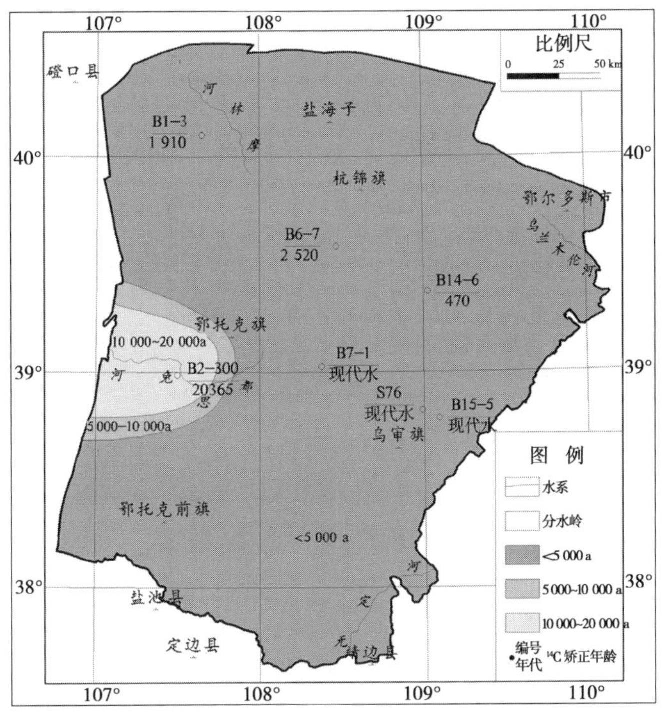

图 4-2-6　中部地下水^{14}C 年龄分区图

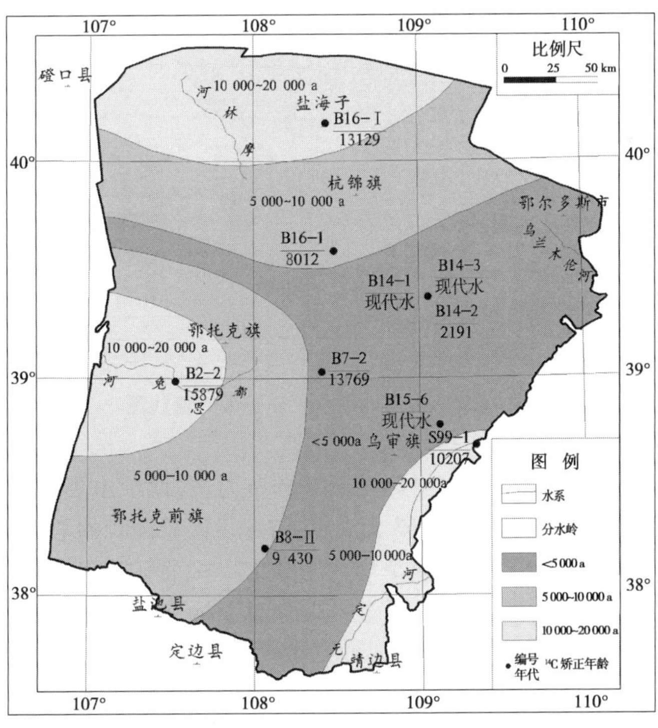

图 4-2-7　深部地下水^{14}C 年龄分区图

体而言，随着地下水埋藏深度的增大，浅、中、深部地下水的更新能力依次明显降低。

1）浅部地下水更新速率分布规律

由于浅部地下水主要以局部水循环系统为主导，延展范围小、循环深度浅、循环路径短、地下水年龄较为年轻，加之浅部地下水补给条件好，浅部地下水交替强烈，其更新速率明显快于中层和深层地下水。

评价区浅部地下水以强更新为主，更新速率大于1.0%/a的强更新区面积约为5.061万 km^2，占白垩系地下水系统总面积的80.36%，集中分布于除盐海子以西的摩林河流域、鄂托克前旗东南地区和乌兰木伦河区域以外的绝大多数地区，其中都思兔河—上海庙地下水系统大多数地区更新速率甚至大于3.0%/a（见图4-2-8）。

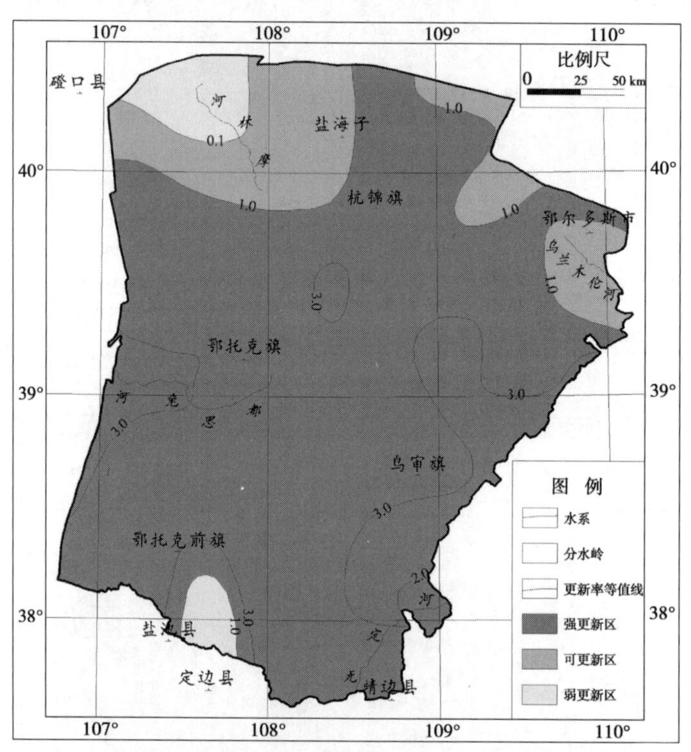

图4-2-8　浅部地下水更新速率等值线图

2）中部地下水更新速率分布规律

评价区中部地下水更新能力以中等更新区分布为主，地下水更新能力较浅部地下水明显变弱。中等更新区面积约为4.763万 km^2，占评价区总面积的75.63%（见图4-2-9）。

区内绝大部分地区地下水更新速率均大于0.1%/a，特别是乌审旗以西一带，地下水更新速率甚至达到1.0%/a以上。弱更新区则分布于杭锦旗以北地区和鄂托克旗以西、都思兔河下游区域，更新速率小于0.1%/a，特别是摩林河下游地区，更新速率小于0.01%/a，这与这些地区含水层埋藏相对较深、含水层渗透性较差，地下水运动滞缓是一致的。

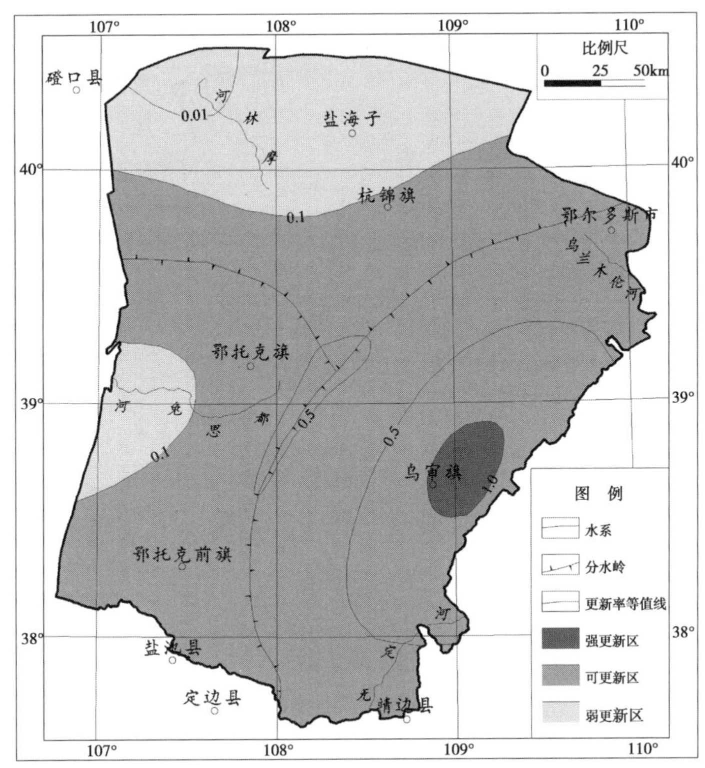

图4-2-9　中部地下水更新速率等值线图

3）深部地下水更新速率分布规律

受区域地质条件影响，评价区深部地下水的径流交替十分缓慢，路径更长，循环深度远大于局部和中间循环系统，造成区内深部地下水以弱更新区分布为主，更新速率极慢，深部地下水弱更新区、中等更新区和强更新区面积分别约为61 659.5 km^2、1 017.3 km^2和299.54 km^2，占全区总面积的97.91%、1.62%和0.48%。年更新速率自地表分水岭向两侧逐渐减小，分水岭附近以及东侧的乌兰木伦河—无定河地下水系统中深部地下水的年更新速率大于0.02%/a，在乌审旗东北局部地段，年更新速率甚至达到了0.1%/a以上（见图4-2-10），这显然与该地段含水岩层厚度大、稳定隔水层缺乏、渗透性好、垂向水力联系密切等因素有关。

4.2.3.2　白垩系含水系统浅层与深层地下水的模糊综合判别

针对目前存在的浅层水和深层水的划分具有人为性和判定标准不明确的问题，本书从地下水特征属性以及运移方式入手，试用模糊综合评判法进行定量划分，以求克服前述弊端。

模糊综合评判法基本原理与步骤如下。

1. 因素集合的选取

影响地下水类型划分的因素很多，其中地下水本身的属性（如地下水年龄、同位素氚含量）和运移方式（如循环深度和更新速率）是确定、划分地下水类型的主要因素。因素集合指由影响地下水类型划分的各因素所组成的集合，用V表示。

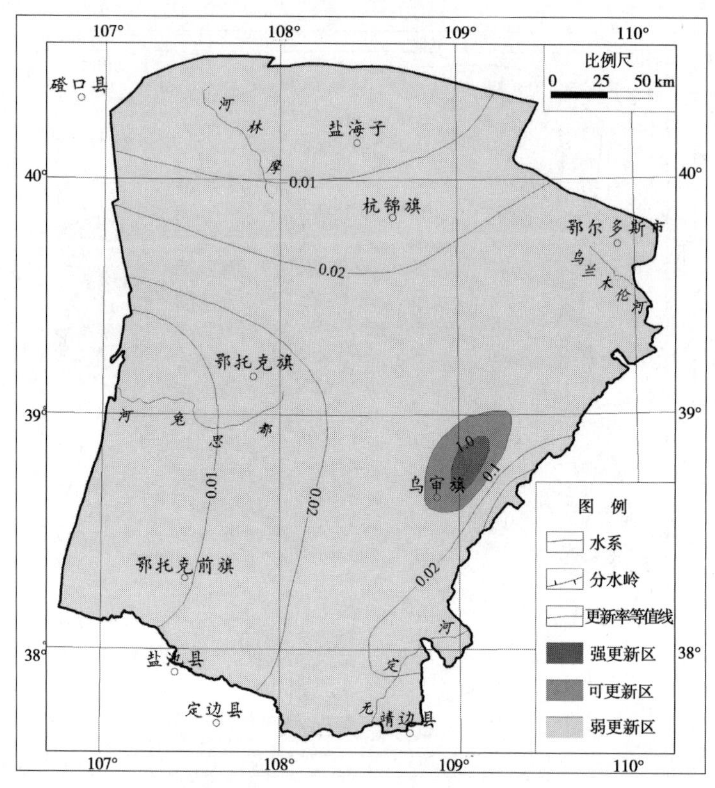

图 4-2-10　深部地下水更新速率等值线图

$$V = \{v_1, v_2, v_3, v_4\} \tag{4-2-1}$$

式中：v_1 为循环深度 H；v_2 为地下水年龄 A；v_3 为地下水更新速率 R；v_4 为同位素氚含量 C。

浅层地下水、深层承压水划分标准见表 4-2-2。

表 4-2-2　浅层地下水、深层承压水划分标准

循环深度 H	$H<200$ m	200 m$\leqslant H<550$ m	550 m$\leqslant H<1\ 000$ m
划分类型	浅循环	中循环	深循环
地下水年龄 A	$A<50$ a	50 a$\leqslant A<5\ 000$ a	A $>5\ 000$ a
划分类型	现代水	中等水	古水
地下水更新速率 R	$R>1.0\%/\mathrm{a}$	$0.1\%/\mathrm{a}<R\leqslant1\%/\mathrm{a}$	$R\leqslant0.1\%/\mathrm{a}$
划分类型	快	中等	缓慢
同位素含量 C	$C_{氚}>21.58$TU	5TU$\leqslant C_{氚}<21.58$TU	$C_{氚}<5$TU
划分类型	高	中等	低

2. 评语集合的确定

一般情况下，将地下水划分为浅层地下水和深部承压水，其中浅层地下水又可以划分为浅部地下水和中部地下水，将每个类型看作一个因子，按次序组合起来，即为评语集合，

记作 U：

$$U = \{u_1, u_2, u_3\} \tag{4-2-2}$$

式中：u_1 为浅部地下水；u_2 为中部地下水；u_3 为深部承压水。

3. 隶属函数的确定

隶属函数是各单项地下水类型划分影响因素模糊评价的依据，各单项因素的评价又是多因素模糊综合评价的基础。因此，确定各因素对各级的隶属函数是问题的关键。

求隶属函数的方法很多，其中有中值法以及按函数分布形态曲线求隶属函数等。较为成熟的是用降半梯形分布函数确定某种元素的隶属函数。分别用降半梯形和升半梯形隶属函数求两端等级的隶属度，用对称山型隶属函数求中间等级隶属度。

$$u_{ni} = \begin{cases} 1 & (x \leqslant a_1) \\ \dfrac{a_2 - x}{a_2 - a_1} & (a_1 < x < a_2) \\ 0 & (x \geqslant a_2) \end{cases} \tag{4-2-3}$$

$$u_{ji} = \begin{cases} \dfrac{x - a_{j-1}}{a_j - a_{j-1}} & (a_{j-1} < x \leqslant a_j) \\ \dfrac{a_{j+1} - x}{a_{j+1} - a_j} & (a_j < x < a_{j+1}) \\ 0 & (x \geqslant a_{j+1} \text{ 或 } x \leqslant a_{j-1}) \end{cases} \tag{4-2-4}$$

$$u_{oi} = \begin{cases} 0 & (x \leqslant a_2) \\ \dfrac{x - a_2}{a_3 - a_2} & (a_2 < x < a_3) \\ 1 & (x \geqslant a_3) \end{cases} \tag{4-2-5}$$

式中：x 为某评价因子实测值；a_j 为某划分等级标准。

把各评价因子的实测值代入相应的隶属函数，计算出每个因子对于各评价等级的隶属度，得到 $U \sim V$ 的一个模糊关系 $\boldsymbol{R}$，记作 $U \xrightarrow{\boldsymbol{R}} V$，称 $\boldsymbol{R}$ 为模糊矩阵。

$$\boldsymbol{R} = \begin{pmatrix} r_{11} & r_{12} & \cdots & R_{1m} \\ r_{21} & r_{22} & \cdots & R_{2m} \\ \vdots & \vdots & & \vdots \\ r_{n1} & r_{n2} & \cdots & R_{nm} \end{pmatrix} = (r_{ij})_{nxm} \tag{4-2-6}$$

4. 建立影响因子权重矩阵

在综合模糊评判中应考虑到各指标高低有所不同，在总的判断中所起的作用亦有所差别。因此，有必要对各参评因子赋予权重，按照层次分析法的要求，在评价体系的隶属关系基础上，通过个人与多人、专业与专家相结合的方式，通过打分的方法分别比较同一层次各要素之间的相对重要性。为了使各个因素之间进行的两两比较得到量化的判断矩阵，引入 1 ~9 的标度，见表 4-2-3。

表 4-2-3　标度 a_{ij} 的确定

标度 a_{ij}	定义
1	i 因素与 j 因素同样重要
3	i 因素比 j 因素略微重要
5	i 因素比 j 因素较重要
7	i 因素比 j 因素非常重要
9	i 因素比 j 因素绝对重要
2,4,6,8	为以上两判断之间的中间状态所对应的标度值
倒数	若 j 因素与 i 因素比较,得到的判断值为 $a_{ji}=1/a_{ij}$

根据对各因素确定的标度比较值,构造判断矩阵。设有 n 个影响因素,各个因素的值分别是 ω_1、ω_2、…、ω_n,若将它们两两比较,其比值可以构成 $n \times n$ 矩阵 $\boldsymbol{A}$

$$\boldsymbol{A} = \begin{bmatrix} \omega_1/\omega_1 & \omega_1/\omega_2 & \cdots & \omega_1/\omega_n \\ \omega_2/\omega_1 & \omega_2/\omega_2 & \cdots & \omega_2/\omega_n \\ \vdots & \vdots & & \vdots \\ \omega_n/\omega_1 & \omega_n/\omega_2 & \cdots & \omega_n/\omega_n \end{bmatrix} \tag{4-2-7}$$

$\boldsymbol{A}$ 矩阵具有如下性质:若用各因素的值向量表示,则 $\boldsymbol{W}=(\omega_1,\omega_2,\cdots,\omega_n)^{\mathrm{T}}$

若乘以 $\boldsymbol{A}$ 矩阵,则得到

$$\boldsymbol{AW} = \begin{bmatrix} \omega_1/\omega_1 & \omega_1/\omega_2 & \cdots & \omega_1/\omega_n \\ \omega_2/\omega_1 & \omega_2/\omega_2 & \cdots & \omega_2/\omega_n \\ \vdots & \vdots & & \vdots \\ \omega_n/\omega_1 & \omega_n/\omega_2 & \cdots & \omega_n/\omega_n \end{bmatrix} \times \begin{bmatrix} \omega_1 \\ \omega_2 \\ \vdots \\ \omega_n \end{bmatrix} = n\boldsymbol{W} \tag{4-2-8}$$

即

$$(\boldsymbol{A} - n_i)\boldsymbol{W} = 0 \tag{4-2-9}$$

由矩阵论可知,$\boldsymbol{W}$ 为特征向量,n 为特征值,若 $\boldsymbol{W}$ 为未知向量,则可根据决策者对物体之间两两比较的关系,主观得出比值判断,或用 Delphi 法来确定这些比值,使 $\boldsymbol{A}$ 矩阵为已知。

一般来讲,在层次分析法中计算判断矩阵的最大特征值与特征向量(即相对权重),并不需要太高的精度,故用近似方根法计算即可,其计算步骤如下:

(1)计算判断矩阵每行所有元素的几何平均值

$$\overline{\omega} = \sqrt[n]{\prod_{i=1}^{n} a_{ij}} \qquad i = 1,2,\cdots,n$$

得到

$$\overline{\omega} = (\overline{\omega_1},\overline{\omega_2},\cdots,\overline{\omega_n})^{\mathrm{T}} \tag{4-2-10}$$

(2)将 ω_i 归一化,即计算

$$\omega_i = \frac{\overline{\omega}_i}{\sum_{i=1}^{n} \overline{\omega}} \qquad i = 1,2,\cdots,n \tag{4-2-11}$$

得到 $\omega = (\omega_1, \omega_2, \cdots, \omega_n)^T$,即为所求特征向量的近似值,这也是各因素的相对权重。

(3)计算判断矩阵一致性指标,检验其一致性

$$CI = \frac{\lambda_{\max} - n}{n - 1} = \frac{-\sum\limits_{i=\max} \lambda_i}{n - 1} \tag{4-2-12}$$

当 $\lambda_{\max} = n, CI = 0$ 时,可判定为完全一致。CI 值越大,判断矩阵的完全一致性越差,一般只要求 CI 不大于 0.1,可认为判断矩阵的一致性可以接受,否则必须重新进行两两比较判断。

5. 模糊综合评判

模糊综合评判问题最终目的是寻求一个模糊集合 B,所以还要进行 A 与 R 模糊关系合成,得到评判集 V 上的一个模糊子集 B。

$$B = A \circ R = (b_1 \quad b_2 \cdots b_m) \tag{4-2-13}$$

$$b_j = (a_1 \dot{*} r_{1j}) \overset{+}{*} (a_1 \dot{*} r_{2j}) \overset{+}{*} \cdots \overset{+}{*} (a_n \dot{*} r_{nj}) \quad (j = 1, 2, \cdots, m) \tag{4-2-14}$$

对 $\boldsymbol{B}$ 中结果还必须归一化,即 $b_j^{\cdot} = \dfrac{b_j}{\sum\limits_{j=1}^{m} b_j}$,最后得到一个归一化的综合评判矩阵 $B^{\cdot} = (b_1^{\cdot} \quad b_2^{\cdot} \quad \cdots \quad b_m^{\cdot})$,其评判结果由 $\max(b_j^{\cdot})_{1 \times m}$ 确定。$M(\dot{*}\overset{+}{*})$ 为运算符号。

6. 实例应用

利用上述模糊综合评价的方法,对研究区 0 ~ 1 000 m 内的各影响因子实测值进行模糊综合评价,评价结果见表 4-2-4。

表 4-2-4　模糊综合评价结果

评价深度(m)	循环深度 H(m)	地下水年龄 A(a)	更新速率 R(%)	同位素含量 C(TU)	评判矩阵	划分结果
0 ~ 100	80	50	0.1	20	(0.564 2,0.261 3,0.174 5)	浅部地下水
100 ~ 200	150	300	0.05	15	(0.685 4,0.129 1,0.185 5)	浅部地下水
200 ~ 300	228	800	0.06	21	(0.363 7,0.456 7,0.179 6)	中部地下水
300 ~ 400	360	1 000	0.12	13	(0.228 0,0.497 4,0.274 6)	中部地下水
400 ~ 500	430	900	0.04	7	(0.149 2,0.551 0,0.299 8)	中部地下水
500 ~ 600	550	1 200	0.03	3.5	(0.218 5,0.359 3,0.422 2)	深层承压水
600 ~ 700	658	2 000	0.02	12	(0.122 3,0.420 4,0.457 3)	深层承压水
700 ~ 800	741	3 500	0.15	1.8	(0.134 6,0.313 3,0.552 1)	深层承压水
800 ~ 900	889	5 500	0.04	8	(0.141 7,0.280 2,0.578 1)	深层承压水
900 ~ 1 000	967	6 000	0.06	11	(0.083 1,0.271 6,0.645 3)	深层承压水

通过上述计算结果,根据深层承压水的概念并结合地下水开采利用的实际情况、地下水的富水性特征等,将埋深大致在 550 m 以上的浅部地下水和中部地下水划为浅层地下

水，主要包括萨拉乌素组、罗汉洞组和环河组中上部；大致将埋深在 550 m 以下的深部地下水视为深层承压水，主要包括环河组下部和洛河组。

4.2.4　浅层地下水、深层承压水划分结果

根据前述各个含水系统中关于浅层地下水和深层承压水的划分，整个评价区内地下水系统的划分结果如下：

(1)评价区内杭锦－达拉特平原黄河冲积湖积地下水系统目前钻孔深度一般不大于 300 m，埋深 300 m 以内的主要含水层为全新统－上更新统含水层（潜水）、上更新统承压含水层、中更新统承压含水层，主要岩性为细砂、中砂、粗砂及少量砂质黏土夹层，富水性较好，300 m 以下地下水更新性普遍较差，富水性也较弱，因此将区内的含水层统一划分为浅层地下水系统。

(2)石炭－侏罗碎屑岩裂隙与上覆松散层孔隙地下水系统因为埋藏相对较浅，主要赋存在浅部 200 m 以内，与大气降水联系密切，所以统一划分为浅层地下水系统。

(3)白垩系碎屑岩裂隙孔隙地下水系统则以埋深 550 m 为界，550 m 以上含水层中的地下水为浅层地下水，赋存于 550 m 以下含水层中的地下水为深层承压水。

(4)寒武系－奥陶系碳酸盐岩岩溶地下水系统分布在西部桌子山区以及东部黄河河谷地带，直接接受大气降水和地表水的入渗补给，是岩溶地下水的主要补给区。其他地区大部分覆盖及埋藏的岩溶水则通过地下水循环，直接或间接地接受裸露岩溶水的补给。根据岩溶地下水的埋藏条件和地下水循环规律，区内岩溶水系统可划分为积极交替带、缓慢交替带和滞流带三个循环带，本次划分时将地面以下现代排水基准面以上，地下水交替积极的裸露岩溶区以及未固结松散层（一般为新生界）的覆盖型岩溶区划分为浅层岩溶水（循环深度 1 000 m）。下部为深层岩溶水（循环深度 1 000 ~ 1 800 m）。

4.3　浅层地下水资源量评价

平原区多年平均浅层地下水资源量为多年平均浅层地下水总补给量减去井灌回归补给量，山丘区为多年平均地下水总排泄量。

不同保证率浅层地下水资源量采用典型年法统计计算：

(1)利用各计算区（水资源三级区套旗县）1980 ~ 2009 年降水系列频率成果，筛选各计算区（地下水四级类型区套旗县）不同降水频率值 ±5% 范围内的年份；

(2)不同保证率平原区单项补给量或山丘区单项排泄量取其 1980 ~ 2009 年系列成果内相应保证率降水条件对应年份的单项量的均值；

(3)不同保证率浅层地下水资源量，平原区为相应保证率地下水总补给量减去井灌回归补给量，山丘区为相应保证率地下水总排泄量。

4.3.1　平原区地下水资源评价方法

平原区内补给量包括大气降水入渗补给量（$Q_{降水}$）、农田灌溉回归补给量（$Q_{灌补}$）、渠系渗漏补给量（$Q_{渠补}$）、地下水侧向径流补给量（$Q_{流入}$），排泄量包括潜水蒸发排泄量

($Q_{蒸发}$)、地下水侧向径流排泄量($Q_{流出}$)和人工开采量($Q_{开采}$),则区域的水均衡模型为

$$Q_{总补} - Q_{总排} = Q_{储变} \tag{4-3-1}$$

$$Q_{总补} = Q_{降水} + Q_{灌补} + Q_{渠补} + Q_{流入} \tag{4-3-2}$$

$$Q_{总排} = Q_{蒸发} + Q_{流出} + Q_{开采} \tag{4-3-3}$$

式中:$Q_{总补}$为地下水总补给量,万 m^3/a;$Q_{总排}$为地下水总排泄量,万 m^3/a;$Q_{储变}$为地下水储变量,万 m^3/a;$Q_{降水}$为大气降水入渗补给量,万 m^3/a;$Q_{灌补}$为农田灌溉回归补给量,万 m^3/a;$Q_{流入}$为地下水侧向流入补给量,万 m^3/a;$Q_{蒸发}$为潜水蒸发排泄量,万 m^3/a;$Q_{流出}$为地下水侧向流入补给量,万 m^3/a;$Q_{开采}$为地下水人工开采量,万 m^3/a。

4.3.1.1　大气降水入渗补给量

大气降水入渗补给量的计算公式为

$$Q_{降水} = \alpha F P_{有效} \tag{4-3-4}$$

式中:$Q_{降水}$为大气降水入渗补给量,万 m^3/a;α 为大气降水入渗系数;F 为计算区面积,m^2;$P_{有效}$为有效降水量,m。

天然条件下降落在旱地上的任一次降水过程中,降水量较小时,对地下水体的补给量极为有限,大部分消耗于地表的蒸发或者被植被截留,只有单次降水量大于一定量时,降水才能入渗并进入地下水体中,因此在计算降水入渗量时,应选取对地下水体有补给作用的有效降水量。

评价区内降水观测站较多,降水量空间分布不均匀,因此在计算大气降水入渗量时,采用了降水量等值线图和入渗系数分区图相叠加的方式进行计算,多年平均大气降水入渗补给计算具体步骤如下:

(1)绘制入渗系数分区图和降水等值线分区图(降水等值线图每间隔 10 m 划分为一个区);

(2)将计算分区图和入渗系数分区图相叠加,得到各计算分区的入渗系数分区图;

(3)将各个计算分区的入渗系数分区图和降水等值线分区图相叠加,得到各个计算分区的入渗系数和降水量次级计算单元,然后按照下述方法计算各计算区的入渗补给量。

假定某一计算区内,共有 m 个入渗系数分区,各入渗系数分区内又有 n 个降水量等值线分区(见图 4-3-1),则该计算区的入渗补给量可按照下式进行计算:

$$Q_{入渗} = \sum_{i}^{m} \alpha_i F_i \overline{h_i} \tag{4-3-5}$$

式中:$Q_{入渗}$为计算区的大气降水入渗补给量,万 m^3/a;α_i 为计算区内第 i 个入渗系数分区的入渗系数,无量纲;F_i 为计算区内第 i 个入渗系数分区的面积,m^2;$\overline{h_i}$ 为计算区内第 i 个入渗系数分区内的年平均降水量,m/a。

$\overline{h_i}$ 的计算是先求出各入渗系数分区内每相邻两条等降水量线之间的面积 f_j,用它乘以该面积两侧等降水量线的水量平均值,得到该面积上的降水总量,再将分区内各个面积上的降水总量相加,用分区总面积 F_i 去除,即可得到该计算分区的平均降水量,计算公式为

$$\overline{h_i}=\frac{\sum_1^n \frac{h_j+h_{j+1}}{2}f_j}{\sum_1^n f_j}=\frac{\sum_1^n \frac{h_j+h_{j+1}}{2}f_j}{F_i} \tag{4-3-6}$$

式中：h_j、h_{j+1}分别为面积两侧的等降水量线所代表的降水量值，m；其他参数含义同前。

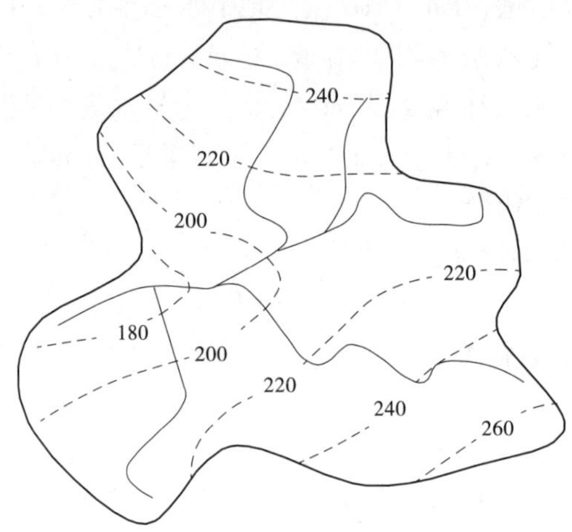

图 4-3-1　平均降水量计算示意图

4.3.1.2　井灌回归补给量

井灌回归补给量计算公式为

$$Q_{井补}=\beta Q_{井灌} \tag{4-3-7}$$

式中：$Q_{井补}$为井灌回归补给量，m^3/a；$Q_{井灌}$为井灌用水量，m^3/a；β 为井灌回归补给系数。

根据本次评价区内农田分布状况、灌溉定额、灌溉时间等资料，计算出评价区内的地下水井灌回归补给量。

4.3.1.3　渠系渗漏及田间入渗补给量

渠系渗漏及田间入渗补给量计算公式为

$$Q_{渠补}=mQ_{农引} \tag{4-3-8}$$

式中：$Q_{渠补}$为渠系渗漏渠灌补给量，m^3/a；$Q_{农引}$为地表水农灌引水量，m^3/a；m 为综合入渗补给系数。

4.3.1.4　地下水侧向径流量

地下水侧向径流量计算公式为

$$Q_{侧}=KILM\sin\alpha \tag{4-3-9}$$

式中：$Q_{侧}$为地下水侧向径流补给(排泄)量，m^3/d；K 为渗透系数，m/d；I 为地下水水力坡度(从等水位线图上获取)；L 为计算断面宽度，m；M 为含水层厚度，m；α 为计算断面与地下水流向的夹角。

计算断面渗透系数的选取主要参考断面附近的钻孔(井)的抽水试验资料。

4.3.1.5　潜水蒸发量

潜水蒸发量是指潜水在地下水面以上岩土毛细管作用以及非饱和水势梯度作用下，通过包气带岩土向上运动造成的蒸发量。采用潜水蒸发系数法进行计算，其公式如下：

$$E = 10^{-1}E_0CF \tag{4-3-10}$$

式中：E 为潜水蒸发量，万 m^3/a；E_0 为水面蒸发量，mm，取用 E601 型蒸发皿实测或折算值；C 为潜水蒸发系数；F 为计算区面积，km^2。

4.3.1.6 河川基流量

河川基流量（又称地下水径流量）是指河川径流量中由地下水渗透补给河水的部分，即地下水向河道的排泄量，用直线斜割法进行切割。各计算分区的天然径流量系列与其对应的基径比系列之积为该区的河川基流量系列。

4.3.1.7 地下水蓄变量

本书仅对黄河南岸平原有地下水长观资料的地区进行了地下水蓄变量计算，采用如下公式

$$\Delta W = -100(h_2 - h_1)\mu F/t \tag{4-3-11}$$

式中：ΔW 为地下水蓄变量，万 m^3/a；h_1、h_2 为时段始末地下水位，m；μ 为地下水位变幅带给水度；F 为计算区面积，km^2；t 为计算时段长度，a。

4.3.2 水文地质参数选取

4.3.2.1 降水入渗补给系数（α）

降雨入渗系数与潜水位埋深关系十分密切，根据降雨入渗系数随埋深的变化关系，按岩性类型分别建立了各计算区降水量与不同埋深条件下的入渗量相关方程。根据相关方程并参考该地区的其他研究成果，最终获取的不同类型区降水入渗系数取值区间一览如表 4-3-1 所示。

表 4-3-1　不同类型区降水入渗系数取值区间一览

类型区	降水入渗系数
河流冲洪区	0.18 ~ 0.3
冲积平原区	0.044 ~ 0.18
覆沙波状高原区	0.1 ~ 0.16
风积沙地区	0.15 ~ 0.48
湖盆滩地区	0.11 ~ 0.35
高原碎屑岩裸露区	0.072 ~ 0.09
碳酸盐岩裸露区	0.083 4 ~ 0.138
碳酸盐岩埋藏区	0.05 ~ 0.09
萨拉乌素组沙漠区	0.2 ~ 0.33

4.3.2.2 渗透系数（K）

根据《内蒙古自治区水资源及其开发利用调查评价》、《达拉特旗水资源评价与基于生态经济的水资源合理配置》、《内蒙古鄂尔多斯市乌审旗水资源调查评价报告》、《鄂托克旗水资源综合规划》等有关成果以及各计算断面附近水文地质钻孔资料综合确定各计

算区渗透系数,见表 4-3-2、表 4-3-3、表 4-3-4。

表 4-3-2　山丘区对平原区侧向补给断面参数

计算断面	断面长度 L(m)	渗透系数 K(m/d)	水力坡度	含水层厚度 h(m)
1—1 断面	18 285	8	0.000 7 ~ 0.002 1	25.5
1—2 断面	30 719	8	0.000 5 ~ 0.002 3	35
1—3 断面	17 748	9.5	0.000 8 ~ 0.002 1	20
1—4 断面	25 599	6	0.000 9 ~ 0.002 2	35
1—5 断面	23 599	4.85	0.000 7 ~ 0.002 2	45
1—6 断面	16 628	8.6	0.000 7 ~ 0.002 2	50
1—7 断面	16 699	12	0.000 6 ~ 0.002 1	40
1—8 断面	13 165	9.5	0.000 7 ~ 0.002 4	35
1—9 断面	18 285	9.4	0.000 7 ~ 0.002 6	45
1—10 断面	14 628	11	0.000 6 ~ 0.002 3	54
1—11 断面	3 500	4.5	0.001 3 ~ 0.003 4	30
2—1 断面	25 417	12	0.001 6 ~ 0.004 2	13
2—2 断面	34 000	4.9	0.002 1 ~ 0.004 9	9.6
2—3 断面	16 119	4.5	0.001 6 ~ 0.006 2	11.5
3—1 断面	28 755	4.5	0.001 8 ~ 0.004 3	30
3—2 断面	32 196.8	7	0.002 3 ~ 0.006 0	46

表 4-3-3　平原区地下水侧向排泄断面参数

计算断面	断面长度 L(m)	渗透系数 K(m/d)	水力坡度	含水层厚度 h(m)
4—1 断面	13 250	8.00	0.000 9 ~ 0.002 3	22
4—2 断面	23 075	9.00	0.000 79 ~ 0.002 2	26
4—3 断面	80 865	8.00	0.001 0 ~ 0.003 2	26
5—1 断面	6 500	3.55	0.002 3 ~ 0.007 5	11
5—2 断面	81 768	4.50	0.002 3 ~ 0.007 5	10.5

表 4-3-4　邻区地下水侧向流入(流出)断面参数

计算断面	断面长度 L(m)	渗透系数 K(m/d)	水力坡度	含水层厚度 h(m)
6—1 断面	73 030	12.00	0.000 8 ~ 0.002 1	25
6—2 断面	98 240	12.00	0.000 8 ~ 0.002 6	25
7—1 断面	49 277	12.00	0.000 8 ~ 0.002 3	30
7—2 断面	123 795	12.00	0.000 8 ~ 0.002 3	30

4.3.2.3　灌溉入渗系数(β)

灌溉入渗系数包括井灌回归补给系数、引黄灌溉综合入渗系数(渠道衬砌前、后)和自产地表水灌溉综合入渗系数(渠道衬砌前、后)。各项系数主要参考各灌区近年来所做的水资源调查评价报告及有关科研院所所做的灌溉回归试验成果。

4.3.2.4　潜水蒸发系数(C)

根据水位埋深、包气带岩性,参照第二次全国水资源综合规划黄河流域有关成果并结合邻近地区的经验数据选取,不考虑地下水埋深 >6 m 的潜水蒸发,潜水蒸发系数见表 4-3-5。

表 4-3-5　平原区潜水蒸发系数

包气带岩性	地下水位埋深(m)			
	0 ~ 2	2 ~ 4	4 ~ 6	>6
亚砂土	0.04 ~ 0.3	0.015 ~ 0.12	0.01 ~ 0.02	0
粉细砂	0.04 ~ 0.2	0.015 ~ 0.1	0.01 ~ 0.02	0
细砂	0.04 ~ 0.1	0.015 ~ 0.1	0.01 ~ 0.02	0
砂岩	0.016 ~ 0.018	0.005 ~ 0.015	0.002 ~ 0.008	0

4.3.3　浅层地下水资源量

本书对 1980 ~ 2009 年近期下垫面条件下的地下水资源量进行评价,在各均衡计算区分析和评价的基础上,计算各水资源分区矿化度≤2 g/L 的地下水资源量。

山丘区地下水资源采用总排泄量法评价,地下水总排泄量即为山丘区地下水资源量。平原区地下水资源量采用总补给量与总排泄量法评价,地下水总补给量减去井灌回归补给量即为平原区地下水资源量。分区地下水资源量为平原区地下水资源与山丘区水资源量之和,扣除山丘区与平原区地下水重复计算量(山丘区对平原区的侧向补给量)。

1980 ~ 2009 年鄂尔多斯市多年平均浅层地下水资源量为 20.207 1 亿 m^3,其中山丘区地下水资源量为 2.650 9 亿 m^3,平原区地下水资源量为 18.161 5 亿 m^3,山丘区与平原区之间的重复计算量为 0.605 3 亿 m^3。鄂尔多斯市平原区浅层地下水资源量以及浅层地下水资源量分区评价成果见表 4-3-6、表 4-3-7。

表 4-3-6　鄂尔多斯市平原区浅层地下水资源量分区评价成果　（单位：万 m^3）

分区		面积（km^2）	降水补给量	山丘区侧向补给量	地表水体补给量		井灌回归补给量	总补给量	地下水资源量	资源量模数（万 m^3/km^2）
					引黄灌溉补给量	自产地表水灌溉补给量				
水资源分区	黄河南岸灌区	2 811	5 605	2 298	7 439	18	944	16 304	15 359	5.46
	河口镇以上南岸	9 966	24 788	1 424	369	59	1 738	28 378	26 640	2.67
	石嘴山以上	12 258	15 391	0	0	86	737	16 214	15 478	1.26
	内流区	32 478	73 542	545	102	45	809	75 043	74 234	2.29
	无定河	7 614	40 499	0	0	1 495	707	42 701	41 994	5.52
	红碱淖	821	3 352	1 514	0	130	16	5 012	4 995	6.08
	窟野河	1 017	1 703	128	0	65	165	2 061	1 895	1.86
	河口镇以下	338	721	143	150	4	160	1 179	1 020	3.02
行政区	准格尔旗	1 102	3 652	628	994	30	248	5 552	5 304	4.82
	伊金霍洛旗	3 352	8 959	1 939	0	162	99	11 159	11 060	3.30
	达拉特旗	4 309	14 089	2 670	4 633	38	1 987	23 417	21 430	5.20
	东胜区	1 584	2 597	0	0	39	89	2 725	2 635	1.66
	康巴什新区	0	0	0	0	0	0	0	0	
	杭锦旗	15 350	25 056	43	1 952	6	344	27 401	27 058	1.76
	鄂托克旗	18 064	26 365	772	482	84	993	28 696	27 703	1.53
	鄂托克前旗	12 047	21 556	0	0	52	857	22 465	21 607	1.79
	乌审旗	11 495	63 327	0	0	1 491	659	65 477	64 818	5.64
鄂尔多斯市		67 303	165 601	6 052	8 061	1 902	5 276	186 892	181 615	2.69

表 4-3-7　鄂尔多斯市浅层地下水资源量分区评价成果　（单位：万 m^3）

分区		平原区浅层地下水资源量	山丘区		浅层地下水资源总量
			浅层地下水资源量	其中与平原区重复计算量	
水资源分区	黄河南岸灌区	15 359	0	0	15 359
	河口镇以上南岸	26 640	15 011	3 724	37 927
	石嘴山以上	15 478	0	0	15 478
	内流区	74 234	368	545	74 057
	无定河	41 994	0	0	41 994
	红碱淖	4 995	0	1 514	3 481
	窟野河	1 895	7 137	127	8 905
	河口镇以下	1 020	3 993	143	4 870

续表 4-3-7

分区		平原区浅层地下水资源量	山丘区		浅层地下水资源总量
			浅层地下水资源量	其中与平原区重复计算量	
行政区	准格尔旗	5 304	6 236	628	10 912
	伊金霍洛旗	11 060	5 361	1 939	14 482
	达拉特旗	21 430	10 714	2 670	29 474
	东胜区	2 635	1 911	0	4 546
	康巴什新区	0	418	0	418
	杭锦旗	27 058	677	44	27 691
	鄂托克旗	27 703	1 192	772	28 123
	鄂托克前旗	21 607	0	0	21 607
	乌审旗	64 818	0	0	64 818
鄂尔多斯市		181 615	26 509	6 053	202 071

4.4 基于更新速率的深层地下水资源量评价

4.4.1 深层承压水储存量计算

地下水储存量指储存于含水层内的水的体积。根据储存量的埋藏条件不同,又可分为容积储存量和弹性储存量。地下水的补给和排泄保持相对稳定时,储存量是常量;若补给量减少,会消耗储存量;若补给量增加,储存量也相应增加。另外,由于地下水通过补给和排泄不断与外界发生水量交换,因而地下水处于一种不断更新的状态,地下水年更新量和可开采储存量的计算也是进行地下水资源评价的重要基础。

4.4.1.1 容积储存量

含水层容积储存量采用下式进行计算:

$$Q_{容} = F\mu M \tag{4-4-1}$$

式中:$Q_{容}$ 为容积储存量,m^3;F 为计算面积,m^2;μ 为含水层给水度;M 为深部含水层厚度,m。

计算区白垩系深部含水层总面积为 62 833.24 km^2,将计算区剖分为 6 194 个单元进行离散求解,每个单元面积为 10.144 2 km^2,含水层厚度和给水度值也由等值线剖分求得,深部含水层厚度等值线见图 4-4-1。经过计算,得到白垩系深部含水层总的容积储存量约为 8 082 亿 m^3,各计算区的容积储存量如表 4-4-1 所示。

4.4.1.2 弹性储存量

含水层弹性储存量采用下式进行计算:

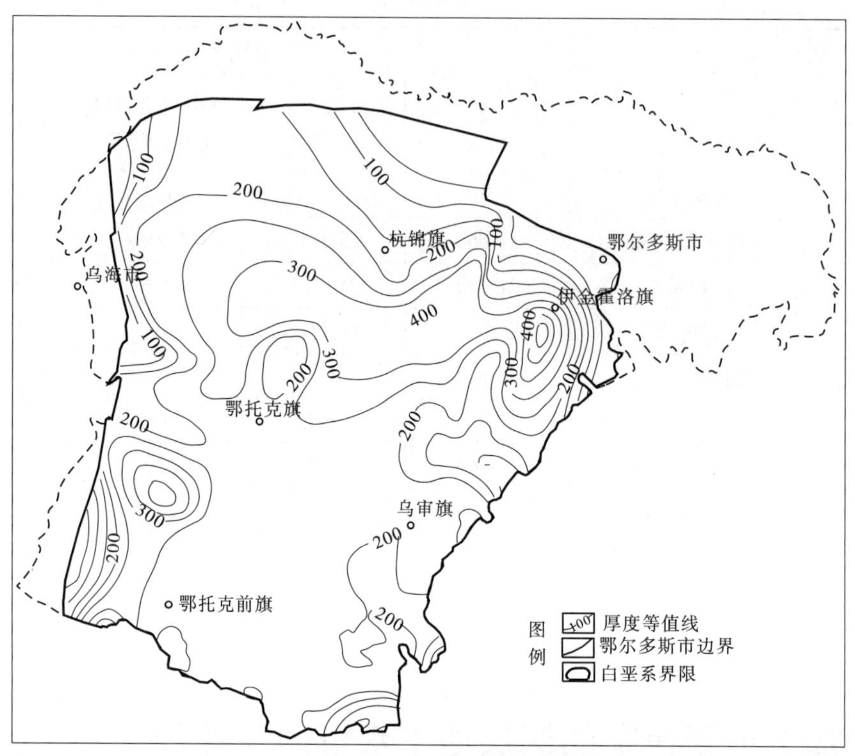

图 4-4-1　深部含水层厚度等值线图

$$Q_{弹} = FSeH \tag{4-4-2}$$

式中：$Q_{弹}$ 为弹性储存量，m^3；F 为计算面积，m^2；Se 为弹性释水系数；H 为水位至含水层顶板水头高度，m。

弹性储存量的计算方法与容积储存量的计算方法相同，弹性释水系数和水位至含水层顶板水头高度也由等值线剖分求得，经过计算，得到白垩系深部含水层弹性储存量约为 117 亿 m^3，各计算区的弹性储存量如表 4-4-2 所示。

4.4.1.3　**总储存量**

总储存量为地下水容积储存量与弹性储存量之和，经过计算，白垩系深部含水层总的容积储存量约为 8 082 亿 m^3，弹性储存量为 117 亿 m^3，则白垩系深部含水层地下水总储存量约为 8 199 亿 m^3。

4.4.2　深层地下水年平均更新量计算

深层承压水含水层不断地参与自然界的水循环，与外界发生着水量交换，因而地下水处于一种不断更新的状态。单位时间内地下水系统中补给水体积与地下水系统总储存水体积之比即为地下水的更新速率（R），它是表征地下水更新能力和进行更新量计算的一个重要指标。地下水的更新速率可以由同位素数学模型求得。

表 4-4-1　深层地下水容积储存量计算成果

区域系统	水流系统		局部系统计算区	面积（km^2）	平均给水度	容积储存量（万 m^3）
	系统	子系统				
白垩系－萨拉乌苏	乌兰木伦河－无定河水流系统（Ⅲ$_1$）	乌兰木伦河子系统（Ⅲ$_{1-1}$）		2 630.13	0.025	881 704.34
		苏贝淖－红碱淖子系统（Ⅲ$_{1-2}$）	巴汗淖	2 583.97	0.044	3 052 421.06
			胡同察汗淖	4 896.76	0.059	7 715 467.52
			红碱淖	991.77	0.045	1 211 055.10
		无定河子系统（Ⅲ$_{1-3}$）	榆溪河	1 695.95	0.052	1 445 470.09
			海流图河	2 616.59	0.037	2 013 376.04
			纳林河	5 444.43	0.062	7 334 944.42
			红柳河	3 877.64	0.087	7 245 022.85
		小计		24 737.24		30 899 461.42
	摩林河－盐海子水流系统（Ⅲ$_2$）	摩林河子系统（Ⅲ$_{2-1}$）		8 154.03	0.089	16 626 500
		盐海子子系统（Ⅲ$_{2-2}$）	亚希腊图庙	1 926.55	0.07	1 101 975.94
			盐海子	5 416.31	0.055	6 238 677.45
			达拉图鲁湖	1 724.13	0.053	3 052 489.79
		亚什图沟－桃力庙海子系统（Ⅲ$_{2-3}$）	亚什图沟	2 811.13	0.027	456 443.30
			桃力庙海子	1 613.95	0.022	562 190.55
		小计		21 644.10		28 038 277.03
	都思兔河－上海庙水流系统（Ⅲ$_3$）	都思兔河子系统（Ⅲ$_{3-1}$）	都思兔河右岸	4 524.31	0.072	8 408 908.71
			都思兔河左岸	6 104.10	0.051	7 309 008.68
		上海庙子系统（Ⅲ$_{3-2}$）		891.52	0.037	675 672.49
		呼和淖尔－北大池子系统（Ⅲ$_{3-3}$）		4 929.97	0.048	5 487 510.07
		小计		16 449.90		20 881 099.95
总计				62 833.24		80 818 838.4

表 4-4-2　深层承压水弹性储存量计算成果

水流系统		局部系统计算区	面积 (km^2)	平均弹性释水系数 ($\times 10^{-4}$)	弹性储存量 (万 m^3)
系统	子系统				
乌兰木伦河－无定河水流系统（Ⅲ$_1$）	乌兰木伦河子系统（Ⅲ$_{1-1}$）		2 630.13	3.47	5 554.21
	苏贝淖－红碱淖子系统（Ⅲ$_{1-2}$）	巴汗淖	2 583.97	3.59	31 307.91
		胡同察汗淖	4 896.76	3.82	89 332.19
		红碱淖	991.77	3.37	2 784.31
	无定河子系统（Ⅲ$_{1-3}$）	榆溪河	1 695.95	2.81	9 961.94
		海流图河	2 616.59	3.96	50 356.95
		纳林河	5 444.43	3.73	106 786.20
		红柳河	3 877.64	3.67	77 077.44
	小计		24 737.24	3.55	373 161.15
摩林河－盐海子水流系统（Ⅲ$_2$）	摩林河子系统（Ⅲ$_{2-1}$）		8 154.03	3.54	179 191.33
	盐海子子系统（Ⅲ$_{2-2}$）	亚希腊图庙	1 926.55	2.33	9 812.29
		盐海子	5 416.31	3.68	105 333.22
		达拉图鲁湖	1 724.13	5.01	57 643.21
	亚什图沟－桃力庙海子系统（Ⅲ$_{2-3}$）	亚什图沟	2 811.13	2.26	9 258.25
		桃力庙海子	1 613.95	3.01	11 261.09
	小计		21 646.10	3.30	372 499.39
都思兔河－上海庙水流系统（Ⅲ$_3$）	都思兔河子系统（Ⅲ$_{3-1}$）	都思兔河右岸	4 524.31	4.17	129 580.95
		都思兔河左岸	6 104.1	3.98	160 425.54
	上海庙子系统（Ⅲ$_{3-2}$）		891.52	3.43	17 102.82
	呼和淖尔－北大池子系统（Ⅲ$_{3-3}$）		4 929.97	3.55	112 900.89
	小计		16 449.9	3.78	420 010.20
总计			62 833.24	3.55	1 165 670.74

4.4.2.1　地下水更新速率估算的同位素数学模型

假设地下水系统处于补、排平衡的条件下，根据质量平衡原理，系统中环境同位素存在如下的质量平衡关系：

$$A_t V_t = V_i A_i + (V_t - V_i) A_b \tag{4-4-3}$$

式中：A_i 为地下水同位素输入浓度；A_t 为补给后地下水中同位素浓度；A_b 为补给前地下水中同位素浓度；V_i 为地下水补给量；V_t 为地下水总储存量。

对式(4-4-3)进行等式变换得到地下水更新速率的定义式：

$$R = \frac{V_i}{V_t} = \frac{A_t - A_b}{A_i - A_b} \tag{4-4-4}$$

很显然,地下水的更新速率与地下水的年龄之间具有密切的联系,地下水的年龄越年轻,系统中地下水更新能力也就越强。鄂尔多斯白垩系盆地地下水为近 3 万年以来补给形成的,因此为了反映这种尺度上地下水的更新速率,可选用^{14}C 和^{3}H 同位素。式(4-4-4)中的 A_t 可以根据地下水同位素的实测数据获得,A_i 可以根据大气降水长期监测资料或恢复数据获得,A_b 根据地下水流系统的混合特征,通过选取合适的同位素数学物理模型求出。

式(4-4-4)中有关大气降水同位素浓度,对于^{3}H,一般认为 1954 年核爆试验之前,大气降水^{3}H 浓度比较稳定,约为 10TU,核爆试验之后采用相关恢复方法得到;对于^{14}C,一般认为 1905 年之前,大气中^{14}C 浓度变化不大,约为 100 pmc,在 1905 ~ 1953 年,化石燃料的大量燃烧使得大气中^{14}C 浓度略有降低,为 99.5 ~ 97.5 pmc,1954 年以来,大气中^{14}C 浓度受到核爆试验影响较大,1963 年北半球达到 200 pmc 左右。

假定不同年份补给的地下水在系统中完全混合,并同时考虑放射性衰变,地下水的输出浓度系列可按下式计算;

$$A_{gi} = (1 - R_i)A_{g(i-1)}e^{-\lambda} + R_iA_{oi} \tag{4-4-5}$$

式中:A_{gi}为第 i 年地下水中同位素浓度;$A_{g(i-1)}$为第 $i-1$ 年地下水中同位素浓度;R_i 为第 i 年地下水更新速率;A_{oi}为第 i 年降水输入同位素浓度;λ 为放射性同位素的衰变常数;i 为计算年,对于^{3}H,$i = 51$(对应于 1954 ~ 2005 年),对于^{14}C,$i = 101$(对应于 1905 ~ 2005 年)。

式(4-4-5)仅考虑了 1905 年以来的^{14}C 输入和 1954 年以来的^{3}H 输入,对于此前的^{3}H 和^{14}C 输入按恒定输入计算,其中 1954 年以前的^{3}H 浓度为 10TU,1905 年以前的^{14}C 浓度取 100 pmc,则有:

对于^{14}C 模型
$$A_{g101} = \frac{100}{\frac{\lambda}{R} + 1}$$

对于^{3}H 模型
$$A_{g51} = \frac{10}{\frac{\lambda}{R} + 1}$$

4.4.2.2　深层地下水更新速率

根据上述方法,可以获得研究区 2005 年深层地下水输出同位素^{14}C 与年均更新速率(R)之间的关系曲线,如图 4-4-2 所示。这样可以根据地下水实测的放射性同位素浓度通过配线法获得各采样点地下水的更新速率。

为便于分析地下水更新速率的区域分布规律,按 $R > 1\%/a$,$0.1\%/a < R < 1\%/a$,$R < 0.1\%/a$三个等级将研究区划分为强更新区、中等更新区和弱更新区。年更新速率的区域分布如图 4-4-3 所示。

4.4.2.3　深层地下水年平均更新量

深层地下水更新量采用下式计算:

$$Q_{更} = Q_{总} B_A R \tag{4-4-6}$$

式中:$Q_{更}$ 为更新量;$Q_{总}$ 为总储存量;B_A 为计算面积占总面积的百分数;R 为年更新速率(%/a)。

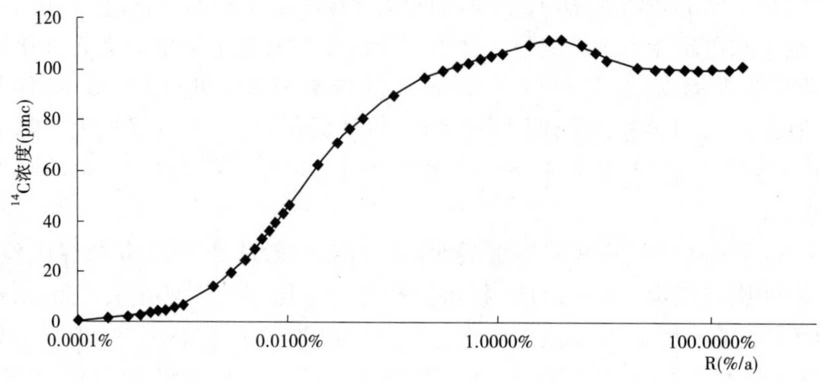

图 4-4-2 深层地下水的更新速率与^{14}C 浓度相关曲线图

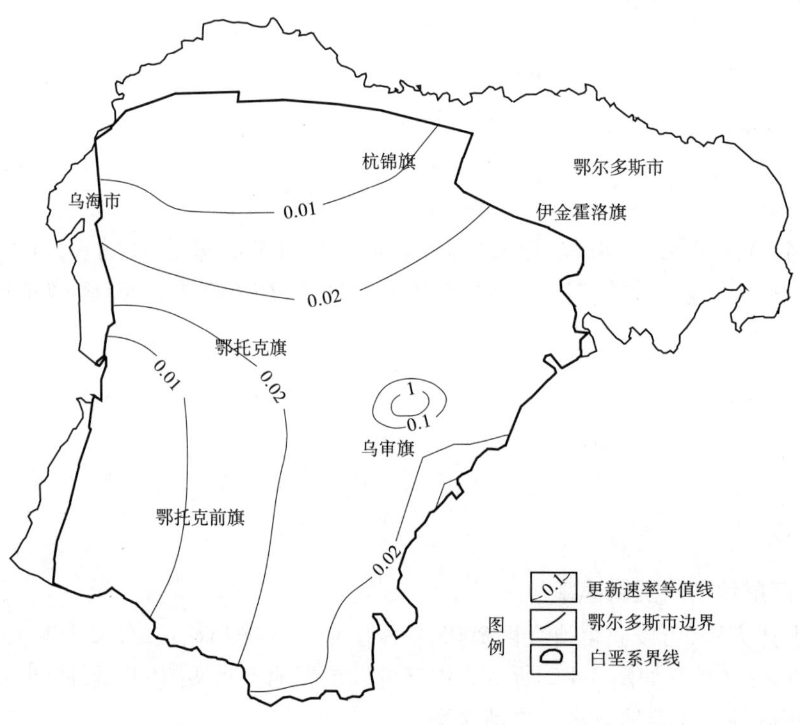

图 4-4-3 深层水地下水年更新速率区域分布图

计算结果如表 4-4-3 所示。经过计算,白垩系深部含水层总的更新量约为 3.24 亿 m^3/a。

表4-4-3　深层承压水地下水年更新量计算成果

区域系统	水流系统-系统	水流系统-子系统	局部系统计算区	面积（km^2）	平均更新速率（%）	更新量（万 m^3/a）
白垩系－萨拉乌苏	乌兰木伦河－无定河水流系统（Ⅲ$_1$）	乌兰木伦河子系统（Ⅲ$_{1-1}$）		2 630.13	0.05	1 712.11
		苏贝淖－红碱淖子系统（Ⅲ$_{1-2}$）	巴汗淖	2 583.97	0.05	1 682.06
			胡同察汗淖	4 896.76	0.4	6 107.89
			红碱淖	991.77	0.05	645.6
		无定河子系统（Ⅲ$_{1-3}$）	榆溪河	1 695.95	0.35	4 445.17
			海流图河	2 616.59	0.32	4 615.42
			纳林河	5 444.43	0.03	2 583.97
			红柳河	3 877.64	0.03	2 160.72
		小计		24 737.24		23 952.94
	摩林河－盐海子水流系统（Ⅲ$_2$）	摩林河子系统（Ⅲ$_{2-1}$）		8 154.03	0.023	1 722.41
		盐海子子系统（Ⅲ$_{2-2}$）	亚希腊图庙	1 926.55	0.005	125.41
			盐海子	5 416.31	0.03	1 305.42
			达拉图鲁湖	1 724.13	0.033	1 110.88
		亚什图沟－桃力庙海子系统（Ⅲ$_{2-3}$）	亚什图沟	2 811.13	0.023	435.1
			桃力庙海子	1 613.95	0.033	907.22
		小计		21 646.10		5 606.44
	都思兔河－上海庙水流系统（Ⅲ$_3$）	都思兔河子系统（Ⅲ$_{3-1}$）	都思兔河右岸	4 524.31	0.023	922.57
			都思兔河左岸	6 104.10	0.023	921.68
		上海庙子系统（Ⅲ$_{3-2}$）		891.52	0.005	58.03
		呼和淖尔－北大池子系统（Ⅲ$_{3-3}$）		4 929.97	0.023	894.9
		小计		16 449.90		2 797.18
总计				62 833.24		32 356.56

4.5　地下水资源总量

一般来讲，地下水资源评价仅对浅层地下水进行评价，地下水资源量也往往单指浅层地下水资源量，但由于鄂尔多斯市独特的水文地质特点，在白垩系含水系统内还蕴含着丰富的深层地下水资源，且有一定的更新能力。因此，本书在对鄂尔多斯市地下水资源量的研究中，包含了对深层地下水资源量的评价。

需要说明的是，地下水的来源是大气降水和地表水，而深层地下水的补给来源主要是浅层地下水的越流补给，所以按照常规的补给量法计算，浅层地下水的资源量应该是包含了深层地下水资源量的。为了解决这一问题,本书在对浅层地下水资源量评价时,对入渗补给系数进行了处理和核定,尽量采用由浅层地下水长期观测资料反求的入渗系数,这样得到的入渗系数实际上是一个“净补给系数”,不包含对深层地下水的越流补给量。因此,研究区内的地下水资源总量应为浅层地下水和深层地下水资源量的和。采用下式计算:

$$W_{地下} = W_{浅} + W_{深} \tag{4-5-1}$$

式中:$W_{地下}$为地下水资源总量,万 m^3/a;$W_{浅}$ 为浅层地下水资源量,万 m^3/a;$W_{深}$为深层地下水资源量,万 m^3/a。

根据计算,鄂尔多斯市地下水资源总量为 23.442 8 亿 m^3/a,其中浅层地下水资源量为 20.207 1 亿 m^3/a,深层地下水资源量为 3.235 7 亿 m^3/a。从地区分布来看,鄂尔多斯市地下水资源主要分布于内流区、无定河流域及黄河南岸(河口镇以上),这三个水资源分区的地下水资源量分别占地下水资源总量的 39.0%、22.0% 和 16.7%。从行政区来看,乌审旗地下水资源总量最多,占鄂尔多斯市地下水资源总量的 33.6%。鄂尔多斯市地下水资源量汇总见表 4-5-1。

表 4-5-1 鄂尔多斯市地下水资源量汇总 (单位:万 m^3)

分区		浅层地下水资源量	深层地下水资源量	地下水资源总量
水资源分区	黄河南岸灌区	15 359	25	15 384
	河口镇以上南岸	37 927	1 137	39 064
	石嘴山以上	15 478	1 997	17 475
	内流区	74 057	17 460	91 517
	无定河	41 994	9 473	51 467
	红碱淖	3 481	538	4 019
	窟野河	8 905	1 727	10 632
	河口镇以下	4 870	0	4 870
行政区	准格尔旗	10 912	0	10 912
	伊金霍洛旗	14 482	3 406	17 888
	达拉特旗	29 474	223	29 697
	东胜区	4 546	927	5 473
	康巴什新区	418	225	643
	杭锦旗	27 691	3 611	31 302
	鄂托克旗	28 123	7 084	35 207
	鄂托克前旗	21 607	2 889	24 496
	乌审旗	64 818	13 992	78 810
鄂尔多斯市		202 071	32 357	234 428

4.6　地下水可开采量

地下水可开采量指在可预见的时期内，通过经济合理、技术可行的措施，在不引起生态环境恶化条件下允许从含水层中获取的最大水量。

根据鄂尔多斯市各分区的水文地质条件、社会经济状况以及地下水开发利用程度，山丘区地下水可开采量按 1980 ~ 2009 年实际开采量的均值考虑；平原区采用可开采系数法进行估算。通过对鄂尔多斯市各分区水文地质条件的调查，依据地下水总补给量、地下水位观测、实际开采量等系列资料的分析，确定平原区不同类型水文地质分区的可开采系数；深层地下水的可开采系数根据鄂尔多斯市 10 处地下水供水水源地的水文地质勘察成果确定，这些勘察成果中多采用了数值法对可采资源量进行了计算，本次将这些由数值法计算出的可开采量和其资源量相比，反求其可开采系数，作为本次取值的参考。经分析，各计算分区地下水可开采系数一般采用 0.44 ~ 0.75。

据评价，1980 ~ 2009 年鄂尔多斯市多年平均浅层地下水资源（矿化度≤2 g/L）可开采量为 12.54 亿 m^3，其中平原区可开采量为 11.76 亿 m^3，山丘区多年平均实际开采量为 0.78 亿 m^3。深层地下水可开采量为 1.77 亿 m^3。鄂尔多斯市多年平均地下水资源可开采量评价结果详见表 4-6-1。

表 4-6-1　鄂尔多斯市多年平均地下水资源可开采量评价结果　（单位：亿 m^3）

分区		浅层地下水		深层地下水	多年平均地下水可开采量
		平原区	山丘区		
水资源分区	黄河南岸灌区	1.27	0	0.00	1.27
	河口镇以上南岸	2.01	0.59	0.04	2.64
	石嘴山以上	0.82		0.08	0.90
	内流区	4.60		1.01	5.61
	无定河	2.56		0.51	3.07
	红碱淖	0.31		0.03	0.34
	窟野河	0.14	0.08	0.10	0.32
	河口镇以下	0.05	0.11	0.00	0.16
行政区	准格尔旗	0.31	0.11	0.00	0.42
	伊金霍洛旗	0.69	0.07	0.19	0.95
	达拉特旗	1.78	0.47	0.01	2.26
	东胜区	0.20	0.08	0.04	0.32
	康巴什新区		0.01	0.01	0.02
	杭锦旗	2.03	0.03	0.20	2.26
	鄂托克旗	1.47	0.01	0.38	1.86
	鄂托克前旗	1.35		0.16	1.51
	乌审旗	3.93		0.78	4.71
鄂尔多斯市		11.76	0.78	1.77	14.31

4.7 地下水资源质量

本次地下水水质评价的对象为浅层地下水，包含了矿化度大于2 g/L的浅层地下水，主要包括地下水水化学特征、地下水水质现状、地下水水源地评价等方面内容。

4.7.1 地下水水化学特征

鄂尔多斯市浅层地下水主要接受大气降水的入渗补给，由于地下水径流途径短，排泄条件较好，水交替循环作用强烈，且含水层的易溶盐含量一般较低，地下水水质较好，地下水化学类型主要为重碳酸型，矿化度一般小于1 g/L。

在都思兔河、摩林河下游、无定河沿岸地区和一些较大湖泊周边一带，地下水水质较差，地下水化学类型一般为硫酸型，局部为氯化物型，矿化度多大于2 g/L。

4.7.2 地下水现状水质评价

鄂尔多斯市地下水质评价面积为7.15万km^2，评价区地下水资源量为18.22亿m^3。其中，Ⅱ类水分布面积占总评价面积的0.4%，地下水资源量占评价区地下水资源总量的0.3%；Ⅲ类水分布面积占总评价面积的51.2%，地下水资源量占评价区地下水资源总量的62.8%；Ⅳ类水分布面积占总评价面积的11.0%，地下水资源量占评价区地下水资源总量的8.8%；Ⅴ类水分布面积占总评价面积的37.4%，地下水资源量占评价区地下水资源总量的28.1%。

4.7.3 地下水水源地水质评价

本次地下水质评价的主要城镇地下水集中式饮用水源地包括：中心城区西柳沟水源地、中心城区伊旗阿镇水厂水源地、达拉特旗展旦召水源地、准格尔旗苏计沟水源地、准格尔旗家沟门水源地、鄂托克旗乌兰镇水源地、鄂托克前旗敖镇水源地、杭锦旗锡尼镇水源地、乌审旗嘎鲁图镇水源地等9个。

本次采用《地下水质量标准》(GB/T 14848—93)对鄂尔多斯市主要城镇的地下水集中式饮用水源地进行了水质评价。评价结果表明，鄂尔多斯市主要城镇地下水集中式饮用水源地水质总体质量良好，均达到了地下水Ⅲ类水质标准要求，可满足饮用水水质要求。

4.8 本章小结

本章从地下水系统及地下水流系统出发，依据地下水循环和地下水更新的理论和方法，对鄂尔多斯市的地下水资源进行了全面评价，主要成果如下：

(1)从地下水系统的理论和方法，依据含水层地层时代、含水介质类型和空间分布，将鄂尔多斯市地下水含水介质划分为8个地下水系统，分别为：杭锦－达拉特平原黄河冲积湖积含水系统、上海庙第四系松散岩类孔隙潜水含水系统、鄂尔多斯高原白垩系－萨拉乌素含水系统、准格尔旗大路乡白垩系含水系统、准格尔石炭系－侏罗系碎屑岩含水系统、鄂旗西石炭系－侏罗系碎屑岩含水系统、准格尔旗东部岩溶含水系统、桌子山岩溶含水系统。

(2)根据地下水循环模式、地下同位素与水文地球化学特征、地下水年龄、地下水年更新速率等,对鄂尔多斯市境内的浅层地下水和深层承压水进行了划分:①评价区内杭锦－达拉特平原黄河冲积湖积地下水系统(含水层底板约300 m)以及石炭－侏罗碎屑岩裂隙与上覆松散层孔隙地下水系统(含水层底板小于200 m),因为埋藏相对较浅,与大气降水联系密切,所以统一划分为浅层地下水系统;②白垩系碎屑岩裂隙孔隙地下水系统则以埋深550 m为界,550 m以上含水层中的地下水为浅层地下水,赋存于550 m以下含水层中的地下水为深层承压水;③寒武系－奥陶系碳酸盐岩岩溶地下水系统中将积极交替带中的地下水视为浅层地下水,缓慢交替带和滞留带中地下水则视为深层承压水;④石炭系－侏罗系碎屑岩类裂隙含水层的地下水主要赋存在浅部200 m范围以内,统一视为浅层地下水。

(3)对鄂尔多斯市境内的地下水资源量进行了全面地计算和评价。评价对象上,除了传统的浅层水外,还包括了深层地下水。根据鄂尔多斯市地下水不同层位的年更新速率,计算了各个评价区内深层承压水的年平均更新量,并将其作为深层承压水的资源量。经计算,鄂尔多斯市深层地下水年平均更新量为3.24亿 m^3/a。

(4)鄂尔多斯市地下水资源总量为23.442 8亿 m^3/a,其中浅层地下水资源量为20.207 1亿 m^3/a,深层地下水资源量为3.235 7亿 m^3/a。从地区分布来看,鄂尔多斯市地下水资源主要分布于内流区、无定河流域及黄河南岸(河口镇以上);从行政区来看,乌审旗地下水资源总量最多,占鄂尔多斯市地下水资源总量的33.6%。1980～2009年鄂尔多斯市多年平均浅层地下水资源(矿化度≤2 g/L)可开采量为12.54亿 m^3,深层地下水可开采量为1.77亿 m^3。

(5)对鄂尔多斯市境内的地下水水质进行了全面评价。区内大部分区段地下水水质较好,只在鄂托克旗都思兔河流域附近及杭锦旗－达拉特旗沿黄地段,有零星苦咸水(矿化度大于5 g/L)分布,主要受地层岩相溶滤及地下水径流条件、蒸发等因素的控制。苦咸水占评价区面积的2%,对评价区影响较小。鄂尔多斯市主要城镇地下水集中式饮用水源地水质总体质量良好,均达到了地下水Ⅲ类水质标准要求,可满足饮用水水质要求。

第 5 章　水资源与国民经济互动关系研究

5.1　水资源对国民经济增长贡献研究

5.1.1　评估方法

经济增长的因素可分为两类:一是各种有形物质要素投入的增加;二是除物质要素投入外的非物质要素效率的提高,即生产率的提高。经济学中常用柯布道格拉斯(Cobb－Douglas)生产函数来测算生产要素对经济增长的贡献。为定量评估水资源对鄂尔多斯市经济增长的贡献,将水资源纳入到生产函数中,建立鄂尔多斯市经济增长模型(假定生产规模报酬不变):

$$Y(t) = A(t)K(t)^{\alpha}W(t)^{\beta}C(t)^{\gamma}[L(t)]^{1-\alpha-\beta-\gamma} \tag{5-1-1}$$

$$\alpha > 0,\beta > 0,\gamma > 0,\alpha + \beta + \gamma < 1$$

式中:Y 为经济总产出;A 为效率系数;t 为时间;K 为资本投入;W 表示水资源利用量;C 为煤炭产量;L 为劳动力;α、β、γ 分别为产出对资本、水资源利用量、煤炭产量的弹性。

对式(5-1-1)两边取对数,并对 t 求导:

$$g_Y(t) = g_A(t) + \alpha g_K(t) + \beta g_w(t) + \gamma g_c(t) + (1 - \alpha - \beta - \gamma)g_L(t) \tag{5-1-2}$$

式中:$g_x(t)$ 为 X 的增长率。

由式(5-1-2)可以看出,当总产出增加 $g_x(t)$ 时,水资源对经济增长的贡献率(WCR)为

$$WCR = \beta g_w(t)/g_Y(t) \tag{5-1-3}$$

同样可以求出煤炭、资本和劳动力对经济增长的贡献率为 $\gamma g_c(t)/g_Y(t)$、$\alpha g_L(t)/g_Y(t)$ 和 $(1-\alpha-\beta-\gamma)g_L(t)/g_Y(t)$;而剩余部分则为全要素生产率的提高对经济增长的贡献率(记为 EA)计算式为

$$EA = \frac{g_A(t)}{g_Y(t)} = 1 - \frac{\alpha g_K(t)}{g_Y(t)} - \frac{\beta g_w(t)}{g_Y(t)} - \frac{\gamma g_c(t)}{g_Y(t)} - \frac{(1 - \alpha - \beta - \gamma)g_L(t)}{g_Y(t)} \tag{5-1-4}$$

还可以对全要素生产率进一步分解,将产业结构调整、制度创新从中分离出来,将全要素生产率作为产出,按照上述方法同样可以测算出产业结构调整、制度创新对经济增长的贡献,剩余部分则为剩余全要素生产率的提高对经济增长的贡献。

5.1.2　指标与参数选取

5.1.2.1　指标量化

以 1980～2009 年的鄂尔多斯市经济、水资源利用量、煤炭产量等数据为基础,对鄂尔多斯市经济增长过程中水资源的贡献进行分析,主要指标量化方法如下:

(1)总产出(Y)。采用历年国内生产总值作为衡量总产出的基本指标,并且按 1980 年不变价换算。

(2)资本投入(K)。采用资本存量并用永续存盘法进行估算,涉及基期资本计算,折旧率的选择和资本投资平减三个问题。由于统计资料中无法得到固定资本价格指数,假设鄂尔多斯市每年的 GDP 平减指数与固定资产投资价格相似,以 1980 年为基期用 GDP 平减指数替代固定资产投资价格指数对鄂尔多斯的固定资产投资进行平减,用每年的投资来估算固定资本存量。

(3)劳动力投入(L)。考虑劳动力的数量和质量两方面。劳动力数量用从业人员总数表示;劳动力质量用人力资本表示,采用教育存量法估算,国民的受教育程度越大,人力资本的存量也越大。

(4)水资源利用量(W)。考虑用水向工业、建筑业和三产转移导致的利用效益提高,需要进行不同部门用水效益差异归一化处理。以农业用水效益为基准,根据工业、建筑业和三产用水效益与农业用水效益的比值,将各行业用水量转化为产生同等效益的农业用水量,求和得到转换为统一基准的逐年总用水量序列。

(5)煤炭产量(C)。采用历年煤炭产量表示。

(6)产业结构(S)。选择第二、三产业比重之和作为产业结构指标。

(7)制度因素(Z)。主要表现在非国有化程度和市场化程度等方面,用非国有工业总产值占全部工业总产值的比重来表示非国有化程度,用非国有企业从业人员数占总从业人员数比重和非国有企业固定资产投资占全社会固定资产投资的比重来反映市场化程度。

按照上述量化方法,对鄂尔多斯市 1980 ~ 2009 年各指标量化,如表 5-1-1 所示(以 1980 年为基准年)。

表 5-1-1　鄂尔多斯市 1980 ~ 2009 年基本经济数据

年份	总产出 Y(万元)	资本投入 K(万元)	劳动力投入 L(人·年)	水资源利用量 W(万 m^3)	煤炭产量 C(万 t)	产业结构 S(%)	制度因素 Z(%)
1980	34 191	29 251	1 633 382	58 373	189	55.05	44.80
1981	34 468	32 097	1 658 678	59 526	170	55.05	50.24
1982	41 882	34 880	1 673 077	60 744	226	55.05	47.36
1983	41 472	40 086	1 814 421	61 885	232	55.05	45.85
1984	45 084	50 094	1 936 753	63 155	214	55.27	50.06
1985	50 268	63 188	1 970 872	64 925	262	56.05	51.59
1986	56 250	79 861	2 150 806	66 269	292	54.68	53.75
1987	62 100	101 557	2 318 051	68 199	379	58.33	52.29
1988	71 912	118 415	2 427 526	70 114	424	54.98	52.12
1989	77 809	131 567	2 547 059	72 034	523	56.42	52.28

续表 5-1-1

年份	总产出 Y（万元）	资本投入 K（万元）	劳动力投入 L(人·年)	水资源利用量 W(万 m^3)	煤炭产量 C（万 t）	产业结构 S（%）	制度因素 Z（%）
1990	83 022	163 197	2 694 702	73 958	611	58.08	53.28
1991	100 789	229 967	2 866 103	79 998	701	60.53	39.91
1992	116 210	334 274	3 085 157	86 050	764	63.01	38.59
1993	132 247	468 854	3 288 665	92 101	967	68.14	41.21
1994	152 480	562 342	3 398 391	98 148	1 213	61.83	48.05
1995	181 604	667 266	3 543 356	104 197	1 970	65.91	55.21
1996	223 555	752 906	3 797 767	110 778	2 073	69.36	59.45
1997	264 465	806 894	3 952 946	117 354	2 634	72.42	73.26
1998	317 358	839 402	3 982 998	123 936	2 819	76.06	61.93
1999	374 482	879 849	4 100 363	130 518	2 550	81.28	66.35
2000	457 430	943 866	4 437 647	137 100	2 679	83.66	72.66
2001	516 713	1 026 322	4 689 680	153 900	3 629	85.81	75.69
2002	606 621	1 126 697	4 962 312	154 900	5 919	86.27	77.05
2003	770 955	1 389 188	5 127 958	130 500	8 103	88.11	78.31
2004	1 009 951	1 920 101	5 494 934	155 300	12 777	90.73	80.34
2005	1 383 633	2 666 693	5 674 113	173 700	15 253	93.17	81.67
2006	1 745 356	3 745 393	5 950 272	170 600	17 625	94.62	83.07
2007	2 195 658	5 060 646	6 132 439	176 000	19 850	95.66	84.33
2008	2 698 463	6 386 754	6 492 362	176 600	27 878	96.40	85.60
2009	3 319 110	8 155 674	6 665 671	194 600	33 840	97.20	87.07

注：原始数据来自于《鄂尔多斯市统计年鉴》、《鄂尔多斯市水资源公报》等。

5.1.2.2　系数测算

生产要素产出弹性即要素投入每增长 1% 所带来的产出增长的百分比，也称产出对要素投入的弹性。弹性系数的测算方法主要有分配法（比例法）、经验法和回归分析法。经验法的前提是在一定条件下，各项要素投入的产出弹性在某一范围内变动，不同的国家或地区大体相近。叶飞文等统计了国内外关于资本、劳动力弹性的测算结果，得出资本弹性应在 0.2～0.45 范围内，劳动力弹性在 0.55～0.8 范围内。而加入水资源要素后，资本和劳动力弹性会有所减少。诺德豪斯等认为所有资源的弹性系数约为 0.2。按照经验法，将鄂尔多斯市生产函数中资本、水资源、煤炭资源和劳动力的产出弹性系数分别定为 0.2、0.1、0.1 和 0.6。对于对全要素进行细分过程中，产业结构调整和制度创新的弹性系数，目前没有现成的经验值可采用，用回归分析法测算并归一化，得到其弹性系数分别为

0.74 和 0.26。

5.1.3　评估结果

水资源及其他生产要素对鄂尔多斯市经济增长贡献率测算结果如表 5-1-2 所示。可以看出,1980 ~ 2009 年 30 年平均水资源对经济增长贡献率为 8.3%,小于同一时期资本贡献率(25.1%)、劳动力贡献率(17.4%)、煤炭资源贡献率(11.4%)、全要素生产率提高的贡献率(37.8%)。产业结构调整对整个经济系统的作用不可忽视,全要素生产率中,产业结构调整和制度创新对经济增长的贡献率分别为 8.6% 和 3.5%。

表 5-1-2　水资源及其他生产要素对经济增长贡献率测算结果　(%)

<table>
<tr><th colspan="2" rowspan="2">时段</th><th rowspan="2">资本贡献率</th><th rowspan="2">劳动力贡献率</th><th rowspan="2">水资源贡献率</th><th rowspan="2">煤炭资源贡献率</th><th colspan="4">全要素生产率提高的贡献率</th></tr>
<tr><th>小计</th><th>产业结构调整</th><th>制度创新</th><th>剩余全要素生产率</th></tr>
<tr><td rowspan="6">5 年</td><td>1980 ~ 1985</td><td>41.6</td><td>28.7</td><td>0.4</td><td>8.4</td><td>20.9</td><td>3.3</td><td>9.3</td><td>8.3</td></tr>
<tr><td>1985 ~ 1990</td><td>22.9</td><td>21.2</td><td>1.8</td><td>10.1</td><td>44.0</td><td>2.9</td><td>0.9</td><td>40.2</td></tr>
<tr><td>1990 ~ 1995</td><td>38.4</td><td>19.9</td><td>8.8</td><td>15.6</td><td>17.3</td><td>11.2</td><td>1.1</td><td>5.0</td></tr>
<tr><td>1995 ~ 2000</td><td>7.1</td><td>13.6</td><td>10.5</td><td>3.1</td><td>65.7</td><td>17.8</td><td>7.2</td><td>40.7</td></tr>
<tr><td>2000 ~ 2005</td><td>18.6</td><td>12.2</td><td>9.2</td><td>16.8</td><td>43.2</td><td>6.5</td><td>2.5</td><td>34.2</td></tr>
<tr><td>2005 ~ 2009</td><td>26.4</td><td>10.1</td><td>11.3</td><td>9.0</td><td>43.2</td><td>3.2</td><td>1.7</td><td>38.3</td></tr>
<tr><td rowspan="3">10 年</td><td>1980 ~ 1990</td><td>40.4</td><td>33.2</td><td>1.9</td><td>13.5</td><td>11.1</td><td>4.3</td><td>4.9</td><td>1.9</td></tr>
<tr><td>1990 ~ 2000</td><td>20.6</td><td>16.5</td><td>9.7</td><td>8.6</td><td>44.7</td><td>14.8</td><td>4.4</td><td>25.5</td></tr>
<tr><td>2000 ~ 2009</td><td>22.0</td><td>11.3</td><td>10.1</td><td>13.2</td><td>43.5</td><td>5.1</td><td>2.1</td><td>36.3</td></tr>
<tr><td>30 年</td><td>1980 ~ 2009</td><td>25.1</td><td>17.4</td><td>8.3</td><td>11.4</td><td>37.8</td><td>8.6</td><td>3.5</td><td>25.7</td></tr>
</table>

从水资源及其他生产要素对经济增长贡献率的变化过程来看(见图 5-1-1),具有以下特点:

(1)水资源对经济增长贡献率呈逐渐增大趋势,由 1980 ~ 1985 年的 0.4% 增大到 1990 ~ 1995 年的 8.8%,再到 2005 ~ 2009 年的 11.3%,用水总量增加(由 1990 年的 7.4 亿 m^3 增加到 2009 年 19.5 亿 m^3)是一方面驱动因素,另一方面用水结构优化(工业、建筑业及第三产业用水比例由 1990 年的 4.5% 提高到 13.8%)也起到至关重要的作用;

(2)煤炭资源贡献相对稳定,资本投入贡献率呈现减少的趋势,但煤炭和资本的贡献率波动规律较为相似,在 1990 ~ 1995 年、2000 ~ 2005 年出现两次高峰,在 1995 ~ 2000 年出现了低谷,这与煤炭行业的繁荣带动了物质资本对经济增长的贡献密切相关;

(3)劳动力的贡献率呈现显著下降的趋势,部分原因是核算中忽略了大量的外来人口因素;

(4)全要素生产率的提高对经济增长的贡献率由 1980 ~ 1985 年的 20.9% 增大到 2005 ~ 2009 年的 43.2%,其中产业结构调整对经济增长的贡献相对较大,但是 2000 年以后,产业结构调整和制度创新对经济增长的贡献率都明显减小,说明包括技术进步在内的

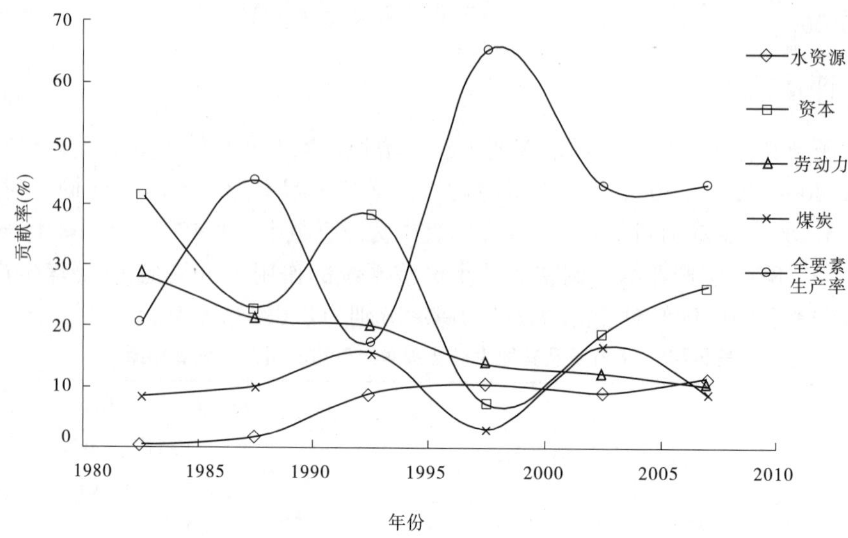

图 5-1-1　水资源及其他生产要素对经济增长贡献率变化趋势

剩余全要素生产率对经济增长的推动作用明显增大。

5.2　水资源投入产出模拟分析

5.2.1　水资源投入产出模型

将水资源作为产业部门直接纳入投入产出表,构建鄂尔多斯水资源投入产出模型,用以核算和反映经济行业对水的占用情况,如表 5-2-1 所示。

投入产出表主要是通过直接消耗系数反映物质技术联系,工艺的改进(如新材料的作用、生产过程的自动化、新技术的应用等)、相对价格的变动(如其他部门产品提价、增加工资、提高税率等)和新工业的出现(如计算产业、宇航工业等)等都会使直接消耗系数发生变化,直接消耗系数在时间上有不稳定性。通过假定投入产出模型所作的同质性和比例性,使得某一大类产品的生产过程、主要消耗结构不会经常、迅速地变动,部门间相互消耗的种类和数量不会有太大的波动。因此,一张投入产出表所表明的实际消耗系数在一定时期内是可以利用的,为了提高其准确程度,将消耗系数看作时间的函数,用时间序列预测法来进行预测和 RAS 法局部修订。

我国每逢尾数为 2 和 7 的年份要编制省(区、市)投入产出表,地(市)级行政区不单独编制投入产出表,本次进行鄂尔多斯市投入产出分析,以内蒙古 2002 年、2007 年投入产出表为基础,结合鄂尔多斯市 2009 年总产出、中间消耗、增加值以及最终使用等数据,利用时间序列法和 RAS 法进行修订,计算得出鄂尔多斯市 2009 年 15 行业直接消耗系数,见表 5-2-2。进一步推导得出 2009 年鄂尔多斯市 15 行业投入产出表,将用水量导入到投入产出表中,构建得出水资源投入产出模型,见表 5-2-3。

表 5-2-1　水资源投入产出简表

项目		中间使用					最终使用					总产品
		行业 1	行业 2	…	行业 n	合计	消费	积累	调入	调出	合计	
中间投入	行业 1	x_{11}	x_{21}	…	x_{1n}	$\sum_{j=1}^{n} x_{1j}$	C_1	F_1	M_1	E_1	y_1	x_1
	行业 2	…	…	…	…	$\sum_{j=1}^{n} x_{2j}$	C_2	F_2	M_2	E_2	y_2	x_2
	⋮	⋮	⋮	Ⅰ	⋮		⋮	⋮	⋮	⋮	Ⅱ	⋮
	行业 n	x_{n1}	x_{n2}	…	x_{nn}	$\sum_{i=1}^{n} x_{nj}$	C_n	F_n	M_n	E_n	y_n	x_n
	合计	$\sum_{i=1}^{n} x_{i1}$	$\sum_{i=1}^{n} x_{i2}$	…	$\sum_{i=1}^{n} x_{in}$		C	F	M	E	y	x
增加值		N_1	N_2	…	N_n	N						
总投入		x_1	x_2	…	x_n	x						
用水量	行业 1	W_1	0	0	0	W_1						
	行业 2	0	W_2	…	0	W_2			Ⅵ			
	⋮	⋮	⋮	Ⅴ	⋮	⋮						
	行业 n	0	0	…	W_n	W_n						
	合计	W_1	W_2	…	W_n							

5.2.2　水资源利用特性评价

水资源投入产出模型将各部门的产出指标和用水量指标结合在一起，可以直接分析各部门的用水效率，借助完全消耗系数可以分析生产单位最终产品对应的完全用水系数，在此基础上研究经济用水特征综合评价指标，界定高耗水行业。

5.2.2.1　用水效率指标

1. 直接用水系数

直接用水系数表示国民经济各部门在生产一个单位产品过程中所使用（投入）的自然形态的水资源量，仅着眼于一个部门的生产用水过程。

2. 完全用水系数

完全用水系数表示国民经济各部门在生产一个单位产品过程中，该部门的直接用水量与生产本部门产品所需的中间投入而在其他各部门发生的用水量之和，着眼于整个经济的用水过程，能够更加准确地度量各部门扩大生产对水资源产生的压力。

3. 用水乘数

用水乘数用来反映行业间的用水联系，是指某一行业增加单位用水量，整个经济系统所增加的用水量，用于反映经济行业发展的用水乘数效应。用完全用水系数与直接用水系数的比表示。

表 5-2-2　鄂尔多斯市 2009 年 15 行业直接消耗系数

项目	第一产业	煤炭开采和洗选业	食品与饮料制造业	纺织业	造纸及纸制品业	石油炼焦及核燃料加工业	化学工业	金属冶炼及压延加工业	电力热力生产供应业	燃气生产供应业	水生产供应业	其他采矿业	其他制造业	建筑业	第三产业
第一产业	0.085 0	0.000 4	0.198 4	0.184 6	0.014 9	0	0.010 6	0	0	0	0	0.001 1	0.016 5	0.003 0	0.005 0
煤炭开采和洗选业	0.016 3	0.142 9	0.058 3	0.010 2	0.129 3	0.733 7	0.086 6	0.124 8	0.331 9	0.220 0	0.013 4	0.052 8	0.144 5	0.025 9	0.015 1
食品与饮料制造业	0.056 0	0	0.062 2	0	0.000 6	0	0.001 6	0	0	0	0	0	0.000 1	0	0.007 2
纺织业	0.000 9	0.000 1	0.000 9	0.184 8	0.000 2	0.000 1	0.002 8	0.000 2	0	0.000 1	0	0.000 3	0.010 5	0.000 5	0.001 6
造纸及纸制品业	0	0	0.001 4	0.000 1	0.017 9	0	0.000 2	0	0	0	0.000 1	0.000 2	0.000 1	0.000 2	0.000 6
石油炼焦及核燃料加工业	0.029 3	0.040 5	0.002 5	0.004 6	0.006 6	0.030 7	0.056 7	0.035 8	0.000 2	0.001 4	0.002 4	0.020 6	0.022 7	0.013 3	0.067 5
化学工业	0.067 3	0.015 8	0.036 2	0.004 4	0.049 8	0.000 9	0.188 1	0.009 3	0.000 7	0.003 1	0.013 6	0.030 9	0.055 8	0.018 5	0.033 6
金属冶炼及压延加工业	0.002 0	0.003 1	0.000 4	0.000 7	0.005 0	0.000 1	0.001 3	0.159 8	0.000 2	0.003 6	0.000 1	0.013 9	0.072 0	0.117 8	0.000 5
电力热力生产供应业	0.013 8	0.014 6	0.017 4	0.008 7	0.030 0	0.018 9	0.105 3	0.099 3	0.093 3	0.006 8	0.121 0	0.056 8	0.036 7	0.006 9	0.020 0
燃气生产供应业	0	0	0.005 2	0	0.017 0	0.000 1	0.002 7	0.058 3	0.000 8	0.002 2	0	0.006 4	0.007 9	0.014 8	0.009 6
水生产供应业	0.000 3	0.000 2	0.000 3	0.000 3	0.002 0	0.000 2	0.000 4	0.000 2	0.000 2	0	0.053 9	0.000 7	0.000 2	0.000 3	0.001 1
其他采矿业	0	0	0.000 1	0	0	0.000 9	0.001 7	0.003 3	0	0.006 6	0	0.004 2	0.000 3	0.000 4	0
其他制造业	0.011 8	0.016 5	0.006 8	0.004 8	0.032 6	0.000 7	0.026 4	0.021 7	0.002 7	0.012 4	0.026 0	0.029 7	0.120 8	0.102 9	0.029 7
建筑业	0.001 3	0.000 4	0.000 1	0.000 2	0.000 8	0	0.000 1	0	0.000 1	0	0.000 1	0.000 2	0.000 1	0	0.003 5
第三产业	0.122 6	0.133 5	0.210 2	0.326 9	0.333 2	0.134 0	0.162 9	0.141 2	0.071 7	0.304 3	0.278 4	0.272 4	0.245 8	0.101 8	0.227 6

表 5-2-3　鄂尔多斯市 2009 年 15 行业投入产出表

项目	第一产业	煤炭开采和洗选业	食品与饮料制造业	纺织业	造纸及纸制品业	石油炼焦及核燃料加工业	化学工业	金属冶炼及压延加工业	电力热力生产供应业	燃气生产供应业	水生产供应业	其他采矿业	其他制造业	建筑业	第三产业	中间使用	最终消费	总产出
第一产业	13.2	0.9	21.0	20.3	0	0	2.9	0	0	0	0	0	3.0	0.8	13.8	75.9	26.1	102.0
煤炭开采和洗选业	1.1	157.3	2.8	0.5	0.1	80.1	10.6	15.9	47.9	37.0	0	0.1	11.6	3.1	18.5	386.6	816.4	1 203.0
食品与饮料制造业	6.7	0	5.0	0	0	0	0.3	0	0	0	0	0	0	0	15.0	27.0	48.0	75.0
纺织业	0.1	0.1	0.1	13.3	0	0	0.5	0	0	0	0	0	1.2	0.1	2.8	18.2	57.2	75.4
造纸及纸制品业	0	0	0.1	0	0	0	0	0	0	0	0	0	0	0	1.0	1.1	−0.4	0.7
石油炼焦及核燃料加工业	1.0	22.4	0.1	0.1	0	1.7	3.5	2.3	0	0.1	0	0	0.9	0.8	41.8	74.7	36.4	111.1
化学工业	5.5	20.4	2.0	0.3	0	0.1	27.1	1.4	0.1	0.6	0	0.1	5.3	2.6	48.5	114.0	28.2	142.2
金属冶炼及压延加工业	0.4	9.1	0	0.1	0	0	0.4	54.5	0.1	1.6	0	0.1	15.5	38.4	1.6	121.8	71.9	193.7
电力热力生产供应业	1.2	19.5	1.0	0.5	0	2.5	15.7	15.3	16.3	1.4	0.2	0.1	3.6	1.0	29.9	108.2	46.9	155.1
燃气生产供应业	0	0.1	0.3	0	0	0	0.4	10.0	0.2	0.5	0	0	0.9	2.4	16.0	30.8	162.0	192.8
水生产供应业	0	0.2	0	0	0	0	0.1	0	0	0	0.1	0	0	0	1.6	2.0	−0.1	1.9
其他采矿业	0	0	0	0	0	0.1	0.3	0.5	0	1.4	0	0	0	0.1	0	2.4	0.1	2.5
其他制造业	1.5	34.0	0.6	0.4	0	0.2	6.1	5.1	0.7	3.9	0.1	0.1	18.2	23.4	68.1	162.4	−47.9	114.5
建筑业	0.4	2.0	0	0	0	0	0.1	0	0.1	0	0	0	0	0	20.5	23.1	192.9	216.0
第三产业	10.3	176.5	12.0	19.5	0.3	17.6	24.0	21.6	12.4	61.5	0.5	0.7	23.8	14.9	336.1	731.7	723.4	1 455.1
中间投入合计	41.4	442.5	45.0	55.0	0.4	102.3	92.0	126.6	77.8	108.0	0.9	1.2	84.0	87.6	615.2			
增加值合计	60.6	760.5	30.0	20.4	0.3	8.8	50.2	67.1	77.3	84.8	1.0	1.3	30.5	128.4	839.9			
总投入	102.0	1 203.0	75.0	75.4	0.7	111.1	142.2	193.7	155.1	192.9	1.9	2.5	114.5	216.1	1 455.1			

5.2.2.2　用水特性综合评价指标

用水特性综合分析就是从行业用水的水投入系数分析，比较水的投入关系及其对经济系统的影响程度，以判定和权衡节水高效型国民经济产业结构的调整方向。由于第一产业、第二产业和第三产业用水特征差别较大，尤其是第一产业用水效率较低，这样会影响第二产业内部的结果分析，结合本次行业分类情况，经济用水特征综合评价仅在第二产业内部进行，以确定第二产业中的高耗水部门。

1. 相对用水系数

某经济行业相对用水系数为该行业直接用水系数和经济系统综合平均直接用水系数的比值。该指标可以分析比较不同经济行业用水水平的高低。若某行业相对用水系数等于1，表明该行业用水水平与整个经济系统用水水平持平；大于1，则表明其用水水平高于平均水平；小于1，则表明其用水水平小于平均水平。

2. 相对用水乘数

某经济行业相对用水乘数为该行业用水乘数与经济系统平均用水水平的比值。该指标主要反映各经济行业用水量的变化对经济系统总用水量的影响程度。相对用水乘数越大的行业，其生产用水对经济系统总用水量的增加贡献越大，反之则越小。

3. 相对用水结构系数

相对用水结构系数大于1的行业为高用水行业，表明该行业用水水平大于系统的平均水平，该行业生产单位产品所用水水量大于经济系统的平均水平。

利用鄂尔多斯市水资源投入产出表，可以得出直接用水系数、完全用水系数、用水乘数、相对用水系数、相对用水乘数以及相对用水结构系数等参数，2009年鄂尔多斯市水资源利用指标见表5-2-4。

表5-2-4　2009年鄂尔多斯市水资源利用指标　（单位：m^3/万元）

行业	直接用水系数	排序	完全用水系数	排序	用水乘数	排序	相对用水系数	相对用水乘数	相对用水结构系数	用水程度	潜在用水程度
第一产业	1 544.1	1	1 834.1	1	1.2	14		0.1		高	一般
煤炭开采和洗选业	3.1	14	21.9	15	7.1	6	0.1	0.5	1.9	一般	一般
食品与饮料制造业	10.4	9	576.3	3	55.4	1	0.3	4.0	0.4	一般	高
纺织业	13.8	7	634.6	2	46.0	3	0.4	3.3	0.5	一般	高
造纸及纸制品业	54.8	3	140.1	5	2.6	11	1.5	0.2	0	一般	一般
石油炼焦及核燃料加工业	18.1	6	44.4	10	2.5	12	0.5	0.2	1.0	一般	一般
化学工业	26.3	5	111.6	6	4.2	8	0.7	0.3	1.8	一般	一般
金属冶炼及压延加工业	13.2	8	44.2	11	3.4	9	0.4	0.2	1.2	一般	一般
电力热力生产供应业	47.1	4	65.5	8	1.4	13	1.3	0.1	3.6	一般	一般
燃气生产供应业	10.1	10	34.0	14	3.4	10	0.3	0.2	1.0	一般	一般
水生产供应业	250.9	2	293.6	4	1.2	15	7.0	0.1	0.2	一般	一般
其他采矿业	7.3	11	39.2	12	5.4	7	0.2	0.4	0	一般	一般
其他制造业	6.8	12	104.1	7	15.3	4	0.2	1.1	0.4	一般	高
建筑业	4.5	13	36.8	13	8.2	5	0.1	0.6		一般	一般
第三产业	1.0	15	49.9	9	49.9	2		3.7		一般	高

结果表明,第一产业直接用水系数最大,其次是水生产供应业和造纸及制品业,最小的两个产业是煤炭开采洗选业和第三产业;由于产业的关联性,完全用水系数的排序与直接用水系数相比发生了较大变化,第一产业没有变化,纺织业由第 7 位提高到第 2 位,食品与饮料制造业由第 9 位提高到第 3 位,其他制造业和第三产业分别由第 12 位和第 15 位提高到第 7 位和第 9 位,其他行业排序则都有下降,其中电力热力生产供应业下降幅度最大,由第 4 位下降到第 8 位。

经过分析,第一产业用水效率较低,用水量较高;石油炼焦及核燃料加工业、化学工业、金属冶炼及压延加工业、电力热力生产供应业单位产出用水量要显著高于其他行业,同时行业用水量也较高;食品与饮料制造业、纺织业、造纸及纸制品业、水生产供应业单位产出用水相对较高,但行业用水量较小;其他行业单位产出用水量较低,行业用水量也较少。

图 5-2-1 直观反映出直接用水系数、完全用水系数和用水乘数的排序关系,虽然食品与饮料制造业、纺织业、其他制造业以及第三产业直接用水系数较低,但用水乘数远高于其他行业,相对用水乘数较高,通过产业关联过程间接消耗了其他行业大量的虚拟水,属于潜在用水程度较高的行业。

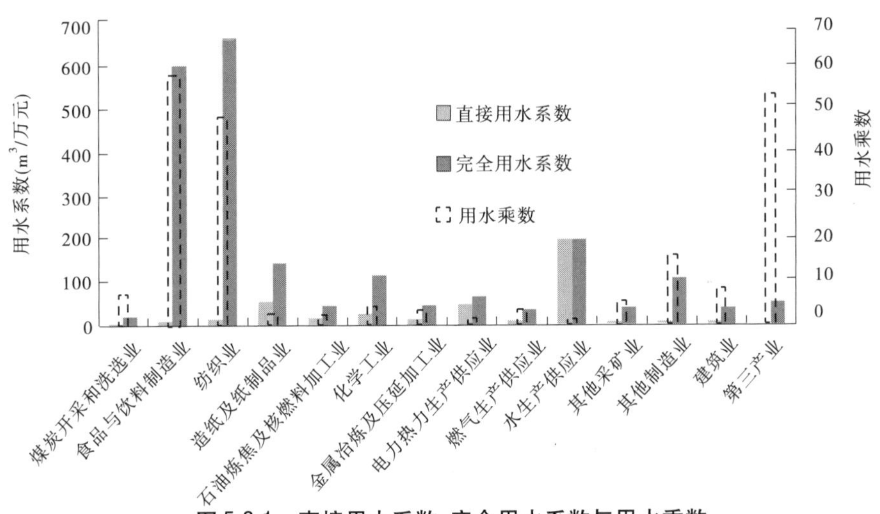

图 5-2-1　直接用水系数、完全用水系数与用水乘数

5.2.3　行业用水关联效应分析

5.2.3.1　分析方法

以上产出系数能够提供单方水使用后经济行业产出水平,但仅限于行业本身,对整个经济系统,不能提供某一行业单方水使用对其他各行业的相互作用关系。采用改进的假设抽取法(Hypothetical Extraction Method, HEM),以纵向集成消耗形式,将行业用水关联效应分解为内部效应、复合效应、净前向关联效应和净后向关联效应 4 个组成因素,能够把直接产出系数、完全产出系数和最终需求结合起来,通过数量而不是系数来表示部门水资源利用特性,可清晰测算行业之间的用水关联特性。

内部效应(Internal Effect, IE)是指产业群 B_s 不与其他产业群发生联系时消耗的水资

源，即水资源在本产业群内部的消耗量，可以表示为

$$IE_s = q'_s(I - A_{s,s})^{-1}y_s \tag{5-2-1}$$

式中：$(I-A_{s,s})^{-1}$为 leontief 逆矩阵；y_s 为 B_s 产业部门的最终产品。

复合效应(Mixed Effect, ME)是指产业群 B_s 一部分产品被其他产业群购买作为中间投入形成产品，这些产品又被产业群 B_s 作为中间投入使用并形成最终产品 y_s 所消耗的那部分水资源，它具有前向和后向关联双重特性，例如农产品被工业部门加工成饲料后又被农业部门购买回来投入畜牧业生产。可以表示为

$$ME_s = q'_sC_{s,s}y_s = q'_{-s}[\Delta_{s,s} - (I - A_{ss,})^{-1}]y_s \tag{5-2-2}$$

式中：q'_s、q'_{-s}分别表示产业群 B_s、B_{-s}单位产品的水资源投入向量(直接用水系数行向量)。

净后向关联效应(Net Backward Effect, NBE)表示产业群 B_s 为获得最终需求而通过购买其他和产业群的产品直接和间接消耗其他产业群的水资源，反映的是虚拟水的净输入。可以表示为

$$NBE_s = q'_{-s}C_{-s,s}y_s = q'_{-s}\Delta_{-s,s}y_s \tag{5-2-3}$$

式中：q'_{-s}为产业群 B_{-s}的水的直接产出系数行向量。

净前向关联效应(Net Forward Effect,NFE)表示产业群 B_s 的产品中被其余产业群用来生产最终产品的那一部分水资源，是产业群 B_s 消耗的水通过其他部门群中间投入方式转移到其他产业群中去并且不会返回，是产业群 B_s 实际真正的虚拟水净输出。可以表示为

$$NFE_s = q'_sC_{s,-s}y_{-s} = q'_s\Delta_{s,-s}y_{-s} \tag{5-2-4}$$

以上 4 个独立因子的关系如图 5-2-2 所示。

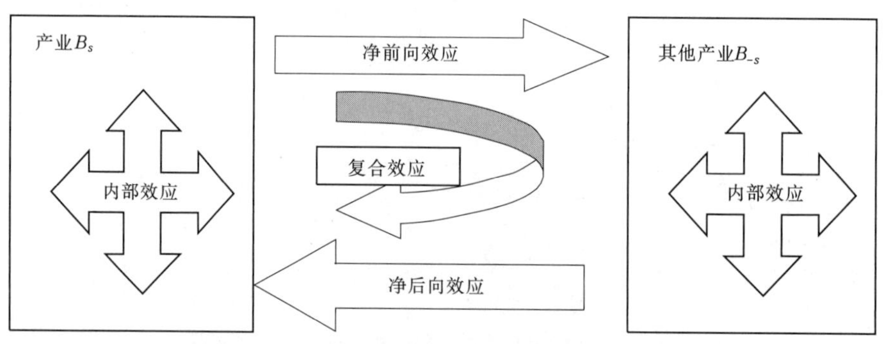

图 5-2-2　效应组合示意图

可以得到：

$$VIC_s = q'\begin{bmatrix}\Delta_{s,s}\\ \Delta_{-s,s}\end{bmatrix}y_s \tag{5-2-5}$$

式中：VIC_s 为产业群 B_s 的纵向集成消耗。

对于产业群 B_s，各种关联效应可以表示为：

后向关联效应 (BL_s) = 复合效应(ME_s) + 净后向关联效应(NBE_s)

前向关联效应 (FL_s) = 复合效应(ME_{-s}) + 净前向关联效应(NFE_s)

纵向集成消耗(VIC_s) = 内部效应(IE_s) + 复合效应(ME_s) + 净后向关联效应(NBE_s)

直接消耗(DC_s) = 内部效应(IE_s) + 复合效应(ME_s) + 净前向关联效应(NFE_s)

5.2.3.2　纵向集成消耗与直接消耗比较分析

纵向集成水消耗反映与一个部门最终需求有关的直接和间接水资源消耗量,如果一个部门水的纵向集成消耗大于其直接消耗,则表明生产此部门的产品需要整个经济系统中的其他行业为其提供水。反之,则说明此行业用水实际上转移到了经济系统的其他部门。鄂尔多斯市用水关联效应分析结果如表 5-2-5 所示,可以看出,直接用水量最高的第一产业(15.77 亿 m^3)水的纵向集成消耗小于其直接消耗,通过产业间产品交易,实际上为其余产业部门间接转移输送了 10.97 亿 m^3 的水,占其直接用水量的 69.5%。农业直接用水量占各行业总用水量的 85.4%,但纵向集成消耗计算结果显示只有 30.5% 的农业直接用水量用于生产农产品,其余的 69.5% 为净输出,即被其他部门在中间使用过程中直接和间接消耗掉。造纸及纸制品业、石油炼焦及核燃料加工业、化学工业、电力热力生产供应业、水生产供应业也属于水量净输出行业,但输出水量较少。除上述行业外,余下的第三产业、纺织业、食品与饮料制造业、煤炭开采与洗选业、建筑业、燃气生产供应业纵向集成消耗大于直接消耗,这些部门为满足生产,间接输入了其他部门的转移来的用水量,净输入量分别为 3.61 亿 m^3、3.13 亿 m^3、2.44 亿 m^3、1.59 亿 m^3、0.71 亿 m^3 和 0.55 亿 m^3。其中,食品饮料制造业、纺织业、第三产业和建筑业的纵向集成消耗量分别是其直接消耗的 31 倍、30 倍、25 倍和 7 倍以上,这些部门虽然直接用水量并不高,但通过购买其他部门产品作为中间投入而间接消耗的水资源数量远远大于其直接消耗。

表 5-2-5　鄂尔多斯市 2009 年用水关联效应　（单位:亿 m^3）

行业	直接消耗	纵向集成消耗	内部效应	复合效应	净后向关联	净前向关联
第一产业	15.77	4.82	4.66	0.14	0.02	10.97
煤炭开采和洗选业	0.39	1.60	0.30	0.02	1.28	0.07
食品与饮料制造业	0.07	2.44	0.05	0.00	2.39	0.02
纺织业	0.11	3.14	0.10	0.00	3.04	0.01
造纸及纸制品业	0.01	0.00	0.00	0.00	0.00	0.01
石油炼焦及核燃料加工业	0.20	0.16	0.07	0.00	0.09	0.13
化学工业	0.37	0.31	0.09	0.00	0.22	0.28
金属冶炼及压延加工业	0.25	0.31	0.13	0.00	0.18	0.12
电力热力生产供应业	0.73	0.31	0.25	0.00	0.06	0.48
燃气生产供应业	0.19	0.55	0.16	0.00	0.39	0.03
水生产供应业	0.06	0.01	0.01	0.00	0.00	0.05
其他采矿业	0.00	0.00	0.00	0.00	0.00	0.00
其他制造业	0.16	0.50	0.04	0.00	0.46	0.12
建筑业	0.10	0.71	0.09	0.00	0.62	0.01
第三产业	0.14	3.61	0.09	0.01	3.51	0.04

5.2.3.3　纵向集成消耗构成分析

根据表 5-2-5 结果,农业部门的内部效应占其纵向集成消耗的 96.7%,是由于农业产业群内部包括种植业、林业、畜牧业、渔业产业间的相互关联而产生的。余下的 3.30% 来自于购买的中间投入产品,其中 2.92% 的中间投入产品是利用以前出售给其他部门的农产品生产的,即复合效应,意味着这部分包含在为获得最终农产品所耗用的水实际源自于农业本身。

纺织业和建筑业较为特殊，净后向关联占纵向集成消耗比例都超过了 85%，而净前向关联占直接消耗比例最小均约 10%，内部和复合效应几乎可以忽略不计，说明纺织业和建筑业用水的绝大部分是由其中间投入中其他部门的产品转移过来的。

食品与饮料制造业、纺织业、第三产业、建筑业、其他制造业和煤炭开采及洗选业的净后向关联都占其纵向集成消耗的 80% 以上，表明这些产业部门的最终需求产品用水绝大部分间接来自购买其他部门生产的中间投入品。从中间投入结构不难理解，食品制造业依赖大量富含水的农产品，纺织业依赖畜牧产品，第三产业中的餐饮服务也依赖于大量农产品，建筑业则依赖于大量建材等用水系数相对较高的产品。农业部门的净后向关联占其纵向集成消耗的比例最小，仅为 0.41%，这是因为农业部门中间投入中消耗来自其他产业部门产品的水资源数量很少。

造纸及纸制品业、石油炼焦及核燃料加工业、化学工业和金属冶炼及压延加工业，其净后向关联占纵向集成消耗的比重均超过了 50%，说明对其他行业产品的依赖性较高，同时净前向关联占直接消耗的比重也均超过了 40%，说明这些行业的产品也是其他行业所依赖的，与其他行业的关联性较强。

5.2.3.4 相对效应

为分析各部门用水转移影响在整个经济系统用水关联的作用，将每一部门各种效应除以其算术平均数来构造相对指标。当某一种影响效应大于 1 时，表明此种效应在经济系统中相对其他部门作用比较突出，计算结果见表 5-2-6。可以看出，第一产业在消耗水资源方面是举足轻重的，除了净后向关联外，其余各项用水相对指标都远远大于其他部门，产业内部用水的作用十分突出；纺织业、第三产业和食品与饮料制造业净后向关联最大，对其他部门水消耗的依赖性最强；煤炭开采和洗选业、电力热力生产供应业、第三产业、石油炼焦及核燃料加工业、化学工业、金属冶炼及压延加工业复合效应比较高，与其他产业部门用水的相互影响关系明显。

表 5-2-6 鄂尔多斯市各用水部门相对效应

行业	直接消耗	纵向集成消耗	内部效应	复合效应	净后向关联	净前向关联
第一产业	12.75	3.91	11.58	12.06	0.02	13.33
煤炭开采和洗选业	0.32	1.30	0.74	1.32	1.56	0.08
食品与饮料制造业	0.06	1.98	0.13	0.13	2.93	0.03
纺织业	0.09	2.55	0.24	0.02	3.72	0.01
造纸及纸制品业	0.01	0	0	0	0	0.01
石油炼焦及核燃料加工业	0.16	0.13	0.17	0.18	0.11	0.16
化学工业	0.30	0.25	0.23	0.20	0.27	0.34
金属冶炼及压延加工业	0.20	0.25	0.33	0.17	0.23	0.15
电力热力生产供应业	0.59	0.25	0.61	0.36	0.07	0.58
燃气生产供应业	0.15	0.45	0.41	0.11	0.47	0.04
水生产供应业	0.05	0.01	0.02	0	0	0.07
其他采矿业	0	0	0	0	0	0
其他制造业	0.13	0.41	0.10	−0.15	0.56	0.14
建筑业	0.08	0.58	0.22	0.03	0.76	0.01
第三产业	0.11	2.93	0.23	0.58	4.30	0.05

5.3　虚拟水贸易分析

虚拟水是指在生产产品和服务过程中所需要的水资源数量,被称为凝结在产品和服务中的水量,它是以虚拟的形式存在的。从水资源利用的角度讲,实物贸易也就是虚拟水贸易,如果出口水密集型产品给其他的地区,实际上就是以虚拟的形式出口水资源。

5.3.1　计算方法

水资源投入产出中虚拟水贸易的计算方法实质是将水资源数量纳入国民经济行业价值型投入产出表中构造出价值型-实物型混合性投入产出表,通过计算分析得到经济贸易调水量。此方法将与本地区各行业的投入产出紧密相连,真实反映了各行业的用水水平。

5.3.1.1　产品消费与水消费

产品的消费即潜含着水量的消费。从投入产出表可以看出,消费领域包括城镇居民消费、农村消费和社会消费(政府消费)三类。各类消费所耗用的水量计算公式如下:

城镇居民消费耗用水量为

$$W_C^C = \overline{B}QC^C \tag{5-3-1}$$

农村居民消费耗用水量为

$$W_r^C = \overline{B}QC^r \tag{5-3-2}$$

政府消费耗用水量为

$$W_S^C = \overline{B}QC^S \tag{5-3-3}$$

消费领域耗用总水量为

$$W^C = W_C^C + W_r^C + W_S^C \tag{5-3-4}$$

式中:C^C、C^r 和 C^S 分别表示城镇居民消费、农村居民消费和政府消费量,万元或亿元;$\overline{B}Q$ 为完全用水系数。

5.3.1.2　积累与水耗用

积累的过程也意味着对水量的耗用。积累包括固定资产积累和流动资产(库存)积累。生产活动形成的固定资产或库存同样需要耗用水量。各类积累所耗用的水量计算公式如下:

固定资产形成耗用水量为

$$W_f^F = \overline{B}QF^f \tag{5-3-5}$$

流动资产(库存)积累耗用水量为

$$W_S^F = \overline{B}QF^S \tag{5-3-6}$$

积累领域耗用的总水量为

$$W^F = W_f^F + W_S^F \tag{5-3-7}$$

式中:F^f、F^S 分别表示当年固定资产形成、存货增加,万元或亿元;$\overline{B}Q$ 为完全用水系数。

5.3.1.3　贸易与水调配

经济贸易也称物品的输入与输出,包括国内贸易与国际贸易。物品的输入和输出潜含着水量的输入与输出,经济贸易也可以看成是通过经济手段实现了区域间水调配的一种有效手段,也是调水的一种重要措施。

输出贸易与水量的输出为

$$W^E = \overline{B}QE \tag{5-3-8}$$

输入贸易与水量的输入为

$$W^M = \overline{B}QM \tag{5-3-9}$$

贸易净输出水量为

$$W^{net} = W^E - W^M \tag{5-3-10}$$

式中:E、M 分别为当年产品调出量和产品调入量,万元或亿元;$\overline{B}Q$ 为完全用水系数。

5.3.2 计算结果

鄂尔多斯市虚拟水计算结果见表 5-3-1、表 5-3-2。从经济贸易中隐含虚拟水输出输入来看,鄂尔多斯市虚拟水净输出量为 3.71 亿 m^3,占其行业总用水量的 19.1%。在各行业中,虚拟水输出最高的五个行业依次为纺织业、煤炭开采和洗选业、第三产业、燃气生产供应业、第一产业,分别为 3.56 亿 m^3、1.78 亿 m^3、0.77 亿 m^3、0.55 亿 m^3 和 0.51 亿 m^3;虚拟水输入量最大的行业是其他制造业,为 4.38 亿 m^3;从经济量来看,建筑业为净输入行业,但建筑业为属地用水行业,实际使用鄂尔多斯市的水资源,建筑业虚拟水不应计入输入量。另外,除了造纸及纸制品业以及水生产供应业有少量输入外,其他行业均为虚拟水输出行业,但数量不大,均小于 0.3 亿 m^3。

表 5-3-1 2009 年鄂尔多斯市各部门虚拟水净输出量

项目	各部门经济净输出量(亿元)	完全用水系数(m^3/万元)	虚拟水净输出量(亿 m^3)
第一产业	2.79	1 834.1	0.51
煤炭开采和洗选业	812.80	21.9	1.78
食品与饮料制造业	1.79	576.3	0.10
纺织业	56.14	634.6	3.56
造纸及纸制品业	-2.96	140.1	-0.04
石油炼焦及核燃料加工业	34.38	44.4	0.15
化学工业	15.73	111.6	0.18
金属冶炼及压延加工业	68.87	44.2	0.30
电力热力生产供应业	37.65	65.5	0.25
燃气生产供应业	161.88	34.0	0.55
水生产供应业	-0.84	293.6	-0.02
其他采矿业	-0.68	39.2	0.00
其他制造业	-420.76	104.1	-4.38
建筑业	-923.29	36.8	—
第三产业	154.42	49.9	0.77
合计	-2.08	—	3.71

从最终对虚拟水的使用来看,居民和政府分别消费了 6.72 亿 m^3 和 2.58 亿 m^3,资本

形成占用 5.46 亿 m^3，虚拟水净输出 3.71 亿 m^3。

表 5-3-2　2009 年鄂尔多斯市水的最终使用

项目	居民消费	政府消费	消费合计	资本形成总额	输出减输入
经济量(亿元)	339.17	249.55	588.72	1 574.36	-20.8
完全用水量(亿 m^3)	6.72	2.58	9.30	5.46	3.71

5.4　水资源与国民经济协调度分区评价

5.4.1　总体框架

水资源与国民经济系统存在紧密地互动关系，水资源系统支撑国民经济系统的发展，同时国民经济系统也反作用于水资源系统。构建鄂尔多斯市水资源与国民经济协调度分区评价指标体系，确定评价标准和方法，评价分区旗水资源与国民经济协调度，为产业空间布局分析提供依据。水资源与国民经济协调度分区评价由评价指标、评价方法、评价标准、评价结果、结果反馈等要素构成。评价流程如图 5-4-1 所示。

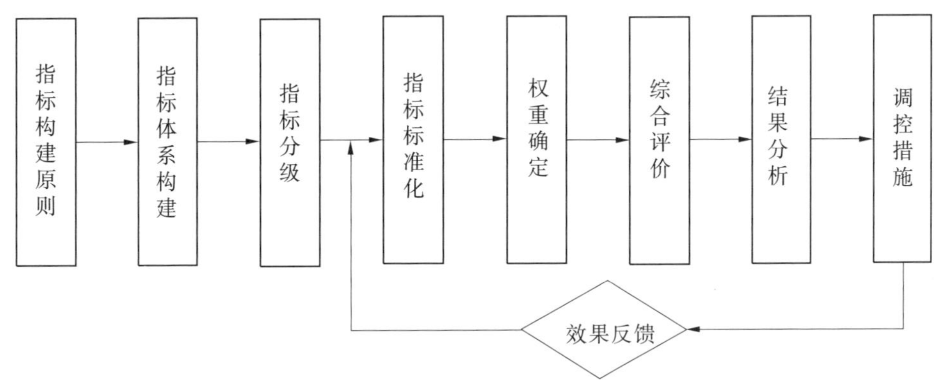

图 5-4-1　协调度分区评价流程

5.4.2　评价指标体系

鄂尔多斯水资源与国民经济协调度分区评价指标包括三个层面，首先是水资源系统评价层，反映水资源的本底状况和支撑能力，指标包括水资源的本底状况、供用水总量和构成等；其次是国民经济系统评价层，包括人均经济总量、产业结构等；第三是水资源与国民经济互动关系层，反映水资源支撑效果和国民经济的匹配程度，可采用万元工业增加值用水量、亩均灌溉用水量等行业用水的高效性指标来反映，也可采用产业之间水量分配的合理性来反映。水资源与国民经济关系评价指标体系见表 5-4-1。

表 5-4-1　水资源与国民经济关系评价指标体系

目标层	准则层	指标层	指标说明
水资源与国民经济系统整体协调发展	水资源系统	降水量	多年平均降水量
		人均水资源利用量	总用水量/人口
		地下水供水比例	地下水供水量/总供水量
	国民经济系统	第二产业与第一产业增加值比例	第二产业增加值/第一产业增加值
		人均 GDP	国内生产总值/人口
		第三产业增加值比例	第三产业增加值/总增加值
	水资源与国民经济系统互动关系	万元工业增加值用水量	工业用水量/万元工业增加值
		亩均灌溉用水量	农业用水量/灌溉面积
		农业用水比例	农业用水量/总用水量

5.4.3　评价方法与过程

5.4.3.1　综合评价方法

评价指标体系是一个多指标多层次的评价问题,多指标综合评价是指通过一定的算式将多个指标对事物不同方面的评价值综合在一起,得到一个整体性的评价。根据指标体系的特点,选用线性加权求和法来完成各指标的综合合成,方法如下:

$$CDI = \sum_{i=1}^{n} \omega_i x_i \tag{5-4-1}$$

式中:CDI 为被评价对象得到的综合评价值(即协调度指数);ω_i 为各评价指标的权重;x_i 为单个指标标准化值;n 为评价指标的个数。

5.4.3.2　指标等级标准

根据指标综合方法可计算出评价单元的综合评价值,与综合评价标准进行比较评价研究单元的协调度状况。对协调度水平标准的划分,最终结果应以(0,1)区间的形式定量表现出来,作为协调度发展水平指数,说明其发展水平的高低。将协调度指数由高到低划分为协调、较协调、中等、不协调、极不协调五个等级,具体各指标的分级标准见表 5-4-2。

表 5-4-2　协调度评价标准

协调度状况	综合评价标准
协调	$CDI \geq 0.80$
较协调	$0.60 \leq CDI < 0.80$
中等	$0.40 \leq CDI < 0.60$
不协调	$0.20 \leq CDI < 0.40$
极不协调	$0 \leq CDI < 0.20$

5.4.3.3　指标标准化方法

采用线性插值法对各评价指标值进行标准化，线性插值法的标准化过程为

对于正向指标有

$$X_{正} = \frac{X - X_{min}}{X_{max} - X_{min}} \tag{5-4-2}$$

对于负向指标有

$$X_{负} = \frac{X_{max} - X}{X_{max} - X_{min}} \tag{5-4-3}$$

各 X 的值的分布仍与原相应 X 值的分布相同，适用于呈正态或非正态分布指标值的标化。

对于中性指标，设其适中点为 X_{mid}，对应的标准值为 1，则

$$如果\ X \leqslant X_{mid} \quad X_{中} = \frac{X - X_{min}}{X_{mid} - X_{min}} \tag{5-4-4}$$

$$如果\ X \geqslant X_{mid} \quad X_{中} = \frac{X_{max} - X}{X_{max} - X_{mid}} \tag{5-4-5}$$

5.4.3.4　评价指标值确定与标准化处理

各旗区各因子现状值见表 5-4-3，采用线性插值法对各评价指标值进行标准化，考虑正向指标、负向指标和中性指标的不同，进行指标的标准化处理，各旗区各因子标准化结果如表 5-4-4所示。表中经济、人口信息来源于《鄂尔多斯市统计年鉴》，降水量、水资源量及其开发利用量等数据来源于《鄂尔多斯市水资源可持续利用规划》。

表 5-4-3　各旗区各因子现状值

项目	标准值(max)	标准值(min)	东胜	康巴什	达旗	准旗	鄂前旗	鄂旗	杭旗	乌旗	伊旗
降水量(mm)	800	0	290	318	295	349	268	230	195	311	322
人均水资源利用量(m^3)	2 100	0	132	245	2 409	529	2 023	1 103	3 972	1 838	796
地下水供水比例(%)	18	100	85	57	48	28	96	66	41	91	67
第二产业与第一产业增加值比	122	0	122	61	9	53	2	40	2	14	50
人均 GDP(万元)	23.9	2.3	12.2	12.0	9.3	16.8	5.3	17.6	4.1	15.5	23.9
第三产业增加值比重(%)	100	0	60	40	32	37	42	21	43	23	37
万元工业增加值用水量(m^3)	5.6	45	10.4	10	36.8	31.1	14.2	25.0	14.3	5.6	11.5
亩均灌溉用水量(m^3)	262	421	262	262	371	263	280	313	414	272	273
农业用水比例(%)	15	100	15	43	90	33	94	61	95	90	72

5.4.3.5　评价指标权重的确定

评价因子的权重反映诸评价指标在评价体系中的相对重要程度，直接影响评价结果的合理性，采用层次分析法确定各研究评价因子的权重，通过两两比较的方式确定各个因素的相对重要性，然后综合决策者的判断，确定决策方案相对重要性的总排序。基于原始

数据,运用层次分析法得出各个层次评价指标体系因子权重分配见表 5-4-5。

表 5-4-4　各旗区各因子标准化结果

旗区	东胜	康巴什	达旗	准旗	鄂前旗	鄂旗	杭旗	乌旗	伊旗
降水量	0.36	0.40	0.37	0.44	0.34	0.29	0.24	0.39	0.40
人均水资源利用量	0.00	0.06	1.00	0.20	0.96	0.49	1.00	0.87	0.34
地下水供水比例	0.18	0.52	0.63	0.88	0.05	0.41	0.72	0.11	0.40
第二产业与第一产业增加值比	1.00	0.50	0.07	0.43	0.02	0.33	0.01	0.12	0.41
人均 GDP	0.46	0.45	0.32	0.67	0.14	0.71	0.09	0.61	1.00
第三产业增加值比重	0.60	0.40	0.32	0.37	0.42	0.21	0.43	0.23	0.37
万元工业增加值用水量	0.88	0.89	0.21	0.35	0.78	0.51	0.78	1.00	0.85
亩均灌溉用水量	1.00	1.00	0.31	0.99	0.89	0.68	0.04	0.94	0.93
农业用水比例(%)	1.00	0.67	0.12	0.79	0.07	0.46	0.06	0.12	0.33

表 5-4-5　评价指标体系因子权重分配

目标层	准则层	总目标权重	指标层	准则层权重	总目标层权重
水资源系统与国民经济系统整体协调发展	水资源系统	0.31	降水量	0.27	0.08
			人均水资源利用量	0.43	0.13
			地下水供水比例	0.31	0.09
	国民经济系统	0.31	第二产业与第三产业增加值比例	0.40	0.13
			人均 GDP	0.31	0.10
			第三产业增加值比重	0.29	0.09
	水资源与国民经济系统的互动关系	0.38	万元工业增加值用水量	0.33	0.13
			亩均灌溉用水量	0.29	0.11
			农业用水比例	0.38	0.14

5.4.4　评价结果

5.4.4.1　水资源系统协调度分区评价结果

水资源系统协调度分区评价结果见图 5-4-2。可以看出,达旗和杭旗处于较协调状态,主要是由于达旗和杭旗濒临黄河,取用水条件好,人均水资源利用量远远超过其他旗区。水资源系统协调度较低的是东胜区、康巴什新区和伊旗,其中东胜区处于极不协调状态,主要是人均可利用水资源极为贫乏,现状人均水资源利用量全市最低,仅为 132 m^3;伊旗和康巴什新区年均降水量在各旗区中相对较高,但本地水资源条件差,人均水资源利用量相对较低,地下水供水比例相对较高,处于不协调状态;鄂前旗、乌旗、准旗和鄂旗四旗区水资源系统处于中等协调水平。因此,水资源条件较好的达旗和杭旗应是下一步产业布局的聚集地区,水资源贫乏的东胜区、伊旗和康巴什新区应重点控制高耗水项目。

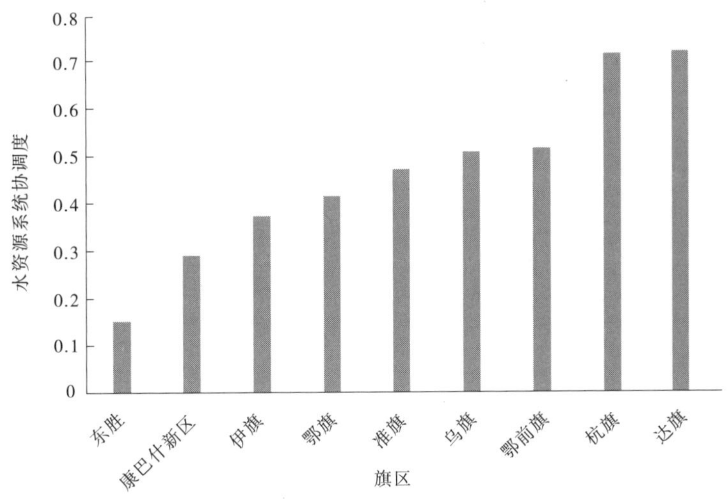

图 5-4-2　水资源系统协调度分区评价结果

5.4.4.2　国民经济系统协调度分区评价结果

国民经济系统协调度分区评价结果见图 5-4-3。可以看出,东胜区处于较协调状态,主要是由于经济总量、第三产业发展水平和工业化程度较高;伊旗、准旗、康巴什新区和鄂旗处于中等协调状态,这几个旗区产业发展相对较为合理;乌旗和达旗人均 GDP 分别为 15.5 万元和 9.3 万元,在全市各旗区中处于中等水平,但产业结构不合理,国民经济系统协调度评价结果为不协调状态;鄂前旗和杭旗处于极不协调状态,经济落后是主要原因,人均 GDP 仅为全市平均水平的 41% 和 32%,同时产业结构也不合理,第一产业比例高、第三产业不发达。因此,国民经济系统协调度相对较低的乌旗、达旗、鄂前旗和杭旗四旗区是产业结构调整和优化的重点区域。

5.4.4.3　水资源与国民经济系统互动关系协调度分区评价结果

水资源与国民经济系统互动关系协调度分区评价结果见图 5-4-4。可以看出,水资源与国民经济系统互动关系协调度较好的是东胜区和康巴什新区,处于协调状态,与其水资源利用效率较高及用水结构较为合理有密切关系;准旗、伊旗和乌旗处于较协调状态,准旗农业用水比例和亩均灌溉用水量较低,乌旗和伊旗万元工业增加值与亩均灌溉用水量相对较低;鄂前旗、鄂旗、杭旗和达旗水资源与国民经济互动关系协调度相对较低,其中达旗处于极不协调状态,主要原因是万元工业增加值用水量为全市最高,亩均灌溉用水量和农业用水比重也非常高。因此,水资源与国民经济互动关系协调度相对较低的鄂前旗、鄂旗、杭旗和达旗是提高用水效率、调整产业结构和优化用水格局的重点区域。

5.4.4.4　水资源与国民经济系统整体协调度分区评价结果

水资源与国民经济系统整体协调度是由水资源系统协调度、国民经济协调度和水资源与国民经济系统互动关系协调度共同决定的,反映了水资源对国民经济发展的基础支撑能力和国民经济发展对水资源系统的影响效果。如图 5-4-5 所示,鄂尔多斯市水资源

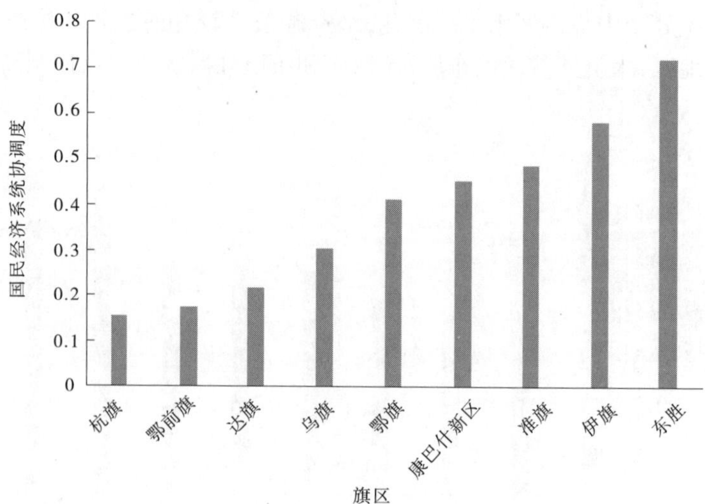

图 5-4-3　国民经济系统协调度分区评价结果

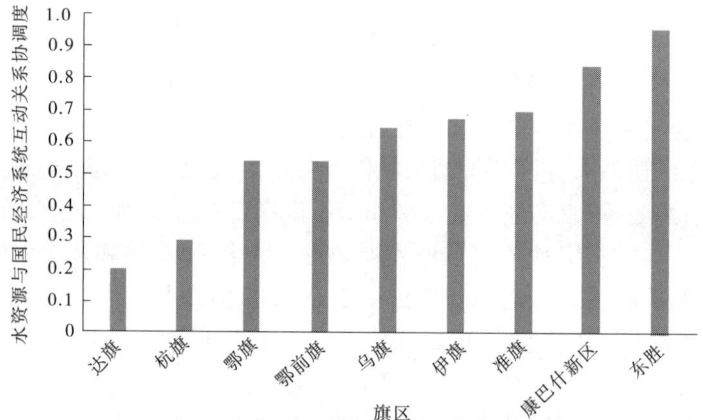

图 5-4-4　水资源与国民经济系统互动关系协调度分区评价结果

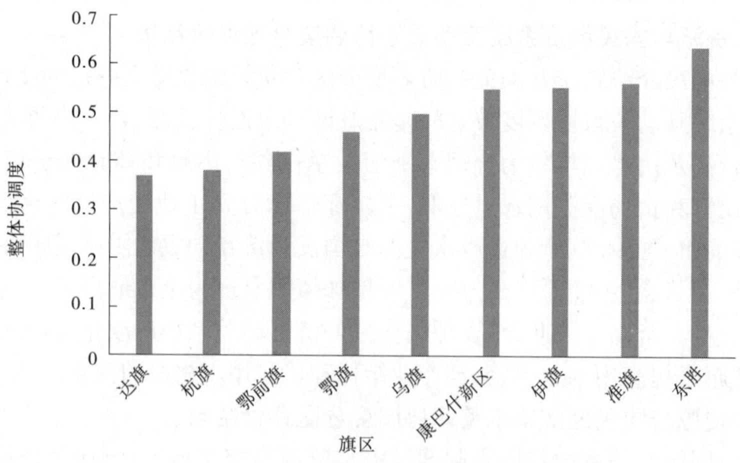

图 5-4-5　各旗区水资源与国民经济系统整体协调度评价结果

与国民经济系统整体协调度不高，仅有东胜区处于较协调状态，杭旗和达旗处于不协调状态，准旗、伊旗、康巴什新区、乌旗、鄂旗和鄂前旗处于中等协调水平。

对于水资源与国民经济系统整体协调度处于中等水平的准旗、伊旗、康巴什新区、乌旗、鄂旗和鄂前旗，应针对其主要问题采取针对性对策进行调整，如康巴什新区、伊旗和鄂旗水资源系统不协调，应加大开发非常规水源或区域外调水，以缓解水资源压力；鄂前旗、乌旗国民经济系统协调度较低，应加快经济结构调整，推进产业结构优化升级，提高用水效率和效益，促进水资源与国民经济系统整体协调发展。

5.5　水资源与国民经济关系整体形势判断

(1)水资源支撑了经济社会的快速发展，促进了经济结构的优化调整，但制约作用越来越突出。

从20世纪90年代以来，鄂尔多斯市经济社会进入快速发展时期，如图5-5-1所示。相比较1990年，2009年鄂尔多斯市国民生产总值增加了144倍，煤炭开采量增加了55倍，有效灌溉面积增加了2.8倍，城市化率由18%增加到67%。为保障能源基地开发、推进城市化发展、保证灌溉用水等，同期水资源利用量也增加了2.6倍，水资源对国民经济增长贡献评价表明，1980～2009年水资源对国民经济增长平均贡献率为8.3%，并且呈现逐渐增加的趋势，2005～2009年期间贡献率达到11.3%，保障了经济社会的全面发展和提升。

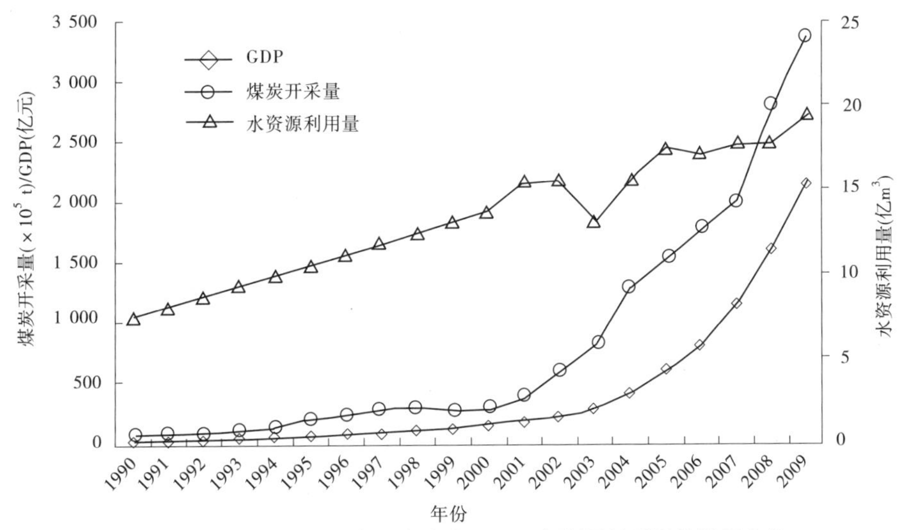

图5-5-1　1990～2009年鄂尔多斯GDP、水资源利用量等指标变化

随着经济社会用水量的增加，水资源保障压力越来越突出。为了适应水资源紧张状态，鄂尔多斯市主动优化产业结构和调整经济结构，国民经济增长主要由一、二产业带动开始转变为二、三产业带动，产业结构向高度化方向发展。通过产业结构变动发现(见表5-5-1)，1991～1998年间第二产业比例增加了10.27%，1999～2009年间第二产业比例增加了5.21%。与此同时，水资源制约的作用也越来越突出，主要表现为一批能源化工

项目因缺水无法立项、部分工业项目因水量供给不足不能发挥效益、农业灌溉无法保障、为保障发展挤占生态用水带来的地下水位下降和河湖湿地萎缩等。

表 5-5-1 鄂尔多斯市产业结构变动值 (%)

时段	第一产业结构变动值	第二产业结构变动值	第三产业结构变动值
1952 ~ 1990	-2.97	2.94	0.03
1991 ~ 1998	-15.53	10.27	5.25
1999 ~ 2009	-15.91	5.21	10.70

(2)国民经济用水效率和效益显著提升,但仍不适应水资源紧缺形势,提高用水效率和优化用水结构将是水资源可持续利用的重点。

鄂尔多斯市综合用水效率逐步提高,从 2000 ~ 2009 年变化来看,单位 GDP 用水量由 979 m^3 减小到 90 m^3,亩均灌溉用水量由 487 m^3 下降到 342 m^3,但与国内外先进水平相比还有较大差距,各旗(区)之间用水效率也存在差距。如杭锦旗单位 GDP 用水量比东胜区高 85 倍,准格尔旗万元工业增加值用水量比乌审旗高 5 倍,杭锦旗亩均灌溉用水量比东胜区多 152 m^3。

现状用水结构也不尽合理,第一产业以 81.0% 用水仅创造 2.8% GDP,而二、三产业分别以 12.6% 和 1.2% 用水创造了 58.3% 和 38.9% 的 GDP。可用比较水资源生产率定量反映产业结构与用水结构的匹配程度。计算方法如下:

$$D_i = \frac{Y_i/Y}{W_i/W} \tag{5-5-1}$$

式中:D_i 表示第 i 产业的比较水资源生产率;Y_i/Y 为第 i 产业产值占总产值的比例;W_i/W 表示第 i 产业的用水量占总用水量的比例。

现状比较水资源生产率结果(见表 5-5-2)表明,全市第一产业用水效益远低于综合平均水平,比较水资源生产率仅为 0.03,远远小于第三产业比较水资源生产率;各旗(区)间第一、二、三产业比较水资源生产率也差异显著。因此,提高用水效率和优化用水结构将是鄂尔多斯市水资源可持续利用的重点。

(3)为保障国家能源需求,在可预见一段时间仍将是能源和虚拟水净输出地区,国家能源安全与区域供水安全矛盾将愈加尖锐。

能源安全已经成为我国经济社会可持续发展的主要障碍,鄂尔多斯市作为国家能源基地对于保障国家能源安全具有重要的作用。鄂尔多斯市已探明的煤炭资源量约为 1 496 亿 t,预测远景储量 10 000 亿 t,总储量占全国煤炭总量的 1/6,优质动力煤保有储量占全国的 80%,天然气探明储量约占全国的 1/3。能源的开采加工需要水资源支撑,鄂尔多斯市在输出煤、电等保障国家能源安全的同时,也在输出水资源,现状鄂尔多斯市虚拟水净输出量达到 3.71 亿 m^3,占水资源利用量的 19.1%。在保障国家能源安全和寻求自身发展的双重动力下,未来能源开发还将进一步扩大。因此,鄂尔多斯市在可预见的未来仍将属于虚拟水输出地区,国家能源安全保障与区域供水安全的矛盾将越来越尖锐。

表5-5-2　鄂尔多斯市2009年各产业比较水资源生产率

旗(区)	第一产业			第二产业			第三产业
	农田灌溉	林牧渔	小计	工业	建筑业	小计	
准格尔旗	0.02	0.07	0.03	0.93	4.20	0.99	25.49
伊金霍洛旗	0.01	0.30	0.02	2.73	16.98	2.94	19.90
达拉特旗	0.04	1.35	0.08	6.95	25.35	7.36	122.63
东胜区	0.01	0.06	0.01	0.64	0.58	0.63	4.10
杭锦旗	0.13	6.12	0.21	87.02	115.95	95.54	434.84
鄂托克旗	0.01	0.28	0.03	2.27	7.37	2.42	25.81
鄂托克前旗	0.09	3.30	0.18	20.69	42.27	23.59	143.43
乌审旗	0.02	0.88	0.05	21.59	33.71	22.54	47.70
全市	0.02	0.47	0.03	3.95	11.20	4.23	50.63

(4)产品形态初级化是经济的基本特征,改善民生和发展经济需要转变发展方式,工业化和城市化进一步推进势必带来用水需求增加。

依托资源优势,鄂尔多斯市形成了以能源重化工为支柱产业,建材、冶金等门类较为齐全的工业体系,但也存在产业结构单一、加工转化不够等问题。现状鄂尔多斯市主要工业部门对工业增加值的贡献比例如图5-5-2所示,2009年鄂尔多斯市工业增加值为1 132亿元,而其中煤炭开采业所占比重接近61%,远远超过其他产业。从黑色金属冶炼、化工、炼焦、纺织、农副食品业等前5大制造行业的技术含量和技术密集型行业在整个制造业中的重要性来看,鄂尔多斯市制造业的结构水平仍较低,以能源、原材料为主的工业体系基本停留在产业链的初始阶段,深度加工增值的产业所占比重极小,能源、原材料优势没有得到充分发挥。以煤炭开采为主向提供煤、电、油、气、肥、醇醚燃料等多种新型煤电化产品转变是工业发展的重要方向,这一趋势势必带来水资源需求的进一步增加。

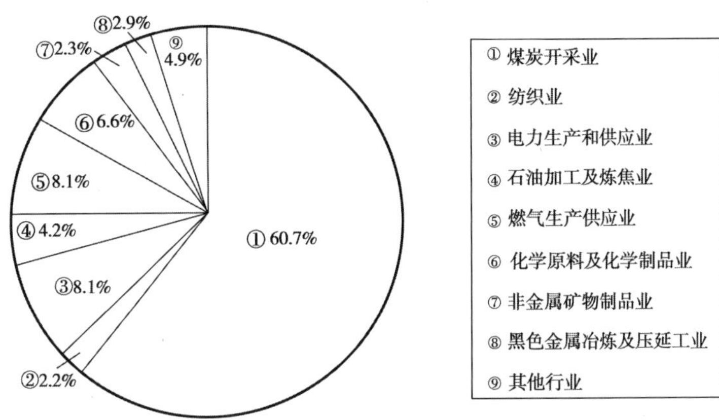

图5-5-2　鄂尔多斯市主要工业部门对工业增加值的贡献比例

（5）没有南水北调西线供水或增加黄河分配水量，水资源紧缺难有重大格局性改变，只能重点依靠内部挖潜支撑区域经济社会发展。

鄂尔多斯市本地水资源短缺，以地下水开发利用为主，地表水主要依靠黄河过境水，而且现状利用黄河水量已接近黄河水量分配指标。一方面，在气候变化和人类活动双重影响下，鄂尔多斯市本地水资源和黄河干流水资源都面临衰减严重的问题，将进一步影响区域可利用水资源量。另一方面，能源化工产业区煤炭开采和洗选、煤电、冶金、造纸、水泥、焦化、电石、煤化工及其他化工等重点产业的发展必然导致用水需求的增长。《黄河取水许可总量控制管理办法（试行）》明确规定：在无余留水量指标或超指标用水的地区不得再审批新增取水项目，因此如果没有南水北调西线供水或黄河水量分配调整增加供水量，鄂尔多斯市水资源供需矛盾将更加突出，只能在挖掘当地水资源、增加非常规水资源利用的基础上，依靠内部挖潜、优化经济结构、提高水资源利用效率支撑区域经济社会发展。

（6）受耕地面积红线和生态环境保护制约，大幅压缩灌溉面积节水难以实施，重点依靠提高灌溉效率，通过水权转换，提高区域水资源利用整体效益。

鄂尔多斯市现有耕地 630 万亩，主要分布在沿黄平原区的达拉特旗、准格尔旗和杭锦旗。黄河西、北、东三面环绕鄂尔多斯市，为农业灌溉提供了良好的条件，现状有效灌溉面积 587 万亩，其中农田有效灌溉面积 385 万亩，草场灌溉面积 144 万亩，分别占总有效灌溉面积的 66% 和 25%。根据《国家粮食安全中长期规划纲要（2008～2020 年）》，为了满足我国粮食安全需求，耕地面积需保持在 18 亿亩以上，其中种粮面积要保持在 11 亿亩以上，在此背景下，鄂尔多斯市耕地面积也同样受到红线控制。同时，维持一定灌溉绿洲面积也是干旱地区生态环境保护的重要基础和保障。因此，无论从国家粮食安全定位、农牧业发展保障和区域生态系统维护，大幅度灌溉压缩面积可能性较小，只能走内涵式发展，通过加强节水，提供灌溉用水效率，促使农业用水向工业用水转移。

5.6　水资源与国民经济布局适应性分析

优化水资源与国民经济布局是鄂尔多斯市水资源可持续利用的关键。在产业布局上，近期以调整产业结构为主，实现“适应性调整”；长期上以提高结构素质和竞争力为主，实现产业层次和技术水平的“升级性调整”。在资源环境匹配上，促进水资源在产业间、地区间的合理配置，使旗（区）之间、产业之间、行业之间水资源与经济协调发展。

5.6.1　水资源与产业结构布局适应性分析

5.6.1.1　第一产业

（1）控制耕地面积和灌溉面积，减少高耗水作物种植面积。统计年鉴资料表明，1990～2009年间，全市耕地面积和农田灌溉面积分别增加了 291 万亩和 202 万亩，为了保障工业和城市发展的用水需求，未来应严格控制灌溉面积的增加。同时，减少高耗水小麦等农作物种植面积，种植业以发展玉米和牧草为主，继续促进种植业内部结构朝低耗水方向调整。

(2)推动传统种植业向特色产业转变,提高用水效益。逐渐减小附加值较低的种植业发展比例,充分利用光热、草场资源,发展附加值较高的林牧产业,并通过养殖业使种植业增值增收。在保护生态的前提下,发展市场前景看好的特色养殖(如阿尔巴斯绒山羊、鄂尔多斯细毛羊的养殖)和林沙产业,改进传统的饲养方式,推进畜牧业由粗放经营向集约经营转变,推进林沙产业规模化经营。

(3)推动粮经二元结构向粮经饲三元结构发展,减少虚拟水净输出。现状粮食作物种植比例较高,占 60% 以上,应调整种植业内部结构,提高水资源利用效益,减少虚拟水净输出。第一,在稳定现有农作物播种面积基础上,合理增加玉米种植面积,发展优质专用玉米和饲用玉米;第二,引进推广优质小麦品种,提升种植效益;第三,适当减小马铃薯种植面积,注重提高品质,提升生产、加工、储藏和流通水平;第四,增加附加值高的蔬菜、向日葵等经济作物种植比例,推行精细化和无公害化生产技术,突出发展流通加工业,创名牌产品;第五,增加饲草料种植面积,实现为养而种,种养集成发展。

5.6.1.2　第二产业

(1)推动产业多元化,改变相对单一的产业结构。鄂尔多斯市煤炭产业占整个工业增加值的 60.7%,相对单一的产业结构存在着较大的结构性风险,应大力发展新能源、新材料等非煤接续产业,培育战略性新型产业,重点包括:依托丰富的天然气和煤层气资源发展燃气生产供应业;依托富集的风能、太阳能和生物质能资源发展新能源产业;依托煤基产业形成的粉煤灰、电石渣等废弃物资源和石灰石、高岭土等非金属资源发展氧化铝、特种水泥和新型陶瓷等产业;依托丰富且廉价的能源资源和工业硅资源,发展光伏产业;依托羊绒等特色农畜产品发展农畜产品加工业;承接发达地区产业转移,大力发展汽车、煤机、化机、风机等装备制造产业和电子信息等产业等,形成多元化的非煤产业体系。

(2)推动优势产业深加工,继续拓展产业优势。煤炭产业链尚未形成,煤炭行业效益主要依靠原产品外售实现,2009 年煤炭就地转化加工率不足 20%。应基于地区煤炭资源优势,积极发展煤炭下游产业,重点发展煤炭采掘及洗选配产业、煤电产业和煤化工产业,并促进产业规模化生产和产业集群,构建煤电化一体化发展的产业体系,提高煤炭资源的附加值,促进煤炭资源的可持续开发利用。同时,以建材、冶金以及肉食、皮毛、地毯为主的畜产品和无污染的绿色食品加工业等其他优势产业也应延伸其纵向产业链,继续拓展产业优势。

(3)发展循环型工业,推进节水、节能、减排和资源综合利用。水资源制约作用下,鄂尔多斯市必须控制高耗水的重化工业发展,发展循环型工业,最大限度地节约用水和提高资源综合利用水平。第一要推行清洁生产,降低水耗。如充分收集利用矿井疏干水,减小外供水用量;电力机组采用空冷方式,提高循环水浓缩倍数,减少新鲜水补水量;煤化工产业要对工厂各单元的用水与排水进行优化,提高水的回用率。第二要强化城镇污水处理,逐步实现中水回用。第三要充分利用各类工业废渣,发展矸石电厂和建材工业。第四要发展环保产业,实现物资回收利用。

5.6.1.3　第三产业

第三产业是用水效益最高的行业,发展第三产业对提高综合用水效益、优化用水结构具有重要意义。现状鄂尔多斯市第三产业既存在差距,又颇具潜力,更是新的经济增长点,对于缓解水资源短缺与经济发展矛盾具有重要作用。发挥东胜区和旗县所在地等中心城镇的技术、产业、市场等方面的优势和辐射功能,加强城镇基础设施,特别是水电等工程建设,促进农村人口适度集中。

(1)巩固发展传统服务业。随着鄂尔多斯市资源开发步伐的加快,一批国家及自治区重点项目的建成,将大大推进鄂尔多斯市工业化进程,传统服务业存在较大发展空间,对交通运输仓储业的需求仍然较大,商贸流通业和餐饮服务业将是服务业的重要支柱产业。应以公路建设为重点,加强铁路、民航机场建设,积极发展管道运输,推进货运物流化,加快构建安全、舒适、便捷、高效的综合立体交通运输网;加快商贸流通的发展,把鄂尔多斯市建设成为我国中西部重要的能源及羊绒产品物流中心。

(2)充分发挥旅游业。鄂尔多斯市旅游资源丰富,但并没有得到充分的开发和利用,存在旅游资源开发层次单一,利用效率低下,旅游业对地区经济的贡献度与其旅游资源的丰裕程度并不相称。应充分发挥旅游资源优势,以民族风情、沙漠、生态、黄河、古迹等特色旅游资源为依托,努力开发成陵祭典、黄河峡谷、人造绿洲、沙湖奇观等旅游产品。

(3)加快发展新兴服务业。发展金融保险、信息、科技服务、社会中介组织、非义务教育、社区服务等新兴第三产业;重点培育信息、研发、咨询等生产型现代服务业,推动现代服务业与现代制造业的协调发展;发展服务于现代工业体系的中介机构,推进服务业的积聚化和辐射性,建成开放型的区域生产服务中心。

5.6.2　水资源与产业空间布局适应性分析

5.6.2.1　第一产业

(1)建设沿河现代农牧业经济带,实施规模化经营,提高水资源利用效率。在杭锦旗、达拉特旗、准格尔旗沿黄河南岸的苏木、鄂托克前旗、乌审旗无定河流域的苏木、鄂托克旗呼斯太河流域及伊金霍洛旗部分地区,可依托较好的水资源条件,发展以优质农作物种植、标准化养殖为主的现代农牧业。在发展过程中应注重农业节水,发展节水灌溉设施,提高水资源利用效率,在保障农业发展的前提下逐步降低农业灌溉用水量。

(2)水资源贫乏及交通便利地区重点发展设施农业,采取高效节水模式。在准格尔旗、伊金霍洛旗、东胜城市及工矿区周边,发展以蔬菜种植等为主的设施农业,采取以日光温室和大棚为主种植模式以及以喷灌和微灌为主的节水灌溉方式,合理利用有限的水资源。推行精细化和无害化技术,提高蔬菜加工增值水平,提高农业产出效益。

5.6.2.2　第二产业

(1)水资源贫乏且人口集聚地区发展耗水少、附加值高的产业。水资源贫乏的东胜、康巴什新区、伊金霍洛旗可充分利用人口集聚、配套设施完善的优势,重点发展耗水少、污染小、附加值高的产业,如农畜产品加工业、装备制造业、高新技术产业和劳动密集型产业,形成以服务型经济为主的产业结构。

(2)水资源条件较为优越地区可适当发展天然气化工、煤化工、建材等特色产业。东南部的准格尔旗、乌审旗拥有相对零散的资源、水源条件,虽不适合建设和发展大规模工业集中区,但是具有一定的资源潜力,可适当发展天然气化工、煤化工、建材等特色产业。

(3)水资源条件优越的沿黄南岸可重点发展新型煤化工、冶金、建材及下游深加工产业，实现产业集群发展。准格尔旗、达拉特旗、杭锦旗、鄂托克旗和鄂托克前旗沿黄地带可重点发展新型煤化工、冶金、建材及下游深加工产业，并引导生产要素集聚布局和错位发展，实现特色产业集群，形成沿黄产业发展带。

5.6.2.3　第三产业

(1)继续发展传统服务业。交通运输仓储业、商贸流通业和餐饮服务业等传统服务业的发展还存在较大空间，这些服务业也是为农牧业、工业及整个社会经济提供基础性、全面性服务的行业。在各旗(区)应以公路建设为重点，加强铁路、民航机场建设，积极发展管道运输，推进货运物流化，加快构建安全、舒适、便捷、高效的综合立体交通运输网。

(2)发挥优势发展现代服务业。水资源条件较为一般的东胜、康巴什新区、伊金霍洛旗、准格尔旗，具有较好的人口集聚、配套设施完善的优势，可重点发展金融、科学研究、房地产业等现代服务业；水资源条件较为优越的乌审旗、达拉特旗、杭锦旗及西部具有特色的鄂托克前旗、鄂托克旗可重点发展旅游业。

5.7　本章小结

本章系统地提出了水资源与国民经济互动关系的理论，建立宏观经济模型，定量分析水资源对国民经济的支撑作用，剖析水资源对国民经济发展的制约，揭示了鄂尔多斯市水资源与国民经济互动关系的演变与发展，并提出了产业优化布局和调整的建议。

(1)以宏观经济理论为基础，通过对包括水资源在内的多种资源投入条件下的社会经济各部门间的投入产出关系分析，建立经济增长模型，定量评价鄂尔多斯市水资源对经济增长的贡献作用。经计算，水资源对经济增长贡献率逐年增加，由 1980～1985 年的 0.4% 增长到 2005～2009 年的 11.3%。

(2)采用水资源投入产出法分析了国民经济各行业用水效率和效益，并对鄂尔多斯市虚拟水贸易进行了全面分析，现状年虚拟水净输出量 3.71 亿 m^3，占总用水量的 19.1%。

(3)构建鄂尔多斯市水资源与国民经济协调度分区评价指标体系，确定评价标准和方法，从旗(区)水资源与国民经济协调度、国民经济系统协调度分区评价、水资源与国民经济系统互动关系协调度分区评价、水资源与国民经济系统整体协调度分区评价等四个方面对水资源与国民经济协调度进行评价，为产业区域间布局分析提供了依据。

(4)基于区域水资源与国民经济总体协调性评价，分析了水资源与国民经济结构和空间布局的适应性，并提出了区域生产力布局和结构调整的政策性建议。

第6章 区域水资源高效利用模式与节水潜力研究

6.1 区域用水特点和节水标准研究

6.1.1 区域用水特点

6.1.1.1 农田灌溉用水比重大,具有一定节水潜力

鄂尔多斯市地处干旱半干旱地区,没有灌溉便没有农业,2009 年鄂尔多斯市农业灌溉用水量 15.77 亿 m^3,占总用水量的 81.0%。在黄河南岸灌区实施一期水权转换之后,鄂尔多斯市农业用水水平和用水效率得到了明显改善,当前农业灌溉以地下水为主,占灌溉用水量的 61%,农业灌溉水综合利用系数从 2000 年的 0.39 提高到 2009 年的 0.65,但当前节水多以常规的渠道节水为主,高新节水面积不大、田间节水发展不足,农业节水管理工作薄弱,施肥、耕作、秸秆覆盖、保水剂应用等农艺技术措施推广应用力度不够,未形成综合节水模式,农业灌溉存在一定节水潜力。

6.1.1.2 工业用水增长快,重复利用率不高

随着工业化进程的加快,鄂尔多斯市工业用水量增长快速,2000 ~ 2009 年 10 年间工业用水增加了 1.5 倍,达到 2.45 亿 m^3。鄂尔多斯市当前工业用水以火电和煤炭开采为主,除一些新型的化工项目外,多数工业项目工艺水平落后,工业用水重复率仅为70.5%,需要加强工业用水工艺的更新和技术改造,提高工业项目内部水循环和处理利用水平,提高工业用水重复利用率。

6.1.1.3 城镇供水管网漏失率偏高、节水器具普及率偏低

现状鄂尔多斯市城镇(包括东胜区和主要旗府)供水管网的漏失率为 19%,跑、冒、漏现象普遍存在,城镇供水管网漏损率偏大,远高于目前我国城乡建设部颁布的标准"不高于 12%"。目前,城镇居民生活节水器具的普及率仅为 40%,用水节制性差,用水指标偏高,影响用水总体效率。

6.1.2 节水标准研究

节水标准和节水指标的拟定是计算节水潜力和节水量的关键。针对鄂尔多斯市现状经济指标和用水特点、现状用水效率与水平,考虑在可预知的技术水平条件下,确定鄂尔多斯市可能达到的节水标准与节水指标。此外,节水标准和节水指标的拟定,还要依据国家制定的规程、规范和强制性标准,同时参照国内先进用水指标或世界先进用水指标,并考虑区域不同用水水平和将来节水指标实现的可行性与可能性。

6.1.3 农业节水标准和节水指标

农业节水标准和节水指标主要以灌溉水利用系数和灌溉定额为代表指标。

6.1.3.1 节水标准

农业节水标准以国家颁布的《节水灌溉工程技术规范》(GB/T 50363—2006)为主要依据,渠道防渗节水面积灌溉水利用系数要达到0.55以上,井灌区低压管道节水面积灌溉水利用系数要达到0.8以上,喷灌(渠灌)节水面积灌溉水利用系数要达到0.6以上,喷灌(井灌)节水面积灌溉水利用系数要达到0.85以上,滴灌节水面积灌溉水利用系数要达到0.9以上。

6.1.3.2 节水指标

按照鄂尔多斯市自然经济特点及水资源利用要求,结合各旗(区)降水条件、灌溉习惯、种植结构,以及现状节水水平,并参照国内先进用水指标,拟定各旗(区)节水指标。鄂尔多斯市农业现状用水指标与节水指标见表6-1-1。

表6-1-1 鄂尔多斯市现状用水指标与节水指标比较

旗(区)	工业				农业灌溉				城镇供水管网漏损率(%)	
	现状水平		节水指标		现状水平		节水指标			
	单位增加值用水量(m^3/万元)	工业用水重复利用率(%)	单位增加值用水量(m^3/万元)	工业用水重复利用率(%)	亩均用水量(m^3/亩)	灌溉水利用系数	亩均用水量(m^3/亩)	灌溉水利用系数	现状水平	节水指标
准格尔旗	31.3	70.6	16.8	85	263	0.73	234	0.82	19.6	10.0
伊金霍洛旗	11.5	69.6	6.2	85	273	0.72	246	0.78	18.0	10.0
达拉特旗	36.8	73.4	22.9	88	371	0.59	263	0.79	17.1	10.0
东胜区	10.4	60.3	7.3	75	262	0.80	257	0.80	20.2	10.0
康巴什新区					262	0.80		0.80	20.2	10.0
杭锦旗	14.3	42.5	7.4	60	414	0.66	348	0.75	19.9	10.0
鄂托克旗	25.6	72.7	16.4	85	313	0.72	267	0.83	20.3	10.0
鄂托克前旗	14.2	66.2	9.9	85	280	0.74	251	0.84	18.0	10.0
乌审旗	5.2	73.7	2.9	85	272	0.71	232	0.82	18.3	10.0
鄂尔多斯市	21.7	70.5	12.8	85	342	0.65	273	0.79	19.0	10.0

6.1.4 工业节水标准和节水指标

工业节水标准和节水指标主要以万元工业增加值取水量和工业用水重复利用率为代

表。

6.1.4.1 **节水标准**

工业节水标准以国家颁布的《中国节水技术政策大纲》(2005 年第 17 号)、《节水型企业评价导则》等为主要依据。

6.1.4.2 **节水指标**

工业节水指标的拟定以国家标准委批准发布的火力发电、钢铁、石油、纺织、造纸、啤酒、酒精、合成氨、味精制造、医药产品等行业取水定额和各行业清洁生产标准,作为工业节水指标拟定的主要参考依据,并参照国内先进或世界先进用水指标以及各旗(区)将来节水指标实现的可行性与可能性,来拟定各旗(区)的节水指标。鄂尔多斯市工业现状用水指标与节水指标见表 6-1-1。

6.1.5 城镇生活节水标准和节水指标

城镇生活节水标准和节水指标主要以供水管网综合漏失率和节水器具普及率为代表。

6.1.5.1 **节水标准**

城镇生活节水标准以《国务院关于加强城市供水节水和水污染防治工作的通知》(国发〔2000〕36 号)和《国务院关于做好建设节约型社会近期重点工作的通知》(国发〔2005〕21 号)等为主要依据。

6.1.5.2 **节水指标**

城镇生活节水指标的拟定主要参考《城市供水管网漏损控制及评定标准》(CJJ 92—2002)、《节水型城市考核标准》、《国家节水型城市考核标准》(建成〔2012〕57 号)等标准,并参照国内先进或世界先进用水指标,结合各旗(区)现状用水水平和将来节水指标实现的可行性与可能性,进行综合拟定。

鄂尔多斯市现状用水指标与节水指标比较见表 6-1-1。

6.2 节水分析方法

6.2.1 农业节水分析方法

对于农业节水计算方法,目前没有统一的计算标准,比较常用的计算方法见以下两种。

公式一:

$$\Delta W_{农} = A_{实} Q_0(1 - \eta_0) - A_{实} Q_t(1 - \eta_t) \tag{6-2-1}$$

式中:$\Delta W_{农}$ 为农业节水量,亿 m^3;$A_{实}$ 为现状农田实灌面积,万亩;Q_0、Q_t 为现状、未来农田灌溉定额,m^3/亩;η_0、η_t 为现状、未来灌溉水利用系数。

该公式计算出的节水量仅反映了节水工程措施所节约的水量,不包含农业节水措施和管理节水措施所节约的水量;其次,式中 Q_0 为基准年的需水定额,这就意味着节水量计算是建立在基准年农业需水量的基础上而计算得出的,往往计算的节水量结果偏大,与实际用水情况不相符合。

公式二：

$$\Delta W_{农} = A_{实}(Q_0 - Q_t) \tag{6-2-2}$$

式中：$\Delta W_{农}$ 为农业节水量，亿 m^3；$A_{实}$ 为现状农田实灌面积，万亩；Q_0、Q_t 为现状、未来农田灌溉定额，m^3/亩。

该公式计算出的节水量包含了节水工程措施和非工程措施所节约的水量，其中 Q_0 为现状年的农田实际灌溉定额，反映了现状年农业实际用水情况。

考虑到鄂尔多斯市现状部分灌区多采用非充分灌溉，实际灌溉定额低于需水定额，因此采用公式二计算的节水潜力比较符合实际情况。

6.2.2　工业节水量计算方法研究

目前工业节水量比较常用的计算方法有以下两种：

公式一：

$$\Delta W_{工} = W_t(\eta_t - \eta_0) + W_{工0}(L_0 - L_t) \tag{6-2-3}$$

其中

$$W_t = P_0 Q_{工t}/(1 - \eta_t) \tag{6-2-4}$$

式中：$\Delta W_{工}$ 为工业节水量，亿 m^3；$W_{工0}$为现状非自备水源用水量，亿 m^3；W_t 为未来节水指标下工业用水量（等于取水量与重复水量之和）；P_0 为现状工业增加值，亿元；$Q_{工t}$为未来工业增加值综合万元产值定额，m^3/万元；η_0、η_t 为现状、未来重复利用率（%）；L_0、L_t 为现状、未来管网损失率（%）。

该方法计算的工业节水主要是针对采取节水工程措施（提高工业用水重复利用率和输水管网漏失率）后所节约的水量，不包含技术进步和结构调整所产生的节水量。

公式二：

$$\Delta W_{工} = P_0(Q_{工0} - Q_{工t}) \tag{6-2-5}$$

式中：$\Delta W_{工}$ 为工业节水量，万 m^3；P_0 为现状工业增加值，亿元；$Q_{工0}$、$Q_{工t}$为现状水平年和研究水平年万元工业增加值取水量，m^3/万元。

该方法是考虑产业结构调整、产品结构优化升级、节水技术改造、调整水资源费征收力度等条件下的综合节水潜力，其中 $Q_{工t}$为考虑工程节水、工艺节水、管理节水等方面后规划水平年万元工业增加值取水量。

考虑鄂尔多斯市水资源紧缺，工业企业升级改造发展迅速，采用方法二计算工业节水量比较符合实际。

6.2.3　城镇生活节水分析方法

计算城镇生活节水主要是针对采取供水管网改造、降低管网漏失率所节约的水量，对于使用节水器具所产生的节水量只能估计，无法具体量算。降低管网漏失率所节约的水量可采用“全国水资源综合规划”推荐的计算方法，见下式。

$$\Delta W_{城} = W_{城0}(L_0 - L_t) \tag{6-2-6}$$

式中：$\Delta W_{城}$ 为城镇生活节水量，亿 m^3；$W_{城0}$为现状城镇生活用水量（包括建筑业和第三产业）；L_0、L_t 为现状、未来管网损失率（%）。

6.3 节水潜力分析

节水潜力估算是指在可预知的技术水平条件下，通过采取一系列的工程和非工程节水技术措施，并以不产生新的生态环境问题为主要控制目标的情况下，所能节约的水量。

6.3.1 农业节水潜力分析

鄂尔多斯市挖掘农业节水潜力主要通过三个途径：一是调整农业种植结构，减少高耗水作物种植比例，降低亩均灌溉定额；二是依靠农业技术进步，采取科学灌溉技术和灌溉制度，提高灌溉水利用效率；三是通过工程节水措施，有效地降低灌溉定额，提高灌溉水利用系数，达到节约灌溉水量的目的。

根据表 6-1-1 拟定的节水指标，按照农业节水计算方法，估算鄂尔多斯市农业最大可能节水潜力为 3.08 亿 m^3。

6.3.2 工业节水潜力分析

工业节水的途径包括三个方面：一是调整产业结构，减少高耗水、高耗能、高污染的企业；二是采用先进工艺技术、先进设备等，减少单位增加值取水量；三是提高用水重复利用率，减少新鲜水取用量。根据表 6-1-1 拟定的节水指标，按照工业节水潜力计算方法，估算鄂尔多斯市工业节水潜力为 1.01 亿 m^3。

6.3.3 城镇生活节水潜力分析

生活用水的节水潜力主要是从降低供水管网综合漏失率方面着手，根据表 6-1-1 拟定的节水指标，按照生活节水潜力计算方法，估算鄂尔多斯市城镇生活、建筑业和第三产业节水潜力为 524.2 万 m^3。

6.3.4 鄂尔多斯市总体节水潜力分析

综合以上分析，鄂尔多斯市总节水潜力约为 4.15 亿 m^3，其中农业节水潜力约 3.08 亿 m^3，占总节水潜力的 74.2%；工业节水潜力约 1.02 亿 m^3，占总节水潜力的 24.5%；城镇生活节水潜力为 0.05 亿 m^3，占总节水潜力的 1.3%，见表 6-3-1。

表 6-3-1 鄂尔多斯市总体节水潜力

旗（区）	工业		农业		生活		总节水
	潜力（万 m^3）	占总潜力百分比（%）	潜力（万 m^3）	占总潜力百分比（%）	潜力（万 m^3）	占总潜力百分比（%）	潜力（万 m^3）
准格尔旗	4 487.8	88.7	473	9.4	97.6	1.9	5 058.4
伊金霍洛旗	1 171.8	55.3	901.8	42.6	44.1	2.1	2 117.7

续表 6-3-1

旗(区)	工业		农业		生活		总节水
	潜力(万 m^3)	占总潜力百分比(%)	潜力(万 m^3)	占总潜力百分比(%)	潜力(万 m^3)	占总潜力百分比(%)	潜力(万 m^3)
达拉特旗	2 189.3	10.5	18 695	89.3	54.9	0.3	20 939.2
东胜区	576.6	71.8	12.7	1.6	213.8	26.6	803.1
康巴什新区	—	—	—	—	10.3	100.0	10.3
杭锦旗	65.6	1.1	5 928.4	98.5	21.5	0.4	6 015.5
鄂托克旗	1 434.3	54.1	1 169.2	44.1	45.5	1.8	2 649
鄂托克前旗	48.6	3.5	1 329.8	95.5	13.9	1.0	1 392.3
乌审旗	224.7	8.9	2 286.1	90.2	22.6	0.9	2 533.4
鄂尔多斯市	10 198.7	24.5	30 796.0	74.2	524.2	1.3	41 518.9

6.4 节水量计算

受经济社会发展需求、技术发展水平和投资能力制约,不同阶段的节水标准和节水指标是不同的。应根据确定的节水发展目标以及各种节水措施的可能组合,生成多种可供选择的节水方案集,依据用水效率提高显著、投资合理、节水效果大、边际成本小的原则,对生成的节水方案进行初步筛选,然后提出不同水平年、不同节水力度的节水方案,计算节水量。

6.4.1 农业节水量分析

6.4.1.1 农业节水措施

1. 工程措施

节水工程措施是农业灌溉节水综合技术体系的核心内容,也是节水效果最为显著的技术措施,其中包括渠道防渗技术、低压管道输水技术、喷灌技术、滴灌技术、田间灌水改造技术等。

根据《内蒙古自治区黄河水权转换总体规划报告》和水利部《关于内蒙古宁夏黄河干流水权转换试点工作的指导意见》,鄂尔多斯市南岸引黄灌区 2005 年开始在 32 万亩自流灌区中进行水权转换试点一期工程建设。截至 2007 年年底完成了自流灌区的渠道衬砌节水工程建设,完成转换水量 1.3 亿 m^3,解决了部分工业项目的黄河取水指标。南岸引黄灌区在实施一期水权转换节水工程后,缺水问题仍是后续工业项目建设的主要制约因素,鄂尔多斯市提出了 2009 ~ 2012 年在南岸引黄灌区内全面建设以节水为中心的高效节水技术装备和改造配套工程——“鄂尔多斯市引黄灌区水权转换暨现代农业高效节水工程”。根据《鄂尔多斯市引黄灌区水权转换暨现代农业高效节水工程规划》,鄂尔多斯市二期水权转让南岸灌区采取主要节水方案包括:①渠道衬砌4 986.7 km;②渠灌改喷灌24.92万亩,渠灌改滴灌10.08万亩(其中利用地表水6.08万亩,改成地下水4.0万亩),畦田改造44.9万亩,井渠双灌14.28万亩。截至2009年年底,南岸灌区已完成面积50.0万亩灌区渠道衬砌。本次节水分析南岸灌区节水改造包括二期水权转让措施。

2.非工程措施

非工程节水措施是保证节水工程措施实施和有效运行的基础。在搞好节水工程措施的同时,必须采取配套的非工程节水措施——农业措施和管理措施,充分发挥节水灌溉工程的节水增产效益。

1)农业措施

(1)大力推行耕作保墒和农田覆盖保墒技术,通过深翻改土,增施有机肥料,秸秆积肥还田等措施,改善土壤结构,增大活土层,提高土壤蓄水能力,减少土壤水分蒸发。

(2)积极引进培育优良作物品种,优先推广抗旱品种,使用化学保水剂、抗旱剂及旱地龙等生物工程措施,提高作物的抗旱能力,在广大牧区发展和推广天然草地和旱作人工草地节水抗旱优良牧草栽培技术,增强土壤保墒能力。

(3)合理调整作物种植结构,改进农艺技术,实施作物非充分灌溉制度,促进生物节水,发展草原节水耕作技术,提倡应用免耕直播技术,合理搭配豆科、禾本科等不同牧草种类,大力推广旱作农业,采用立体复合种植技术,减少灌溉次数。

2)管理措施

(1)政府重视,加强宣传和引导,提高全民的节水意识。

(2)依据《水法》,结合实际,尽快制定和完善节水政策、法规。

(3)抓好用水管理,实行计划用水、限额供水、按方收费、超额加价等措施,大力推广经济、节水灌溉制度。

(4)建立健全县、乡、村三级节水管理组织和节水技术推广服务体系,加强节水工程的维护管理,确保节水灌溉工程安全、高效运行,提高使用效率,延长使用寿命。

(5)加大投资力度,拓宽投资渠道,在资金筹措上坚持国家、地方、集体、企业、个人多渠道筹集的原则,建立多元化投入机制;抓住西部大开发的机遇,争取农业综合开发、灌区节水改造、牧区水利等专项资金;根据内蒙古自治区人民政府制定的《内蒙古自治区水利建设基金筹措和使用管理实施细则》,收取的水利建设基金用于农村牧区水利工程建设;通过水权转让方式,集中资金用于节水工程建设;改革农村信用社管理体制,创新金融机制,为水利现代化建设提供资金支持;各级政府财政设立节水型社会建设专项基金,用于制度建设、技术开发改造和科学研究工作。

(6)加强水利工程管理和信息化建设。配备水量水质、地下水和防汛自动检测系统,实现水情数据自动采集、传输、处理,加强取水、用水、退水监测与控制设施建设,实行计量用水。

6.4.1.2 节水工程安排

结合鄂尔多斯市地区植被等自然条件,以及节水灌溉技术的适用条件和当地应用效果,因地制宜,发展多种农业节水模式。具体采取以下几种模式:①根据鄂尔多斯市农业自然条件和节水现状,重点安排喷灌、管灌节水工程;②在黄灌区进一步强化水权转让节水工程;③固定渠道全部防渗;④对城郊附近的菜篮子工程的节水以喷灌和滴灌为主;⑤对甜菜和蔬菜等高效经济作物试验引进膜下滴灌技术。考虑鄂尔多斯市严峻的缺水形势,2020 年以前节水工程措施全部实施到位,2020 ~ 2030 年间的节水主要依靠种植结构调整等非工程措施。

2015 年安排喷灌工程面积 149.6 万亩,占总节水灌溉工程面积的 46.3%,其中渠改喷面积 27.9 万亩,占总喷灌面积的 18.6%;井灌喷灌面积 121.7 万亩,占总喷灌面积的 81.4%。滴灌工程面积 21.3 万亩,占总节水灌溉工程面积的 6.6%,其中渠改滴面积 6.1 万亩,占总滴灌面积的 28.6%;井灌滴灌面积 15.2 万亩,占总滴灌面积的 71.4%。低压管道灌溉面积 79.6 万亩,占总节水灌溉面积的 24.6%。渠灌区渠道全部衬砌,并将部分渠灌区改为喷灌和滴灌,剩余渠道衬砌灌溉面积 72.6 万亩,占总节水灌溉面积的22.5%。

2020 年喷灌工程面积 268.8 万亩,占总节水灌溉工程面积的 60.3%,其中渠改喷面积 62.0 万亩,占总喷灌面积的 23.1%;井灌喷灌面积 206.8 万亩,占总喷灌面积的 76.9%。滴灌工程面积 34.0 万亩,占总节水灌溉工程面积的 7.6%,其中渠改滴面积 6.1 万亩,占总滴灌面积的 17.9%;井灌滴灌面积 27.9 万亩,占总滴灌面积的 82.1%。低压管道灌溉面积 104.2 万亩,占总节水灌溉面积的 23.4%。渠灌区渠道全部衬砌,并将大部分渠灌区改为喷灌和滴灌,剩余渠道衬砌灌溉面积 38.5 万亩,占总节水灌溉面积的 8.6%。

6.4.1.3 **节水量**

按照以上节水工程措施安排进行实施,与现状年相比,2015 年全市累计可节约灌溉用水量 2.09 亿 m^3,其中节约地表水 1.48 亿 m^3,节约地下水 0.61 亿 m^3;2020 年全市累计可节约灌溉用水量 2.99 亿 m^3,其中节约地表水 1.78 亿 m^3,节约地下水 1.21 亿 m^3;2030 年全市累计可节约灌溉用水量 3.08 亿 m^3,其中节约地表水 1.85 亿 m^3,节约地下水 1.23 亿 m^3。

6.4.2 工业节水量分析

6.4.2.1 **工业节水措施**

1. 工程措施

工业节水工程措施的主要包括:杜绝冷却水直流排放,提高间接冷却水和工艺用水的回用,提高工业用水的重复利用率,减少新鲜水的补给量。推广先进节水技术和节水工艺,以高新技术改造传统用水工艺,积极推广空冷、干式除尘等不用水或少用水的先进工艺和设备,减少取水量。

主要行业节水措施如下:

(1)煤炭开采及洗选:是鄂尔多斯市工业的支柱产业,矿井主要集中在东胜区、准格尔旗、鄂托克旗和伊金霍洛旗,这些矿井由于处于鄂尔多斯高原,气候干燥,没有足够的大气降水和地下水补给,矿区的矿井排水普遍很少,矿区处于严重缺水状态。小矿井生产设备和管理都比较落后,煤矿用水效率低下的关键在矿物采选上,如能采用先进的动筛跳汰等节水选煤设备、干法选矿工艺和设备等,均将极大提高水的重复利用率,减少工业排水量,降低单位产品取水量。因此,大力整合资源,对小矿井进行整合关闭,对大型矿井应加大投资进行节水技术改造。

(2)火电工业:鄂尔多斯市除了新建电厂采用废水“零排放”系统外,以前电厂的发电机组均为老机组,工业循环冷却仍然采用耗水量大的湿冷机组,并且其他用水采用传统的落后工艺,如水力除灰等,导致电力行业取用水量大,用水效率与效益不高。因此,通过改造火电用水系统中的循环系统,提高用水重复利用率,采用空冷技术,链刮板除渣机和干排渣技术、干除灰技术等先进技术设备,使新水用量及废水外排量大幅下降,降低单位产品取水量,提高用水效率。

(3)煤化工:加强内部节水管理、完善用水管理体制,还可通过改变生产用水方式提高水重复利用率以及通过实行清洁生产、改变生产工艺或生产技术,提高水的利用效率,开发、引进新型药剂,增加循环冷却水的浓缩倍数,逐步实施污水处理再生回用,提高生产用水的回用率,推广应用节能型人工制冷低温冷却技术,高效节能换热技术及空冷技术,均会提高水的利用效率。

(4)冶金工业:主要是一些小型冶金企业,其用水、节水水平十分低下,表现为中间环节生产用水工艺较落后,如选矿仍采用水选,尾矿水难以利用,且企业内部水资源管理也存在很大缺陷。因此,在加强企业内部水资源管理的基础上,对规模小、资源耗损大、污染严重的企业,实行关、停、并、转等措施,改善工业企业结构,提高工业水利用效率,积极推广废污水回收再利用的成功经验,加快污废水回用进程和大力发展零排放技术。

(5)建材工业:主要是水泥制造、玻璃工业和水泥制品,进一步加快建材行业的技术革新改造步伐,加快小水泥企业的改造,全面推广建材行业污水处理、冷却废水回收利用、锅炉冷凝水回用等先进节水技术,提高水的重复利用率。

(6)纺织工业:主要是纺织业、印染业和服装业。其中,印染业是纺织工业生产过程中用水量最大的行业,也是排水量最大的行业。纺织业应采用溴化锂制冷设备技术。印染业将开放式染色设备改为封闭式染色设备,减少染液消耗量,从而减少用水量;采用逆流漂洗工艺,使较清洁的后段水用到前面的初始漂洗;采用带有自控装置的小浴比染色工艺;通过加强用水、节水管理,推行废水资源化,增设节水计量水表和控制仪表装置,降低输水管网、用水管网、用水设备的渗漏损失,提高水的利用效率和效益。

(7)食品工业:主要是白酒制造业,由于该行业对水质要求较高,部分工艺用水不能采用再生水,主要应靠加强内部用水节水管理和采用先进的生产工艺,如脱坯玉米粉生产酒精的闭流环流程工艺、高浓度糖化醪发酵、双效以上蒸发器浓缩工艺、分工序设置原位清洗系统等,来有效提高水的利用效率、提高工业水的重复利用率、减少工业废水排放量。

2. 非工程措施

(1)积极发展节水型产业和企业,通过技术改造等手段,加大企业节水工作力度,促进各类企业向节水型方向转变;新建企业必须采用节水技术,建立行业万元工业增加值用水量的参照体系,促进节水技术的推广应用。

(2)推进清洁生产战略,加快污水资源化步伐,促进污水、废水处理回用,对废污水排放征收污水处理费,实行污染物排放总量控制。采用新型设备和新型材料,提高循环水浓缩指标,减少取水量。

(3)加强用水定额管理,改进不合理用水因素。完善节水法规体系和技术标准体系,制定规范性文件,梳理地方技术标准。形成合理的价格和激励机制,对节水先进单位进行表彰奖励。

(4)加强计划用水管理和定额管理相结合的节水管理手段。编制限制高用水项目目录及淘汰落后的高用水工艺和高用水设备(产品)目录。制定落实行业用水定额和节水标准,对企业用水进行目标管理和考核,促进企业技术升级、工艺改革,设备更新,逐步淘汰耗水大、技术落后的工艺设备。

6.4.2.2　节水量分析

根据鄂尔多斯市的水资源条件、用水性质、经济实力和目前的用水水平,从提高用水效率作用显著、投资合理、节水效果优、边际成本小等方面考虑节水措施。

1. 煤炭行业节水量

2009 年鄂尔多斯市原煤产量 3.38 亿 t,煤炭开采洗选用水量 4 339 万 m^3,煤炭单位产量用水量为 0.13 m^3/t。通过对现有矿井进行技术改造,结合目前国内先进煤炭开采洗选技术,参考《清洁生产标准　煤炭采选业》拟定研究水平年节水定额,则鄂尔多斯市 2015 年、2020 年、2030 年煤炭开采节水量分别为 1 354 万 m^3、1 692 万 m^3、2030 万 m^3。

2. 火电行业节水量

2009 年鄂尔多斯市火电装机容量 1 062 万 kW(其中水冷机组 488 万 kW,空冷机组 574 万 kW),火电用水量 1.08 亿 m^3,单位装机用水指标为 10.18 万 m^3/万 kW(0.44 m^3/(s·GW))。参考《火力发电厂节水导则》(DL/T 783—2001)及国内外先进用水指标,通过技术改造,预计 2015 年、2020 年、2030 年单位装机用水指标分别为 9.30 万 m^3/万 kW(0.40 m^3/(s·GW))、8.35 万 m^3/万 kW(0.36 m^3/(s·GW))、7.63 万 m^3/万 kW(0.33 m^3/(s·GW)),则 2015 年、2020 年、2030 年火电行业节水量分别为 935 万 m^3、1 944万 m^3、2 708 万 m^3。

3. 煤化工行业节水量

2009 年鄂尔多斯市煤化工项目主要包括焦化、电石、合成氨/尿素、甲醇、煤制油、煤制二甲醚等,用水量为 6 372 万 m^3。在对国内已有类似煤化工项目有关资料收集的基础上,并参考《"十二五"煤化工示范项目技术规范(送审稿)》,拟定研究水平年节水定额,预计 2015 年、2020 年、2030 年焦化行业定额分别为 0.5 m^3/t、0.4 m^3/t、0.34 m^3/t;合成氨/尿素行业用水定额分别为 7.8 m^3/t、6.6 m^3/t、5.8 m^3/t;煤制甲醇行业定额分别为 7.0 m^3/t、6.2 m^3/t、5.6 m^3/t;煤制油行业定额分别为 8.5 m^3/t、7.0 m^3/t、5.95 m^3/t,则 2015 年、2020 年、2030 年鄂尔多斯市煤化工行业节水量分别为 1 883 万 m^3、2 475 万 m^3、3 086 万 m^3。

4. 其他行业节水量

2009 年鄂尔多斯市除煤炭、火电、煤化工外,其他工业增加值 294 亿元,用水量 3 025 万 m^3,万元工业增加值用水量为 10.3 m^3/万元。预计 2015 年、2020 年、2030 年通过节水改造,万元工业增加值用水定额分别降为 9.0 m^3/万元、8.0 m^3/万元、7.0 m^3/万元,节水量分别为 382 万 m^3、676 万 m^3、970 万 m^3。

5. 总节水量

通过实施工业节水措施，与现状年相比，2015 年、2020 年、2030 年全市累计可节约工业用水量 0.46 亿 m^3、0.68 亿 m^3、0.88 亿 m^3。

6.4.3 城镇生活节水量分析

6.4.3.1 城镇生活节水措施

1. 工程措施

(1)通过改造供水体系和改善城市供水管网，有效减少渗漏，杜绝“跑、冒、滴、漏”现象，提高城镇供水效率，降低供水管网漏损率。

(2)全面推广使用节水器具和设备，新建、改建、扩建的民用建筑，禁止使用国家明令淘汰的用水器具，引导居民尽快淘汰现有住宅中不符合节水标准的生活用水器具，尤其是公共场所和机关事业单位应 100% 采用节水器具。

(3)采用中水回用措施，对中水进行处理达到国家规定的杂用水标准后，可广泛用于城市绿化、道路清洁、汽车清洗、居民冲厕及施工用水等领域。

2. 非工程措施

加强节水的宣传工作，树立节水观念，提高全民节约用水的自觉性和自主意识，营造全民节水的社会氛围；实行计划用水和定额管理，采用超计划和超定额要累进加价；合理地、逐步调整水价，以经济手段为杠杆促进节水工作的开展，有效减少用水浪费。

6.4.3.2 节水量分析

通过以上工程、技术、管理等措施，减少水量损失，降低无效水耗，使城镇供水效率大幅提高。到 2015 年管网输水漏失率降低为 16%，可节约水量 186.1 万 m^3；2020 年管网输水漏失率降低为 14%，可节约水量 299.0 万 m^3；2030 年管网输水漏失率降低为 10%，可节约水量 524.2 万 m^3。

6.4.4 鄂尔多斯市节水总量分析

综合农业灌溉、工业和城镇生活三个行业节水措施，鄂尔多斯市到 2015 年、2020 年和 2030 年累计节水量分别约为 2.57 亿 m^3、3.70 亿 m^3 和 4.01 亿 m^3，见表 6-4-1。

表 6-4-1 鄂尔多斯市节水量汇总 （单位：亿 m^3）

水平年	工业	农业	城镇生活	合计
2015 年	0.46	2.09	0.02	2.57
2020 年	0.68	2.99	0.03	3.70
2030 年	0.88	3.08	0.05	4.01

6.5 产业结构升级的节水效应分析

区域的用水是各个产业用水量的总和，包括第一产业、第二产业和第三产业用水量，由于各个产业用水效率不相同,产业结构的变化和调整会带动地区用水效率的响应变化。区域经济用水效率的增长有两方面的原因,首先是节水科技进步带来的各部门用水效率的提高,其次是经济结构的调整,耗水量小的产业部门代替了耗水量大的产业部门。因此,除分析各产业内部的节水量外,也应定量计算结构调整分别对产业整体用水效率提高的贡献比例。

产业结构调整的节水效应包括两方面:第一,经济结构中第一产业、第二产业、第三产业的调整,在三次产业结构中第三产业用水效率最高、第一产业用水效率最低,产业结构调整第一产业减少,第三产业增加具有显著的用水效率提升效应;第二,在第一产业和第二产业中,产业内部结构变动如工业结构中调整冶金、建材、煤化工等工业内部结构,第一产业中的种植业、养殖业、农畜产品加工以及种植粮食、经济作物和饲草料等调整,也会带来产业水量。

对于三次产业结构调整的节水效应,分析采用式(6-5-1):

$$\Delta W = W_t - W_0$$

$$\Delta W = \sum_{i=1}^{3}(\alpha_{0i}pq_{0i} - \alpha_{ti}pq_{ti}) = p\sum_{i=1}^{3}(\alpha_{0i}q_{0i} - \alpha_{ti}q_{ti}) \tag{6-5-1}$$

式中:W_0、W_t 分别为现状年和研究水平年用水量,亿 m^3;p 为区域 GDP,亿元;α_{0i}、α_{ti}分别为第 i 类产业现状年和研究水平年在 GDP 总量中所占的份额,%;q_{0i}、q_{ti}分别表示第 i 类产业现状年和研究水平年用水定额,m^3/万元。

对于三次产业内部结构调整,如种植结构变化、工业类型调整的节水效应分析采用下式:

$$\Delta W = \sum_{j=1}^{m}(\alpha_{0j}pq_{0j} - \alpha_{tj}pq_{tj}) = p\sum_{i=1}^{m}(\alpha_{0j}q_{0j} - \alpha_{tj}q_{tj}) \tag{6-5-2}$$

式中:α_{0j}、α_{tj}分别为第 i 类产业中 j 类产品现状年和研究水平年占产业内的份额,%;q_{0j}、q_{tj}分别表示第 i 类产业 j 类产品现状年和研究水平年用水定额,m^3/万元、m^3/亩。

式(6-5-1)、式(6-5-2)中的节水量包含了两部分,技术进步、定额变化的节水量是在各产业所占比例份额不变的情况下实现的节水量,采用下式分析:

$$\Delta W_{tm} = \sum_{j=1}^{m}(\alpha_{0j}pq_{0j} - \alpha_{0j}pq_{tj}) = p\sum_{i=1}^{m}\alpha_{0j}(q_{0j} - q_{tj}) \tag{6-5-3}$$

技术进步节水量已在之前各节水项中分析,在计算结构调整的节水效应时应扣除该部分节水量。产业结构调整实现的节水量是结构变化带来的节水效应:

$$\Delta W_{tm} = \sum_{j=1}^{m}(\alpha_{0j}pq_{0j} - \alpha_{tj}pq_{0j}) = p\sum_{i=1}^{m}(\alpha_{0j} - \alpha_{tj})q_{0j} \tag{6-5-4}$$

6.5.1　工业生产结构调整节水量

鄂尔多斯市现状工业包括火电、冶金、建材以及一般工业,研究水平年火电和一般工业所占的比例降低,冶金、建材所占比例上升。研究水平年工业结构调整主要体现在对火电工业落后产能的淘汰、新兴工业项目的产能提升。

现状火电、化工、建材、装备制造、金属冶炼以及一般加工工业用水总量,采用式(6-5-2)计算,到2030年现有工业用水量从现状的25 180万 m^3 降低到14 530万 m^3,式(6-5-3)计算工业节水进步及产业结构调整实现的总节水量为10 650万 m^3,扣除节水科技进步实现节水量8 794万 m^3,工业结构调整的节水效应为1 856万 m^3。各类工业所占当年工业增加值的比例及工业用水定额见表6-5-1。

表6-5-1　鄂尔多斯市工业结构调整节水分析　(单位:亿 m^3)

用水行业或部门	现状年			2030年		
	GDP份额(%)	单位增加值用水量(m^3/万元)	用水量(万 m^3)	GDP份额(%)	单位增加值用水量(m^3/万元)	用水量(万 m^3)
火电	7.2	134	10 814	4.5	66.4	3 355
化工	10.9	52	6 372	15.3	33.6	5 772
建材	10.7	12	1 393	8.6	6.8	657
装备制造	8.6	6	598	10.7	4.2	505
金属冶炼	2.3	11	295	3.5	7.9	310
一般工业	60.3	8	5 708	57.4	6.1	3 931
合计	100	22	25 180	100	13.0	14 530

6.5.2　农业种植结构调整节水量

鄂尔多斯市种植结构以玉米为主,经济作物和牧草同步发展,现状年鄂尔多斯市粮食作物、经济作物、牧草的种植比例为58.9∶12.4∶28.7。农业种植结构变化建立适应市场经济变化和农牧业生产条件要求的优化农牧业结构,充分发挥区域比较优势,挖掘资源利用潜力,实现资源和生产要素的合理配置,促进农牧业可持续发展。农牧业产业结构调整方向:在农牧区实现农作物、经济作物和饲草料生产的独立化,形成区域化、专业化生产,提高农牧业及种植业生产效率,发展节水农牧业、生态农牧业和特色农牧业,通过引进龙头企业应用大型喷、滴灌设备发展集约高效、高附加值经济作物如甘草、葡萄、马铃薯等,提高牧区畜牧业发展水平、提高农牧业灌溉水利用效率,把农牧业节水、保护生态环境与农牧业增收结合起来。到2020年,粮食作物种植比例继续下降到46.9%,经济作物种植比例增加到15.2%,牧草种植比例增加到37.9%。

采用式(6-5-2)计算,到2030年鄂尔多斯市农业现有446万亩灌溉面积实施种植作物调整,灌溉用水量从现状的151 941万 m^3 降低到121 054万 m^3,式(6-5-3)计算灌溉技术进步及种植结构调整实现的总节水量为31 887万 m^3,扣除节水科技进步实现节水量,农业种植结构调整的节水效应为1 091.3万 m^3。各类农作物种植比例及灌溉用水定额见表6-5-2。

表 6-5-2　各类农作物种植比例及灌溉用水定额

农作物种植	现状年			2030 年		
	粮食	经济作物	饲草	粮食	经济作物	饲草
种植结构(%)	58.9	12.4	28.7	46.9	15.2	37.9
用水定额(m^3/亩)	351	342	320	281	272	260
用水量(万 m^3)	92 121	18 897	40 923	58 724	18 422	43 908

6.6　本章小结

鄂尔多斯市水资源短缺,用水矛盾突出,节约用水是缓解水资源紧缺矛盾的主要途径之一,合理分析鄂尔多斯市节水潜力,确定合理的节水量,对确定鄂尔多斯市水资源利用和配置方案有重大意义。本章在对鄂尔多斯市用水特点分析的基础上,确定了各部门节水标准,提出了鄂尔多斯市节水潜力;研究了农业、工业和城镇生活节水分析方法,提出各部门节水量。主要成果如下:

(1)根据国内外用水情况对比,分析鄂尔多斯市用水特点和可能的节水力度,提出了鄂尔多斯市各部门节水标准,分析了节水潜力为 4.15 亿 m^3,其中农业节水潜力 3.08 亿 m^3,占总节水潜力的 74.2%;工业节水潜力 1.02 亿 m^3,占总节水潜力的 24.5%;城镇生活节水潜力为 0.05 亿 m^3,占总节水潜力的 1.3%。

(2)分析了农业、工业、城镇生活等各部门的节水措施,推荐了研究水平年鄂尔多斯市节水方案。

(3)研究了农业、工业、城镇生活等各部门的节水计算方法,提出了各部门节水量:2030 年水平鄂尔多斯市各部门总节水量为 4.01 亿 m^3,其中农业节水 3.08 亿 m^3,工业节水 0.88 亿 m^3,城镇生活节水 0.05 亿 m^3。

(4)采用系统的节水计算方法,分析鄂尔多斯市各阶段结构优化节水量 0.30 亿 m^3,其中工业结构调整节水量为 0.19 亿 m^3,农业种植结构优化节水量为 0.11 亿 m^3。

第 7 章　经济社会发展预测

鄂尔多斯市是我国重点建设的能源重化工基地之一，在国家能源战略中的地位十分突出。随着我国“以煤炭为主体、电力为中心，油、气和新能源全面发展”的能源中长期发展规划以及蓬勃兴起的煤化工时代来临，鄂尔多斯市迎来了变资源优势为经济优势、加速经济发展的黄金发展时期。当前“呼—包—鄂”一体化步伐正加快推进，经济增长的空间很大，未来一段时间内鄂尔多斯市经济社会将保持快速发展态势。

7.1　经济增长理论

经济增长是指一定时期内，区域生产满足市场需求的商品和劳务的潜在生产能力的扩大或商品与劳务产量的增加。经济增长理论的研究经历了古典经济增长理论、新古典经济增长理论、新经济增长理论几个阶段，新古典经济增长理论和新经济增长理论统称为现代经济增长理论。现代经济增长研究的核心问题之一就是经济长期增长的动力或源泉，围绕这一问题，在现代经济增长理论基础上发展了一系列的经济模型。

7.1.1　古典经济增长理论

经济增长理论始于 18 ~ 19 世纪古典经济学家亚当 · 斯密对分工理论的研究，斯密指出，经济增长的动力来源于劳动分工，劳动分工可以提高工人专业化水平，进而极大地提高社会劳动生产率，推动经济增长与社会进步。此外，大卫 · 李嘉图在《政治经济学与赋税原理》中，通过对在土地上追加投资的论证分析，提出了报酬递减规律，在报酬递减规律的作用下，随着人口及资源消耗的增加，最终使资本积累停滞，人口保持稳定，经济进入稳定状态。

7.1.2　现代经济增长理论

现代经济增长理论源于拉姆泽(Ramsey)在 1928 年发表的经典论文，文中首次采用变分法考虑消费者跨时的最优行为。到 20 世纪 50 年代，经济学家哈罗德(Harrod)和多马(Domar)把经济增长的部门与凯恩斯的古典分析结合起来，采用生产部门完全不可替代的生产函数来分析资本积累与经济增长；1956 年，索洛(Solow)和斯旺(Swan)同时采用新古典的生产函数，通过假定规模报酬不变、生产各部门边际生产递减和投入间存在一定程度正的且光滑的替代弹性，并与不变储蓄率结合，形成了一个简单的一般均衡经济模型。20 世纪 80 年代中期开始，以罗默(Romer，1986)和卢卡斯(Lucas，1988)的研究为代表，经济增长理论经历了一个新的迅速发展的兴旺过程。由于意识到长期的经济增长较短期的增长更为关键，且必须冲破新古典增长模型中外生技术进步率对人均增长率的限制，因此近期的研究在于在模型内部决定长期增长率，故称为内生增长模型，又叫新经济增长理论。

7.1.3 经济增长理论中的自然资源观

古典经济学早期，经济学家认为“劳动和土地”是构成财富的两个要素，其中重农学派还发现了报酬递减规律，指出了土地的自然生产力极限；18世纪末马尔萨斯提出了自然资源绝对稀缺论，认为人口数量呈指数增长，而自然资源数量却是有限的，两者的增长速率存在显著差异，总会达到人口数量超过自然资源的供给极限；后来大卫·李嘉图在研究经济增长时考虑了贸易因素，指出自然资源是相对稀缺的，在开放的经济体系下，通过技术进步、对外贸易等途径可以缓解自然资本对经济增长要素的最终限制。延续这一乐观的自然资源观，现代经济增长理论对自然资本要素的关注日益减少，更多的关注技术和制定等要素，仅仅把自然资本要素简化为单纯的“生产成本”问题，甚至完全忽视了自然资源在经济增长中的根基作用与地位。

7.1.4 全要素生产率理论

生产率是当代经济学中的一个概念，它反映了各种生产要素的有效利用程度，一般意义上的生产率即生产过程中要素投入转化为实际产出的效率，通常所说的生产率基本是指单要素生产率，如劳动生产率。1942年首届诺贝尔经济学奖获得者丁伯根提出全要素生产率(Total Factor Productivity，简称TFP)的概念，他指出经济增长要素投入中只考虑了劳动与资本的投入，而没有考虑诸如研究与发展、教育与训练等无形要素的投入。经过后来的发展和完善，全要素生产率的概念为：除劳动力和资本这两大物质要素之外，其他所有生产要素所带来的产出增长率，包括教育、创新、规模效益和科技进步等。全要素生产率的出现解释了经济增长核算中的“余值”。

7.2 鄂尔多斯市经济发展态势

7.2.1 经济社会发展阶段性特征分析

7.2.1.1 鄂尔多斯市工业化阶段判断

将依据H·钱纳里关于人均经济总量与经济发展阶段划分理论、西蒙·库兹涅茨的∩形理论、霍夫曼定理等相关理论，选取人均国内生产总值、第二产业增加值占GDP比重、霍夫曼系数等主要指标，鄂尔多斯市现状所处工业化发展阶段判定如表7-2-1所示。

从表7-2-1可以看出，鄂尔多斯市现状六项指标中包括“第二产业增加值占GDP的比重”、“非农产业就业比重”、“霍夫曼系数”和“城镇化率”四项指标处于工业化中期阶段，而“人均国内生产总值”和“工业增加值占GDP的比重”两项指标已经迈过中期阶段，处于工业化后期阶段。总体而言，考虑鄂尔多斯市地广人稀的特点以及新兴能源基地布局，综合分析认为工业化中期的后半阶段特征比较明显，并正朝着工业化后期阶段迈进。

表 7-2-1　鄂尔多斯市现状工业化发展阶段的判断

主要指标	理论依据	工业化各阶段特征值			鄂尔多斯市现状特征值	阶段辨识
		初期阶段	中期阶段	后期阶段		
人均生产总值	H·钱纳里人均经济总量与经济发展阶段	1 200 ~ 2 400 美元	2 400 ~ 4 800 美元	4 800 ~ 9 000 美元	1.95 万美元	后期阶段
第二产业增加值占 GDP 的比重	西蒙·库茨涅茨经济发展理论	20% ~40%	40% ~60%	60% 以上	52.30%	中期
工业增加值占 GDP 的比重		5% ~20%	20% ~30%	30% 以上	58.30%	后期
霍夫曼系数	霍夫曼定理	6 ~ 4	3.5 ~ 1.5	1.5 ~ 0.5	3.2	中期
非农产业就业比重	配第 – 克拉克定理	20% ~50%	50% ~80%	80% 以上	56%	中期
城镇化率	H·钱纳里工业化与城镇化的变动模式	10% ~30%	30% ~70%	70% 以上	66.70%	中期

7.2.1.2　鄂尔多斯市城市化阶段判断

根据麦肯锡全球研究院相关研究成果,我国各城市的城市化进程可分为工业化期、转型期、现代化期三个阶段。目前,大部分中国城市仍处于城市化进程第一阶段,只有少数和极少数的城市迈入了第二、三阶段,见表 7-2-2。

表 7-2-2　中国城市化阶段划分

评判标准	阶段 1:工业化期（从农村向城市转移）	阶段 2:转型期（超越“工厂”范围的发展）	阶段 3:现代化期（演化为现代化城市）
基础设施	对基础设施进行投资(如道路)	对公共运输/电力/水利的基础设施投资增多	大型的基础设施扩建和优化
土地和资金	城市扩张和商业投资征用土地	土地征用日益商业化并成为一项收入来源	更具战略性的土地转化
城市规划	基本的工业区划和城市中心规划	“白纸式”的城市规划	强调可持续发展的概念
产业结构	通常利用产业专业化来促进增长	进一步的产业专业化服务行业的出现,看重外商直接投资 FDI	高级服务业的发展(如金融业)
人才与劳动力	当地有足够的基础劳动力来满足需求,技术人才需求较少	强调吸引人才的薪酬待遇,技术人才短缺	采用移民/人才的要求/标准来加以选择和控制
生活质量	重点放在就业和走出贫困	开始强调社会福利开始采取限制污染和解决交通拥堵的措施(如另建道路)	生活质量成为城市规划的一个重要部分
与外界联系	加强与周边城市的经济联系	重点放在省际/国内连通	重点放在全国性/国际连通

鄂尔多斯市位于我国西北地区，基础薄弱，但得益于良好的禀赋条件和适宜的发展战略，近年来在经济快速发展带动下城市化进程加快，目前正处于“阶段 2：转型期”。

7.2.1.3　鄂尔多斯市经济发展的阶段性特征

工业化阶段判断主要以产业结构演进规律为理论依据，而城市化阶段判断着重对城市发展模式的演变进行探讨，综合两项判断，可以对鄂尔多斯市经济发展阶段得出以下结论：鄂尔多斯市正处于工业化和城市化由中后期向后期转变的关键时期，在此阶段，城市空间拓展、产业结构及经济增长等都将出现新的趋势。

(1) 从城市空间拓展来看：正由以中心城区为核心的圈层式空间发展模式向以构建大都市区域为目标的空间发展模式转变。一方面圈层式发展格局将被打破，加快形成以东胜区、康巴什新区为核心，以各旗府为区域中心的城镇化体系；另一方面，站在更高的视野来谋划鄂尔多斯市发展的重要性日益凸显，特别是从“呼—包—鄂—榆”经济区整体发展的角度来考虑鄂尔多斯市的产业选择及布局将成为新的战略着力点。

(2) 从产业结构来看：将加快建成国家能源化工基地。一方面，由于西部地区正处于工业化进程加速时期，西北地区乃至国家发展对能源化工产业的需求巨大，作为区域性中心城市，鄂尔多斯市能源化工产业发展的需求将持续扩大；另一方面，在城市化、国际化的大背景下，为满足更大区域、更高层次的消费需求，鄂尔多斯市生活性服务业提档升级的要求也日益迫切。

(3) 从经济增长看：将由投资驱动为主向投资、消费双轮驱动转变。一方面，由于决定最终消费水平的主要因素，包括居民生活水平、人口数量等均难以在短时间内大幅度提高，同时城市发展模式转变和产业提档升级均需以有力的投资为支撑，投资在未来一段时间内仍将是经济增长的主动力。另一方面，投资和消费是内需的两大组成部分，增加投资和刺激消费均可起到扩大内需的作用，但唯有保持适宜的投资消费结构才能实现可持续的增长，启动消费将成为新的战略着力点。

(4) 从社会发展来看：以社会公平、民生改善为重点的体制机制改革将取得重大进展。按照加快和谐社会建设的目标，社会建设将被摆在现代化建设的突出位置，“坚持民生优先，扩大公共服务，完善社会管理，保障公平正义，提高政府提供公共服务能力，提高公民参与社会管理程度”将成为“十二五”期间体制机制改革的重点。

7.2.2　区域发展态势

在我国能源产业政策和西部大开发的共同带动下，鄂尔多斯市经济在较长时期内将继续保持较快增长态势。西部大开发实施以来，鄂尔多斯市社会固定资产投资年均增长超过 20%，国民经济发展逐年加快。进入 21 世纪，随着煤炭资源开发进程的不断加快，经济发展速度明显加快，2000 ~ 2009 年的 10 年间，地区生产总值增长了 13 倍，年增长率 30%，2009 年地区生产总值达到 2 161 亿元，人均 GDP 为 13.29 万元。目前，鄂尔多斯已经初步完成了经济结构的战略性调整，经济增长方式由粗放型转向集约型，经济形态由资源导向型转向市场导向型，产业结构由单一型转向多元化。从一个生态条件恶劣、经济落后的贫困地区一跃成为全国经济发展最活跃的地区之一。

能源基地建设进程加快。在我国最新颁布的《全国主体功能区规划》中将鄂尔多斯市列为国家级重点开发区域，明确鄂尔多斯市的区域功能定位是：全国重要的能源、煤化工基地。结合全力打造“国家级能源重化工基地”的战略目标，鄂尔多斯市政府组织编制了《鄂尔多斯市工业经济“十一五”发展规划纲要》、《鄂尔多斯市能源与煤化工产业基地布局规划》、《鄂尔多斯市能源化工产业“十二五”发展规划》等专项产业规划，各煤炭矿区和工业园区也都组织编制了总体发展规划，分别从产业发展与区域开发等方面对能源、化工等产业的发展思路、模式、强度和产业结构、布局、规模等进行了全面分析与总体规划。

为加快地区经济发展，鄂尔多斯市着力优化重点产业布局，统筹第二产业、第三产业发展，突破行政区划限制，优化空间布局，促进产业集聚，突出产业特色，实施错位发展，提升产业竞争力，通过实现市域经济一体化，优化重点产业发展布局，集约配置资源，推进形成主体功能区，实现“结构转型，创新强市”、“城乡统筹，集约发展”战略，加快调整产业布局结构。

7.3 人口及城镇化预测

7.3.1 人口增长历程

新中国成立以来，鄂尔多斯市人口数量快速增长，据统计，1952 年鄂尔多斯市总人口仅 46.31 万，2009 年增加到 162.54 万（其中户籍人口 149.48 万，外来人口 13.06 万），为 1952 年的 3.51 倍，年均增长率为 21.9‰，58 年总人口增加了 116.23 万。

从不同年代年均人口增长来看，1952 ~ 1978 年，年均增加 2.12 万人，年均增长率为 30.6‰。自 20 世纪 80 年代我国开始实施计划生育政策后，鄂尔多斯市人口快速增长的势头有所减缓，其间增长率维持在 15‰左右。1978 ~ 1990 年，年均增加 1.58 万人，增长率为 14.4‰；1990 ~ 2000 年，年均增加 1.91 万人，增长率为 14.9‰；2000 ~ 2009 年，年均增加 2.56 万人，增长率为 17.1‰。鄂尔多斯市人口增长情况见表 7-3-1。

表 7-3-1 鄂尔多斯市历年人口及城镇化率增长情况

年份	总人口（万人）	城镇人口（万人）	城镇化率（%）	统计时段	年均增加（万人/年）	年均增长率（‰）	
						总人口	城镇人口
1952	46.31	1.38	2.98				
1978	101.43	11.06	10.90	1952 ~ 1978	2.12	30.6	83.34
1990	120.40	22.00	18.27	1978 ~ 1990	1.58	14.4	58.98
2000	139.54	60.70	43.50	1990 ~ 2000	1.91	14.9	106.82
2009	162.54	108.37	66.67	2000 ~ 2009	2.56	17.1	66.52

注：1952 年、1978 年、1990 年为户籍人口，2000 年、2009 年为常住人口，资料来源于鄂尔多斯市统计年鉴。

随着区域产业能级和经济活力的提升，20 世纪 90 年代以后尤其是 2000 年以来，鄂尔多斯市经济发展提速，地区生产总值年均增长率均在 30% 以上，成为我国最具经济活力的地区之一，并逐步成为晋陕宁蒙交界地区的经济高地，吸引了大量外来人口的涌入，鄂尔多斯市成为人口的净迁入地。2000 年以后,人口机械增长超过自然增长数量,成为推动鄂尔多斯市人口快速增长的主要因素。

7.3.2　人口预测

人口预测采用定性分析与定量分析相结合的方法。根据国家对人口的控制目标,结合鄂尔多斯区域人口分布特征和增长规律预测研究水平年区域人口及其分布。区域人口增长包括自然增长和机械增长两部分,人口增长采用下式预测:

$$P = P_0(1 + k)^n + \Delta P \tag{7-3-1}$$

式中:P 为研究期人口总量,万人;P_0 为现状人口总量,万人;ΔP 为研究期人口机械增长总数,万人;n 为研究年期;k 为人口自然增长率(‰)。

7.3.2.1　人口自然增长预测

人口自然增长采用趋势法预测。2009 年以前,受人口增长惯性作用,人口增长率仍然较高,1990～2009 年的 20 年间人口自然增长率为 11.45‰。预测 2009 年以后人口将呈现"低增长率,高增长量"的发展态势,研究近期鄂尔多斯市人口自然增长率为 8.50‰、中期增长率为 7.19‰、远期增长率为 6.48‰,2015 年、2020 年和 2030 年鄂尔多斯市户籍总人口分别达到 157.27 万、163.01 万和 173.88 万。鄂尔多斯市研究水平年户籍人口预测见表 7-3-2。

表 7-3-2　研究水平年户籍人口预测

年份	总人口(万人)	人口增长率(‰)
基准年	149.48	
2015	157.27	8.50
2020	163.01	7.19
2030	173.88	6.48

鄂尔多斯市是以蒙古族为主体的少数民族聚居区,区域人口的发展既受国家计划生育政策的影响,也受农村生育观念以及少数民族人口生育政策的影响,研究水平年的人口自然增长略高于中国其他地区人口的增长。从人口年均自然增长来看,鄂尔多斯市 2009～2020年、2020～2030 年的增长率略高于黄河流域平均增长率 5.8‰和 3.8‰以及全国平均增长率 6.6‰和 4.3‰。

7.3.2.2　人口的机械增长预测

2009 年鄂尔多斯市总人口 162.54 万,其中外来人口 13.06 万。现状鄂尔多斯市地广人稀,客观上对人口的增长还有一定的容纳空间,未来区域经济快速发展将吸引部分外来人口流入,形成人口的机械增长。结合《鄂尔多斯市城市总体规划(2011～2030)》预测 2015 年、2020 年、2030 年鄂尔多斯市的外来人口将分别达到 81.13 万、122.97 万和 145.86万。

7.3.2.3　总人口预测

综合人口的自然增长与机械增长预测成果,预测 2015 年、2020 年和 2030 年鄂尔多斯市总人口将分别达到 238.40 万、285.98 万和 319.74 万。研究水平年鄂尔多斯市人口及其分布见表 7-3-3。

表 7-3-3　鄂尔多斯市不同水平年总人口预测　（单位:万人）

行政区	2009 年	2015 年	2020 年	2030 年
准格尔旗	32.15	39.54	40.27	42.23
伊金霍洛旗	16.45	25.44	32.98	37.70
达拉特旗	30.10	39.96	46.86	50.28
东胜区	41.53	74.57	91.67	106.40
康巴什新区	2.86	12.39	24.35	30.11
杭锦旗	10.07	13.63	15.08	16.85
鄂托克旗	12.60	14.01	14.38	15.18
鄂托克前旗	6.87	7.39	7.71	7.62
乌审旗	9.90	11.46	12.68	13.39
鄂尔多斯市	162.53	238.39	285.98	319.76

7.3.3　城镇化发展预测

鄂尔多斯市城镇化在“九五”、“十五”时期获得两次实质性的跨越，走出“西北小城镇”和“工业核心区”的发展阶段。在“十一五”期间通过“三化互动”、“集中发展”以及“三区规划”等战略的实施，城镇化进程进一步加快，城镇基础设施趋于完善，城镇经济结构也更加合理，城镇化水平从质和量上都有较大提高，城镇布局结构合理。未来 20 年将以东胜和康巴什为中心城区，通过扩散效应带动整个城镇群发展，形成鄂尔多斯市城镇化的体系。鄂尔多斯市主要城镇布局见图 7-3-1。

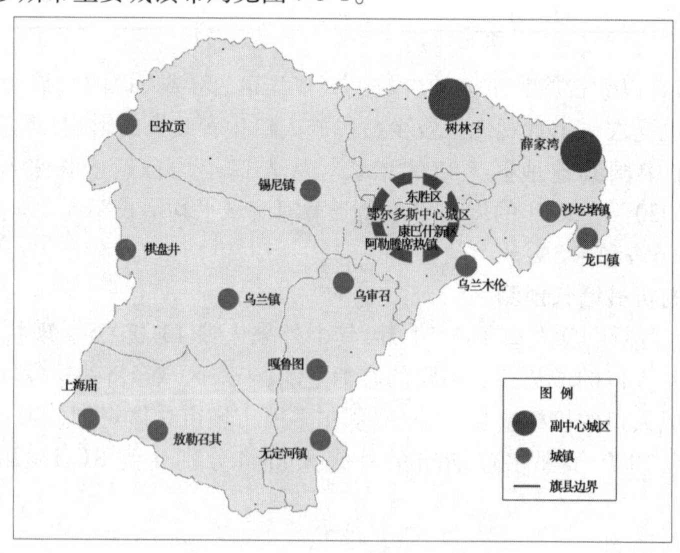

图 7-3-1　鄂尔多斯市主要城镇布局

7.3.3.1　城镇化发展预测

2009年鄂尔多斯市总人口162.54万，城镇人口108.37万，城镇化率达66.7%。根据各旗(区)“十二五”规划和“三区规划”实施意见，提出2015年、2020年和2030年将鄂尔多斯市农牧业人口分别控制在48.3万、33.0万和25.0万以内。按照趋势法预测分析，2015年、2020年和2030年城镇人口将分别达到190.49万、251.88万和299.81万，城镇化率分别为79.90%、88.08%和93.76%。

7.3.3.2　城镇化发展特点

2000年以来，鄂尔多斯市区域经济社会的快速发展吸引了周围地区大量外来人口的迁入，加快了城镇化发展进程，初步形成了中心城市和小城镇协调发展的整体格局。研究水平年鄂尔多斯市城镇化发展将呈现出以下特征：

1. 城镇化水平进一步提高

2009年，鄂尔多斯市城镇化人口达到108.37万，城镇化率为66.67%。鄂尔多斯市是我国规划的重要能源基地，在国家能源战略中的地位十分突出，未来在我国能源产业政策和西部大开发战略的推动下，工业保持快速发展态势。区域经济强劲增长，将带动城镇化水平进一步提高，加之“三区规划”的实施，鄂尔多斯市城镇化水平将快速提升，预测到2030年城镇化率将达到93.0%以上。

2. 形成东胜、康巴什等中心城市和小城镇共同发展的城镇化体系

研究水平年，鄂尔多斯市将进一步以东胜区、康巴什新区和阿镇为核心，吸引外来人口的加入，逐步形成区域性的大型城市；同时各旗将以旗府为中心带动主要乡镇，吸引农村人口，形成城镇化中心。

7.4　经济社会发展预测

7.4.1　经济发展历程

20世纪90年代以来鄂尔多斯市经济发展历程大体上经历了以下三个阶段：

1993年以前，经济低水平稳定增长阶段。区域经济主要以农牧业为主，发展水平比较低，增长较为缓慢。1993年鄂尔多斯市地区生产总值仅25.86亿元，人均GDP仅2016元，工业所占比重不足20%。

1994～2000年，实施“资源转换战略”阶段。以发展工业为主，主要依赖煤炭开采、资源开发带动经济发展，工业主要以资源开采和初级加工为主，经济快速增长，地区生产总值突破100亿元，人均GDP超过1万元。

2000年以来，跨越式发展阶段。随着西部大开发战略的深入推进，鄂尔多斯市经济总量急剧扩大，内部结构显著改善。地区生产总值从2000年的150.1亿元增长到2009年的2 161.0亿元，近10年经济总量的年增长率基本在30%以上，已形成以能源重化工为支柱产业，纺织、冶金、建材、机械制造、农畜产品加工等门类较为齐全的工业体系，并初步建立起完善的社会服务体系。

鄂尔多斯市在1990～2009年的20年间，GDP年均增长率一直维持在较高水平。

1990～1995 年、1996～2000 年 GDP 增长率分别为 27%、25%，2000 年以后，2001～2005年和 2006～2009 年 GDP 增长率分别为 32% 和 35%。20 世纪 90 年代以来鄂尔多斯市经济增长情况见图 7-4-1。2009 年鄂尔多斯市三次产业结构为 2.8∶58.3∶38.9，总体来看，鄂尔多斯市产业结构“二三一”结构明显，第二产业所占比重较大。

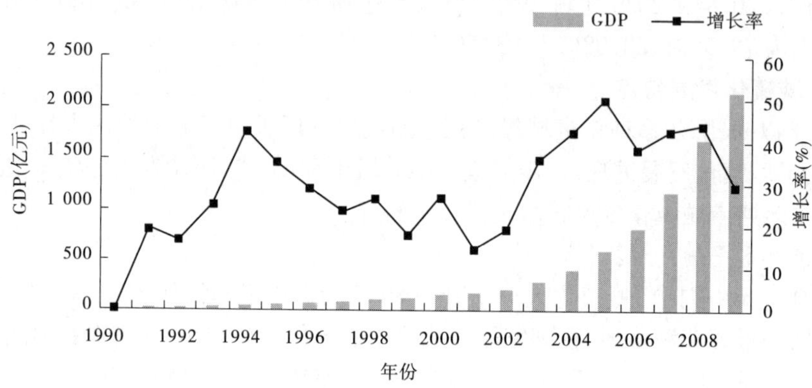

图 7-4-1　1990 年以来鄂尔多斯市经济增长历程

1980 年以来鄂尔多斯市产业结构发生了深刻变化，第一产业所占比重持续减少，第二、三产业比重不断上升，近 10 年来尤其是西部大开发战略实施后，鄂尔多斯市第二产业发展步入快车道，第一产业加速萎缩，第三产业蓬勃发展，产业结构调整步伐加快，内部结构得到了进一步优化。1980～2009 年鄂尔多斯市三产业的产值及各产业比例见表 7-4-1、图 7-4-2。

表 7-4-1　1980～2009 年鄂尔多斯市三产业的产值及各产业比例

年份	国内生产总值（亿元）	第一产业（亿元）	第二产业（亿元）	第三产业（亿元）	三产业比例（%）
1980	3.42	1.54	0.97	0.91	45.0∶28.4∶26.6
1985	5.92	2.88	1.46	1.58	48.6∶24.7∶26.7
1990	14.87	7.12	3.78	3.96	47.9∶25.4∶26.7
1995	49.74	16.96	19.72	13.06	34.1∶39.7∶26.2
2000	150.09	24.53	83.93	41.63	16.4∶55.9∶27.7
2005	594.83	40.64	312.45	241.74	6.8∶52.5∶40.7
2009	2 161.00	60.61	1 260.49	839.90	2.8∶58.3∶38.9

7.4.2　经济发展预测

7.4.2.1　经济发展的柯布－道格拉斯生产函数

1928 年，芝加哥大学经济学教授道格拉斯（P. H. Douglas）与数学家柯布（C. W.

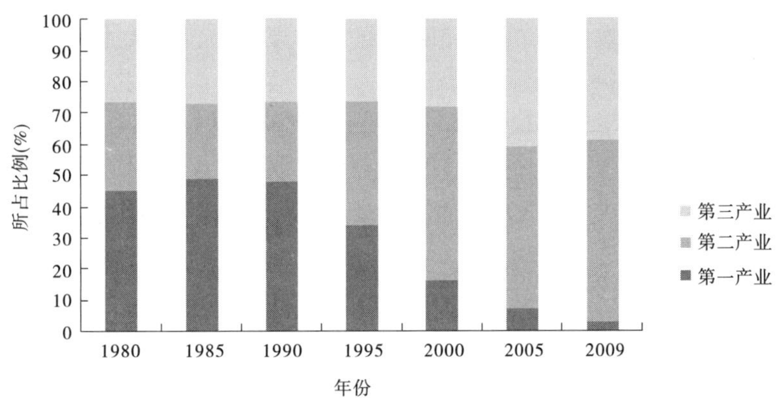

图7-4-2　1980～2009年鄂尔多斯市三产比例变化图

Cobb)合作,在研究分析大量历史数据之后,提出了著名的"柯布－道格拉斯(Cobb－Douglas)生产函数",认为在技术经济条件不变的情况下,产出与投入的资本及劳动力的关系为

$$Y = AK^{\alpha}L^{\beta} \tag{7-4-1}$$

其一般形式为

$$Y = A\prod_{n=1}^{N} x_n^{\alpha_n} \tag{7-4-2}$$

其中:Y为产量;A为技术水平,也叫效率系数;K为资本投入量;L为劳动力投入量;α、β分别为K和L的产出弹性系数。通常情况下,假定生产规模收益不变,$\alpha+\beta=1$。弹性系数的测算有比例法、经验法和回归分析法。常用经验法和回归分析法。

柯布－道格拉斯生产函数的提出,使生产理论从抽象的纯理论研究转向了面向实际生产过程的经验性分析,为现代经济学的发展奠定了良好的基础。但是因为其假设与实际情况存在差距,它还是存在一定的缺陷。后来的研究者们在柯布－道格拉斯生产函数基础上作了大量的改进,使得它更加实用,而随着其应用层面的扩大,其理论价值和实用性被越来越多的学者所接受。后续研究中,荷兰经济学家丁伯根跨出了超越柯布－道格拉斯生产函数的关键一步,他在资本和劳动投入函数中添加了一个时间趋势,从而建立了动态柯布－道格拉斯生产函数,进而评价不同时期的生产率;索洛在《技术进步与总量生产函数》一文中,统一了生产的经济理论、拟合生产函数的计量经济方法,第一次将技术进步因素纳入经济增长模型,提出了增长速度方程,使人们能分析出生产率的增长源泉;在此基础上,美国经济学家丹尼森(E·Denison)发展了"余值"的测算方法,主要是把投入要素进行了更加详细的分类,然后利用权数合成总投入指数。由索洛和丹尼森等发展起来的这种方法直到今天仍然占有十分重要的地位。

考虑国家能源中长期发展的需求和地方经济发展的诉求,结合近年来区域经济增长的态势,预测研究水平年经济发展。

7.4.2.2　鄂尔多斯市经济发展的情景方案设置

考虑经济发展过程中尚存在诸多不确定因素,宏观经济采用情景预测方法,设高方案、低方案两种情景模式,分别进行不同情景下的国民经济发展指标预测。方案设置:

方案一,为高方案,根据各旗(区)工业园区发展规划,工业发展相对较快;

方案二,为低方案,按照鄂尔多斯市统筹的总体规划,工业发展相对平稳。

7.4.2.3 经济指标预测

根据国内外经济发展的经验判断,一个区域的经济发展一般呈现出明显的阶段性特征,前期发展较为缓慢,在完成一定的财富积累后形成发展动力、进入经济快速增长期,随后转入提高经济增长质量的转型时期,过某一点(拐点)后,增长速度越来越慢,最终趋于一限值。

从发展阶段来看,"十五"、"十一五"期间,鄂尔多斯市经济主要以资源开采、输出和简单加工为主,属外延式增长,经济增长快速;2009 年鄂尔多斯市 GDP 总量达到 2 161 亿元,人均 GDP13.29 万元,经济总量和人均经济指标已达到了较高的水平。根据鄂尔多斯市国民经济"十二五"发展规划,未来区域经济逐步朝向"结构转型"和"集约发展"方向调整,经济发展以内涵式增长、提高经济增长的质量,综合考虑城镇化水平和人均 GDP 水平,判断在未来 20 年内将进入稳步发展与转型调整的阶段,增速将逐步放缓。

按照鄂尔多斯市各旗(区)及工业园区的相关规划(方案一),预测 2009 ~ 2015 年、2016 ~ 2020 年、2021 ~ 2030 年鄂尔多斯市经济增长率将分别达到 20.9%、13.8% 和 8.9%,到 2030 年区域生产总值(GDP)达到 30 214 亿元。根据国家中长期发展规划纲要、国家宏观经济发展趋势,参考《鄂尔多斯市国民经济发展第十二个五年规划纲要》并结合相关的区域规划,综合预测 2009 ~ 2015 年、2016 ~ 2020 年、2021 ~ 2030 年鄂尔多斯市国民生产总值年均增长率分别为 15.9%、12.8%、8.7%,到 2030 年鄂尔多斯市 GDP 总量达 22 296 亿元(方案二),见表 7-4-2。

表 7-4-2 研究水平年不同情景鄂尔多斯市经济指标增长预测

水平年	方案一			方案二		
	GDP 总量(亿元)	增长率(%)	人均 GDP(万元)	GDP 总量(亿元)	增长率(%)	人均 GDP(万元)
2015 年(2009 ~ 2015 年)	6 749	20.9	50.4	5 300	15.9	33.8
2020 年(2016 ~ 2020 年)	12 880	13.8	93.6	9 675	12.8	60.1
2030 年(2021 ~ 2030 年)	30 214	8.9	208.3	22 296	8.7	131.7

总体上来看,两种情景模式下研究水平年鄂尔多斯市经济增长率都将有所放缓,但方案一为高方案,反映旗(区)发展愿景,强调工业规模加快扩张,经济发展仍保持相对快速;而方案二为低方案,统筹全市结合国家发展需求,经济增长相对温和。

从分区经济增长来看,由于鄂尔多斯市各旗(区)现状经济发展水平不一,研究水平年经济发展仍将不同步。在现状年经济相对发达的旗(区)未来经济增长将有所放缓,而当前经济相对落后的旗(区)经济发展将加快。鄂尔多斯市国民经济发展指标预测见表 7-4-3、表 7-4-4。

表 7-4-3　研究水平年鄂尔多斯市经济增长预测(方案一)

行政区	GDP(亿元)				增长速率(%)		
	2009 年	2015 年	2020 年	2030 年	2009 ~ 2015 年	2016 ~ 2020 年	2021 ~ 2030 年
准格尔旗	539	1 365	2 359	4 517	16.8	11.6	6.7
伊金霍洛旗	393	1 109	1 966	3 905	18.9	12.1	7.1
达拉特旗	280	683	1 228	2 635	16.0	12.5	7.9
东胜区	496	1 280	2 128	3 916	16.7	10.7	6.3
康巴什新区	11	299	721	2 767	73.4	19.3	14.4
杭锦旗	42	256	694	2 365	35.2	22.1	13.0
鄂托克旗	222	853	1 724	4 176	25.2	15.1	9.2
鄂托克前旗	37	222	616	1 997	34.8	22.7	12.5
乌审旗	153	683	1 445	3 935	28.3	16.2	10.5
鄂尔多斯市	2 173	6 750	12 881	30 213	20.9	13.8	8.9

表 7-4-4　研究水平年鄂尔多斯市经济增长预测(方案二)

行政区	GDP(亿元)				增长速率(%)		
	2009 年	2015 年	2020 年	2030 年	2009 ~ 2015 年	2016 ~ 2020 年	2021 ~ 2030 年
准格尔旗	539	1 154	1 926	3 680	13.5	10.8	6.7
伊金霍洛旗	393	854	1 463	2 899	13.8	11.4	7.1
达拉特旗	280	627	1 085	2 325	14.4	11.6	7.9
东胜区	496	1 080	1 736	3 190	13.4	10.0	6.3
康巴什新区	11	182	425	1 629	59.7	18.5	14.4
杭锦旗	42	174	452	1 537	26.8	21.0	13.0
鄂托克旗	222	546	1 067	2 579	16.2	14.3	9.2
鄂托克前旗	37	196	526	1 701	32.3	21.8	12.5
乌审旗	153	487	995	2 706	21.3	15.4	10.5
鄂尔多斯市	2 173	5 300	9 675	22 296	15.9	12.8	8.7

7.5　产业发展预测

7.5.1　工业发展格局

7.5.1.1　工业发展历程

从发展来看,新中国成立以来鄂尔多斯市工业发展经历了三个阶段:

1949～1980 年:工业经济“低速运行”阶段。1949 年鄂尔多斯市工业增加值 194 万元,仅占地区总产值的 4.1%;到 1980 年,鄂尔多斯市工业增加值仅 1.19 亿元,工农业产值之比为 38:62,农牧业仍占国民经济的主导地位。

1981～1993 年:工业发展“蓄势待发”阶段。1980 年以后,随着国家能源战略的西移,为鄂尔多斯市工业发展带来了机遇。以此为契机,鄂尔多斯市实施资源转换战略,建成了一批工业项目。1993 年,鄂尔多斯市工业增加值达到 5.9 亿元,工农业产值比调整为 53:47,工业开始占据经济的主导地位,基本形成了煤炭、纺织、化工、电力四大支柱产业。

1994 年至今:工业经济“持续、快速、高效”发展阶段,工业成为带动地方经济发展的“火车头”,重工业比重逐步上升。工业集中发展区成为工业化核心区,工业布局渐趋合理,循环经济成为新型工业化发展的引擎,鄂尔多斯市工业化步入黄金发展时期和全面起飞阶段,在过去的 16 年间,工业增加值年均增长率达到 31.6%,见图 7-5-1、图 7-5-2。

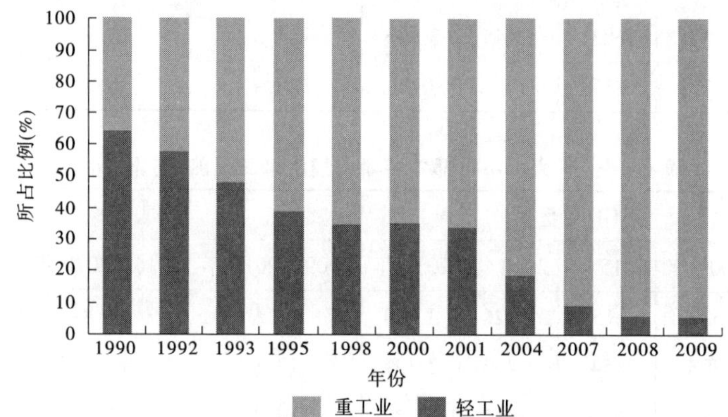

图 7-5-1　鄂尔多斯市工业结构变化情况

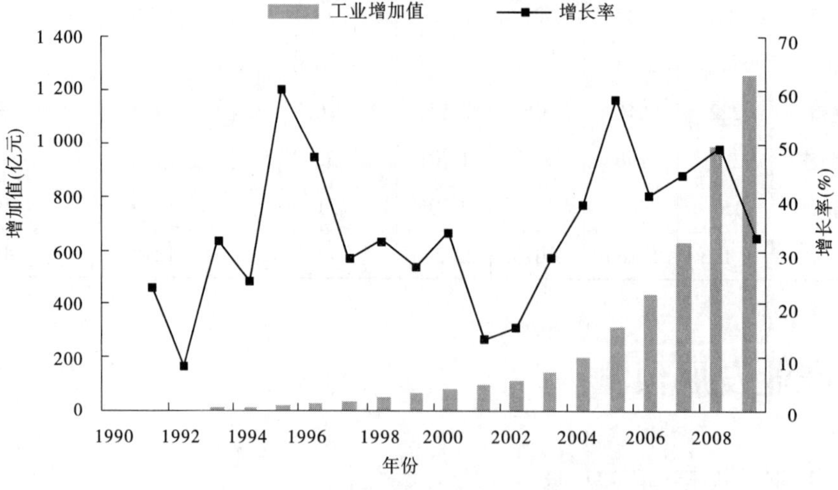

图 7-5-2　近 20 年鄂尔多斯市工业发展历程

7.5.1.2　工业结构

近年来，鄂尔多斯市以建设国家战略性生态能源和现代化工基地为目标，发挥资源优势，加快产业结构调整步伐，大力发展优势特色产业并着力培育新兴产业。产业规模不断扩大，产业层次不断提升，产业门类不断增多，形成了以能源、重化工、冶金、建材、装备制造、现代服务业等为支柱的产业体系，奠定了第二、三产业协同拉动经济发展的格局。

经过近 10 年发展，鄂尔多斯市能源重化工产业园区建设已经初具规模，能源重化工产业已居国内领先地位，煤炭产量占全国总产量的 11.4%；煤化工产品中电石占国内的 10.2%，甲醇占全国的 11%。能源重化工产业的快速发展，已经成为拉动全市经济跨越式发展的主要动力。2009 年鄂尔多斯市工业增加值达到 1 132.1 亿元，比 2008 年增长了 22.0%，规模以上工业企业完成增加值 1 031.6 亿元，增长 22.6%。煤炭、电力、化工、建材、装备制造等优势产业实现的增加值占 90% 以上，成为拉动工业生产快速增长的主要动力，见图 7-5-3。

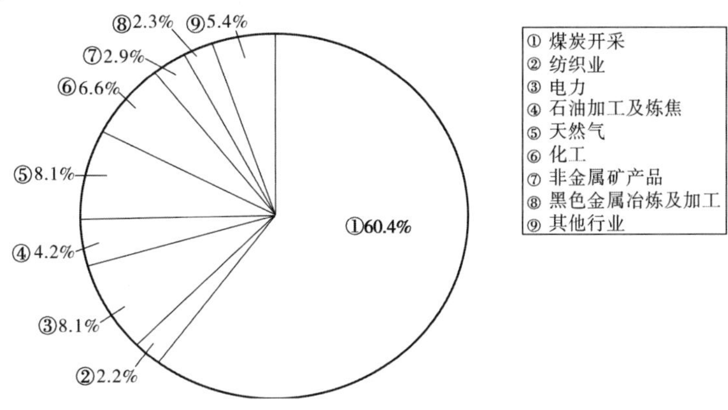

图 7-5-3　鄂尔多斯市主要工业部门工业增加值比例

7.5.1.3　重点产业发展现状

1. 能源产业

能源产业是鄂尔多斯市优势特色产业。2009 年，鄂尔多斯市煤炭产量为 3.384 0 亿 t，约占内蒙古自治区总产量的 56.0%，占全国总产量的 11.4%；发电量 435.7 亿 kWh，占内蒙古自治区的 19.45%，占全国发电量的 1.19%；煤化工产品焦炭和电石产量分别为 475.4 万 t 和 240 万 t。鄂尔多斯煤炭、火电和煤化工产业在内蒙古自治区占有举足轻重的地位。鄂尔多斯市主要能源产品生产情况见表 7-5-1。

表 7-5-1　2009 年鄂尔多斯市主要能源产品规模及地位

产品	产量	占自治区比例(%)	占全国比例(%)
原煤(万 t)	33 840	56.0	11.4
发电量(亿 kWh)	435.7	19.45	1.19
焦炭(万 t)	475.4	25.9	1.4
电石(万 t)	240	52.2	16.0

2. 化工产业

化工产业是鄂尔多斯市传统优势产业，已实现了由无机化工为主到有机化工为主的转变。随着神华煤直接液化、伊泰煤间接液化、新奥甲醇、亿利 PVC、博源甲醇等一批大项目的建成投产，形成了以煤化工、氯碱化工、天然气化工为主的化工产业体系，产业竞争优势越发突显。主要产品产量为精甲醇 117.6 万 t、聚氯乙烯 28.6 万 t、烧碱 25.1 万 t。2009 年规模重化工行业增加值 111.2 亿元，占全市工业增加值的 10.8%。

3. 建材业

建材业是鄂尔多斯市的传统产业，近年来通过淘汰落后产能，采用先进技术工艺，提高资源综合利用水平，产业层次明显提升，新型干法水泥比重达到 100%。依托陶土、石英砂、高岭土等矿产资源及充沛的电力、天然气等能源供应优势，积极承接东部地区产业转移，引进广东等地的陶瓷生产企业，已建成 5 条陶瓷墙地砖生产线及年产 3 200 万件礼品用瓷生产线，还有一批陶瓷生产线正在建设中；围绕氯碱化工产业发展，积极发展 PVC 深加工产业链。2009 年建材业增加值 30.1 亿元，占全市的 2.9%。

4. 冶金业

鄂尔多斯市的冶金业主要产品为铁合金和生铁，鄂绒集团铁合金产能近 100 万 t，为世界最大的硅合金生产企业，但总体来看鄂尔多斯市冶金业仍处于低水平状态，属于初加工阶段，产业链短，技术含量低，节能减排水平仍需进一步提高。2009 年铁合金产量为 80.7 万 t、生铁 29.4 万 t，实现增加值 23.9 亿元，占全市的 2.3%。

5. 装备制造业

鄂尔多斯市装备制造业目前处于起步阶段，除汽车、锅炉等产品外，大多数领域属于空白，产业基础薄弱、规模小，产品种类少、层次低。随着招商引资力度的不断加大，一批大项目、好项目的陆续落地，装备制造业进入了快速发展轨道，将成为鄂尔多斯市推动产业转型、结构调整的支柱产业。2009 年装备制造业增加值 4.5 亿元，占全市的 0.4%。

6. 农畜产品加工业

鄂尔多斯市农畜产品加工业以绒纺业为主，绒纺业在全国占有重要地位，除绒纺业外，农畜产品加工业的其他行业企业数量少，规模也不大。2009 年规模以上农畜产品加工业实现增加值 55 亿元，占全市的 5.3%。

7.5.1.4 工业发展布局

鄂尔多斯市全面落实“呼－包－鄂经济一体化”战略要求，进一步明确和调整各工业园区的产业定位，强化协调有序发展，有效整合工业园区。进一步优化资源配置，突出产业链发展和集聚效应，集中力量建设一批布局合理、重点突出、分工明确、优势互补、产业配套、特色明显的能源重化工重点园区，尽快形成新一轮能源重化工产业布局的总体框架，实现工业发展与城市发展的良性互动。为全面落实“呼－包－鄂经济一体化”战略要求，实现沿黄沿线集中布局的能源重化工产业带，在以上总体思路的基础上，分四个层级对现有园区进行整合，建设自治区六大园区、市重点园区、企业自建园区的园区布局。鄂尔多斯市工业园区布局见图 7-5-4。

1. 重点打造 6 大自治区级工业园区

鄂尔多斯市将重点打造准格尔旗大路工业园区、达拉特旗树林召工业园区、杭锦旗独

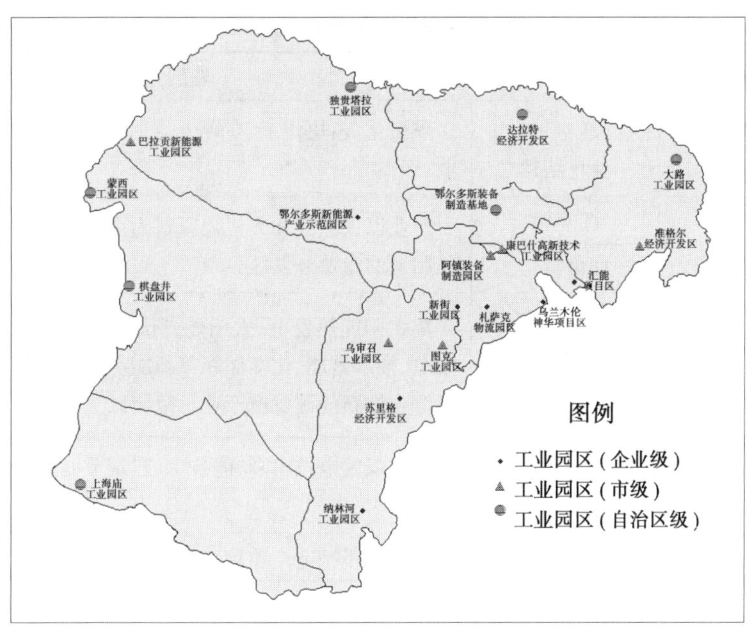

图 7-5-4　鄂尔多斯市工业园区布局

贵塔拉工业园区、鄂托克旗棋盘井蒙西工业园区、鄂托克前旗上海庙工业园区和东胜区鄂尔多斯装备制造基地六个自治区级工业园区。鄂尔多斯市自治区级工业园区情况见表 7-5-2。

表 7-5-2　鄂尔多斯市自治区级工业园区情况

自治区级工业园区	位置	发展定位
大路工业园区	准格尔旗大路镇	建成世界级煤化工基地
达拉特经济开发区	达拉特旗树林召	形成建材和氯碱化工相结合的循环经济产业基地
独贵塔拉工业园区	杭锦旗独贵塔拉镇	煤制化肥、煤制乙二醇、煤制甲醇等煤化工产品，远期建设大型煤制油基地
棋盘井蒙西工业园区	鄂托克旗棋盘井镇 鄂托克旗蒙西镇	以氯碱化工为主，硅产业、焦化、建材为辅的循环经济产业区
上海庙工业园区	鄂托克前旗上海庙镇	形成“煤为基础、电为支撑、化为主导”的循环产业集群
鄂尔多斯装备制造基地	东胜区	新技术、现代机械加工

2. 市旗两级共同推动 5 个市级工业园区

积极推进准格尔旗经济开发区、乌审旗图克工业园区、杭锦旗巴拉贡新能源工业园区、康巴什高新技术工业园区和伊金霍洛旗阿镇装备制造园区五个市级重点园区。鄂尔多斯市级重点工业园区情况见表 7-5-3。

表 7-5-3 鄂尔多斯市级重点工业园区情况

市级工业园区	位置	发展定位
准格尔经济开发区	准格尔沙圪堵镇	煤焦化、乙炔化工、高岭土、石头纸业、高新技术等特色产业
乌审旗图克工业园区	图克镇	产业以天然气和无机盐原料为主的能源化工和精细化学品制造的专业开发区
	乌审召镇	
巴拉贡新能源工业园区	杭锦旗巴拉贡镇	集太阳能热发电、太阳能光伏发电、风力发电、生物质能发电、抽水蓄能、化学储能等新能源发电产业为主体的大规模综合性新能源发电产业示范园区
康巴什高新技术工业园区	康巴什新区	清洁煤发电技术、储能技术、建筑节能、生物质能源、新能源
阿镇装备制造园区	伊金霍洛旗阿镇	现代装备制造产业和高新技术产业

3. 企业自建园区

对园区内主要由少数企业实施的园区,以实施现有和在建项目为主由企业自主发展,包括伊金霍洛旗汇能项目区、乌兰木伦神华项目区。

4. 新增园区

根据鄂尔多斯市新建工业园区规划,将在伊金霍洛旗新建札萨克物流园区及新街工业园区、杭锦旗鄂尔多斯新能源产业示范区新兴产业园区以及乌审旗的纳林河工业园区。

鄂尔多斯市工业布局的特点如下:

(1)沿黄、沿线布局。实施"呼—包—鄂经济一体化战略",产业布局逐步融入呼—包—鄂一体化、黄河经济带、国家能源战略体系之中。未来产业布局呈现出明显的沿河、沿线布局,集中力量建设国家级大型工业园区。

(2)按照比较优势布局。研究水平年,鄂尔多斯市通盘考虑能源化工产业发展,打破旗(区)利益束缚,依托各旗(区)资源条件和比较优势,差异化布局。

(3)规模化、基地化。产业布局将遵循规模化、集约化、基地化,向交通、工业基础、城市建设、水资源较好的地区集中布局,沿黄沿路打造产业集聚的经济带。培育发展专业分工突出、协作配套紧密、规模效应显著的产业集群。

7.5.1.5 工业发展指标预测

按照方案一情景模式,预测 2015 年、2020 年和 2030 年鄂尔多斯市工业增加值将分别达到 4 223 亿元、8 148 亿元和 19 089 亿元,2009 ~ 2030 年 21 年间工业增长率达到 14.4%。研究水平年方案一,鄂尔多斯市工业发展指标预测见表 7-5-4。

预测研究水平年方案二情景模式,2015 年、2020 年和 2030 年水平鄂尔多斯市工业增加值将分别达到 2 774 亿元、4 949 亿元和 11 123 亿元,发展速度分别为 16.1%、12.3% 和 8.4%,2009 ~ 2030 年 21 年间工业增长率达到 11.5%。从鄂尔多斯市经济发展阶段来看,在能源化工产业的推动下研究水平年工业仍保持较快速度发展,但以调整转型升级为主。研究水平年方案二情景模式,鄂尔多斯市工业发展指标预测见表 7-5-5。

表 7-5-4　研究水平年鄂尔多斯市各旗(区)工业增加值预测(方案一)

旗(区)	增加值(亿元)				增长率(%)		
	2009 年	2015 年	2020 年	2030 年	2009 ~ 2015 年	2016 ~ 2020 年	2021 ~ 2030 年
准格尔旗	309.5	839	1 446	2 675	18.1	11.5	6.3
伊金霍洛旗	221.10	717	1 274	2 486	21.7	12.2	6.9
达拉特旗	157.50	428	758	1 567	18.1	12.1	7.5
东胜区	169.56	533	865	1 546	21.0	10.2	6.0
康巴什新区	4.32	179	424	1 645	86.0	18.9	14.5
杭锦旗	9.50	193	515	1 694	65.2	21.7	12.6
鄂托克旗	155.91	707	1 436	3 452	28.7	15.2	9.2
鄂托克前旗	11.32	130	369	1 166	50.2	23.3	12.2
乌审旗	97.68	497	1 061	2 858	31.1	16.4	10.4
鄂尔多斯市	1 136.39	4 223	8 148	19 089	24.5	14.1	8.9

表 7-5-5　研究水平年鄂尔多斯市各旗(区)工业增加值预测(方案二)

旗(区)	增加值(亿元)				增长率(%)		
	2009 年	2015 年	2020 年	2030 年	2009 ~ 2015 年	2016 ~ 2020 年	2021 ~ 2030 年
准格尔旗	309.50	614	989	1 800	12.1	10.0	6.2
伊金霍洛旗	221.10	458	758	1 453	12.9	10.6	6.7
达拉特旗	157.50	364	610	1 261	15.0	10.9	7.5
东胜区	169.56	352	534	918	12.9	8.7	5.6
康巴什新区	4.32	82	178	618	63.3	16.8	13.3
杭锦旗	9.50	104	263	877	49.0	20.4	12.8
鄂托克旗	155.91	398	756	1 765	16.9	13.7	8.8
鄂托克前旗	11.32	105	273	863	45.0	21.1	12.2
乌审旗	97.68	297	588	1 568	20.4	14.6	10.3
鄂尔多斯市	1 136.39	2 774	4 949	11 123	16.1	12.3	8.4

方案一情景是各旗(区)、工业园区根据该区发展需求制定发展规划,提出的工业发展规模相对较大,需水量较大、废污水排放量也大。方案二情景是按照国家要求、全市统筹提出的发展规模,需水量相对较少。

7.5.2　农业发展及布局

7.5.2.1　农牧业发展现状

1990 ~ 2009 年的 20 年间,鄂尔多斯市农业增加值从 1990 年的 7.12 亿元增加至

2009 年的 60.61 亿元,年均增长率为 11.3%。农牧业增加值占全部增加值比重基本维持在 90% 左右,其中农、牧业增加值比重均在 40% ~50% 变动,且两者呈交错变化趋势,见图 7-5-5。

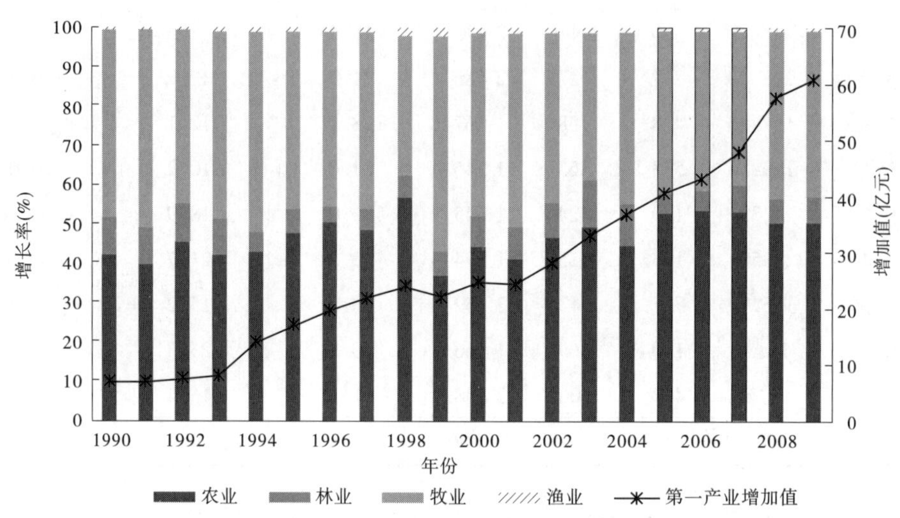

图 7-5-5　鄂尔多斯市 1990 年以来第一产业增加值及其内部结构变化

7.5.2.2　农牧业发展格局

根据中央提出的建设现代农业的总体要求,为改变农业落后状态,保护生态环境、减少水土流失,鄂尔多斯市制定了《鄂尔多斯市农牧业经济“三区”发展规划》提出了“收缩转移、集中发展”的农牧业战略布局,转移分布在水土流失严重的山丘区农村人口,集中发展水土条件较好的沿黄地区。规划明确提出农牧业发展的方向:发展现代农牧业和建设社会主义新农村新牧区,实施工业反哺农牧业、城市支持农村牧区,统筹城乡经济社会协调发展的要求调整农村牧区人口布局、产业布局、生态建设布局。

《鄂尔多斯市农牧业经济“三区”发展规划》、《鄂尔多斯市国民经济和社会发展第十二个五年规划纲要》制定的鄂尔多斯市未来农牧业发展的格局是:在引黄灌区实施现代高效节水农业示范基地建设,坚持用现代物质条件装备农业,用现代科学技术改造农业,用产业体系提升农业、用现代经营形式推进农业、用现代发展理念引领农业、用培养新型农民发展农业,实现传统农业向现代农业的根本转变,提高农业水利化、机械化和信息化水平,提高土地生产率、资源利用率和农业劳动生产率。

7.5.2.3　农牧业发展指标预测

在国家现代农牧业发展政策方针指引下,鄂尔多斯市将加快现代农牧业现代化水平,推进大中型灌区续建配套工程和节水改造项目建设步伐,预测未来 20 年间鄂尔多斯市农牧业将保持相对稳定增长。2009 年鄂尔多斯市粮食产量 136.5 万 t,经济作物产量 34.4 万 t,大小牲畜养殖 845.62 万头只,肉类总产量 14.0 万 t,农业实现增加值 60.61 亿元,形成农作物种植、牲畜养殖、农畜产品加工的产业体系。预测 2015 年、2020 年和 2030 年水平鄂尔多斯市农牧业增加值将分别达到 101 亿元、148 亿元和 243 亿元,发展速度分别为

9.0%、7.9%和5.1%,21年平均农牧业增加值发展速度达到6.8%。规划水平年农牧业增加值预测见表7-5-6。

表 7-5-6　鄂尔多斯市农牧业增加值预测成果

旗(区)	农牧业增加值(亿元)				增长率(%)		
	2009 年	2015 年	2020 年	2030 年	2009～2015 年	2016～2020 年	2021～2030 年
准格尔旗	6.38	9	12	18	6.1	5.9	4.1
伊金霍洛旗	5.20	7	9	13	6.4	5.2	3.7
达拉特旗	21.48	35	51	81	9.8	7.8	4.7
东胜区	2.10	2	3	5	3.4	8.4	5.2
康巴什新区	0	0	0	0	0	0	0
杭锦旗	9.00	12	25	51	18.7	15.8	7.4
鄂托克旗	3.94	15	21	33	9.0	7.0	4.6
鄂托克前旗	6.02	9	11	17	5.5	4.1	4.4
乌审旗	6.49	12	16	25	7.6	5.9	4.6
鄂尔多斯市	60.61	101	148	243	9.0	7.9	5.1

注:康巴什新区为非农行政区。

预测鄂尔多斯市农牧业发展的空间格局:达拉特旗、杭锦旗沿黄农业区,将加快现代种植业发展,带动农牧业加工产业发展,第一产业增加值将快速增长;传统牧业区主要依靠集中养殖及畜牧产品加工,大力发展农区畜牧业,提高养殖业规模和效益,推动农牧业结构由种植业主导型向养殖业主导型转变,经济将保持稳定增长。从研究水平年鄂尔多斯市经济发展阶段来看,农业进入现代化阶段,主要依赖科技进步和优良品种推广以及种植结构和养殖结构优化提高效益。

7.5.3　建筑业及第三产业发展

7.5.3.1　建筑业发展指标预测

在过去的10年间,鄂尔多斯市基础设施建设加快发展,建筑业发展迅速。2000年建筑业房屋竣工面积仅为16.1万m^2,2008年增加至471.79万m^2,2009年鄂尔多斯市建筑业房屋竣工面积达到543.01万m^2。建筑业增加值从2000年的7.06亿元增加至2009年的128.38亿元,年增长率为33.6%。

根据《鄂尔多斯市总体规划纲要(2011～2030)》和《鄂尔多斯市国民经济和社会发展第十二个五年规划纲要》,结合近10年鄂尔多斯市建筑业发展情况,预测2015年、2020年和2030年水平鄂尔多斯市建筑业增加值将分别达到201亿元、357亿元和750亿元,未来21年建筑业增加值年均增长率为8.8%。研究水平年年均竣工面积分别为549万m^2、566万m^2和576万m^2(包括新建的综合楼及厂房面积)。鄂尔多斯市建筑业增加值及各旗(区)建筑业指标预测见表7-5-7。

表 7-5-7　研究水平年鄂尔多斯市建筑业发展指标预测

旗(区)	增加值(亿元)			建筑面积(万 m^2)		
	2015 年	2020 年	2030 年	2015 年	2020 年	2030 年
准格尔旗	34	47	85	78	98	73
伊金霍洛旗	28	38	72	63	80	58
达拉特旗	18	30	61	75	92	101
东胜区	44	96	165	228	141	190
康巴什新区	27	64	157	42	45	34
杭锦旗	8	19	63	19	18	37
鄂托克旗	17	20	48	16	33	34
鄂托克前旗	8	20	53	9	22	18
乌审旗	17	23	46	19	37	31
鄂尔多斯市	201	357	750	549	566	576

7.5.3.2　第三产业发展指标预测

在过去的 20 多年内,随着旅游资源的开发、外来人口的增多,鄂尔多斯市物流、金融、旅游、文化等现代服务业蓬勃兴起,第三产业快速成长,正在成为带动经济发展的支柱产业。20 世纪 80 年代,鄂尔多斯市第三产业刚刚起步,1985 年第三产业增加值仅为 1.31 亿元;90 年代,鄂尔多斯市第三产业经历了一个快速增长的阶段,年均增长率为 26%,2000 年鄂尔多斯市第三产业增加值达 41.63 亿元;2000 年以后则是鄂尔多斯市第三产业加速发展时期,年增长率在 40% 左右,2009 年第三产业增加值达到 839.9 亿元,是 1985 年的 532 倍。

研究水平年鄂尔多斯市产业不断升级,加快形成现代服务业体系。未来鄂尔多斯市着手打造现代服务业。重点发展生产性服务业,大力培育新兴服务业,全力推进生活性服务业发展,全面提升服务业的层次和水平,“大力发展生产性服务业,改造提升生活性服务业,培育完善公共服务业,以服务业的快速崛起带动产业结构转型”、构建与第一产业、第二产业相互融合、相互促进的现代服务业体系。根据《鄂尔多斯市国民经济和社会发展第十二个五年规划纲要》,未来鄂尔多斯市将大力推进第三产业发展,并加快形成现代服务业体系。到 2015 年,随着阿康、大塔、札萨克、东胜四大中心物流基地建设的加快推进,交通运输、仓储和邮政业迅速增长,批发和零售业、住宿、餐饮业、金融业及金融机构规模不断扩大。预测研究水平年鄂尔多斯市第三产业增长速度将高于区域经济增长水平,2009 ~ 2015年间第三产业增加值将实现 17.2% 的增长,占 GDP 的比例将有较大提升;2016 ~ 2020 年鄂尔多斯市第三产业增长率为 13.7%,2020 年第三产业增加值达到 4 228 亿元;2021 ~ 2030 年增长率保持在 9.1%,2030 年第三产业增加值达到 10 131 亿元。研究水平年鄂尔多斯市第三产业指标预测见表 7-5-8。

表 7-5-8　研究水平年鄂尔多斯市第三产业指标预测

旗(区)	增加值(亿元)				增长率(%)		
	2009 年	2015 年	2020 年	2030 年	2009～2015 年	2016～2020 年	2021～2030 年
准格尔旗	197.87	483	854	1 739	16.0	12.1	7.4
伊金霍洛旗	146.73	357	645	1 334	16.0	12.6	7.5
达拉特旗	88.18	202	389	926	14.8	14.0	9.1
东胜区	304.83	701	1 164	2 200	14.9	10.7	6.6
康巴什新区	2.92	93	233	965	78.0	20.2	15.3
杭锦旗	18.01	43	135	557	15.6	25.7	15.2
鄂托克旗	47.04	114	247	643	15.9	16.7	10.0
鄂托克前旗	15.64	75	216	761	29.9	23.6	13.4
乌审旗	36.05	157	345	1 006	27.8	17.1	11.3
鄂尔多斯市	857.27	2 225	4 228	10 131	17.2	13.7	9.1

7.5.4　经济结构预测

7.5.4.1　最优产业结构的确定

美国多夫曼、萨谬尔森和索洛等发现，在一定经济发展水平下，当资源配置最优时，存在着最优经济均衡增长途径，即大道定理，并可以证明均衡增长率由结构关联技术水平矩阵(即直接消耗系数阵)A 所决定，均衡增长的增长率和均衡增长产出结构分别等于非负矩阵 A 的弗罗比尼斯特征根(即最大特征根)和相对应的弗罗比尼斯向量(最大特征根所对应的特征向量)。据此，可以构造产业结构偏离度 k_i

$$k_i = 1 - \min(x_i, u_i)/\max(x_i, u_i) \tag{7-5-1}$$

式中：x_i 为实际的生产结构；u_i 为最优的生产结构(弗罗比尼斯向量)。

k_i 越大，i 部门偏差越大。产业结构的总体协调情况可以用实际的生产结构向量与最优的生产结构向量之间夹角的余弦表示，即

$$k = \cos\alpha = \frac{\sum_{i=1}^{n} x_i \times u_i}{\sqrt{\sum_{i=1}^{n} x_i^2 \times \sum_{i=1}^{n} u_i^2}} \tag{7-5-2}$$

k_i 越大，结构优化协调性越好。

7.5.4.2　产业结构预测

工业化、城市化的快速发展将推动社会分工细化和需求结构变化，进一步推动产业结构变化。研究水平年在城市化、信息化的带动下，鄂尔多斯市服务业将加快增长，第三产业的增加值总量将实现快速增长；在工业化快速发展、循环经济深入推进下，第二产业增长的速度将逐渐加快；鄂尔多斯市第一产业在稳定生产、保障农牧民收入等的引导下，保持持续增长。

综合分析，第一产业增加值占国内生产总值(GDP)的比重将持续下降，2030 年第一产业比重降低到 1% 以下；第二产业的比重基本稳定、稳中有降，鄂尔多斯市是全国能源、

重化工基地，根据国家发展的需要，今后能源、原材料工业还要保持高速发展，同时积极增强制造业和高新技术产业的发展；第三产业比重逐步上升，但与全国平均水平和先进地区相比，差距将进一步拉大。据此预测，方案一情景，2015 年鄂尔多斯市三产比例为 1.3∶57.6∶41.1，到 2030 年调整为 0.5∶55.0∶44.5；按照方案二情景模式，2015 年鄂尔多斯市三次产业结构将调整为 1.8∶56.2∶42.0，2030 年则进一步调整为 0.6∶53.6∶45.8。鄂尔多斯市研究水平年三次产业结构发展趋势详见表 7-5-9。

表 7-5-9　鄂尔多斯市三次产业及结构发展趋势预测　　（%）

水平年	方案一			方案二			全国平均		
	第一产业	第二产业	第三产业	第一产业	第二产业	第三产业	第一产业	第二产业	第三产业
2009 年	2.8	58.3	38.9	2.8	58.3	38.9	10.6	46.8	42.6
2015 年	1.3	57.6	41.1	1.8	56.2	42.0	8.0	47.0	45.0
2020 年	1.0	56.9	42.1	1.4	54.8	43.8	7.1	46.2	46.7
2030 年	0.5	55.0	44.5	0.6	53.6	45.8	6.0	45.8	48.2

与全国三次产业结构相比，未来鄂尔多斯市第二产业比重仍相对较高，表明工业化程度高，而第三产业的比重较低则表明活力不足。与方案二比较，方案一中的第二产业比重明显偏高。

综上分析，未来 20 年内鄂尔多斯市的工业将有很大的发展，人均工业增加值远高于全国平均水平，但重工业比重大，农业、轻工业对重工业的供给能力低，产业结构层次低，属于资源型工业结构。

7.6　本章小结

分析经济学关于区域经济增长的理论，在分析区域经济社会发展历程及现阶段特征的基础上，判断区域发展面临的宏观经济形势和机遇，提出区域发展态势和总体格局的预测成果。

（1）根据预测鄂尔多斯市 2020 年和 2030 年人口、城镇化率综合人口的自然增长与机械增长预测成果，预测 2015 年、2020 年和 2030 年鄂尔多斯市总人口将分别达到 238.39 万、285.98 万和 319.76 万。

（2）区域经济发展预测采用经济发展高方案和低方案两种情景，经综合预测按照低方案发展，2009～2015 年、2016～2020 年、2021～2030 年鄂尔多斯市国民生产总值年均增长率分别为 15.9%、12.8%、8.7%，到 2030 年鄂尔多斯市 GDP 总量达 22 296 亿元。

（3）采用最优结构确定理论，综合分析，第一产业增加值占国内生产总值（GDP）的比重将持续下降，2030 年第一产业比重降低到 1% 以下，第二产业的比重基本稳定、稳中有降，第三产业比重逐步上升。2030 年鄂尔多斯市产业结构将调整为 0.6∶53.6∶45.8，未来产业结构不断优化调整。

第 8 章　经济社会及生态环境保护对水资源的需求分析

科学的需水预测是水资源合理配置的基础，是基于用水变化规律对区域水资源需求变化趋势的前瞻性认识。鄂尔多斯市需水预测的用水户分生活、生产和生态环境三大类，生产需水是指有经济产出的各类生产活动所需的水量，包括第一产业（种植业、林牧渔业）、第二产业（工业、建筑业）及第三产业（商饮业、服务业），生活需水包括城镇居民生活需水和农村居民生活需水，生态环境需水则包括农村生态林草建设需水和城镇生态美化需水。

8.1　水资源需求预测方法综述

不同的用水户，其需水预测方法不同，同一用水户也存在着多种预测方法。目前研究常用的需水方法主要有判断预测法（直观预测法）、发展指标与用水定额法（简称为定额法）、机理预测法、趋势预测法、人均用水量预测法、弹性系数法等，其中定额法为目前普遍采用的需水预测方法。

8.1.1　判断预测法

判断预测法是一种定性预测方法，是基于个人或集体的经验和知识进行的预测，它可以是纯主观的，也可以是对任何一种客观预测结果的主观修正（Medonal 和 Kay，1988）。该方法具有省时、经济、数据资料要求低等特点，但由于根据人的主观经验进行判断，因此客观性较差，可靠性不强。但是，有时由于受资料所限制，有些变量间的关系无法通过统计分析来确定，故只能根据经验进行判断。因此，直观预测法在需水量预测中（特别在水资源决策中）仍占有十分重要的地位。

8.1.2　发展指标与用水定额法

定额法涉及对国民经济发展指标和对应指标用水定额的预测。国民经济发展指标一般主要是分一、二、三产业的增加值以及人口、灌溉面积、建筑面积等指标，用水定额主要采取万元工业增加值用水量、人均生活日用水量、亩均用水量等。该方法是目前我国最为广泛采用的方法。存在的主要问题是，定额法对于国民经济发展指标的预测把握不是很准，因为国民经济发展受很多因素影响，而且有些因素是不可测的，目前往往都是比较乐观的估计，也有个别估计不足的情况。而对于用水定额的预测，特别是超长期的定额预测，同时也缺乏有效的定量手段，但是定量问题不只是定额法存在的问题，也是其他方法普遍存在的问题，这使得有些人会对定额法存在异议，但是在实际应用中对这两个方面的预测加以认真对待，多方面求证，完全可以提高预测精度，把预测误差控制在允许范围内。

8.1.3 机理预测法

机理预测法是从需水机理入手，基于水量平衡而提出的，考虑的因素比较全面，应该说是一种比较精确的需水预测方法，如灌溉需水量预测所采用的彭曼公式法。机理预测一般要通过大量的试验得到用水的一般规律，对于资料要求较高，而且存在着一定的假设条件，在实际应用中需要进行简化和修正，因此该方法只有在试验点或者范围比较小的地方适用，对于宏观研究无法直接应用。

8.1.4 趋势预测法

趋势预测法是基于对历史统计数据的分析，选取一定长度的，具有可靠性、一致性和代表性的统计数据作为样本，进行回归分析，并以相关性显著的回归方程进行趋势外延。这种方法的缺点是用水机制不太明确，优点是需求资料少，方法简单，趋势性较好。对于需水预测来说，由于需水增长受各类因素的综合影响，目前还没有一种方法能定量反映诸多因素对需水量的影响，因而趋势预测方法仍是需水预测的常用方法之一。

8.1.5 人均用水量预测法

用水或需水归根结底为人的需水，因而采用人均需水量方法也不失为一种简单、综合判定的方法。人均需水量指标主要基于国内外、区内外的比较分析后综合判定。其优点是简单、快捷；缺点是只能用来估算总的用水，无法预测分行业的需水量，因此无法用于水资源规划和配置。另外，对于不同地区、不同的经济社会发展阶段，特别是水资源禀赋和开发利用的难度不同，人均需水量（人均用水量）在时间尺度和空间尺度上差异十分明显。如西北内陆河流域 2000 年人均用水量超过 2 000 m^3，而经济发达的黄淮海地区则只有 300 m^3 左右，全国平均水平为 430 m^3（2000 年），因此很难确定合理的人均用水量指标。

8.1.6 弹性系数法

需水增长与其用户发展指标是有密切联系的，同时受诸如水价、收入水平、用水水平等因素的影响，可以通过弹性系数来反映，如需水的人口弹性系数、水价弹性系数、人均收入水平的弹性系数等。所谓需水弹性系数，即为需水增长率与其考虑对象的增长率的比值。如工业需水弹性系数可以描述为工业需水量的增长率与工业产值的增长率的比值。显然，需水弹性有其阶段性、区域性特点，在不同的发展阶段、不同的地区，其弹性是有差异的。该方法在国际上广为应用，但因其对资料的要求较高，在我国主要在工业需水预测方面有些应用，在其他行业应用不多，更多的是作为检验需水预测合理性的一种方法。

8.2 生活需水预测

生活需水分城镇居民生活需水和农村居民生活需水两类，生活需水量预测采用趋势法与人均日用水量指标定额方法相结合。

8.2.1　现状用水定额分析

8.2.1.1　城镇居民生活定额现状分析

城镇居民生活用水是指家庭和个人用水,包括饮用、洗涤等室内用水和洗车、绿化等室外用水。城镇居民生活用水标准与城市规模、城市性质、水源条件、生活水平、生活习惯等因素有关。城镇居民生活用水定额为取水口的引水毛定额,包括了输水损失在内。

据统计,2009 年鄂尔多斯市城镇人口 108.37 万,城镇居民生活用水量 3 248 万 m^3,平均用水定额为 82 L/(人·d)。从分区来看,城镇用水定额不等,其中东胜、康巴什等中心城区用水定额稍高,分别为 87 L/(人·d)和 90 L/(人·d),乌审旗、鄂托克旗和鄂托克前旗等西部的城镇稍低,仅 73 ~75 L/(人·d)。1980 ~2009 年 30 年间,由于城镇居民生活质量不断提高,城镇用水定额呈快速增长趋势,从 1980 年的 47 L/(人·d)增加到 2009 年的 82 L/(人·d)。近 30 年鄂尔多斯市城镇居民生活用水定额增长情况见表 8-2-1。

表 8-2-1　鄂尔多斯市不同年份生活用水定额　(单位:L/(人·d))

年份	城镇用水定额	农村用水定额
1980	47	30
1985	50	32
1990	52	32
1995	79	35
2000	61	43
2005	71	45
2009	82	46

8.2.1.2　农村居民生活定额现状分析

2009 年鄂尔多斯市农村人口 54.18 万,用水量 919 万 m^3,农村居民生活平均用水定额 46 L/(人·d),其中达拉特旗、东胜区和康巴什新区的农村居民生活用水定额稍高,为 48 ~50 L/(人·d),准格尔旗、伊金霍洛旗和鄂托克前旗的农村居民生活用水定额稍低,为 45 L/(人·d)。

1980 ~2009 年 30 年间,农村居民用水定额也呈不断增长的趋势,从 1980 年的 30 L/(人·d)增加到 2009 年的 46 L/(人·d)。近 30 年鄂尔多斯市农村居民生活用水定额增长见表 8-2-1。

2009 年鄂尔多斯市城镇居民生活用水指标比相邻地区城镇居民生活用水定额低 8 L/(人·d),属相对较低水平。

8.2.2　需水定额预测

根据对鄂尔多斯市生活用水指标发展趋势的分析,并结合研究水平年经济社会发展水平、人均收入水平、水价水平、节水器具推广与普及情况,考虑区域生活用水习惯,参照建设部门已制定的城市(镇)用水标准,参考国内外同类地区居民生活用水定额,分别拟定研究水平年城镇和农村居民生活需水定额。

8.2.2.1 城镇居民生活需水定额

城镇居民生活用水标准与当地自然条件、生活习惯、城镇规模、生活水平及水资源条件等因素有关。随着国民经济的发展和城市居民生活水平的提高及居住条件的改善,用水水平也会相应提高,用水定额逐步增大。在未来 20 年间,随着城镇居民生活水平的提高,考虑节水政策、水价调控、输水管网漏损率减小等因素影响,预测研究水平年生活用水定额将有所增长,到 2015 年鄂尔多斯市平均城镇居民生活用水定额达到 89 L/(人·d),2020 年水平为 96 L/(人·d),2030 年水平为 107 L/(人·d)。

8.2.2.2 农村居民生活需水定额

农村居民生活用水与当地的经济发展水平、水资源条件有关。经济发达、水资源条件较好的地区用水定额较高,经济落后和缺水地区用水定额偏低。近年来,鄂尔多斯市推行城乡一体化将会使农村居民生活用水定额有所提高。

农村居民生活需水定额预测考虑现状农村居民用水水平、区域生活习惯和水资源条件以及未来生活水平的提高等因素,预测 2015 年、2020 年和 2030 年水平鄂尔多斯市农村居民用水定额分别为 50 L/(人·d)、53 L/(人·d)和 59 L/(人·d)。生活需水定额趋势预测详见图 8-2-1。

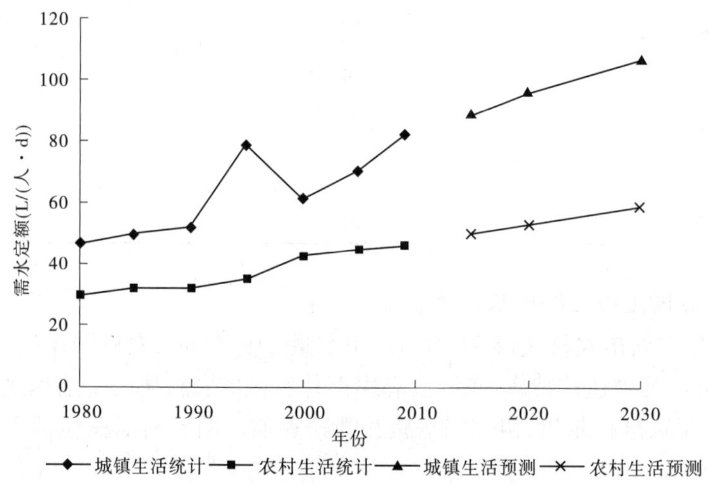

图 8-2-1 城镇、农村生活需水定额趋势

8.2.3 生活需水量预测

生活需水预测采用人口定额法。

生活净需水量为

$$LW_i^t = Po_i^t \times LQ_i^t \times 365/1\,000 \tag{8-2-1}$$

生活毛需水量为

$$GLW_i^t = LW_i^t/\eta_i^t = Po_i^t \times LQ_i^t \times 365/1\,000/\eta_i^t \tag{8-2-2}$$

式中：i 为用户分类序号，$i=1$ 为城镇，$i=2$ 为农村；t 为研究水平年序号；LW_i^t 为第 i 用户第 t 研究水平年生活年需水量，万 m^3；Po_i^t 为第 i 用户第 t 研究水平年的用水人口；LQ_i^t 为第 i 用户第 t 年的人均日用水量，(L/(人·d))；η_i^t 为第 i 用户第 t 研究水平年水利用系数，由生活供水系统确定。

8.2.3.1　城镇居民生活需水

根据城镇人口发展预测以及城镇居民生活需水定额分析成果，预测 2015 年、2020 年和 2030 年鄂尔多斯市城镇居民生活需水量分别为 6 266 万 m^3、8 928 万 m^3 和 11 906 万 m^3。研究水平年鄂尔多斯市城镇居民生活需水预测见表 8-2-2。

表 8-2-2　鄂尔多斯市城镇居民生活需水预测　（单位：万 m^3）

分区		基准年	2015 年	2020 年	2030 年
水资源分区	黄河南岸灌区	53	140	232	361
	河口镇以上南岸	622	984	1 267	1 668
	石嘴山以上	63	84	111	132
	内流区	420	590	734	948
	无定河	75	115	172	253
	红碱淖	18	21	24	27
	窟野河	1 405	3 439	5 229	7 104
	河口镇以下	592	893	1 159	1 413
行政区	准格尔旗	612	919	1 192	1 449
	伊金霍洛旗	287	631	970	1 307
	达拉特旗	459	817	1 093	1 484
	东胜区	1 225	2 549	3 535	4 731
	康巴什新区	55	443	951	1 341
	杭锦旗	145	267	358	497
	鄂托克旗	223	306	380	488
	鄂托克前旗	103	136	176	218
	乌审旗	139	198	273	391
鄂尔多斯市		3 248	6 266	8 928	11 906

城镇居民生活需水量预测成果显示，研究水平年城镇居民生活需水量较现状有较大提高，主要原因有两方面：①城镇化率提高、城镇人口增长；②生活水平提高、用水定额增加。

8.2.3.2　农村居民生活需水

根据农村人口和农村居民生活需水定额分析成果，预测 2015 年、2020 年和 2030 年鄂尔多斯市农村居民生活需水量分别为 868 万 m^3、659 万 m^3 和 431 万 m^3。研究水平年鄂尔多斯市农村居民生活需水预测见表 8-2-3。

表 8-2-3　鄂尔多斯市农村居民生活需水预测　　（单位：万 m^3）

分区		基准年	2015 年	2020 年	2030 年
水资源分区	黄河南岸灌区	81	82	76	52
	河口镇以上南岸	294	297	278	204
	石嘴山以上	22	17	10	2
	内流区	200	190	137	87
	无定河	69	71	69	37
	红碱淖	13	13	11	9
	窟野河	90	57	19	9
	河口镇以下	150	141	59	31
行政区	准格尔旗	198	189	89	52
	伊金霍洛旗	96	84	63	33
	达拉特旗	261	266	280	208
	东胜区	55	51	10	5
	康巴什新区	22			
	杭锦旗	83	88	73	54
	鄂托克旗	72	59	35	17
	鄂托克前旗	51	48	36	23
	乌审旗	81	83	73	39
鄂尔多斯市		919	868	659	431

农村居民生活需水量预测成果显示，研究水平年鄂尔多斯市农村居民生活需水量较现状将有较大减少，主要由于鄂尔多斯市实施三区规划、保护牧区生态，农村人口大量迁出，人口减少。

8.3　工业需水预测

工业需水定额的影响因素包括行业产品性质及产品结构，用水水平和节水程度，企业生产规模，生产工艺、生产设备、技术水平，用水管理及水价，自然因素及取水条件等。

根据鄂尔多斯市工业发展现状及发展规划分析结果，未来工业主要以能源化工为主，结合工业用水特征，将鄂尔多斯市工业按照产品细化为诸多门类，采用不同方法预测。对主要工业产品（包括煤炭、能源和化工）需水采用产品定额法预测，对部分产品（包括纺织以及食品、农畜产品加工等）需水量预测采用增加值定额预测法。

微观工业需水理论采用单位产品用水量来分析工业需水量，即每生产单位产品需用水量。单位产品需水量能反映随生产工艺技术、设备、规模及管理情况变化而产生的节水效应。其优点是能比较真实地反映工业用水情况,同一种产品很容易看出用水水平。工业需水计算目前最为常用的工业净需水量和毛需水量的计算公式分别为

$$IW_i^t = \sum_{i=1}^{n} (X_i^t \times IQ_i^t) \tag{8-3-1}$$

$$GIW_i^t = IW_i^t / \eta_i^t \tag{8-3-2}$$

式中:IW_i^t 为第 i 工业产品第 t 研究水平年工业净需水总量;X_i^t 为第 i 工业产品第 t 研究水平年工业产量;IQ_i^t 为第 i 工业产品第 t 研究水平年的需水定额;GIW_i^t 为第 i 工业产品第 t 研究水平年工业毛需水总量;η_i^t 为第 i 工业部门第 t 研究水平年水利用系数,由工业供水系统确定。

在大规模发展新型工业项目的推动下,鄂尔多斯市工业技术水平和用水工艺将会有较大提升,受工业用水重复利用率提高、技术进步、工业结构变化等因素的影响,工业取水定额将逐步下降。结合国内外技术发展水平和趋势,预测工业用水重复利用率将从 2009 年现状的 70.5% 提高到 2030 年的 93% 。

8.3.1　能源化工工业需水预测

8.3.1.1　能源化工工业需水机理

鄂尔多斯市煤炭资源丰富,是内蒙古自治区和我国重要的能源生产基地。近年来,煤炭、电力、冶金和化工等产业已经发展成为鄂尔多斯市的重要支柱产业,焦化、电石、合成氨、甲醇等传统能源化工产业发展迅速,煤制油、煤制烯烃、煤制乙二醇、煤制二甲醚、煤制天然气等新型能源化工项目规模也达到国内领先水平。

能源化工工业属于高耗水产业,主要以煤为原料,经过化学反应,生成各种化学品,主要包括焦化、煤气化、液化三个方面,形成焦炭、甲醇、合成氨、液态烃、液化气等产品,并延伸加工一系列下游产品。在煤化工产业链中,一方面水以其物理形态作为生产用水,如以间接冷却水、蒸气、冷凝液等形式供给各生产装置;另一方面水作为原料以 H_2O 的形态参与各类化学反应中,如煤气化、变换、合成等。能源化工业用水系统基本流程见图 8-3-1。

能源化工项目用水主要在循环冷却水系统和化学水环节,其中循环冷却系统补充水用量占总用水量的 50% ~60% ,主要用于补充循环冷却系统蒸发、风吹损失以及排污水量等,这部分水经过使用后,水质未发生大的变化,仅是水温有所提高,经降温后可重复使用。可通过对项目热电站、空分、甲醇合成和甲醇制烯烃等循环冷却水用量大的工序的蒸汽透平采用空冷设备和技术,或提高循环冷却系统的浓缩倍数,以减少循环水用量,相应减少补充水用量。

能源化工产业用水中的 5% ~10% 会以 H_2O 的形态参与化学反应以及在工艺过程中消耗,要实现节水则必须提高原料煤的燃煤率以及各类催化剂的催化效率,尽可能减少各种工艺装置用水消耗量。

化学水用量占总用水量的 30% ~35% ,主要用于脱盐系统、除氧系统和软化系统,该部分水量经处理后水质标准较高,作为脱盐水、软化水或经锅炉给水系统后以蒸汽或透平冷凝液形式供给各生产装置。该部分水经装置排除后多为清洁废水,可通过设置的再生

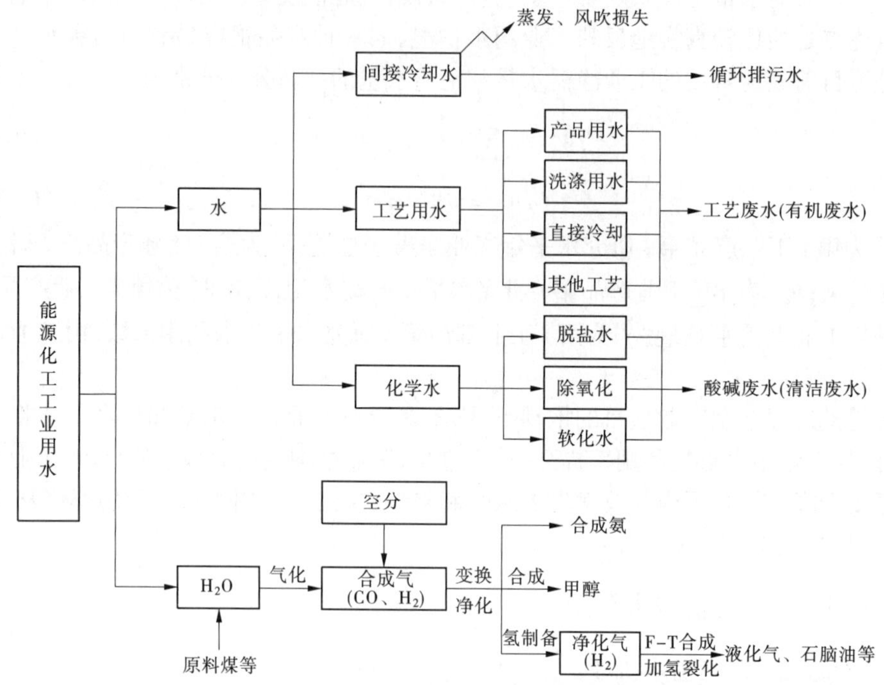

图 8-3-1 能源化工业用水系统示意图

水处理系统处理后回用于其他用水装置,提高全厂用水回用率。

8.3.1.2 能源化工工业需水定额预测

根据鄂尔多斯市工业发展水平和产业结构分析,未来应对能源重化工产业结构和布局进行优化。在对能源化工工业主要用水环节用水工艺、流程等分析的基础上,结合国内外各类生产装置先进用水技术水平,参考工信部制定的《"十二五"煤化工示范项目技术规范(送审稿)》、《内蒙古自治区行业用水定额标准》以及相关各行业清洁生产标准,预测研究水平年主要能源化工工业产品的需水定额,见表 8-3-1。

8.3.1.3 能源化工工业需水量预测

据统计,2009 年鄂尔多斯市煤炭工业、能源工业、化工工业、光伏(刚起步)等主导产业实现增加值 987.27 亿元,占鄂尔多斯市工业增加值的 87.2%;2009 年鄂尔多斯市主要工业产品用水量 2.15 亿 m^3,占现状工业总用水量的 87.7%。

按照国家产业政策,政府鼓励发展煤制油、煤制烯烃、煤制二甲醚、煤制甲烷气、煤制乙二醇五类新型煤化工项目,鄂尔多斯市煤质优良,具备开展新型煤化工的条件。根据《鄂尔多斯市能源重化工产业"十二五"规划》、《鄂尔多斯市国民经济和社会发展第十二个五年规划纲要》以及《鄂尔多斯市重点产业发展布局规划》,研究水平年鄂尔多斯市将实现产业集聚,进一步优化区域产业结构和布局结构,突出产业特色,提升产业竞争力"呼—包—鄂经济一体化战略",促进蒙西区域经济发展方式的转变,推动呼—包—鄂城市群及区域经济联合体建设。规划提出:①控制传统煤化工产能增长,对传统煤化工进行产业结构调整;②确定合理二甲醚产业发展规模;③延长煤化工产业链,适度发展甲醇制烯烃;④加快能源发展,积极推进煤制天然气;⑤适度发展煤制乙二醇;⑥建设国家级煤制油基地等 6 项发展方向，并提出了主要工业项目的产量规划。

表 8-3-1　研究水平年鄂尔多斯市主要工业产品需水定额预测

项目		2015 年	2020 年	2030 年
传统煤化工	焦化(m^3/t)	0.5	0.4	0.34
	电石(m^3/t)	0.8	0.7	0.6
	合成氨/尿素(m^3/t)	7.8	6.6	5.8
	甲醇(m^3/t)	7.0	6.2	5.6
新型煤化工	煤制油(m^3/t)	8.5	7.0	5.95
	煤制二甲醚(m^3/t)	12.0	10.0	8.0
	煤制烯烃(m^3/t)	22.0	19.0	17.0
	煤制乙二醇(m^3/t)	23.0	20.0	17.0
	煤制天然气(m^3/1 000 m^3)	6.9	5.8	4.9
煤炭开采及洗选(m^3/t)		0.11	0.10	0.09
火电(m^3/s·GW)		0.2	0.15	0.12

结合国家相关产业政策以及相关行业规划，预测不同方案鄂尔多斯市主要工业产品产量见表 8-3-2。

表 8-3-2　研究水平年鄂尔多斯市能源化工主要产品产量预测

工业项目			基准年	2015 年		2020 年		2030 年	
				方案一	方案二	方案一	方案二	方案一	方案二
煤炭(亿 t)			3.38	6	6	7	7	8	8
火电(MW)			10 620	23 269	20 000	31 206	25 300	44 300	32 300
煤化工	传统煤化工	焦化(万 t)	475	2 664	2 398	2 858	2 418	3 124	2 438
		电石(万 t)	240	1 164	508	1 164	929	1 250	1 028
		合成氨/尿素(万 t)	156	882	674	1 032	912	1 116	1 088
		甲醇(万 t)	165	1 079	676	1 320	960	1 811	1 180
	新型煤化工	煤制油(万 t)	106	764	602	1 100	720	1 193	788
		煤制二甲醚(万 t)	10	415	328	446	462	590	557
		煤制烯烃(万 t)	0	365	100	705	280	834	408
		煤制乙二醇(万 t)	0	270	150	330	245	436	330
		煤制天然气(亿 m^3)	0	145	116	387	158	599	260

根据主要工业产品的技术水平、需水定额发展趋势和产量分析，预测工业高方案（方案一）2015 年主要产品需水量约为 8.93 亿 m^3，2020 年、2030 年需水分别约达到 12.01 亿

m^3 和 14.63 亿 m^3；低方案（方案二）研究水平年需水量分别约为 5.66 亿 m^3、8.26 亿 m^3 和10.31亿 m^3。研究水平年鄂尔多斯市主要工业产品需水预测见表 8-3-3。

表 8-3-3　研究水平年鄂尔多斯市能源化工产业需水预测　（单位：万 m^3）

工业项目		基准年	2015 年		2020 年		2030 年	
			方案一	方案二	方案一	方案二	方案一	方案二
煤炭		4 339	6 600	6 600	7 000	7 000	7 200	7 200
火电		10 814	14 676	12 614	14 762	11 968	16 765	12 223
煤化工及其他化工	焦化	1 025	1 332	1 199	1 143	967	1 062	829
	电石	200	931	406	815	650	750	617
	合成氨/尿素	1 600	6 880	5 256	6 810	6 019	6 471	6 311
	甲醇	1 757	7 553	4 730	8 181	5 954	10 142	6 609
	煤制油	910	6 494	5 115	7 700	5 040	7 098	4 688
	煤制二甲醚	140	4 980	3 930	4 461	4 620	4 719	4 458
	煤制烯烃	0	8 030	2 200	13 395	5 320	14 184	6 928
	煤制乙二醇	0	6 210	3 450	6 600	4 890	7 407	5 602
	煤制天然气	0	10 005	8 004	22 446	9 164	29 361	12 724
	其他化工	740	15 588	3 071	26 753	20 973	41 104	34 945
	小计	6 372	68 003	37 361	98 304	63 597	122 298	83 711
合计		21 525	89 279	56 575	120 066	82 565	146 263	103 134

8.3.2　冶金、建材、装备制造业需水量预测

研究水平年鄂尔多斯市将加快冶金、建材、装备制造业发展，提升产业竞争力，根据各主要园区总体规划及全市产业发展规划，结合国家相关产业政策及行业用水定额，分别提出冶金、建材、装备制造业需水量预测。

8.3.2.1　**冶金工业**

2009 年鄂尔多斯市金属冶炼主要产品包括生铁 29.37 万 t，铁合金 80.72 万 t，实现增加值 23.9 亿元，用水量 250.4 万 m^3。

研究水平年冶金工业以电力资源为依托，优化升级现有产业结构，重点发展以镁合金、铝合金、铁合金等为主的新型有色金属合金材料，积极发展粉煤灰提取氧化铝及下游加工产品产业链。

研究水平年通过产能扩大、技术升级，提高冶金项目用水效率，预测高方案（方案一）2015 年、2020 年和 2030 年金属冶炼需水量为 4 902 万 m^3、9 000 万 m^3 和 10 880 万 m^3；低方案（方案二）研究水平年金属冶炼需水量为 3 663 万 m^3、6 977 万 m^3 和 8 930 万 m^3。研究水平年鄂尔多斯市冶金工业需水量预测见表 8-3-4。

表 8-3-4　研究水平年鄂尔多斯市冶金工业需水预测　（单位：万 m^3）

项目		2015 年		2020 年		2030 年	
		方案一	方案二	方案一	方案二	方案一	方案二
产量（万 t）	电解铝	480	390	690	580	794	667
	氧化铝	150	100	720	640	1 003	911
	镁合金	45	15	66	30	76	35
	铁合金	380	300	560	420	644	483
	特种钢	120	80	260	150	299	173
需水量（万 m^3）	电解铝	2 160	1 755	2 950	2 349	3 107	2 701
	氧化铝	750	500	2 990	2 630	4 450	4 059
	镁合金	180	60	238	108	258	117
	铁合金	1 140	900	1 512	1 134	1 642	1 232
	特种钢	672	448	1 310	756	1 423	821
	小计	4 902	3 663	9 000	6 977	10 880	8 930

8.3.2.2　建材加工工业

鄂尔多斯市建材加工包括水泥、石材、陶瓷加工等，2009 年规模以上建材业实现增加值 30.1 亿元，占全部规模以上工业的比重为 2.9%。主要产品包括水泥产量 853.2 万 t，已建成 5 条陶瓷墙地砖生产线及年产 3 200 万件礼品用瓷生产线，用水量为 1 393 万 m^3。

研究水平年建材行业以陶土、石膏、石英砂、石灰石等优势建材资源为依托，加快产业转移承接步伐，重点发展水泥、玻璃、陶瓷及石膏深加工产业。2015 年将在鄂托克旗蒙西、棋盘井形成百万吨级 PVC、达拉特旗树林召建成 200 条陶瓷生产线的产业加工能力，水泥熟料产能达到 1 000 万 t。2020 年形成 300 万 t PVC、300 条陶瓷生产线，水泥熟料产能达到 1 500 万 t 的产业发展目标。

研究水平年通过产能扩大、技术升级，不断提高鄂尔多斯市建材加工的用水效率，预测高方案（方案一）2015 年、2020 年和 2030 年建材加工需水量分别为 3 150 万 m^3、7 133 万 m^3 和 8 376 万 m^3；低方案（方案二）研究水平年建材加工需水量为 2 225 万 m^3、5 491 万 m^3 和 6 384 万 m^3。研究水平年鄂尔多斯市建材加工需水量预测见表 8-3-5。

8.3.2.3　装备制造业

2009 年装备制造业实现增加值 97 亿元，主要产品汽车产量 7 981 辆，用水量 598 万 m^3。研究水平年鄂尔多斯市重点发展汽车整车及零部件制造，煤炭、化工及新能源设备等专用设备制造以及电子产品制造等产业。根据东胜区、康巴什新区以及阿镇等主要装备制造基地产品产量情况，考虑发展的不确定性，装备制造业分高低两种情景方案。高方案（方案一），2015 年、2020 年和 2030 年汽车产量将分别达到 80 万辆、150 万辆和 300 万辆；低方案（方案二），主要产品汽车产量将分别达到 50 万辆、100 万辆和 150 万辆。预测研究水平年鄂尔多斯市工业发展高方案（方案一），装备制造业需水量将分别为 4 420 万

m³、6 032 万 m³ 和 6 839 万 m³；工业发展低方案（方案二），装备制造业需水量将分别为 2 610万 m³、3 136 万 m³ 和 3 646 万 m³。

表 8-3-5　研究水平年鄂尔多斯市建材加工需水预测　（单位：万 m³）

项目		2015 年		2020 年		2030 年	
		方案一	方案二	方案一	方案二	方案一	方案二
产量	水泥（万 t）	1 600	1 000	2 185	1 500	2 878	2 000
	石灰（万 t）	1 300	950	2 020	1 380	2 538	1 860
	PVC（万 t）	280	100	500	300	800	500
	陶瓷（条生产线）	250	200	850	700	1 000	800
需水量（万 m³）	水泥	720	450	874	600	921	640
	石灰	650	475	909	621	1 015	744
	PVC	280	100	450	270	640	400
	陶瓷	1 500	1 200	4 900	4 000	5 800	4 600
	小计	3 150	2 225	7 133	5 491	8 376	6 384

8.3.3　其他工业需水量预测

其他工业需水采用趋势法分析。据统计，2009 年鄂尔多斯市纺织工业、农畜产品加工以及其他规模以下工业用水量 739 万 m³，占工业用水总量的 3.0%，实现增加值 85.97 亿元，占工业增加值总量的 7.6%，万元增加值用水量 8.60 m³/万元。

预测工业发展高方案（方案一）2015 年其他工业将实现增加值 330 亿元，占工业增加值的 7.8%；2020 年和 2030 年增加值分别达到 703 亿元和 1 739 亿元，所占比例分别为 8.6% 和 9.1%。工业发展低方案（方案二）研究水平年其他工业增加值分别为 228 亿元、432 亿元和 1 015 亿元，占工业增加值的比例分别为 8.2%、8.7% 和 9.1%。研究水平年鄂尔多斯市其他工业增加值预测见表 8-3-6。

从其他工业技术发展趋势分析，研究水平年鄂尔多斯市其他工业需水定额将有所下降。预测工业发展高方案（方案一）研究近期 2015 年鄂尔多斯市其他工业需水定额将从基准年的 8.60 m³/万元降低到 8.45 m³/万元，2020 年和 2030 年其他工业需水定额分别降低为 8.13 m³/万元和 4.79 m³/万元；工业发展低方案（方案二）研究水平年鄂尔多斯市其他工业需水定额分别降低为 8.47 m³/万元、7.46 m³/万元和 5.58 m³/万元。

根据其他工业需水定额和增加值分析，预测工业发展高方案（方案一）2015 年需水量约 0.28 亿 m³，2020 年、2030 年需水分别达到约 0.57 亿 m³ 和 0.82 亿 m³；低方案（方案二）研究水平年需水量分别约为 0.19 亿 m³、0.32 亿 m³ 和 0.57 亿 m³。研究水平年鄂尔多斯市其他工业需水量预测见表 8-3-7。

表 8-3-6　研究水平年鄂尔多斯市其他工业增加值预测　（单位:亿元）

旗(区)	2009 年	2015 年		2020 年		2030 年	
		方案一	方案二	方案一	方案二	方案一	方案二
准格尔旗	9	29	25	56	45	110	85
伊金霍洛旗	7	27	20	50	36	104	71
达拉特旗	7	21	18	40	32	86	67
东胜区	21	74	55	140	87	258	149
康巴什新区	0	18	9	62	24	264	107
杭锦旗	7	10	7	29	18	100	60
鄂托克旗	25	117	69	241	135	587	314
鄂托克前旗	1	6	6	20	16	61	57
乌审旗	9	28	19	65	39	169	105
鄂尔多斯市	86	330	228	703	432	1 739	1 015

表 8-3-7　研究水平年鄂尔多斯市其他工业需水预测　（单位:万 m^3）

分区		2009 年	2015 年		2020 年		2030 年	
			方案一	方案二	方案一	方案二	方案一	方案二
水资源分区	黄河南岸灌区	0	0	0	0	0	0	0
	河口镇以上南岸	189	1 116	416	1 991	910	2 635	1 796
	石嘴山以上	35	0	0	0	0	0	0
	内流区	56	401	475	1 192	868	1 828	1 668
	无定河	12	88	71	553	312	1 152	317
	红碱淖	0	0	0	0	0	0	0
	窟野河	98	635	514	1 113	621	1 578	1 145
	河口镇以下	349	550	451	867	513	1 056	741
行政区	准格尔旗	349	550	451	867	513	1 056	741
	伊金霍洛旗	22	485	392	915	509	1 266	916
	达拉特旗	181	985	299	1 576	479	1 915	1 226
	东胜区	77	144	118	190	107	300	220
	康巴什新区	0	5	4	8	4	12	9
	杭锦旗	21	0	10	0	197	0	41
	鄂托克旗	45	132	198	415	353	720	738
	鄂托克前旗	13	16	71	33	95	45	149
	乌审旗	31	473	384	1 712	967	2 935	1 627
鄂尔多斯市		739	2 790	1 927	5 716	3 224	8 249	5 667

8.3.4 工业总需水量预测

8.3.4.1 工业总需水量预测

根据鄂尔多斯市不同情景下的工业发展模式预测成果,研究近期2009～2015年工业需水量增长幅度最快,之后逐渐趋缓。高方案(方案一),未来鄂尔多斯市工业需水量增长快速,研究近期2015年鄂尔多斯市工业需水量将达到约10.45亿m^3,较现状增长8.0亿m^3,2020年和2030年工业需水量将分别达到约14.80亿m^3和18.06亿m^3。低方案(方案二),研究近期2015年鄂尔多斯市工业需水量将达到6.70亿m^3,较现状增长4.25亿m^3,2020年和2030年工业需水量将分别达到约10.14亿m^3和12.78亿m^3。

从研究水平年工业项目需水增长的空间分布来看,准格尔旗、乌审旗以发展煤化工产业为主需水量增加较快,达拉特旗、鄂托克旗、鄂托克前旗发展能源、化工和冶金产业,杭锦旗是研究光伏的产业基地,东胜区、康巴什新区、伊金霍洛旗主要发展装备制造业。从水资源分区来看,工业需水增长主要集中在黄河沿岸及窟野河、无定河流域;从行政区来看,准格尔旗、乌审旗、杭锦旗工业需水增长较快。各分区工业总需水量预测结果见表8-3-8。

表8-3-8 研究水平年鄂尔多斯市工业总需水量预测 (单位:万m^3)

分区		基准年	2015年		2020年		2030年	
			方案一	方案二	方案一	方案二	方案一	方案二
水资源分区	黄河南岸灌区河口镇以上南岸	9 815	34 813	20 809	48 847	30 740	61 288	39 219
	石嘴山以上	100	7 666	4 105	8 858	6 358	10 277	7 293
	内流区	876	15 266	11 073	17 599	16 144	23 123	19 070
	无定河	194	6 689	3 739	7 068	5 153	8 159	6 945
	红碱淖	85	5 318	1 930	5 614	2 382	5 040	2 719
	窟野河	4 974	14 381	10 541	19 708	13 434	22 727	15 285
	河口镇以下	8 501	20 407	14 803	40 254	27 182	49 993	37 231
行政区	准格尔旗	9 680	20 408	14 801	40 252	27 180	49 993	37 230
	伊金霍洛旗	2 548	16 848	9 621	23 406	13 900	25 576	15 813
	达拉特旗	5 792	17 642	9 433	26 322	14 456	30 978	17 895
	东胜区	1 761	2 527	2 527	1 733	1 733	1 951	1 951
	康巴什新区	43	324	324	184	184	241	241
	杭锦旗	136	9 655	5 802	14 716	10 387	24 219	15 440
	鄂托克旗	3 917	12 517	8 064	13 194	9 944	15 428	11 940
	鄂托克前旗	161	7 447	4 089	8 600	6 137	9 930	6 984
	乌审旗	507	17 172	12 339	19 541	17 472	22 291	20 268
鄂尔多斯市		24 545	104 540	67 000	147 948	101 393	180 607	127 762

从工业用水增长来看,1995 年鄂尔多斯市工业用水量为 0.33 亿 m^3,2009 年工业用水增加到 2.45 亿 m^3,15 年间工业用水增长 2.12 亿 m^3,其中 2000 年以来工业用水增长较快,从 2000 年的 0.96 亿 m^3,增加到 2009 年的 2.45 亿 m^3,年增长率 9.1%。预测低方案 2015 年鄂尔多斯市工业需水量为 6.70 亿 m^3,较 2009 年现状增长 4.25 亿 m^3,5 年间工业用水年均增长率 18.3%。2020 年工业需水量增长到 10.14 亿 m^3,工业需水增长 3.44 亿 m^3,期间年均增长率为 8.6%。2030 年工业需水量达到 12.78 亿 m^3。研究水平年工业需水量增长历程见图 8-3-2。

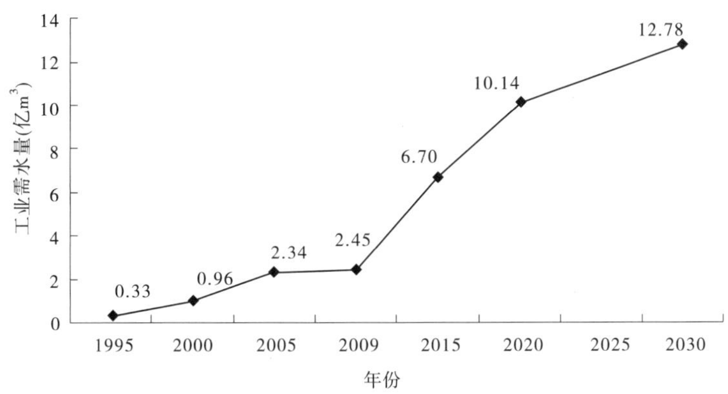

图 8-3-2　鄂尔多斯市工业需水量增长历程

8.3.4.2　工业需水结构变化

由需水预测结果可以看出,研究水平年鄂尔多斯市能源、煤化工、装备制造、冶金、建材等产业将大力发展,带动区域需水量大幅度增加,在伴随需水量增加的过程中需水结构也不断调整。

研究水平年,鄂尔多斯市工业需水尤其是能源化工工业需水量快速增加,基准年鄂尔多斯市工业需水量为 2.45 亿 m^3,工业需水低方案(方案二),近期 2015 年水平工业需水量达到 6.70 亿 m^3,工业需水量增加 4.25 亿 m^3(其中煤化工需水量增加 2.91 亿 m^3);2020 年水平工业需水量达到 9.50 亿 m^3,较现状年增加 7.05 亿 m^3(其中煤化工、装备制造、光伏等产业需水量较基准年分别增加 6.14 亿 m^3、0.26 亿 m^3、0.30 亿 m^3,是工业需水的主要增长点);远期工业需水量增长到 12.78 亿 m^3。工业需水低方案(方案二)能源化工工业主要产品需水量从基准年的 2.15 亿 m^3 增长到 2020 年的 8.26 亿 m^3,占工业需水总量的 82.5%。随着冶金、建材业、装备制造规模不断提升,其需水量从基准年的 0.22 亿 m^3 增长到 2020 年的 1.14 亿 m^3,占总需水量的比例从 9.3% 提高到 12.0%。其他工业需水量持续增长,从基准年的 0.07 亿 m^3 增加到 2020 年的 0.57 亿 m^3,占工业总需水量的比例从 3.0% 提高到 3.4%。不同研究水平年鄂尔多斯市工业用水结构见图 8-3-3、图 8-3-4。

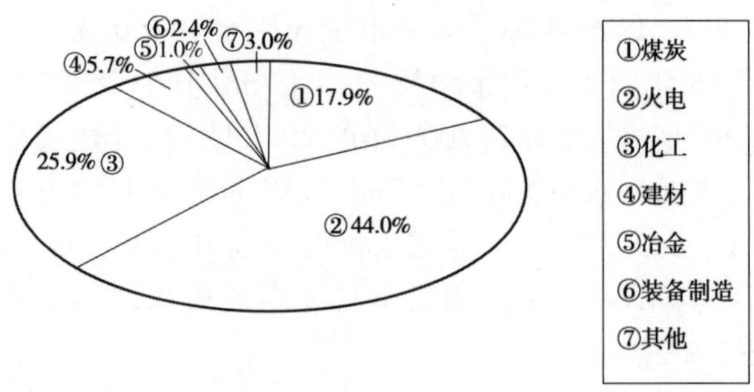

图 8-3-3　鄂尔多斯市 2009 年工业用水构成

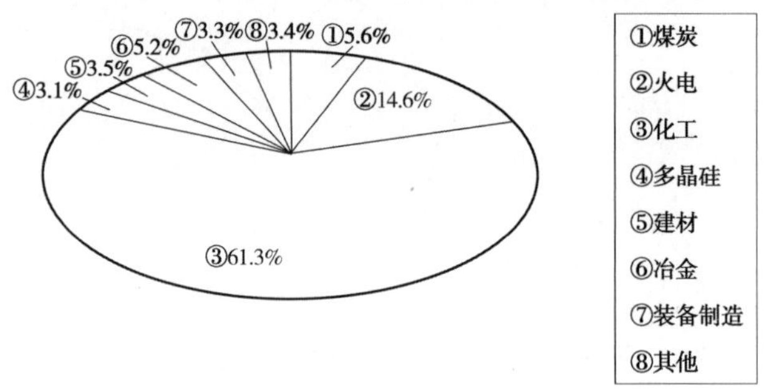

图 8-3-4　鄂尔多斯市 2020 年工业用水构成

8.4　建筑业及第三产业需水预测

8.4.1　建筑业需水量预测

建筑业需水预测可采用单位建筑面积用水量法，也可采用建筑业万元增加值用水量法，采用第一种方法能反映出用水效率，但由于统计资料误差较大影响预测精度，本报告建筑业需水预测按照增加值方法预测，采用弹性系数法和竣工建筑面积法进行复核。

建筑业用水是指工程项目从开始施工到竣工验收结束期间的用水量，包括施工过程中的材料搅拌、混凝土养护、场区清洁、施工工艺用水及工人日常生活用水等。影响建筑业用水定额的因素主要有水资源条件，水价调整，建筑物的材料、结构及用途，施工工艺和施工水平、施工管理水平及生产者的素质等。

抓住影响建筑业用水定额的主要因素，采取适当的措施对减少建筑业用水消耗有很大作用。确定建筑业需水定额的方法和步骤主要如下：

(1)开展典型调查。在鄂尔多斯市范围内选取若干有代表性施工工地，调查统计其建筑用水定额。

(2)采用平均先进法进行判定。平均先进法是时间序列法中移动平均法的具体应用，具体做法是对一定量的样品值先求出平均值，再求出比平均值先进的各样品值的平均值，以此作为基准来判定用水定额。

(3)由于现在建筑承包商跨省、跨地域承包施工较为普遍，促进了施工水平、管理水平的交流，同时由于节水意识的提高，各地区的用水定额具有趋同的趋势，因此以收集到的数值为基础，用平均先进法得出目前全区以及全国范围内的建筑用水定额的平均先进水平。

(4)综合考虑各分区建筑业的实际情况，借鉴内蒙古自治区平均先进水平的建筑用水定额，确定各分区的需水定额。

在房地产和服务业快速发展的拉动下，2000 ~ 2009 年的 10 年间，鄂尔多斯市建筑业和第三产业用水量增长较快，从 2000 年的 0.03 亿 m^3 增加到 2009 年的 0.24 亿 m^3，增长了近 7 倍，其中建筑业用水量 980 万 m^3，用水指标为 7.6 m^3/万元。合理的用水定额是工程质量的保证，研究水平年考虑鄂尔多斯市建筑业采用施工新工艺、实施节水措施、推广中水回用等，建筑业用水定额将有所下降，预测 2015 年、2020 年、2030 年鄂尔多斯市建筑业需水定额将分别降低到 4.8 m^3/万元、2.5 m^3/万元和 1.1 m^3/万元(单位建筑面积用水量分别降低到 1.71 m^3/m^2、1.58 m^3/m^2 和1.39 m^3/m^2)。

2009 年建筑业增加值 128.38 亿元，占 GDP 的 5.9%，建筑业用水量为 980 万 m^3，占总用水量的 5.0%。根据研究水平年房屋竣工面积分析，预测 2015 年、2020 年、2030 年需水量分别达到 950 万 m^3、884 万 m^3 和 797 万 m^3。研究水平年鄂尔多斯市建筑业需水量预测成果见表 8-4-1。

表 8-4-1　研究水平年鄂尔多斯市建筑业需水量预测　(单位：万 m^3)

分区		基准年	2015 年	2020 年	2030 年
水资源分区	黄河南岸灌区	15	17	17	17
	河口镇以上南岸	254	184	150	143
	石嘴山以上	28	17	19	21
	内流区	83	99	108	121
	无定河	29	66	51	45
	红碱淖	3	11	8	6
	窟野河	398	412	425	362
	河口镇以下	170	144	106	82
行政区	准格尔旗	179	173	128	99
	伊金霍洛旗	37	139	101	82
	达拉特旗	130	94	84	73
	东胜区	363	175	205	150
	康巴什新区	41	108	137	143
	杭锦旗	42	42	54	76
	鄂托克旗	115	89	55	56
	鄂托克前旗	31	42	56	63
	乌审旗	42	88	64	55
鄂尔多斯市		980	950	884	797

8.4.2　第三产业需水量预测

第三产业需水采用万元增加值用水量法进行预测，并采用取水量年增长率、弹性系数和人均需水量等进行复核。根据第三产业发展规划，结合用水现状，分析产值和定额发展趋势。

第三产业是国民经济的基础产业。第三产业用水是指除第一、二产业以外的其他行业，包括：交通运输、仓储和邮政业，信息传输、计算机服务和软件业，批发和零售业，住宿和餐饮业，金融业，房地产业，租赁和商务服务业，科学研究、技术服务和地质勘查业，水利、环境和公共设施管理业，居民服务和其他服务业，教育，卫生、社会保障和社会福利业，文化、体育和娱乐业，公共管理和社会组织等的生产和生活用水。

第三产业需水量依据不同水平年第三产业增加值和第三产业需水定额计算：

$$IW_n^t = T_iV^t \times IQ^t/10\ 000 \tag{8-4-1}$$

$$IW_g^t = IW_n^t/\eta_s^t = (T_iV^t \times IQ^t/10\ 000)/\eta_s^t \tag{8-4-2}$$

式中：IW_n^t 为第三产业第 t 水平年净需水量，万 m^3；T_iV^t 为第三产业第 t 水平年的增加值，万元；IQ^t 为第三产业第 t 年的需水净定额，m^3/万元；IW_g^t 为第三产业第 t 水平年毛需水量，万 m^3；η_s^t 为第 t 水平年第三产业供水系统水利用系数。

在过去的 30 年间，鄂尔多斯市第三产业经历了快速发展时期，增加值从 1980 年的 0.91 亿元，增长到 2009 年的 839.90 亿元，增长了 922 倍；用水量则从 1980 年的 47 万 m^3，提高到 2009 年的 1 417 万 m^3，增加了 30 倍；用水指标从 1980 年的 51.65 m^3/万元降低到 2009 年的 1.69 m^3/万元，用水效率有了大幅度提高。1980 年以来鄂尔多斯市第三产业用水情况见表 8-4-2。

表 8-4-2　鄂尔多斯市第三产业用水情况

年份	第三产业用水量（万 m^3）	第三产业增加值（亿元）	用水指标（m^3/万元）
1980	47	0.91	51.65
1985	64	1.58	40.51
1990	92	3.96	23.23
1995	179	10.52	17.02
2000	302	41.62	7.26
2005	1 080	241.74	4.47
2009	1 417	839.90	1.69

根据鄂尔多斯市第三产业发展规划，鄂尔多斯市未来主要以发展现代服务业、现代金融业和现代物流业为主，建立现代服务业体系，第三产业用水效率将会得到显著提高。预测 2015 年、2020 年及 2030 年第三产业需水定额将分别下降到 0.9 m^3/万元、0.7 m^3/万元和 0.4 m^3/万元。

8.4.2.1　第三产业需水量预测

2009 年鄂尔多斯市第三产业增加值占 GDP 的 38.9%，研究水平年鄂尔多斯市第三产业发展速度将加快，占国民经济的比重还将继续增加。根据预测，到 2030 年第三产业增加值达到 10 130 亿元，占区域 GDP 的 45.8%。

伴随第三产业的快速发展，其用水量也将有较大增长，预测研究水平年鄂尔多斯市第三产业需水量将分别达到 2 093 万 m^3、3 046 万 m^3、4 394 万 m^3。研究水平年鄂尔多斯市第三产业需水预测见表 8-4-3。

表 8-4-3　研究水平年鄂尔多斯市第三产业需水预测　（单位：万 m^3）

分区		基准年	2015 年	2020 年	2030 年
水资源分区	黄河南岸灌区	27	32	53	93
	河口镇以上南岸	300	308	464	680
	石嘴山以上	35	50	92	161
	内流区	152	233	413	753
	无定河	60	127	220	392
	红碱淖	15	28	38	47
	窟野河	628	890	1 194	1 579
	河口镇以下	200	425	572	689
行政区	准格尔旗	226	453	609	734
	伊金霍洛旗	228	356	487	597
	达拉特旗	184	199	291	410
	东胜区	508	571	707	783
	康巴什新区	6	81	154	378
	杭锦旗	38	49	117	286
	鄂托克旗	103	123	201	312
	鄂托克前旗	40	85	186	387
	乌审旗	84	176	294	507
鄂尔多斯市		1 417	2 093	3 046	4 394

8.4.2.2　合理性分析

1980 年以来的 30 年间鄂尔多斯市的第三产业发展经历了一个快速增长的时期，并发展成为鄂尔多斯市国民经济的主要产业。2009 年第三产业增加值为 839.9 亿元，为 1980 年的 922 倍，年均增长率 25.6%；期间第三产业用水量也有较大增长，2009 年第三产业用水量为 1 417 万 m^3，是 1980 年用水量的 30.2 倍，年增长率 12.0%，第三产业用水弹性系数为 0.47。

从用水指标分析，鄂尔多斯市第三产业用水指标从 1980 年的 51.6 m^3/万元，降低至 2009 年的 1.69 m^3/万元，30 年间用水效率提高了近 30 倍。

根据预测，到 2030 年鄂尔多斯市第三产业增加值将达到 10 130 亿元，年均增长率 12.6%；需水量增加至 4 394 万 m^3，年增长率为 5.3%，据此测算研究水平年第三产业需水弹性系数为 0.41，略低于近 30 年鄂尔多斯市第三产业用水弹性系数。

研究水平年鄂尔多斯市第三产业用水指标将从基准年的1.69 m^3/万元降低至2030年的0.43 m^3/万元，用水效率进一步提高，符合第三产业用水效率发展的总体趋势。研究水平年鄂尔多斯市第三产业需水指标分析见表8-4-4。

表8-4-4　研究水平年鄂尔多斯市第三产业需水指标分析

年份	需水量(万 m^3)	第三产业增加值(亿元)	需水指标(m^3/万元)
2015	2 093	2 226	0.94
2020	3 046	4 226	0.72
2030	4 394	10 130	0.43

8.5　农牧业需水预测

8.5.1　灌溉面积预测

8.5.1.1　耕地面积

鄂尔多斯市气候干旱，水资源贫乏、生态脆弱，大部分地区并不适合农牧业发展，农牧业基础薄弱，农牧业生产长期在低效益状态徘徊。鄂尔多斯市除无定河、窟野河等少数河川常年有流水外，其他河川均属季节性山洪沟，旱季断流无水，汛期河流洪水陡涨陡落，挟带大量泥沙，水资源难以有效利用。鄂尔多斯市地下水丰水区主要分布在沿黄冲积平原区、无定河流域区及毛乌素沙区腹地一带。

据调查，2009年鄂尔多斯市耕地面积为585万亩。根据《内蒙古自治区土地利用总体规划(2006～2020年)》及《鄂尔多斯市土地利用总体规划(2006～2020年)》提出的土地利用调控目标、研究期土地利用目标以及基本农田的控制目标，研究期将按照"占补平衡"的原则，严格落实旗(区)补充耕地义务，耕地面积基本保持不变。

8.5.1.2　灌溉面积

据调查，2009年鄂尔多斯市农牧业灌溉面积为445.59万亩，主要集中分布在黄河南岸灌区、无定河流域区、东部丘陵区及十大孔兑、皇甫川、窟野河、都思兔河等沟谷阶地及平、洼地区。其中，黄河南岸灌区是鄂尔多斯市最大的引黄灌区，灌溉面积139.6万亩。

根据鄂尔多斯市农牧业经济"三区"发展规划、鄂尔多斯市水利发展"十二五"规划及各旗(区)水利发展"十二五"规划，考虑未来发展的不确定性，拟定农牧灌溉面积发展指标。严格控制灌溉面积，预测2015水平年有效灌溉面积减少到444.00万亩，比现状年减少1.59万亩，其中鄂托克前旗井灌面积减少0.47万亩，康巴什新区减少灌溉面积1.12万亩，其他旗(区)灌溉面积保持不变。2020水平年和2030水平年保持2015水平年灌溉面积不变。

鄂尔多斯市各分区农牧业灌溉面积发展指标见表8-5-1。

表 8-5-1　鄂尔多斯市各分区农牧业灌溉面积发展指标

（单位：万亩）

分区		基准年				2015 年				2020 年和 2030 年			
		渠灌	井灌	井渠结合	合计	渠灌	井灌	井渠结合	合计	渠灌	井灌	井渠结合	合计
水资源分区	黄河南岸灌区	92.7	19.2	27.7	139.6	92.7	19.2	27.7	139.6	92.7	19.2	27.7	139.6
	河口镇以上南岸	4.13	73.09	28.47	105.69	4.13	73.09	28.47	105.69	4.13	73.09	28.47	105.69
	石嘴山以上		12.7		12.7		13.23		13.23		13.23		13.23
	内流区	1.5	105.9		107.4	0.9	106.2		107.1	0.9	106.2		107.1
	无定河	2.9	53.0		55.9	2.9	53.4		56.3	2.9	53.4		56.3
	红碱淖	1.4	5.2		6.6	1.4	5.2		6.6	1.4	5.2		6.6
	窟野河	2.0	12.6		14.6	2.0	10.38		12.38	2.0	10.38		12.38
	河口镇以下	1.1	2.0		3.1	1.1	2.0		3.1	1.1	2.0		3.1
行政分区	准格尔旗	2.58	13.91		16.49	2.58	13.91		16.49	2.58	13.91		16.49
	伊金霍洛旗	4.34	29.14		33.48	4.34	29.14		33.48	4.34	29.14		33.48
	达拉特旗	48.32	68.00	56.17	172.49	48.32	68.00	56.17	172.49	48.32	68.00	56.17	172.49
	东胜区		2.65		2.65		2.65		2.65		2.65		2.65
	康巴什新区		1.12		1.12								
	杭锦旗	44.99	45.90		90.89	44.39	46.50		90.89	44.39	46.50		90.89
	鄂托克旗	2.60	22.75		25.35	2.60	22.75		25.35	2.60	22.75		25.35
	鄂托克前旗	0.80	44.67		45.47	0.80	44.20		45.00	0.80	44.20		45.00
	乌审旗	2.10	55.55		57.65	2.10	55.55		57.65	2.10	55.55		57.65
鄂尔多斯市		105.73	283.69	56.17	445.59	105.13	282.70	56.17	444.00	105.13	282.70	56.17	444.00

8.5.2 种植结构预测

8.5.2.1 现状农牧业种植结构

经过多年发展,鄂尔多斯市根据自身的自然条件,农牧业种植结构逐步适应了市场变化,发展适合本地区生长的优良品种,种植结构以玉米为主,经济作物和牧草同步发展。现状年鄂尔多斯市粮食作物、经济作物、牧草的种植比例为 58.9∶12.4∶28.7。现状各旗(区)农牧业种植结构详见表 8-5-2。

表 8-5-2 鄂尔多斯市现状农牧业种植结构 (%)

旗(区)	粮食作物					经济作物	牧草		
	小麦	薯类	玉米	其他	小计		苜蓿	青饲料	小计
准格尔旗	0.3	9.1	25.8	20.5	55.7	10.8	19.5	14.0	33.5
伊金霍洛旗	0.0	11.0	44.9	4.0	59.9	0.9	21.4	17.8	39.2
达拉特旗	4.6	4.3	53.3	3.4	65.6	15.4	2.2	16.8	19.0
东胜区	0.0	21.2	37.9	17.6	76.7	4.9	11.3	7.1	18.4
康巴什新区	0.0	21.2	37.9	17.6	76.7	4.9	11.3	7.1	18.4
杭锦旗	0.7	3.2	46.9	2.1	52.9	17.1	10.0	20.0	30.0
鄂托克旗	1.2	7.9	43.6	7.9	60.6	19.7	15.8	3.9	19.7
鄂托克前旗		4.8	53.1	1.7	59.6	4.4	9.7	26.3	36.0
乌审旗	0.1	4.1	38.1	3.6	45.9	6.6	28.1	19.4	47.5
鄂尔多斯市	2.0	5.1	47.8	4.0	58.9	12.4	10.8	17.9	28.7

8.5.2.2 农牧业种植结构

随着鄂尔多斯市工业经济的快速发展,国民经济结构的优化调整,需要建立适应市场经济变化和农牧业生产条件要求的优化农牧业结构,充分发挥区域比较优势,挖掘资源利用潜力,实现资源和生产要素的合理配置,促进农牧业可持续发展。

研究水平年农牧业产业结构调整方向:在农牧区实现农作物、经济作物和饲草料生产的独立化,形成区域化、专业化生产,提高农牧业、种植业生产效率,发展节水农牧业、生态农牧业和特色农牧业,通过引进龙头企业应用大型喷滴灌设备发展集约高效、高附加值经济作物如甘草、葡萄、马铃薯等,提高牧区畜牧业发展水平、提高农牧业灌溉水利用效率,把农牧业节水、保护生态环境与农牧业增收结合起来。

预测 2015 年粮食作物种植比例由现状的 58.9% 下降到 52.5%;经济作物种植比例由现状的 12.4% 增加到 13.8%;牧草种植比例由现状的 28.7% 增加到 33.7%。到 2020 年,粮食作物种植比例继续下降到 46.9%;经济作物种植比例增加到 15.2%;牧草种植比例增加到 37.9%。2030 年基本维持 2020 年作物种植结构不变。研究水平年鄂尔多斯市农牧业种植结构预测见表 8-5-3。

表 8-5-3　各旗(区)研究水平年作物种植结构　(%)

旗(区)	2015 年			2020 年			2030 年		
	粮食	经济	牧草	粮食	经济	牧草	粮食	经济	牧草
准格尔旗	47.4	13.9	38.7	41.9	15.6	42.5	41.9	15.8	42.5
伊金霍洛旗	51.8	3.9	44.3	45.3	6.2	48.5	45.3	6.2	48.5
达拉特旗	61.7	16.9	21.4	57.6	17.7	24.7	57.6	17.7	24.7
东胜区	68.7	7.9	23.4	62.2	10.1	27.7	62.2	10.1	27.7
康巴什新区									
杭锦旗	42.5	17.5	40	31.8	18.2	50	31.8	18.2	50
鄂托克旗	57.4	20.5	22.1	54.2	21.6	24.2	54.2	21.6	24.2
鄂托克前旗	54.4	5.6	40	50	7.8	42.2	50	7.8	42.2
乌审旗	37.7	7.7	54.6	32.2	9.4	58.4	32.2	9.4	58.4
鄂尔多斯市	52.5	13.8	33.7	46.9	15.2	37.9	46.9	15.2	37.9

8.5.3　需水定额分析

8.5.3.1　作物需水机理

农田水分消耗的途径主要有植株蒸腾、棵间蒸发和深层渗漏。

1. 植株蒸腾

植株蒸腾是指作物根系从土壤中吸入体内的水分,通过叶片的气孔扩散到大气中去的现象。试验证明,植株蒸腾要消耗大量水分,作物根系吸入体内的水分有 99% 以上消耗于蒸腾,只有不足 1% 的水量留在植物体内,成为植物体的组成部分。植株蒸腾过程是由液态水变为气态水的过程,在此过程中,需要消耗作物体内的大量热量,从而降低了作物的体温,以免作物在炎热的夏季被太阳光所灼伤。蒸腾作用还可以增强作物根系从土壤中吸取水分和养分的能力,促进作物体内水分和无机盐的运转。

2. 棵间蒸发

棵间蒸发是指植株间土壤或水面的水分蒸发。棵间蒸发和植株蒸腾都受气象因素的影响,但蒸腾因植株的繁茂而增加,棵间蒸发因植株造成的地面覆盖率加大而减小,所以蒸腾与棵间蒸发二者互为消长。一般作物生育初期植株小,地面裸露大,以棵间蒸发为主;随着植株的增大,叶面覆盖率的增大,植株蒸腾逐渐大于棵间蒸发;到作物生育后期,作物生理活动减弱,蒸腾耗水又逐渐减小,棵间蒸发又相对增加。棵间蒸发虽然能增加近地面的空气湿度,对作物的生长环境产生有利影响,但大部分水分消耗与作物的生长发育没有直接关系。因此,应采取措施,减少棵间蒸发,如农田覆盖、中耕松土、改进灌水技术等。

3. 深层渗漏

深层渗漏是指旱田中由于降雨量或灌溉水量太多,土壤水分超过了田间持水率,向根系活动层以下的土层产生渗漏的现象。深层渗漏对旱作物来说是无益的,且会造成水分和养分的流失,合理的灌溉应尽可能地避免深层渗漏。

在上述几项水量消耗中,植株蒸腾和棵间蒸发合称为腾发,两者消耗的水量合称为腾发量,通常又把腾发量称为作物需水量。腾发量的大小及其变化规律主要决定于气象条件、作物特性、土壤性质和农业技术措施等。渗漏量的大小主要与土壤性质、水文地质条件等因素有关,它和腾发量的性质完全不同,一般将蒸发蒸腾量与渗漏量分别进行计算。旱作物在正常灌溉情况下,不允许发生深层渗漏,因此旱作物需水量即为腾发量。

作物耗水量中的一部分靠降水来供给,另一部分靠灌溉供给,灌溉需水量指必须通过灌溉补充的土壤原有储水量和有效降雨量及地下水利用量不能满足的作物蒸发蒸腾、冲洗盐碱以及其他方面要求的水量。灌溉需水量依据农田水量平衡方程来估算:

$$\Delta Q = (P + V + G) - (E + S + F) \tag{8-5-1}$$

式中:ΔQ 为某田块在 Δt 时段内的农田水分盈亏值;P 为大气降雨量;V 为流入田块的地表径流量;G 为地下水补给根系吸水层的水量(或是地下水位上升至根系吸水层内而增加的水量)和由邻地表以下进入根系吸水层的水量之和;E 为蒸发量(包括作物叶面蒸发和棵间蒸发);S 为流出田块的地面径流量;F 为下渗至深层(根系吸水层以下)和向旁侧渗至本区以外的流量。

作物灌溉水量利用如图 8-5-1 所示。

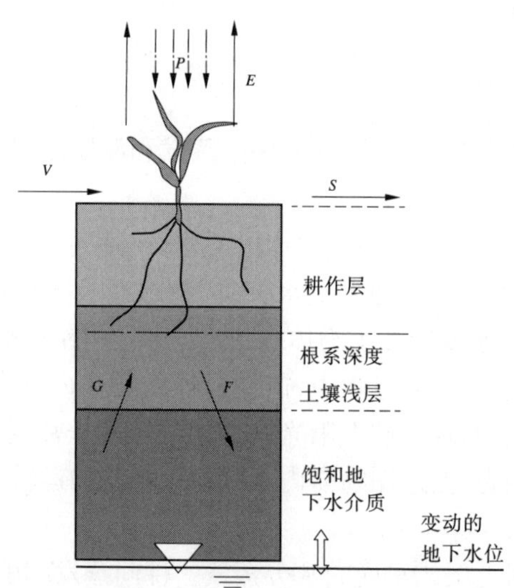

图 8-5-1 作物灌溉水量利用示意图

8.5.3.2 灌溉定额的计算方法

灌溉需水量通常采用灌溉定额预测方法。灌溉定额,选择具有代表性的农作物的灌溉定额,结合农作物播种面积预测成果或复种指数加以综合确定。农田灌溉定额一般采用亩均灌溉水量指标,包括净灌溉定额和毛灌溉定额两类。农田净灌溉定额一般按照不同的农作物种类而提出,全为某种农作物单位面积灌溉需水量。根据各类农作物灌溉净定额,也可计算灌区综合灌溉净定额,综合灌溉净定额可根据各类农作物灌溉净定额及其复种指数加以综合确定。在综合灌溉净定额基础上,考虑灌溉用水量从水源到农作物利用整个过程中的输水损失后,计算灌区灌溉综合毛定额。

有关部门在鄂尔多斯南岸灌区开展了大量的灌溉试验,所取得的灌溉试验成果可作为确定农作物净灌溉定额的基本依据。在资料比较好的地区确定农作物净灌溉定额时,可采用彭曼公式计算农作物潜在蒸腾蒸发量,扣除有效降雨的方法计算而得。农作物灌溉净定额计算公式为

$$AQ_i = ET_{ci} - Pe - Ge_i + \Delta W \tag{8-5-2}$$

式中:AQ_i 为第 i 种作物逐月净灌溉需水量,mm;ET_{ci}为作物 i 的逐月需水量,mm;ΔW 为生育期内逐月始末土壤储水量的变化值,mm;Pe 为作物生育期内逐月的有效降雨量,mm;Ge_i 为作物 i 生育期内的逐月地下水补给量,mm。

根据农作物复种指数,按照下列公式计算综合净灌溉定额和毛灌溉定额:

综合净灌溉定额 $$AQ_n = 0.667\sum_{i=1}^{n} AQ_i A_i \tag{8-5-3}$$

综合毛灌溉定额 $$AQ_c = AQ_n/\eta_g = 0.667\sum_{i=1}^{n} AQ_i A_i/\eta_g \tag{8-5-4}$$

式中:AQ_n 和 AQ_c 分别为综合净灌溉定额和毛灌溉定额,m^3/亩;AQ_i 为第 i 种作物逐月净灌溉需水量,mm;A_i 为第 i 种作物种植比例(%);η_g 为灌溉水综合利用系数。

灌溉水综合利用系数(η_g),由渠系水的利用系数(η_q)和田间水的利用系数(η_t)两部分构成,其计算公式为

$$\eta_g = \eta_t \eta_q \tag{8-5-5}$$

其中,渠系水利用系数分别为渠系系统各级渠道(干渠、支渠、斗渠、农渠和毛渠)水利用系数的乘积,即 $\eta_q = \eta_{干}\eta_{支}\eta_{斗}\eta_{农}\eta_{毛}$。渠系水利用系数与渠道系统状况及渠道管理方式等因素有关。田间水利用效率与灌溉形式、灌溉系统状况、灌溉技术和习惯、管理状况、地形、土壤特性等因素有关。

8.5.3.3 灌溉定额预测

净灌溉定额主要根据各旗(区)水文、气象特征,考虑农作物生长期需水、有效降雨量、地下水利用量等确定;毛灌溉定额以净灌溉定额为基础,考虑输水和田间损失后,折算到渠首的亩均灌溉需水量。

1. 净定额预测

主要作物需水定额采用联合国粮农组织(FAO)1992 年修正的彭曼(Penman)公式,计算各代表气象站不同作物多年平均腾发量及需水量。气象资料采用鄂尔多斯市境内东胜、伊金霍洛旗和鄂托克旗等代表站地面气候资料。降水量采用内蒙古水文总局整编的 1956 ~2009 年 54 年系列成果资料,作物利用地下水量根据试验成果采用作物需水量的一定比例。考虑渠灌区秋浇、井灌区及喷灌区春灌,根据作物根系层土壤水分平衡推算 50% 降雨保证率主要作物净定额。各旗(区)主要作物灌溉净定额结果见表 8-5-4。

2. 毛灌溉定额

农牧业毛灌溉定额预测要考虑实施节水措施条件下田间水利用系数和渠系水利用系数,分析渠灌和井灌的取用值。

表 8-5-4 各旗(区)50%降雨保证率主要作物净灌溉定额 (单位:m³/亩)

旗(区)	小麦	玉米	葵花	甜菜	苜蓿	饲料玉米	青贮玉米
准格尔旗	253	196	192	189	192	196	179
伊金霍洛旗	237	201	182	201	204	201	169
达拉特旗	241	200	173	213	208	200	160
东胜区	237	213	182	228	223	213	169
康巴什新区	221	181	146	199	193	181	133
杭锦旗	276	255	225	269	264	255	212
鄂托克旗	254	229	199	238	238	229	186
鄂托克前旗	249	218	197	228	222	218	184
乌审旗	253	196	192	189	192	196	179

1)灌溉水利用系数

研究水平年根据不同节水措施实施的面积及灌溉水利用系数,参考当地灌溉经验,采用加权平均方法估算各旗(区)灌溉水利用系数。基准年鄂尔多斯市灌溉水利用系数0.65,其中渠灌0.52,井灌0.74;2015年鄂尔多斯市灌溉水利用系数提高到0.74,其中渠灌增加到0.66,井灌增加到0.78;2020年鄂尔多斯市所有灌溉面积已达到节水标准,灌溉水利用系数将提高到0.79,其中渠灌增加到0.70,井灌增加到0.84;2030年与2020年灌溉水利用系数保持一致。

2)综合毛灌溉定额

基准年鄂尔多斯市综合毛需水定额342 m³/亩,随着节水措施的加强、灌溉水利用系数的提高以及种植结构的调整,2015年、2020年和2030年综合毛需水定额分别降低到295 m³/亩、275 m³/亩和273 m³/亩,2030年水平与现状年相比定额下降了69 m³/亩。研究水平年鄂尔多斯市灌溉毛定额预测见表8-5-5。

表 8-5-5 鄂尔多斯市不同研究水平年灌溉定额预测 (单位:m³/亩)

旗(区)	基准年			2015年			2020年			2030年		
	粮经	牧草	综合	粮经	牧草	综合	粮经	牧草	综合	粮经	牧草	综合
准格尔旗	267	255	263	251	277	246	238	229	234	238	229	234
伊金霍洛旗	280	263	273	259	279	254	253	240	246	253	240	246
达拉特旗	376	351	371	290	320	289	270	253	266	257	281	263
东胜区	264	253	262	263	320	260	261	247	257	261	247	257
康巴什新区	264	253	262									
杭锦旗	415	410	414	390	499	384	360	344	352	351	346	348
鄂托克旗	309	331	313	279	335	284	265	278	268	263	279	267
鄂托克前旗	291	261	280	264	271	257	256	243	251	256	243	251
乌审旗	278	265	272	255	280	249	237	229	232	237	229	232
鄂尔多斯市	351	320	342	299	338	295	276	274	275	268	282	273

8.5.4　灌溉需水量

根据农牧业灌溉面积发展指标，预测鄂尔多斯市各旗（区）不同研究水平年农牧业灌溉需水量。研究水平年通过农牧业节水措施的进一步实施以及种植结构的调整，农牧业总需水量逐步减少，粮食和经济作物需水减少较快，牧草需水量则逐步增加。

基准年鄂尔多斯市农牧业总需水量为 15.24 亿 m^3，研究近期通过大力实施节水、优化种植结构等措施，2015 水平年鄂尔多斯市农牧业需水量减少到 13.11 亿 m^3，较基准年减少 2.13 亿 m^3；2020 年和 2030 年需水量进一步减少到 12.22 亿 m^3 和 12.12 亿 m^3。期间粮食和经济作物需水从基准年的 11.15 亿 m^3 减少到 2030 年的 7.38 亿 m^3，牧草需水量则从基准年的 4.09 亿 m^3 增加到 2030 年的 4.74 亿 m^3。研究水平年农牧业灌溉需水量预测见表 8-5-6。

根据《内蒙古自治区黄河水权转换总体规划》，鄂尔多斯市黄河南岸灌区引黄初始水权指标为 6.20 亿 m^3。2005～2007 年在自流灌区实施以渠道衬砌为主的一期水权转换工程已转出引黄水权 1.30 亿 m^3，灌区尚有引黄指标 4.90 亿 m^3。2009 年鄂尔多斯市南岸引黄灌区启动水权转换二期工程，建设现代高效农业示范基地，到 2012 年转换水量 0.996 亿 m^3。一、二期水权转换实施后，南岸灌区剩余引黄指标为 3.904 亿 m^3。

本书研究在南岸灌区一、二期水权转换的基础上，进一步实施田间高新节水措施，预测 2015 年、2020 年和 2030 年需水量降低到 3.89 亿 m^3、3.67 亿 m^3 和 3.60 亿 m^3，低于南岸灌区剩余引黄水权指标，符合现代高效农业示范基地建设的总体目标。

8.5.5　牲畜需水预测

8.5.5.1　畜牧业发展现状

鄂尔多斯市属暖温性草原与荒漠过渡地带和农牧业交错带，生态环境复杂多样，是内蒙古自治区较大的草原牧区和畜牧业生产基地，畜牧业是鄂尔多斯市的基础产业和优势产业。分布于鄂尔多斯市境内的草原阻隔了沙漠进一步扩张，形成了我国华北地区的重要生态屏障，在我国生态环境建设中具有非常重要的战略地位。

2009 年年末鄂尔多斯市共饲养大小牲畜 845.62 万头（只），其中大牲畜 24.58 万头，羊 774.99 万只，生猪 46.05 万头，牧业实现增加值约 25.17 亿元。2009 年鄂尔多斯市牲畜饲养及牧业增加值情况见表 8-5-7。

8.5.5.2　畜牧业发展预测

根据统计，从 1980～2009 年 29 年中牲畜年均增长 1.6%。结合各旗（区）“十二五”规划纲要、鄂尔多斯市农牧业区“三区”规划，采取天然草场放牧和集约化养殖相结合的模式发展现代化畜牧业，采用趋势法进行预测，到 2015 年、2020 年和 2030 年大小牲畜合计分别为 1 004.17 万头（只）、1 076.82 万头（只）和 1 146.48 万头（只）。21 年牲畜总增长率在 1.5%，详见表 8-5-8。

表 8-5-6　鄂尔多斯市不同研究水平年农牧业灌溉需水量预测

（单位：亿 m³）

分区		基准年			2015 年			2020 年			2030 年		
		粮经	牧草	合计	粮经	牧草	合计	粮经	牧草	合计	粮经	牧草	合计
水资源分区	黄河南岸灌区	4.95	1.51	6.46	3.59	1.50	5.09	3.08	1.59	4.67	2.85	1.72	4.57
	河口镇以上南岸	2.46	0.58	3.04	2.12	0.65	2.77	1.84	0.72	2.56	1.84	0.72	2.56
	石嘴山以上	0.27	0.10	0.37	0.22	0.10	0.32	0.20	0.10	0.30	0.20	0.10	0.30
	内流区	2.15	0.99	3.14	1.79	1.12	2.91	1.56	1.22	2.78	1.56	1.22	2.78
	无定河	0.87	0.67	1.54	0.71	0.71	1.42	0.62	0.72	1.34	0.62	0.72	1.34
	红碱淖	0.12	0.07	0.19	0.10	0.07	0.17	0.09	0.08	0.17	0.09	0.08	0.17
	窟野河	0.27	0.14	0.41	0.21	0.14	0.35	0.18	0.15	0.33	0.18	0.15	0.33
	河口镇以下	0.06	0.03	0.09	0.05	0.03	0.08	0.04	0.03	0.07	0.04	0.03	0.07
旗（区）	准格尔旗	0.29	0.14	0.43	0.25	0.15	0.40	0.23	0.16	0.39	0.23	0.16	0.39
	伊金霍洛旗	0.57	0.35	0.92	0.48	0.37	0.85	0.43	0.39	0.82	0.43	0.39	0.82
	达拉特旗	5.25	1.13	6.38	3.95	1.04	4.99	3.52	1.07	4.59	3.33	1.20	4.53
	东胜区	0.06	0.01	0.07	0.05	0.02	0.07	0.05	0.02	0.07	0.05	0.02	0.07
	康巴什新区	0.02	0.01	0.03									
	杭锦旗	2.64	1.12	3.76	2.13	1.36	3.49	1.63	1.57	3.20	1.59	1.57	3.16
	鄂托克旗	0.63	0.17	0.80	0.55	0.17	0.72	0.51	0.17	0.68	0.51	0.17	0.68
	鄂托克前旗	0.85	0.43	1.28	0.71	0.44	1.15	0.67	0.46	1.13	0.67	0.46	1.13
	乌审旗	0.84	0.73	1.57	0.67	0.77	1.44	0.57	0.77	1.34	0.57	0.77	1.34
鄂尔多斯市		11.15	4.09	15.24	8.79	4.32	13.11	7.61	4.61	12.22	7.38	4.74	12.12

表 8-5-7　2009 年鄂尔多斯市牲畜饲养及牧业增加值情况

旗(区)	牲畜(万头(只))				牧业增加值(万元)
	合计	大牲畜	羊	生猪	
准格尔旗	100.48	1.59	90.68	8.21	22 000
伊金霍洛旗	59.45	1.25	54.76	3.44	22 797
达拉特旗	210.37	5.76	198.81	5.80	77 586
东胜区	10.85	0.53	8.55	1.77	6 058
康巴什新区	1.73	0.10	1.53	0.10	
杭锦旗	125.81	1.76	121.30	2.75	22 323
鄂托克旗	135.71	1.44	130.47	3.80	29 218
鄂托克前旗	81.47	3.56	72.25	5.66	28 193
乌审旗	119.75	8.59	96.64	14.52	43 489
鄂尔多斯市	845.62	24.58	774.99	46.05	251 664

注:表中牲畜数据为年中数,资料来源于 2010 年鄂尔多斯市统计年鉴。

表 8-5-8　规划水平年鄂尔多斯市各类牲畜预测　(单位:万头(只))

旗(区)	2015 年			2020 年			2030 年		
	大牲畜	羊	生猪	大牲畜	羊	生猪	大牲畜	羊	生猪
准格尔旗	1.65	94.56	8.51	1.69	96.95	8.68	1.70	97.92	8.77
伊金霍洛旗	1.28	55.59	3.51	1.29	56.15	3.54	1.30	56.43	3.58
达拉特旗	7.29	257.43	7.13	7.66	273.29	7.49	8.06	290.14	7.88
东胜区	0.53	8.57	1.77	0.53	8.58	1.77	0.53	8.59	1.77
杭锦旗	1.88	169.91	4.81	1.97	187.68	5.06	2.07	207.32	5.32
鄂托克旗	1.99	140.67	3.10	2.09	152.33	3.25	2.19	161.72	3.42
鄂托克前旗	3.99	86.27	6.38	4.00	105.16	6.40	4.01	122.05	6.41
乌审旗	9.40	112.07	15.88	9.59	115.47	16.20	9.78	118.99	16.53
鄂尔多斯市	28.01	925.07	51.09	28.82	995.61	52.39	29.64	1 063.16	53.68

8.5.5.3　牲畜需水量预测

考虑牲畜用水特征,需水定额变化不大,参照内蒙古自治区行业用水定额,考虑到鄂尔多斯市地域情况,研究水平年大牲畜、羊和生猪分别按 40 L/(只·d)、10 L/(只·d)和 20 L/(只·d)计,2009 年现状牲畜用水量为 3 800 万 m^3,预测 2015 年、2020 年和 2030 年牲畜需水量分别为 4 158 万 m^3、4 438 万 m^3 和 4 707 万 m^3。研究水平年鄂尔多斯市牲畜需水量预测见表 8-5-9。

表 8-5-9　研究水平年鄂尔多斯市牲畜需水量　（单位：万 m^3）

分区		2015 年				2020 年				2030 年			
		大牲畜	羊	生猪	合计	大牲畜	羊	生猪	合计	大牲畜	羊	生猪	合计
水资源分区	黄河南岸灌区	19	155	17	191	19	165	17	201	20	176	18	214
	河口镇以上南岸	125	1 032	114	1 271	129	1 104	117	1 350	132	1 181	119	1 432
	石嘴山以上	19	160	18	197	19	168	18	205	20	177	18	215
	内流区	145	1 196	132	1 473	148	1 278	134	1 560	152	1 362	137	1 651
	无定河	54	445	49	548	55	474	50	579	56	504	51	611
	红碱淖	6	51	6	63	6	55	6	67	7	59	6	72
	窟野河	18	148	16	182	19	166	17	202	20	178	18	216
	河口镇以下	23	189	21	233	26	224	24	274	27	244	25	296
行政分区	准格尔旗	24	345	62	431	25	354	63	442	25	357	64	446
	伊金霍洛旗	19	203	26	248	19	205	26	250	19	206	26	251
	达拉特旗	107	940	51	1 098	112	998	55	1 165	118	1 061	57	1 236
	东胜区	8	31	13	52	8	31	13	52	8	31	13	52
	杭锦旗	27	620	35	682	29	685	37	751	30	757	39	826
	鄂托克旗	29	513	23	565	30	556	24	610	32	590	25	647
	鄂托克前旗	58	315	47	420	58	384	47	489	59	445	47	551
	乌审旗	137	409	116	662	140	421	118	679	143	434	121	698
鄂尔多斯市		409	3 376	373	4 158	421	3 634	383	4 438	434	3 881	392	4 707

8.5.6　渔业需水预测

据调查，2009 年鄂尔多斯市在沿河及低洼区域发展鱼塘面积 1.79 万亩，其中达拉特旗 1.08 万亩，伊金霍洛旗 0.31 万亩，准格尔旗 0.40 万亩，现状鱼塘补水量为 0.32 亿 m^3，亩均补水量 1 800 m^3。研究水平年渔业发展预测采用两种方案，方案一保持现状渔业用水量 0.32 亿 m^3；方案二在研究水平年不安排鱼塘补水。

8.5.7　农业需水总量

根据研究水平年农牧业灌溉、牲畜用水和鱼塘补水预测成果，综合分析，方案一，研究近期 2015 水平年农业需水总量为 13.85 亿 m^3，较基准年减少 2.09 亿 m^3；2020 水平年、2030 水平年减少到 12.98 亿 m^3 和 12.91 亿 m^3；方案二，研究近期 2015 水平年农业需水总量为 13.53 亿 m^3，较基准年减少 2.41 亿 m^3；2020 水平年、2030 水平年减少到 12.66 亿 m^3 和 12.59 亿 m^3。

8.6　生态环境建设及需水预测

鄂尔多斯市生态环境需水包括城镇生态环境需水和农村生态环境需水。城镇生态环境需水指为保持鄂尔多斯市城镇生态环境美化和其他生态环境建设用水等，主要包括城镇河湖需水量、城镇绿地建设需水量和城镇环境卫生需水量；农村生态环境需水主要指人工措施的植被恢复所需水量。

8.6.1　生态环境建设目标

8.6.1.1　城镇生态环境建设目标

1. 打造以公共绿地和小区绿地相结合的城镇生态绿化体系

城镇绿地是鄂尔多斯市生态环境的基本框架，城镇发展总体规划结合区域自然环境、地形地貌、城镇功能分区等，合理布置各类绿地，加大城镇绿地建设，提出让绿色融入城镇化建设进程，逐步形成城镇绿色体系和自净系统，改善城镇小气候，建成优美、宜居的城镇环境建设框架体系。

鄂尔多斯市城镇建设规划提出加强乌兰木伦河两岸、广场及市政公路公共绿化带建设，推动居民小区、景观带和街心公园等城市绿地建设，推进野生动物园、游乐园、植物园等园林项目建设步伐，到近期研究水平年 2015 年，人均公共绿地面积达到 11 m^2，成为自治区级生态城市和国家级园林城市。

2. 构建以城区水系为基础的生态景观格局

河湖湿地是城镇的重要景观资源。乌兰木伦河穿过鄂尔多斯市东胜区形成重要的生态景观，河流属降水补给型河流，枯水期流量少，失去基本的生态功能，通过三台基水库蓄水可部分满足生态功能。

到 2015 年，启动建设吉劳庆生态湿地、昆都仑景观河、罕台川中心公园等生态景观工程，改善市区环境，美化城市景观。

8.6.1.2　农村生态环境建设目标

1. 加强重点生态工程建设

加强自然保护区和沙地自然生态系统建设，构筑生态安全屏障，到 2015 年，鄂尔多斯市规划建成各类自然保护区数量达到 12 个。禁止导致生态功能退化的各类生产建设活动和人为破坏活动，采取移民、改变生产方式等措施缓解生态脆弱区域环境压力；继续实施退耕还林、退牧还草、水土保持和以工代赈等重点生态建设项目以及天然林保护、三北防护林、森林抚育和造林补贴试点等生态建设工程，继续推行禁牧、休牧、划区轮牧、以草定畜及草畜平衡等政策，促进生态环境休养生息，全面完成 4.44 万 km^2 生态自然恢复区建设任务；推进区域大面积综合治理，围绕“五区”绿化建设，重点实施“两个双百万亩”、减碳林、全民义务植树及村庄绿化等工程，启动实施京津风沙源治理、毛乌素沙地碳汇林建设、十大孔兑治理、晋陕蒙沙棘生态减沙和黄土高原生态综合治理等重大生态工程。

2. 完善生态保护机制

加大生态建设工程的科技投入，围绕干旱造林、防沙治沙、生态综合治理与保护等领域存在的技术瓶颈问题开展重大关键技术的攻关与产业化研究。推进生态工程科技创新平台建设,加强与国内外知名大学、科研院所、国家实验室、技术中心和著名企业的交流与合作,通过各种方式引入生态建设所需的重大关键技术和高层次人才。创新生态工程建设科技体制机制,以银企合作、风险投资、科技保险和产权交易等为重点,出台鼓励企业运用高科技手段推进生态建设的政策措施,逐步形成生态工程建设科技创新的长效机制。

8.6.2 城镇生态环境指标预测

城镇生态和环境指标预测是按照维持良好的生态稳定度和环境良好为目标,根据城镇景观发展格局,提出合理的指标预测成果。

8.6.2.1 公共绿地发展

据调查,2009 年鄂尔多斯市城镇公共绿地面积 1 156 万 m^2,人均公共绿地面积为 10.7 m^2,城镇绿地覆盖率为 22%。

根据鄂尔多斯市生态环境建设规划,预测 2015 年、2020 年和 2030 水平年鄂尔多斯市城镇公共绿地面积将分别达到 2 102 万 m^2、3 511 万 m^2 和 4 739 万 m^2,人均绿地面积分别为 11.0 m^2、13.9 m^2、15.8 m^2。

8.6.2.2 城市公共卫生发展指标

城镇公共卫生包括城镇的广场、马路、街道等用于保持卫生、清洁洒水。据调查,2009 年鄂尔多斯市城镇公共卫生面积 362 万 m^2,人均公共卫生面积为 3.34 m^2。

根据鄂尔多斯市发展规划,预测研究水平年鄂尔多斯市公共卫生发展指标。预测 2015 年、2020 年和 2030 年鄂尔多斯市城镇公共卫生面积将分别达到 715 万 m^2、1 194 万 m^2 和 1 729 万 m^2,人均公共卫生面积分别为 3.75 m^2、4.74 m^2、5.77 m^2。

8.6.2.3 城市河湖湿地

据调查,2009 年鄂尔多斯市城镇河湖景观面积 425 万 m^2。根据鄂尔多斯市生态建设规划,预测 2015 年、2020 年和 2030 年鄂尔多斯市城镇河湖景观面积将分别达到 605 万 m^2、680 万 m^2 和 770 万 m^2。

8.6.3 农村生态环境指标预测

农村生态环境主要,指植被恢复指通过人类活动恢复原有的植被状况改善生态环境。据调查,2009 年鄂尔多斯市植被恢复面积 5 431 万 m^2,根据鄂尔多斯市生态建设规划,预测 2015 年、2020 年和 2030 年鄂尔多斯市植被面积将分别达到 5 738 万 m^2、5 901 万 m^2 和 6 063 万 m^2。

8.6.4 生态环境建设需水量预测

8.6.4.1 城镇绿地需水

城镇绿地需水量预测采用面积定额法,计算公式为

$$WG = SGqGT/1\ 000 \tag{8-6-1}$$

式中:WG 为城镇绿化需水量,m^3;SG 为绿地面积,万 m^2;qG 为绿地灌溉定额,L/(m^2·d);T 为绿地灌水天数,d。

参考《内蒙古自治区行业用水标准》(2009 年),绿地用水定额为 3 L/(m^2 · d),鄂尔多斯市绿地灌水时间可结合无霜期(160 d 左右)确定为 200 d。结合鄂尔多斯市绿地发展指标,预测 2015 水平年、2020 水平年和 2030 水平年需水量分别为 1 387 万 m^3、2 177 万 m^3 和 2 752 万 m^3。

8.6.4.2　城镇公共卫生需水

城镇公共卫生需水预测方法采用面积定额法,与绿地需水计算方法相同。

参考《内蒙古自治区行业用水标准》(2009 年),公共卫生用水定额为 2 L/(m^2 · d)。基准年鄂尔多斯市城镇公共卫生需水量为 181 万 m^3。结合公共卫生发展指标,预测鄂尔多斯市 2015 水平年城镇公共卫生需水量为 343 万 m^3,2020 水平年和 2030 水平年需水量将分别达到 549 万 m^3 和 761 万 m^3。

8.6.4.3　城镇河湖湿地需水

河湖景观需水主要是用于补充由于河湖湿地蒸发、渗漏等损失的水量。因此,分析预测采用公式:

$$WL = SL(EL - RL)/1\ 000 \tag{8-6-2}$$

式中:WL 为城镇河湖湿地需水量,m^3;SL 为河湖湿地面积,万 m^2;EL 为水面蒸发量,mm;RL 为当地降水量,mm。

基准年鄂尔多斯市城镇河湖湿地用水量为 850 万 m^3,主要分布在东胜区、康巴什新区和伊金霍洛旗。根据鄂尔多斯市河湖湿地发展指标,结合水文气象资料,预测研究水平年鄂尔多斯市城镇湿地需水量,2015 水平年、2020 水平年和 2030 水平年分别为 1 301 万 m^3、1 442 万 m^3 和 1 579 万 m^3。

8.6.4.4　农村生态需水

植被恢复需水量主要指采取人工种植生态林草及其维护所需要的水量,分析计算可采用:

$$WT = ST(ET - RT)/1\ 000 \tag{8-6-3}$$

式中:WT 为农村生态林草建设需水量,m^3;ST 为植被恢复面积,hm^2;ET 为植被蒸腾量,mm;RT 为植被利用的有效降水量,mm。

基准年鄂尔多斯市植被恢复用水量为 4 068 万 m^3。根据鄂尔多斯市农村生态林草指标预测,结合水文气象资料,预测研究近期 2015 水平年鄂尔多斯市农村生态林草建设需水量为 4 791 万 m^3;2020 水平年和 2030 水平年分别达到 4 820 万 m^3 和 4 850 万 m^3。

8.6.4.5　生态环境总需水量

综合以上生态环境建设项目需水量分析成果,预测 2015 年、2020 年、2030 年鄂尔多斯市生态环境需水总量分别为 7 822 万 m^3、8 988 万 m^3、9 942 万 m^3。研究水平年鄂尔多斯市生态环境需水总量预测见表 8-6-1。

表 8-6-1　研究水平年鄂尔多斯市生态环境需水总量预测　　（单位：万 m^3）

分区		基准年	2015 年	2020 年	2030 年
水资源分区	黄河南岸灌区	152	164	184	191
	河口镇以上南岸	1 357	1 502	1 658	1 781
	石嘴山以上	469	538	586	634
	内流区	1 041	1 531	1 644	1 795
	无定河	1 062	1 272	1 340	1 416
	红碱淖	14	22	25	39
	窟野河	1 250	2 145	2 700	3 053
	河口镇以下	486	648	851	1 033
行政区	准格尔旗	486	648	851	1 033
	伊金霍洛旗	449	592	754	896
	达拉特旗	338	405	473	519
	东胜区	786	1 249	1 630	1 863
	康巴什新区	240	551	629	651
	杭锦旗	1 134	1 535	1 614	1 726
	鄂托克旗	981	1 060	1 137	1 224
	鄂托克前旗	376	417	451	493
	乌审旗	1 041	1 365	1 449	1 537
鄂尔多斯市		5 831	7 822	8 988	9 942

8.7　需水总量预测

8.7.1　需水总量预测

根据前述区域发展的高（方案一）、低（方案二）方案预测成果，考虑我国总体宏观经济发展的周期性和趋势性增长因素，结合区域发展需求，研究水平年鄂尔多斯市水资源需求也将快速增加。

基准年鄂尔多斯市需水量为 19.63 亿 m^3，按照高方案（方案一）预测研究近期 2015 水平年鄂尔多斯市总需水量为 26.10 亿 m^3，需水量较基准年增长 5.47 亿 m^3，2020 年和 2030 年水平总需水量将分别达到 29.99 亿 m^3 和 33.71 亿 m^3。按照发展的低方案（方案二）预测研究近期 2015 水平年鄂尔多斯市总需水量为 22.03 亿 m^3，需水量较基准年增长 2.40 亿 m^3；2020 水平年和 2030 水平年总需水量将分别达到 25.04 亿 m^3 和 28.09 亿 m^3。研究水平年鄂尔多斯市需水总量见表 8-7-1、表 8-7-2。

表 8-7-1　研究水平年鄂尔多斯市需水总量预测(方案一)

(单位:亿 m^3)

分区		基准年				2015 年				2020 年				2030 年			
		生活	生产	生态环境	合计	生活	生产	生态环境	合计	生活	生产	生态环境	合计	生活	生产	生态环境	合计
水资源分区	黄河南岸灌区	0.01	6.72	0.02	6.75	0.02	5.29	0.02	5.33	0.03	4.97	0.02	5.02	0.04	4.89	0.02	4.95
	河口镇以上南岸	0.09	4.28	0.10	4.47	0.13	6.58	0.15	6.86	0.16	7.70	0.17	8.03	0.19	8.97	0.18	9.34
	石嘴山以上	0.01	0.41	0.05	0.47	0.01	1.11	0.06	1.18	0.01	1.22	0.06	1.29	0.01	1.37	0.06	1.44
	内流区	0.06	3.38	0.13	3.57	0.08	4.61	0.15	4.84	0.09	4.65	0.16	4.90	0.10	5.21	0.18	5.49
	无定河	0.02	1.62	0.11	1.75	0.02	2.24	0.13	2.39	0.02	2.24	0.13	2.39	0.03	2.41	0.14	2.58
	红碱淖	0.00	0.20	0.00	0.20	0.00	0.72	0.00	0.72	0.00	0.74	0.00	0.74	0.00	0.68	0.00	0.68
	窟野河	0.16	1.01	0.12	1.29	0.35	1.88	0.21	2.44	0.52	2.48	0.27	3.27	0.71	2.85	0.31	3.87
	河口镇以下	0.07	1.01	0.05	1.13	0.10	2.18	0.06	2.34	0.12	4.14	0.09	4.35	0.14	5.12	0.10	5.36
行政区	准格尔旗	0.08	1.58	0.05	1.71	0.11	2.54	0.06	2.71	0.13	4.60	0.09	4.82	0.15	5.59	0.10	5.84
	伊金霍洛旗	0.04	1.22	0.04	1.30	0.07	2.62	0.06	2.75	0.10	3.25	0.08	3.43	0.13	3.49	0.09	3.71
	达拉特旗	0.07	7.33	0.03	7.43	0.11	7.24	0.04	7.39	0.14	7.61	0.05	7.80	0.17	8.03	0.05	8.25
	东胜区	0.13	0.34	0.07	0.54	0.25	0.34	0.12	0.71	0.35	0.34	0.16	0.85	0.47	0.36	0.19	1.02
	康巴什新区	0.01	0.04	0.02	0.07	0.04	0.05	0.06	0.15	0.10	0.03	0.06	0.19	0.13	0.08	0.07	0.28
	杭锦旗	0.03	4.23	0.10	4.36	0.04	4.55	0.15	4.74	0.04	4.76	0.16	4.96	0.06	5.70	0.17	5.93
	鄂托克旗	0.02	0.86	0.13	1.01	0.04	2.05	0.11	2.20	0.04	2.07	0.11	2.22	0.05	2.31	0.12	2.48
	鄂托克前旗	0.02	1.33	0.04	1.39	0.02	1.98	0.04	2.04	0.02	2.08	0.05	2.15	0.02	2.24	0.05	2.31
	乌审旗	0.02	1.70	0.10	1.82	0.03	3.24	0.14	3.41	0.03	3.40	0.14	3.57	0.04	3.70	0.15	3.89
鄂尔多斯市		0.42	18.63	0.58	19.63	0.71	24.61	0.78	26.10	0.95	28.14	0.90	29.99	1.22	31.50	0.99	33.71

表 8-7-2　研究水平年鄂尔多斯市需水总量预测（方案二）

（单位：亿 m^3）

分区		基准年				2015 年				2020 年				2030 年			
		生活	生产	生态环境	合计	生活	生产	生态环境	合计	生活	生产	生态环境	合计	生活	生产	生态环境	合计
水资源分区	黄河南岸灌区	0.01	6.72	0.02	6.75	0.02	5.14	0.02	5.18	0.03	4.73	0.02	4.78	0.04	4.66	0.02	4.72
	河口镇以上南岸	0.09	4.28	0.10	4.47	0.13	5.04	0.16	5.33	0.16	5.82	0.17	6.15	0.19	6.68	0.18	7.05
	石嘴山以上	0.01	0.41	0.05	0.47	0.01	0.76	0.05	0.82	0.01	0.97	0.06	1.04	0.01	1.07	0.06	1.14
	内流区	0.06	3.38	0.13	3.57	0.08	4.13	0.15	4.36	0.09	4.48	0.16	4.73	0.10	4.77	0.18	5.05
	无定河	0.02	1.62	0.11	1.75	0.02	1.95	0.13	2.10	0.02	2.06	0.13	2.21	0.03	2.30	0.14	2.47
	红碱淖	0.00	0.20	0.00	0.20	0.00	0.38	0.00	0.38	0.00	0.42	0.00	0.42	0.00	0.45	0.00	0.45
	窟野河	0.16	1.01	0.12	1.29	0.35	1.57	0.21	2.13	0.52	1.89	0.27	2.68	0.71	2.12	0.31	3.14
	河口镇以下	0.07	1.01	0.05	1.13	0.10	1.57	0.06	1.73	0.12	2.82	0.09	3.03	0.14	3.83	0.10	4.07
行政区	准格尔旗	0.08	1.58	0.05	1.71	0.11	1.98	0.06	2.15	0.13	3.21	0.09	3.43	0.15	4.23	0.10	4.48
	伊金霍洛旗	0.04	1.22	0.04	1.30	0.07	1.90	0.06	2.03	0.10	2.31	0.08	2.49	0.13	2.51	0.09	2.73
	达拉特旗	0.07	7.33	0.03	7.43	0.11	6.06	0.04	6.21	0.14	6.18	0.05	6.37	0.17	6.48	0.05	6.70
	东胜区	0.13	0.34	0.07	0.54	0.25	0.41	0.12	0.78	0.35	0.34	0.16	0.85	0.47	0.36	0.19	1.02
	康巴什新区	0.01	0.04	0.02	0.07	0.04	0.05	0.06	0.15	0.10	0.05	0.06	0.21	0.13	0.08	0.07	0.28
	杭锦旗	0.03	4.23	0.10	4.36	0.04	4.15	0.15	4.34	0.04	4.33	0.16	4.53	0.06	4.82	0.17	5.05
	鄂托克旗	0.02	0.86	0.13	1.01	0.04	1.59	0.11	1.74	0.04	1.75	0.11	1.90	0.05	1.96	0.12	2.13
	鄂托克前旗	0.02	1.33	0.04	1.39	0.02	1.64	0.04	1.70	0.02	1.83	0.05	1.90	0.02	1.94	0.05	2.01
	乌审旗	0.02	1.70	0.10	1.82	0.03	2.76	0.14	2.93	0.03	3.19	0.14	3.36	0.04	3.50	0.15	3.69
鄂尔多斯市		0.42	18.63	0.58	19.63	0.71	20.54	0.78	22.03	0.95	23.19	0.90	25.04	1.22	25.88	0.99	28.09

8.7.2　需水量增长态势分析

1980～2009年的30年间，鄂尔多斯市用水量快速增长，从1980年的5.84亿m^3，增加到2009年的19.4646亿m^3，用水量年均增长率为4.1%，其中20世纪90年代用水增长较快为6.4%。从用水增长的构成来看，2000年以前用水增长主要以农业灌溉用水增长为主，工业用水量少、增长缓慢；2000年以后随着区域经济社会的发展、生态环境建设深入，工业用水增长较快，生态环境用水和建筑业及第三产业用水量也呈现较快的增长。鄂尔多斯市近30年用水统计情况见表8-7-3。

表8-7-3　1980年以来鄂尔多斯市用水情况统计　（单位：万m^3）

年份	生活	农业	工业	建筑业及第三产业	生态环境	总用水量	总用水年均增长率(%)
1980	1 211	54 404	2 608	47	103	58 373	
1985	1 422	59 783	3 490	64	165	64 925	2.2
1990	1 568	68 846	3 241	92	212	73 958	2.6
1995	2 056	98 433	3 264	179	264	104 197	7.1
2000	2 604	124 207	9 552	302	440	137 105	5.6
2005	3 209	144 729	23 417	1 080	1 235	173 671	4.8
2009	4 164	157 710	24 545	2 397	5 831	194 646	2.9

预测研究水平年鄂尔多斯市需水仍维持快速增长态势，以方案二为例，预测基准年到2030年需水总量年均增长率为1.6%，其中基准年至2015年、2016～2020年，2021～2030年三个阶段总需水量年均增长率分别为1.9%、2.0%和1.0%，从需水总量增长的幅度来看，总趋势逐渐放缓。研究水平年鄂尔多斯市需水量增长及速率见表8-7-4。随着经济社会的发展、城镇化水平的不断提高，研究水平年鄂尔多斯市用水仍将呈现增长趋势，需水结构将不断调整，农业需水量不断减少，所占比例逐渐降低，工业、生活以及生态环境需水量不断增加、所占比例不断提高。以方案二需水情景为例，研究近期居民生活需水量将从基准年的0.42亿m^3增加到0.71亿m^3，2020年和2030年城镇居民生活需水量将增加到0.95亿m^3和1.22亿m^3，需水量增加3倍以上；"十二五"以及未来十年是鄂尔多斯市加快工业化发展的时期，能源化工业呈现快速发展，工业需水量也将快速增长，预测研究近期2015年工业需水量增长到6.70亿m^3，较基准年增加4.25亿m^3，2020年和2030年进一步增加到10.14亿m^3和12.78亿m^3；未来鄂尔多斯市将加强高效生态农业建设，通过进一步实施渠系和田间节水措施，提高灌溉水综合利用系数，农业需水量将逐步减少，预测研究近期2015水平年农牧业需水量为13.53亿m^3，较基准年的15.94亿m^3减少2.41亿m^3，2020年和2030年进一步减少到12.66亿m^3和12.59亿m^3。方案二，研究水平年鄂尔多斯市主要部门需水结构变化见图8-7-1。

表 8-7-4 研究水平年鄂尔多斯市需水变化表(方案二) (单位:亿 m^3)

水平年	生活	工业	建筑业第三产业	农业	生态环境	需水总量
基准年	0.42	2.45	0.24	15.94	0.58	19.63
2015	0.71	6.70	0.31	13.53	0.78	22.03
2020	0.95	10.14	0.39	12.66	0.90	25.04
2030	1.22	12.78	0.51	12.59	0.99	28.09

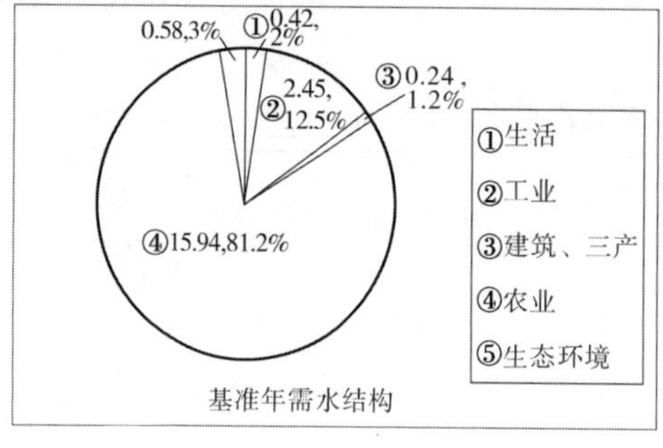

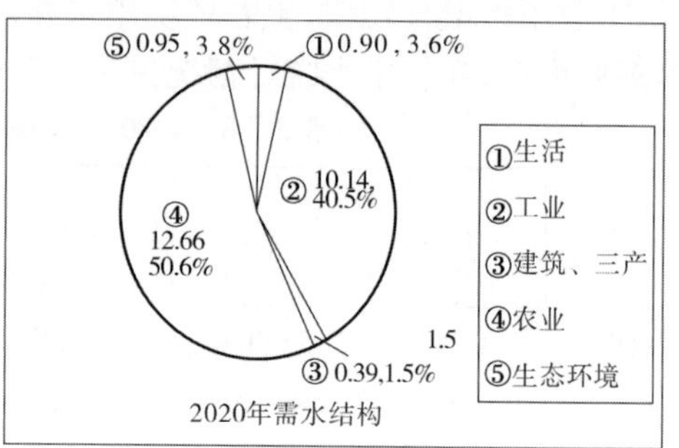

图 8-7-1 研究水平年鄂尔多斯市需水结构图(方案二)

8.8 本章小结

研究水资源需求预测方法和机理,开展研究水平年鄂尔多斯市水资源需求的预测,取得的主要成果如下:

(1)预测城镇居民生活用水定额呈快速增长趋势,预测 2015 年、2020 年和 2030 年鄂尔多斯市城镇居民生活需水量分别为 6 266 万 m^3、8 928 万 m^3 和 11 906 万 m^3;农村生活需水量将相应减少,农村居民生活需水量分别为 868 万 m^3、659 万 m^3 和 431 万 m^3。

(2)在研究能源化工工业用水机理的基础上,根据各类产业的技术水平、需水定额发展趋势和产量分析,预测研究水平年鄂尔多斯市能源化工产业需水量。预测低方案 2015 年鄂尔多斯市工业需水量将达到 6.70 亿 m^3,较现状增长 4.25 亿 m^3,2020 年和 2030 年工业需水量将分别达到 10.14 亿 m^3 和 12.78 亿 m^3。

(3)建筑业需水量略有降低,预测 2015 年、2020 年、2030 年建筑业需水量分别为 950 万 m^3、884 万 m^3 和 797 万 m^3。第三产业发展速度将加快,需水量持续增长,将分别达到 2 093 万 m^3、3 046 万 m^3、4 394 万 m^3。

(4)以发展现代农牧业为导向,控制灌溉面积、优化种植结构,以发展高新节水为手段,提高农牧业用水效率。预测 2015 年鄂尔多斯市农业需水总量为 13.53 亿 m^3,较基准年减少 2.41 亿 m^3,2020 年、2030 年分别减少到 12.66 亿 m^3 和 12.59 亿 m^3。

(5)研究水平年鄂尔多斯市需水仍保持快速增长态势,需水结构将不断调整,工业、生活以及生态环境需水量增加、所占比例不断提高,农业需水量持续减少、所占比例逐渐降低。低方案 2015 年鄂尔多斯市需水总量为 22.03 亿 m^3,较基准年增长 2.40 亿 m^3;2020 年和 2030 年需水总量将分别达到 25.04 亿 m^3 和 28.09 亿 m^3。

第9章　区域水资源系统优化研究

针对鄂尔多斯市水资源开发利用存在的问题,提出综合调控的概念及调控策略,从经济、水源、用水、时空、管理等5个方面建立鄂尔多斯市水资源综合调控的框架体系。引入柔性决策理论并建立多维尺度的优化模型系统,研究多水源、多目标联合调配的优化求解方法。

9.1　区域水资源利用的多目标特征

鄂尔多斯市水资源短缺、生态环境脆弱,在以往传统经济的发展模式下,区域水资源开发利用单纯地追求经济效益,忽视了对生态环境的保护。这些问题的存在严重制约着区域社会经济的可持续发展,威胁着生态环境的系统安全。

水资源可持续利用要求,水资源开发利用目标不能单纯地追求"高"的经济效益,还应包括"好"的生态效益和社会效益,经济增长要打破原有的水资源供用关系,更高效地利用水资源、提供更大的环境容量,围绕水资源全属性(自然、环境、生态、社会和经济属性)的协调,促进社会、经济、环境可持续、协调发展。水资源利用的总目标应是:经济的持续协调发展、生态环境质量的逐步改善和社会健康稳定等多个目标,并至少应包括以下三个层次:

(1)经济效益、生态效益、社会效益协调优化,追求经济上的有效性、对环境的负面影响最小、维持社会稳定协调,保证经济、生态环境、社会发展的综合利用效率最高。

(2)生活用水、工业用水、农业灌溉用水、生态环境林草地用水等和谐。

(3)区域配置合理,满足不同区间对水资源的需求,追求区域均衡发展。

因此,需要从系统论的观点和方法出发,建立多目标优化模型来定量地描述这种关系,寻求区域经济可持续发展、生态环境质量改善和社会健康稳定等宏观目标。

9.1.1　水资源综合调控的目标

综合调控是按照自然规律和经济规律,对区域经济、社会、生态环境以及水资源利用等各项指标实施多维整体调控,实现水资源可持续利用和经济社会发展与生态环境保护的协调。鄂尔多斯市水资源综合调控的总体目标是:实现水资源可持续利用和区域经济社会发展与生态环境保护的协调,促进水资源的高效利用,提高水资源的承载能力,缓解水资源供需矛盾,实现生态环境良性转变,支持经济社会的可持续发展。

从宏观上讲,鄂尔多斯市的水资源综合调控是在区域水资源开发利用过程中,对干旱缺水、水土流失等问题的解决实行统筹研究,协调城市与乡村、开发与保护、建设与管理、近期与远期等各方面的关系。

从微观上讲,鄂尔多斯市的水资源综合调控包括:优化区域经济规模、结构和布局,建立与水资源承载能力相适应的经济发展模式；控制取水、用水过程，优化取用水总量。取水方面是指地表水、地下水、再生水、微咸水等多水源间的合理配置。用水方面是指生活用水、生产用水和生态用水间的合理配置。实现区域水资源系统的良性协调、可持续发展，即协调好水资源与经济社会及生态环境的关系，通过专家调查和定性分析等途径，以鄂尔多斯市目前水资源短缺、生态环境脆弱等问题为主线。按不同地区、不同部门、不同价值取向，将调控总目标分解为多个具体的相对独立的分目标。

9.1.1.1　水资源合理高效持续利用

鄂尔多斯市水资源短缺，经济发展迅猛，供需矛盾日益尖锐，为保障区域经济和社会的可持续发展，就必须立足于有限的水资源，加强水资源的高效利用。从用水户的角度来看，鄂尔多斯市用水主要包括生态环境用水、城乡生活用水、工业用水、农业灌溉用水。水资源的合理高效利用就是在保证基本生态用水的前提下，提高供水和灌溉效益。提高供水效益即保证生活用水和工业缺水量最小，提高灌溉效益可具体分解为满足合理的粮食需求和单方水效益最大。

9.1.1.2　生态环境改善

鄂尔多斯市生态环境脆弱，突出表现为降水稀少、气候干旱，受干扰后自我恢复能力差，水土流失严重，近年来水体污染不断加剧。生态环境改善包括生态系统改善和水环境改善。生态系统改善包含水土流失减轻、荒漠化面积减少和提高植被覆盖率。水环境改善可分为满足河段水质标准和控制污染物排放总量。

9.1.1.3　供水安全保障

鄂尔多斯市是我国规划的重要能源化工产业区，区域经济社会发展、人民生活水平提高和国家能源安全保障均要求有一定量的水资源供给保障，提高区域水资源供给能量是保障区域供水安全的重要基础。供水安全即要满足区域用户对一定水质水量的要求。

9.1.2　水资源的综合调控

水资源调控的基本功能包含两方面：一是在需求方面通过调整产业结构，建设节水型社会经济并调整生产力，以适应较为不利的水资源条件；二是在供给方面协调各项竞争性用水，并通过各种工程和非工程措施改变水资源的天然时空分布来适应生产力布局。两个方面相辅相成，通过水资源合理调控系统来实现。水资源合理调控是采取各种工程和非工程措施将多种水源在时间和空间上对不同用户的分配过程，水资源调控的具体方式，表现在空间调控、时间调控、用水调控、水源调控和管理调控5个方面。

(1)空间调控：通过技术和经济手段改变各区水资源的天然条件和分布格局，促进水资源的地域转移，解决水土资源不匹配的问题，使生产力布局更趋合理；

(2)时间调控：通过工程措施和技术手段调节、改变水资源的时间波动性，将水资源适时、适量地分配给各个地区和用水户，以满足不同时期的用水需求；

(3)用水调控：协调各部门的用水需求，以有限的水资源满足人民生活、国民经济各部门、环境生态对水资源的需要；

(4)水源调控：对区域地表水、地下水以及各种非常规水源统一调控，保证各种水源得到高效合理利用；

(5)管理调控:重点解决重开源轻节流、重工程轻管理的外延用水方式问题。采取多种管理措施、强化制度建设、推行统一管理、实施最严格的水资源管理。

9.2　水资源多维尺度优化模型

9.2.1　优化模型建立

根据以上目标和准则,结合鄂尔多斯市水资源、经济社会和生态环境的特点,从区域水资源利用涉及的水资源高效利用、生态环境保护和经济社会持续发展等多目标出发,建立多目标协调模型如下:

$$\max f(x) = f(S(x), E(x), B(x)) \tag{9-2-1}$$

式中:$f(x)$为区域水资源决策的总目标,是社会目标$S(x)$、生态环境目标$E(x)$、高效利用目标$B(x)$的耦合复合函数。

在区域水资源综合调控中,要综合考虑社会、经济、环境等各方面的因素,因此水资源多目标优化模型应包括区域经济持续发展,生态环境质量的逐步改善和区域社会健康稳定等目标。基于此,采用区域国内生产总值(TGDP)作为经济方面目标;化学需氧量(COD)为环境方面目标;经济发展平等程度的指标采用基尼系数(Gini Coefficient)作为社会指标,粮食产量(FOOD)作为农业发展指标,两者一起作为社会目标;绿色当量面积(GREEN)和生态环境需水量满足程度作为生态衡量指标。

9.2.1.1　社会目标$S(x)$——和谐

社会目标$S(x)$主要包括支撑区域经济协调发展、保障生活用水及粮食安全等。综合采用区域发展协调,即最小社会总福利的最大化作为目标:

$$\max\{\min U(i,j)\} \tag{9-2-2}$$

式中:$U(i,j)$为区域的社会福利函数,即社会发展的满意度。社会福利最大可用经济发展平等程度的指标均衡性的基尼系数以及粮食产量两个指标表示。

1. 区域基尼系数最小——保障公平性

为定量评价区域水资源配置的社会公平性,引入经济学中的基尼系数概念来度量区域水资源分配的公平程度;基尼系数是定量测定收入分配差异程度的指标,经济含义是:在全部居民收入中用于不平均分配的百分比。基尼系数为0,表示分配绝对平等;基尼系数为1,表示分配绝对不平等。基尼系数为0~1,系数越大,表示越不均等;系数越小,表示越均等。区域水资源公平分配的目标:

$$\min GIN = \frac{1}{n^2}\sum_{i=1}^{n}\sum_{k=1}^{n}|S(i)/D(i) - S(k)/D(k)| \tag{9-2-3}$$

式中:GIN为供水基尼系数,其值越小,表明水资源优化配置的子系统间公平性越好;$S(i)$、$D(i)$分别为i地区的供水量和需水量;$S(k)$、$D(k)$分别为k地区的供水量和需水量;$|S(i)/D(i) - S(k)/D(k)|$为不同地区供水满足程度的差异。

2. 粮食产量最大——保障稳定性

采用粮食产量来表征社会稳定性,目标为区域粮食产量最大;由粮食作物的种植结构关系、粮食单位预算产量的变化情况、人均粮食占有量的期望水平来实现。

$$\max TFOOD = \sum_{i=1}^{n} FOOD(i) = \sum_{i=1}^{n}\sum_{m=1}^{T} food(i,m) \tag{9-2-4}$$

式中：$TFOOD$ 为区域粮食总产量；$FOOD(i)$ 为 i 区域的粮食产量；$food(i,m)$ 为 i 区域 m 时段的粮食产量；T 为决策总时段。

综合式(9-2-3)、式(9-2-4)，可采用综合缺水最小目标来协调区域水资源供需矛盾、保障区域供水安全。确定以区域水资源系统综合缺水率最低(或综合水资源安全度最高)为目标：

$$\min f = \sum_{i=1}^{n} \omega_i \left(\frac{W'_d - W'_s}{W'_d}\right)^{\alpha} \tag{9-2-5}$$

式中：ω_i 为 i 子区域对目标的贡献权重，以其经济发展目标、人口、经济规模、环境状况为准则，由层次分析法确定；n 为所有调水区和受水区的地区数量；W'_d，W'_s 分别为 i 区域需水量和供水量；α($0<\alpha\leqslant 2$，在此取 1.5)为幂指数，体现水资源分配原则；α 越大，则各分区缺水程度越接近，水资源分配越公平；反之，则水资源分配越高效。

9.2.1.2　生态环境目标 $E(x)$——优美

生态环境目标 $E(x)$ 包括提供必要的生态环境用水，维持河流正常功能以及区域生态系统的平衡。综合采用绿色当量面积最大和污染物 COD 排放量最小，指标具体化为以下内容。

1. 绿色当量面积最大

$$\max \sum_{i=1}^{m}\sum_{j=1}^{n} GREEN(i,j) \tag{9-2-6}$$

式中：$GREEN(i,j)$ 为区域生态综合评价指标绿色当量面积，通过绿色当量找到各生态子系统生态价值数量的转换关系，将林草、作物、水面和城市绿化等面积按其对生态保护的重要程度折算成标准生态面积。

2. 污染物 COD 排放量最小

$$\min \sum_{i=1}^{m}\sum_{j=1}^{n} \mathrm{COD}(i,j) \tag{9-2-7}$$

式中：$\mathrm{COD}(i,j)$ 为主要排放废水所含污染物因子。通过研究 COD 排放量与工业产值之间的关系，COD 排放量与农业产值之间的关系，COD 排放量与城镇生活的关系，不同阶段 COD 排放量与经济发展变化的关系，COD 削减与污水处理措施之间的关系等来定量化描述经济社会发展的环境效应，通过最小化环境负效应以提高环境质量。

综合式(9-2-6)与式(9-2-7)可以概括为，生态环境目标是指生态环境需水量满足程度最高，表达式为：

$$\max ES = \sum_{i=1}^{N}\sum_{j=1}^{T} \phi_i \left[\frac{Se(i,j)}{De(i,j)}\right]^{\lambda(j)} \tag{9-2-8}$$

式中：ES 为研究系列生态环境需水量的满足程度；$Se(i,j)$ 为 i 区域 j 时段生态环境需水量；$De(i,j)$ 为 i 区域 j 时段适宜的生态环境需水量；N 为统计生态环境需水量的区域总数；ϕ_i 为区域 i 的生态环境权重指数，$\sum_{i=1}^{n}\phi_i = 1$；$\lambda(j)$ 为第 j 时段区域生态环境缺水敏感指数。

9.2.1.3　经济目标 $B(x)$——高效

在经济学中反映效益的目标众多,如产值、利润、利润率、社会总产值、国民生产总值和国内生产总值等。在这些指标中,有些反映微观经济效果,有些反映宏观经济效果;有些反映经济总量,有些反映一定时期的经济增加量。从资源优化利用的角度讲,在追求经济总量的同时,更注重经济效率,所以,选择既能体现经济总量,又能体现经济效率的指标。因此,在水资源优化配置模型中,选用国内生产总值最大作为主要经济效益目标,同时这个指标也部分反映了社会方面的效果。即全区国内生产总值 GDP 最大,区域国内生产总值之和(TGDP)最大为主要经济目标。

$$\max\left\{TGDP = \sum_{i=1}^{m}\sum_{j=1}^{n} GDP(i,j)\right\} \tag{9-2-9}$$

式中:$GDP(i,j)$ 为区域国内生产总值;j 为分区,$j=1,2,\cdots,n$;i 为经济部门,$i=1,2,\cdots,m$。

9.2.2　决策变量

鄂尔多斯市水资源系统三大目标是模型的总目标,表现了整个模型的研究方向,在此基础上,设置了与此相关的一些下层局部决策变量,主要有以下内容。

9.2.2.1　产业决策变量

产业决策变量是水资源模块与经济模块中重要的参数,可实现水资源对产业发展支撑和约束,反馈结构对水资源的需求。优化目标是产业结构协调,包括各行业产值、固定资产投资、固定资产存量、固定资产增量等方面。

$$Y_{i\min} \leqslant (1-\alpha)QP_i \leqslant Y_{i\max} \tag{9-2-10}$$

式中:$Y_{i\min}$,$Y_{i\max}$ 分别是 i 产业发展的低、高限目标约束;α 为投入产出表中的生产技术系数矩阵;QP_i 为供水量。

9.2.2.2　粮食(农业)决策变量

粮食(农业)决策变量是实现水资源与农业灌溉的重要参数,包括各粮食种植面积、种植结构、产量、林牧副渔产值等。保证地区粮食供给,各地区粮食产量与规划需求偏差之和最小:

$$\min\left\{TFOOD = \sum_{i=1}^{m}\sum_{j=1}^{n}\left(TFOOD(i,j) - FOOD(i,j)\right)\right\} \tag{9-2-11}$$

式中:$TFOOD(i,j)$、$FOOD(i,j)$ 分别是各分区、决策时段的实际粮食生产总量和需求量。

9.2.2.3　环境决策变量

环境决策变量污水排放量、污水处理率,标准污水处理厂个数等。优化目标是保证区域水环境达标:

$$\sum_{k=1}^{K}\sum_{j=1}^{J} 0.001 d_j^k p_j^k x_{ij}^k \leqslant C_0 \tag{9-2-12}$$

式中:C_0 为区域水环境承载力;d_j^k 为 k 子区 j 用户单位废水排放量中重要污染因子的含量;p_j^k 为 k 子区 j 用户污水排放系数;J、K 分别为子区总数和用户总数。

9.2.2.4　水资源分配的均衡性决策变量

水资源分配的均衡性决策变量包括各地区经济发展的均衡程度、需水的满足程度。

区域水资源可承载：

$$\sum_{i=1}^{n}\sum_{k=1}^{m}x_{ij}(t) \leqslant R_{ij}(t) \tag{9-2-13}$$

式中：$x_{ij}(t)$为t时刻i部门j地区用水量，$R_{ij}(t)$为t时刻区域水资源承载能力，可以量化的表征为区域地表水的可利用量和地下水的可开采量。

9.2.2.5 生态决策变量

生态决策变量包括湿地面积、绿地面积、水土保持面积，生态需水量的满足程度；满足河道内低限生态需水：

$$Q(i,t) \geqslant Q_{\min}(i,t) \tag{9-2-14}$$

式中：$Q_{\min}(i,t)$为区域生态最小需求量，在量值上等于现状实际的生态环境用水量，即满足生态环境不恶化。

9.2.2.6 供水优先序决策变量

按照高效用水的原则，除考虑一部分基本用水需求外，其余水量配置按照效率优先原则进行，通过权重来实现。根据对鄂尔多斯市经济、社会和生态环境等部门对水资源需求的紧迫性分析，由层次分析法确定不同层次级别的权重：第一层次，城乡居民生活用水，缺水影响特别严重，缺水影响人民生活用水，重要性9，权重$\omega_i=1.9$；第二层次，能源化工及基本生态环境用水，缺水影响严重，缺水影响和能源化工等重点产业的发展以及生态环境用水，重要性7，权重$\omega_i=1.7$；第三层次，一般工业、建筑业用水，缺水影响一般工业发展用水，重要性3，权重$\omega_i=1.3$；第四层次，农村及农业灌溉用水，缺水影响农业灌溉和灌区发展，重要性1，权重$\omega_i=1.1$。

上述各目标之间以及目标和约束条件之间存在着很强的竞争性。特别是在水资源短缺的情况下，水已经成为经济、环境、社会发展过程中诸多矛盾的焦点。在进行水资源优化配置时，各目标之间相互依存、相互制约的关系极为复杂，一个目标的变化将直接或间接地影响到其他各个目标的变化，即一个目标值的增加往往要以其他目标值的下降为代价。所以，多目标问题总是牺牲一部分目标的利益来换取另一部分目标利益的改善。在进行水资源规划与水资源优化配置时，一要考虑各个目标或属性值的大小，二要考虑决策者的偏好要求，通过定量手段寻求使决策者达到最大限度的满足的均衡解。多目标之间竞争与协调关系图如图9-2-1所示。

9.2.3 系统组成

围绕水资源系统全属性（自然、环境、生态、社会和经济属性）的维系和各属性的协调来展开区域水资源优化，以水资源为约束条件，以水资源可持续开发利用促进社会、经济、生态环境可持续协调发展为决策目标，建立区域水资源调配多目标优化模型系统见图9-2-2。

模型系统由水资源优化模型、区域宏观经济模型、社会发展模型、生态环境模型组成，分别模拟和计算水资源调配决策的主要目标。其中，水资源优化模型是多目标优化决策模型系统的核心，包括水资源调配仿真模型以及柔性决策模型两个部分，主要完成水资源系统运行的模拟以及水资源配置优化决策。模拟模型是研究在一定的系统输入条件下、

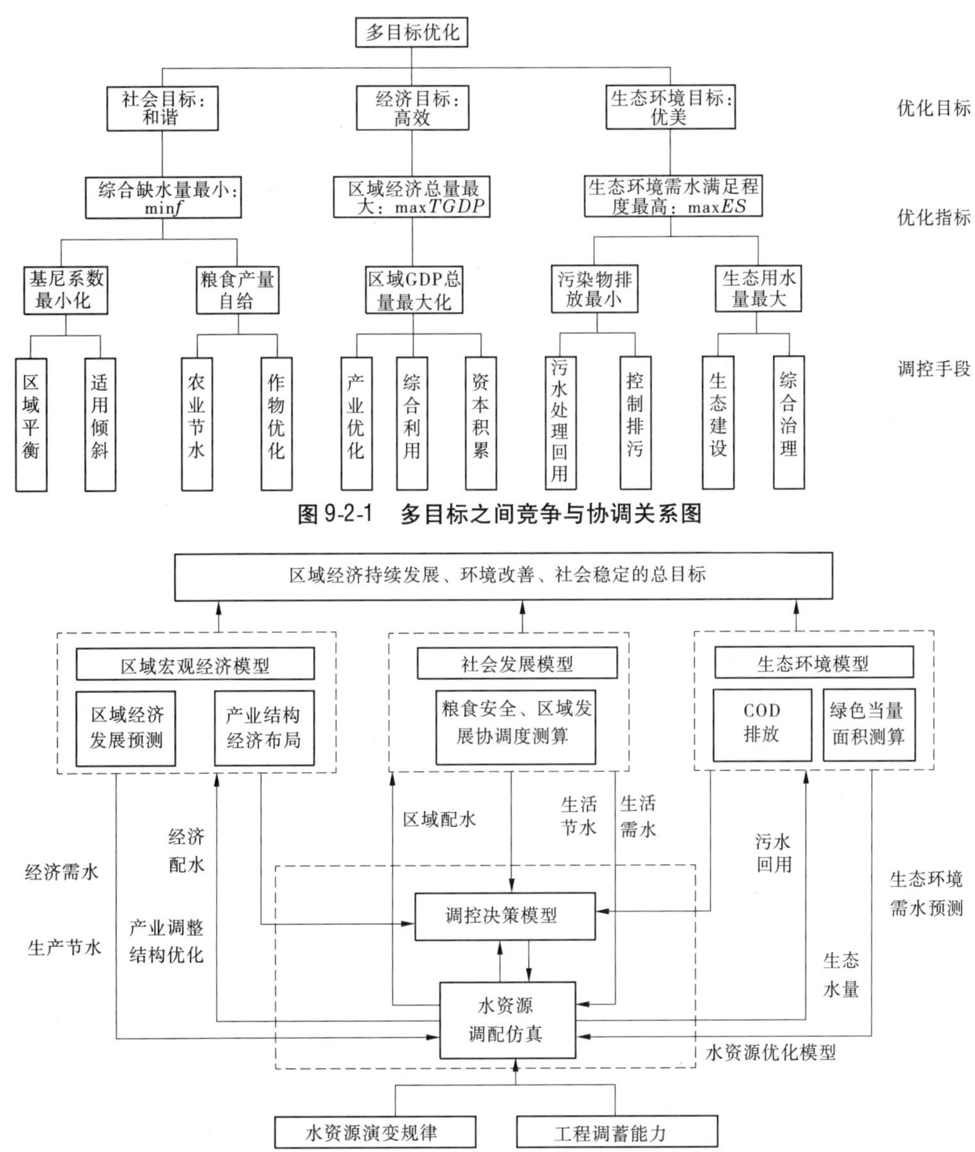

图 9-2-1 多目标之间竞争与协调关系图

图 9-2-2 区域水资源调配多目标优化模型系统

采用不同运行规则时的系统响应，以及区域系统的水资源、经济、环境等主要决策目标的特征属性变化，不同运行规则及分水政策对水资源利用带来的不同影响以及效果等方面的响应。柔性决策模型通过一个动态的交互模式，实现模型输出和专家决策的相互沟通，实现对区域水资源分配的宏观决策。柔性决策模型是在期望目标下，寻找实现目标的最优途径，通过建立与其他模型的连接，利用来自于水资源、经济社会、生态环境等方面的指标，建立决策者满意函数，利用其内部的模糊推理功能来实现对系统状态的判断和引导。

9.3 区域水资源优化方法

9.3.1 柔性决策方法

柔性决策是一种有限理性的决策方式，但强调决策的柔性特点，即决策者的愿望和偏好、约束条件和（或）决策目标是柔性的。北京航空航天大学石用恒教授指出：在多目标柔性决策问题中，决策者经常用语言方式表达自己的愿望和偏好，因此他认为，决策者常用的语言变量是“尽可能大”、“尽可能接近”、“不低于”、“不超过”、“有点小”及“太大”等。

柔性运筹学是近代运筹学的重要理念与特征。戴爱明等提出：与传统运筹学的模型和方法相比，最主要的特点在于决策者的介入，面对的问题与系统中包含一些非结构化因素，因此在处理过程中，不可避免地要考虑偏好、谋略、政策等因素与环境的影响。决策目标的多样性决定决策模型是一个多目标规划，多目标规划属多准则决策的范畴，研究在约束域中依据多个决策准则的优化问题，并将柔性决策的数学模型建立如下的表达形式，即：

$$\begin{cases}\max F(x) = (f_1(x), f_2(x), \cdots, f_n(x)) \\ s.t \quad x \in \Omega\end{cases} \tag{9-3-1}$$

式中：$x=(x_1,x_2,\cdots x_n)^{\mathrm{T}}$，为决策变量；$\Omega$ 为决策区间。若 $x\in\Omega$，则 x 称为可行解。对于最优解的规定要比单目标规划复杂得多，一个自然的扩张是：若 $x^*\in\Omega$，且对 $x\in\Omega$ 都有 $f_k(x)\leqslant f(x^*)(k=1,2,\cdots,n)$，可称这里的 x^* 为绝对最优解。但是，在绝大多数情况下，这样的 x^* 不存在，或在 Ω 集合中不存在。这是由于绝大多数情况下，n 个目标函数 $f_k(x)$ $(k=1,2,\cdots,n)$ 会存在“相冲突”的情况。因此，在多目标规划中，非劣解（折中解或称 Pareto 有效解及 Pareto 弱有效解）的规定如下。

若 $x^*\in\Omega$，且不存在 $x\in\Omega$，使得：

$$F(x) \leqslant F(x^*) \text{ 或 } F(x) < F(x^*) \tag{9-3-2}$$

根据定义，前者称 x^* 为 Pareto 有效解，后者则称 x^* 为 Pareto 弱有效解。Pareto 有效解的含义在可行域中不存在评价指标均不优于 x^* 的可行解 x，则 x^* 称为非劣解或 Pareto 有效解。

一般来说，多目标规划的 Pareto 有效解为一个集合，可能有多个，且往往无法比较两个 Pareto 有效解的优劣。若不引入决策者的附加偏好，任何非劣解都可作为最优解。若决策者有其偏好，则可通过以下几种方法从非劣解中选出最优解：

（1）决策者对分析人员提供的全部 Pareto 有效解做全面考察，依据理念、经验去选择最优解。

（2）决策者利用自己的偏好对全部 Pareto 有效解进行分层筛选，最终得出最优解。

（3）决策者向分析人员提供偏好信息，例如，对各目标函数的权重分配、各目标函数的层次顺序等。分析人员按照这些偏好信息去处理已有的多目标规划。

（4）分析人员根据决策者提供决策的模糊偏好，进行信息筛选和指标构造，采用模糊推理技术模拟再现决策者偏好实施决策。

对于多目标决策问题没有绝对的最优解,其决策结果与决策者的主观意愿直接相关。由于决策者是有限理性的,柔性目标和约束条件中的一些参数可以在一定范围内调整,所以要设计决策推理系统来辅助决策,推理系统根据决策者的愿望和偏好求出决策者满意的方案,在提出多个满意方案以后,对这些满意方案进行优劣顺序的比较。

根据水资源开发利用多目标、不确定性的特征,交互式多目标决策方法是求解水资源开发利用模型的理想方法,一方面该方法能够实现多目标间的协调,另一方面在决策过程中还能充分体现决策者的意愿。多目标柔性决策的交互式方法包括以下步骤:

(1)根据决策者的愿望和偏好求出决策问题的一个满意解。

(2)决策者对所求出的不同满意解进行比较,如果得到充分满意的解,则停止计算;否则,继续进行。

(3)根据决策者新的意见,按照调整规则调整适当的参数,回到第 1 步。

9.3.2　决策目标的柔性模糊满意度

模糊数学理论的发展为以模糊逻辑为基础的多目标决策方法提供了一种有效的方法,决策者对每个目标的期望值视为一个模糊数,通过建立各个目标函数的模糊满意度隶属函数,来描述决策者各目标的效用满足程度。

在多目标柔性决策问题中,决策者经常用语言表达自己的愿望和偏好,石永恒教授将这些愿望和偏好分为 4 类,分别描述为:

(1)决策收益尽可能大,并且越接近理想值越优:$U_{\min} \leqslant u \to U_{\max}$,其中 $U_{\min}$ 为决策者接受效益指标的效用低限值(容忍值),$U_{\max}$ 为决策者接受的效用理想高值(理想值)。因此,针对决策的经济效益、社会发展程度等效益型指标(如国民经济指标 GDP、粮食产量、生态环境水量),构造决策者满意度隶属函数式 $u_i(x)$ 如下:

$$u_i(x, L_{i0}, H_{i0}) = \begin{cases} 1 & r_i(x) \geqslant H_{i0} \\ \dfrac{r_i(x) - L_{i0}}{H_{i0} - L_{i0}} & H_{i0} > r_i(x) \geqslant L_{i0} \\ < 0 & r_i(x) < L_{i0} \quad \text{拒绝} \end{cases} \tag{9-3-3}$$

式中:$u_i(x)$ 为决策者对决策属性指标 i 的满意度隶属函数;$r_i(x)$ 为决策指标 i 的属性值,是决策变量 x 的函数;L_{i0} 为属性指标 i 的容忍值,H_{i0} 为属性指标 i 的理想值。

(2)决策费用、损失尽可能小,并且越接近下限值越优,资源的消耗和环境破坏不超过一定限度,且尽可能降低到期望的低限点,$C_{\max} \geqslant C(x) \to C_{\min}$,其中,$C_{\max}$、$C_{\min}$ 分别为费用、资源消耗、环境破坏等指标决策者接受的上、下限。而对于指标越小越优的成本型指标(如污染物排放、生态破坏程度等),满意度隶属函数式构造如下:

$$u_i(x, H_{i0}, L_{i0}) = \begin{cases} 1 & r_i(x) \geqslant L_{i0} \\ \dfrac{H_{i0} - r_i(x)}{H_{i0} - L_{i0}} & H_{i0} \geqslant r_i(x) > L_{i0} \\ < 0 & r_i(x) > H_{i0} \quad \text{拒绝} \end{cases} \tag{9-3-4}$$

式中:H_{i0} 为属性指标 i 破坏限度的容忍值,L_{i0} 为属性指标 i 的理想值。我们可以把这种形式的愿望和偏好重新描述为 $-C_{max} \leqslant C(x) \to -C_{min}$。这就和第 1 种形式(式(9-3-3))的愿望和偏好统一起来了。

(3)决策属性值要求控制不超出一定决策区间范围。决策者希望目标的属性指标值要落在一定的范围之内,并且尽可能接近该范围中的某一期望点。即属性决策阈值为 $r_i(x) \in [L_{i0}, H_{i0}]$ 且目标是趋于期望点 $r_i(x) \to M_{i0}$,满意隶属函数式构造如下:

$$u_i(x, b_{i0}, d_i^-, d_i^+) = \begin{cases} \dfrac{r_i(x) - L_{i0}}{M_{i0} - L_{i0}} & r_i(x) \in [L_{i0}, M_{i0}] \\ \dfrac{H_{i0} - r_i(x)}{H_{i0} - M_{i0}} & r_i(x) \in [M_{i0}, H_{i0}] \\ < 0 & r_i(x) \notin [L_{i0}, H_{i0}] \end{cases} \tag{9-3-5}$$

式中:$[L_{i0}, H_{i0}]$ 为决策者对属性指标 i 的容忍区间;M_{i0} 为决策属性指标 i 的理想值,L_{i0}、H_{i0} 为决策属性指标 i 的上、下限值。

如果决策区间为对称区间,即 $[L_{i0}, M_{i0}] = [M_{i0}, H_{i0}]$,定义决策区间长度 $2d = [L_{i0}, H_{i0}]$,我们把 $[L_{i0}, M_{i0}]$ 这种形式的愿望和偏好区间为 $M_{i0} - d_i^- \leqslant D(x) \to M_{i0}$,而相应的满意度函数描述为:

$$u^-(x, M_{i0}, M_{i0} - d_i^-) = \frac{r_i(x) - (M_{i0} - d_i^-)}{d_i^-} \tag{9-3-6}$$

并把 $[L_{i0}, M_{i0}]$ 这种形式的愿望和偏好区间改写为 $M_{i0} \leqslant D(x) \to M_{i0} + d_i^+$,相应的满意度函数描述为:

$$u^+(x, M_{i0}, M_{i0} - d_i^-) = \frac{(M_{i0} + d_i^+) - r_i(x)}{d_i^+} \tag{9-3-7}$$

归纳式(9-3-6)和式(9-3-7)两分段满意度函数,可以得到区间决策的满意度函数:

$$u_i(x, M_{i0}, d_i^-, d_i^+) = \min(u_i^-(x, M_{i0}, M_{i0} - d_i^-), u_i^+(x, M_{i0}, M_{i0} + d_i^+)) \tag{9-3-8}$$

式(9-3-8)表明区间决策的满意度函数可以采用 u^- 和 u^+ 来代替,这样可将式(9-3-3) ~ 式(9-3-5)的满意度函数统一为一种形式,而关键是对应于不同的形式,d_i^- 和 d_i^+ 取不同的值,对于式(9-3-3)形式,$d_i^+ = 0$;对于式(9-3-4)形式,$d_i^- = 0$。

(4)决策者的硬性要求决策,即决策属性指标不小于或不超过某一极限值。如河道断面最低流量、生态环境水量以及主要污染物最大排放量等指标。决策效用偏好可以表示为 $r_i(x) \geqslant R_{i0}$ 或 $r_i(x) \leqslant R_{i0}$,对于此种决策硬性的要求,我们可以通过模型转换,将其归纳入决策者可以接受的可行集的约束条件中去考虑。

从式(9-3-3)、式(9-3-4)、式(9-3-5)中可以看出,决策者对目标的满意程度 $u_i(x)$ 既是决策变量 x 的函数,又是决策容忍值和理想值 L_{i0}、H_{i0} 的函数。若 $u_i(x) < 0$,则说明决策目标 $f(x)$ 没有达到容忍的范围,是决策者不能接受的;若 $u_i(x) = 0$,则决策目标 $f(x)$ 达到容忍的下限,决策者处于勉强接受或不接收的临界状态;若 $u_i(x) = 1$,表明决策目标已经达到决策者所期望的效果;若 $u_i(x) > 1$,仍继续提高决策指标 $r_i(x)$,决策方案的某一属性的满意度将会得到很大满足,但由于其属性指标已超出了理想值,对决策目标的满意度改善很小，则意味着资源浪费也是决策者所不能接受的。因此，$0 \leqslant u_i(x) \leqslant 1$ 是决策者的决策区间，见图 9-3-1 ~ 图 9-3-3。

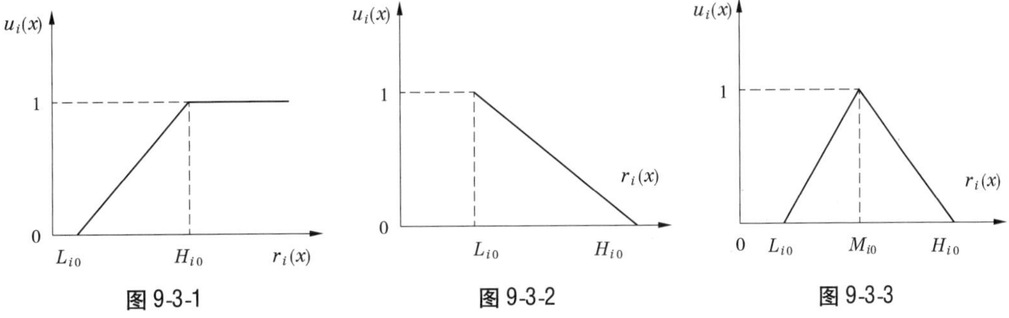

图 9-3-1　图 9-3-2　图 9-3-3

9.3.3　总目标满意度函数集成

在区域范围内对水资源多目标决策问题进行决策，根据资源量的限制和区域经济、社会发展水平要求以及生态环境承载能力，决策者所追求的水资源利用多目标函数符合式(9-2-1)，即

$$F(x) = \max(f_1(x), f_2(x), \cdots, f_n(x))^t$$

于是水资源多目标柔性决策问题可以表述为 $D=(DM, S, f(x))$，设 S 是决策问题 B 的可行解的集合，$S_1, S_2, \cdots, S_n$ 是 S 的 n 个子集，代表 n 个可行的水资源利用方案。多目标柔性决策本质是在决策者的效用和偏好的参与下，求得决策者满意度高的方案。

由于多目标决策问题中各目标之间存在着相互冲突和不可公度性，很难找到一个绝对的最优解。多目标决策的最终手段是在各子目标间进行协调、权衡和折中，以解决子目标之间的冲突性和属性传递关系的矛盾性，使各子目标尽可能地达到最优，以得到自己需要的 Pareto 最优解。因此，多目标决策问题的关键在于如何根据决策者的偏好对目标函数进行集成。

区域决策者的总满意度函数，是所有决策目标满意度协调耦合的线性集成，可进一步通过各特定地域、部门决策指标之间的满意度函数的集成来求得。若各特定地域或部门 k、目标 i 对分配方案的满意度为 $u_{li}(x)$，通过线性集成可构造区域总目标的满意度隶属函数：

$$\max U = \sum_{l=1}^{K} \lambda_l u_l(x) = \sum_{l=1}^{m} \sum_{i=1}^{n} \lambda_{li} u_{li}(x) \tag{9-3-9}$$

式中：U 为总满意度函数；$u_l(x)$ 为决策目标的满意度($l=1,2,\cdots,K$)；K 为决策总目标个数；λ_l、λ_{li} 为目标 i 的满意度对总目标满意度贡献隶属函数的权重；i 为区域决策的地区个数($i=1,2,\cdots,n$)；l 为区域决策的部门个数($l=1,2,\cdots,m$)。存在 $\sum_{l=1}^{K}\lambda_l = 1$ 或 $\sum_{l=1}^{m}\sum_{i=1}^{n}\lambda_{li} = 1$，可以是协调专家所给系数，也可以是相对重要性，表示一种利益的非冲突一致性。在对决策者偏好结构资料掌握不足的情况下，初始权重可设为等权重，而后逐步优化。

9.3.4　多目标协调与分层决策

区域水资源系统优化问题涉及多水源、多区域、多部门，系统调控的总目标是系统综合效益最大化。各区域、各部门所分水量为优化变量，它和相应的效益之间一般为复杂的非线性关系，若用一般的线性规划或非线形规划求解该问题会比较复杂，而用穷举法或动态规划方法求解，则随着区域、部门和用水量取值状态数目的增加，计算量急剧增加，会出现“维数灾”的问题。

对于大系统优化，一般是采用分解—协调算法。分解是将大系统划分为相对独立的若干子系统，形成递阶结构型式，应用现有的优化方法实现各子系统的局部优化。协调是根据大系统的总目标，通过各级间协调关系寻求整个大系统的最优化。分解协调的目的是将复杂问题分解成若干个比原问题简单的、规模较小的子问题。若所研究的区域不是很大，划分子区数较少，模型中涉及的决策变量不是很多，模型规模和复杂程度都不算很大，可以直接对模型进行优化，而不必考虑分解和协调问题。

将水资源系统划分成分水单元进行优化，每个分水单元内部都需要使用优化模型进行优化，因此水资源优化配置模型即为大系统多目标优化模型。此模型不仅规模大，而且由于各分水单元之间存在着水力或水利联系，使模型求解比较复杂。为解决此问题，考虑根据大系统理论的分解协调技术，建立供水需水协调的递阶模型，应用递阶分析的方法来求解。

采用分解协调技术中的模型协调法(可行法)，将关联约束变量即区域公用水资源进行预分，使系统分解成 K 个独立的子系统，然后反复协调分配量，最终实现系统综合目标最优。

基于水资源的供需情况，可对鄂尔多斯市水资源系统优化采用大系统分解协调方法建立三级模型，实现多水源联合调度和多区域、多部门的优化配水，如图 9-3-4 所示。

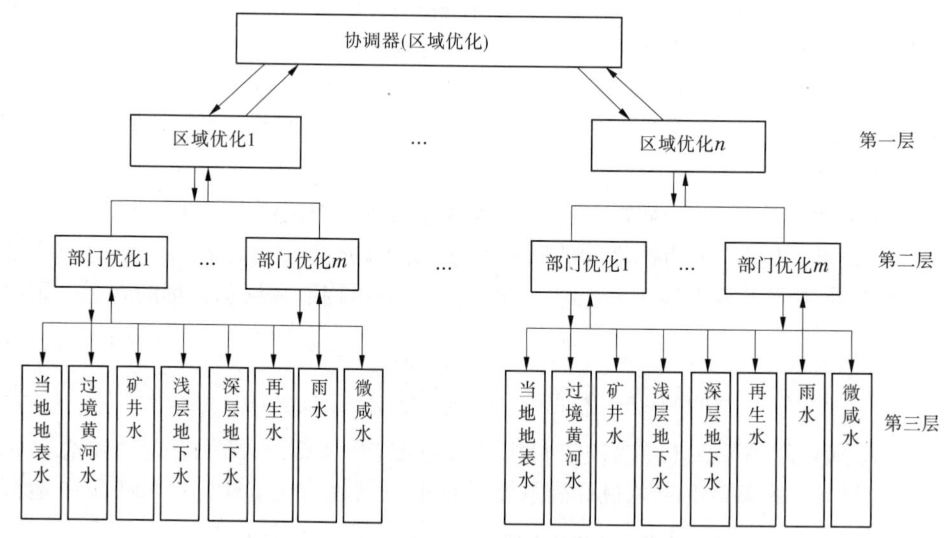

图 9-3-4　区域水资源多维尺度系统优化分解协调

这三层模型既相互独立，又相互联系。首先由第一层总供水系统分给第二层各子区一定水量，第二层各子区再把一定水量分配给区域内不同部门，在区域内的部门间协调实现多水源的优化分配。这样通过在各水源和各用户之间的水量协调，在相应的约束条件下进行优化，然后把结果逐级向上反馈，进行多用户间水量的分配，得到新的分配方案，然后再以此方案进行优化。如此反复迭代,直到达到优化目标为止,这样即可得到全局最优解。由图 9-3-4 可见,大系统分解协调后的模型实际上是要实现三层的优化,即区域水资源在各区域之间以及各区域内不同水源在不同部门间的分配。

采用大系统分解协调理论将区域水资源优化分解为多个决策层次,不同层次有各自的配置目标,最终再达到整个大系统的最优目标。

第一层决策协调各区域之间的利益冲突,得到比较满意的区域分配方案,各用水产业之间通过竞争与协调进行合理分配,设定一初始分配方案;

第二层决策在经济、社会、生态环境三大部门之间协调,实现区域水资源的可持续利用,结合区域经济、社会、生态环境三大目标及决策者对水资源管理的要求,得到比较满意的分配方案,实现地区、产业内部效益的优化;

第三层决策协调各区域内各个用水部门的各种用水水源,满足供水保障率最大化和用水费用最小化的决策目标。

多目标分层决策流程图见图 9-3-5。

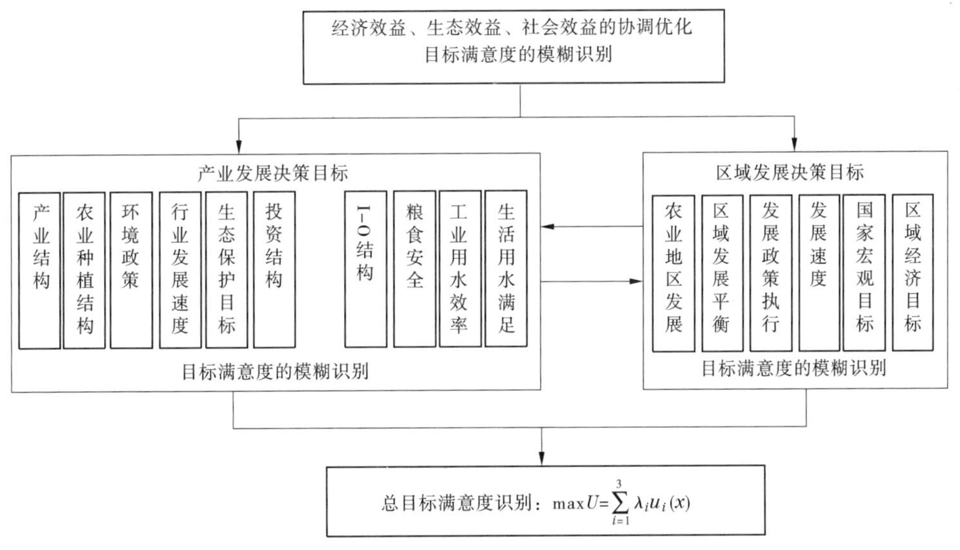

图 9-3-5　多目标分层决策流程图

经过上述流程,多目标问题已转化为三层决策问题,通过层层推理求解式(9-3-9),规划问题可得全区域决策者的满意解。如果决策者都对结果比较满意,则终止计算;否则,修正决策目标权重,重复上述计算。

9.4　决策指标体系的构建

水资源多属性决策指标众多、涉及诸多方面的因素,因此必须根据区域具体的水文条件、水资源及研究问题的具体需要,选取最有代表性、关键性的指标,舍弃一些与研究目的关系不大的次要指标,只有这样才能抓住确定水资源开发模式的关键,也便于对建立的决策指标体系进行量化评比和计算。定量筛选指标是重要的,但也不能忽视经验的作用,只有定性与定量方法结合使用,才能确定出质量高的评价指标。

9.4.1 高维空间的降维技术

随着人们对事物复杂性认识的不断深入,加之计算机技术日新月异的发展,使得高维数据的统计分析越来越重要。在许多实际问题中,数据的维数相当高,因为事物在其演变过程中必然会受到众多因素的影响和制约,为了避免忽略影响因素的相关信息,在问题的初始认识过程中必然会广纳变元,从而使多元分析方法的应用非常普遍。但与之俱来的问题是,随着维数的增加,也会在计算方面带来一些困难:一是随着维数增加,计算量迅速增大,而且不可能将其画出可视的分布图或其他图形;二是当维数高时,即使数据的样本点很多,散在高维空间中仍显得非常稀疏。Bellman 将这种现象称为“维数灾”,高维点云的稀疏性使许多传统的、在一维情况下比较成功的方法失效。在低维时,稳健性很好的统计方法,到了高维,稳健性就变差了。鉴于此,自然希望找寻降维的方法。

主成分分析是解决这一问题的理想工具,主成分分析法是直接用于指标筛选的方法。在水资源问题中,反映子类指标特征的变量较多,这些变量之中或许存在着起支配作用的变量,就可以通过对原始变量相关矩阵内部结构关系的研究,找出起主要作用的几个综合指标,这几个综合指标是原始变量的线性组合。综合指标保留了原始变量的主要信息,且彼此之间又不相关,又比原始变量具有某些更优越的性质,使得评价工作易于进行且能抓住主要矛盾。

9.4.2 主成分分析

主成分分析(Principal Components Analysis,简称 PCA)也称主分量分析,旨在利用降维的思想,把多指标转化为少数几个综合指标。在实证问题研究中,为全面、系统地分析问题,必须考虑大量的影响因素(或称为指标)。由于每个变量都在不同程度上反映了所研究问题的某方面信息,并且指标之间彼此有一定的相关性,因而所得的统计数据反映的信息在一定程度上有重叠。在用统计方法研究多变量问题时,变量太多会增加计算量和分析问题的复杂性,希望在进行定量分析的过程中,涉及的变量较少,得到的信息量较多。主成分分析正是解决这类问题的工具。

主成分分析法是一种数学变换的方法,它把给定的一组相关变量通过线性变换转成另一组不相关的变量,这些新的变量按照方差依次递减的顺序排列。在数学变换中保持变量的总方差不变,使第一变量具有最大的方差,称为第一主成分,第二变量的方差次大,并且和第一变量不相关,称为第二主成分。依次类推,1 个变量就有 1 个主成分。主成分分析的基本原理可以用数学语言描述如下:

设有 n 个指标 $x_1,x_2,\cdots,x_n$,这 n 个指标反映了客观对象的各个特性,因此每个被评价对象对应的 n 个指标值是一个样本值,它是一个 n 维向量。如果有 m 个对象,就有 m 个 n 维向量,用矩阵 X 表示就有

$$X_{m\times n}=\begin{bmatrix} x_{11} & x_{12} & \cdots & x_{1n} \\ x_{21} & x_{22} & \cdots & x_{2n} \\ \vdots & \vdots & & \vdots \\ x_{m1} & x_{m2} & \cdots & x_{mn} \end{bmatrix} \tag{9-4-1}$$

矩阵的每一行就是一个方案的指标值。从统计学的角度来看，主成分分析的降维的思路是：已知数据矩阵 X，能否找到反映 n 个指标 $x_1,x_2,\cdots,x_n$ 的线性函数 $\sum_{i=1}^{n}\alpha_i x_i$，它能最好地反映这些指标的变化情况。换句话说，把 n 个变量在 m 个样本上的差异用它们的一个线性函数的差异来综合表示，这个线性函数就是一个代表性很好的指标，它就是这 n 个变量的主要成分。主成分分析法的分析步骤如下：

第一步，先求出样本的协方差矩阵 V。

数据标准化，求相关系数矩阵，一系列正交变换，使非对角线上的数置为 0，加到主对角线上；得到特征根 x_i（即相应那个主成分引起变异的方差），并按照从大到小的顺序排列特征根，求各个特征根对应的特征向量。

第二步，求 V 的最大特征根 λ 及相应的特征向量 α，则 $y=\sum_{i=1}^{n}\alpha_i x_i$ 即是所求的主成分分量。

对于求得的主成分分量的代表性，这需要对方差的大小进行分析，比如可以用 y 的方差 λ 和 $x_1,x_2,\cdots,x_n$ 的总方差 $\sum_{i=1}^{n}v_{ii}$ 相比，令：

$$\gamma=\frac{\lambda}{\sum_{i=1}^{n}v_{ii}} \tag{9-4-2}$$

其中，γ 为主成分 y 的贡献率。γ 越大，y 的代表性越好。

就特征方程 $|V-\lambda E|=0$ 而言，特征根可能不止一个。设方程的 n 个特征根为 λ_1，$\lambda_2,\cdots,\lambda_n$。注意到 V 非负值，所以不妨设 $\lambda_1\geqslant\lambda_2\geqslant\cdots\geqslant\lambda_n\geqslant 0$。可以证明：

$$\sum_{i=1}^{n}\lambda_i=\sum_{i=1}^{n}v_{ii} \tag{9-4-3}$$

式(9-4-3)表示 $y_1,y_2,\cdots,y_n$ 的方差和正好是 $x_1,x_2,\cdots,x_n$ 的方差和。某指标变量的方差表示该变量取值的离散程度，就本书而言，方差表示各种方案关于某一指标取值的离散程度，如果取值没有区别的话，指标的方差会很小，此时在方案评价时，此指标的参考价值会很小。$y_1,y_2,\cdots,y_n$ 全面反映了 $x_1,x_2,\cdots,x_n$ 的变化情况，所以可称为 $y_1,y_2,\cdots,y_n$ 的 $x_1,x_2,\cdots,x_n$ 全部主成分分量。将 $x_1,x_2,\cdots,x_n$ 转换为 $y_1,y_2,\cdots,y_n$ 的原因，一是 y_1，$y_2,\cdots,y_n$ 的第一个或前几个变量的方差和可能达总方差的 90% 以上，二是 $y_1,y_2,\cdots,y_n$ 不具有线性相关性，它们反映了指标的不同方面。因此，选取几个主要成分作为 x_1，$x_2,\cdots,x_n$ 的代表是合理的。这也正是在指标筛选时希望筛选方法能够做到的。

9.4.3　决策指标体系

根据鄂尔多斯市水资源开发 1980、1985、1990、1995、2000、2005、2009 年共 7 年统计数据，对地区经济发展、社会进步、生态环境健康、水资源用水效率等各项初选指标进行相关分析、主成分分析,从实践的经济合理性、社会合理性、水资源利用效率和生态环境合理性方面,并参考专家意见,筛选出 11 个指标作为鄂尔多斯市水资源系统优化决策及评价的指标因子,见表 9-4-1。

表 9-4-1 鄂尔多斯市水资源系统优化决策及评价的指标因子

项目	序号	指标名称	指标含义
经济合理性	1	地区生产总值(亿元)	区域经济发展水平
	2	工业增加值(元/m^3)	区域经济水平和工业化水平
	3	新增工程益本比	新增工程经济效益
社会合理性	4	工农业缺水率(%)	工农业用水的保证程度
	5	人均粮食产量(kg/人)	体现区域粮食安全策略
水资源利用效率	6	农业灌溉水利用系数	灌溉水利用的效率,体现区域农业节水潜力
	7	污水回用率(%)	清洁生产、达标排放构造人水和谐关系
	8	工业用水定额(m^3/万元)	工业用水效率
	9	边际收益(元)	社会用水效率
生态环境合理性	10	城镇绿地、农村林草面积(亿 t)	遏制生态退化、改善生态环境
	11	河道内生态环境水量(亿 m^3)	河道内需水及其满足状况

(1)地区生产总值(GDP)(亿元):是对地区经济在核算期内所有常驻单位生产的最终产品总量的度量,是衡量地区经济实力、评价经济形势的重要综合指标,包括工业、农业、第三产业。指标是判别水资源决策方案在经济总量上的效果,分析区域宏观经济发展水平及其形势。该指标为效益型,数值越大越优,表明经济水平越发达。

(2)工业增加值:是地区经济发展的推动因素,是衡量经济结构和水平的重要指标,反映区域经济的发展水平。该指标为效益型,数值越大越优,表明经济发展水平越高。

(3)新增工程益本比:是反映地区新增效益的一个综合性指标,选择该指标将为地区水资源工程调配决策提供主要依据。用"工程产出/工程投入"计算。该指标为效益型,数值越大越优,表明工程经济效益水平越高。

(4)工农业缺水率(%):是水资源调配方案按照以人为本、优先满足生活用水的情况下,对应的工农业生产缺水量。工业用水效率一般较农业灌溉的高,因此在同一地区供水的优先序上高于农业灌溉,工业缺水可反映出水资源调配在满足高效用水方面的程度。该指标为成本型,数值越小越优,表明高效用水保证程度越高。

(5)人均粮食产量(kg/人):人均粮食产量是关系到社会稳定和经济社会对人口承载能力的重要方面。因此,选择该指标从一个侧面来反映社会效益和发展的可持续性,用"粮食产量/总人口"计算。该指标为效益型,数值越大越优,表明粮食自给水平越高。该指标为效益型,数值越大越优,表明水资源利用效率越高。

(6)农业灌溉水利用系数:从渠首引用的水量扣除渠系和田间损失水量后与总引水量的比值,评价中用来反映农业用水效率。该指标为效益型,数值越大越优,表明水资源利用效率越高。

(7)污水回用率(%):是指污水回用数量占污水总排放量的比例。用城市“污水回用量/城市污水排放总量”计算,主要反映城市污水回用能力以及水资源循环利用和环境保护水平。该指标为效益型,数值越大越优,表明污水再利用程度越高。

(8)工业用水定额(m^3/万元):是指地区或分省区的工业万元产值的综合用水量,用来反映工业用水效率。该指标为成本型,数值越小越优,表明水资源利用效率越高。

(9)边际收益:即单位水量所产生的GDP,等于国内生产总值/有经济效益总供水量。调控方案边际收益(亿元):从经济效益角度出发,投入各种调控措施后,应增加相应的经济效益。用不同调控方案相对初始方案所增加的收益表示,即调控方案增加的工业效益、农业效益和第三产业效益三部分之和。该指标为效益型,数值越大越优,表明水资源利用效率越高。

(10)城镇绿地、农村林草面积(亿t):鄂尔多斯市水土流失严重、生态环境脆弱,维持一定量的绿地、林草面积是维持生态环境的关键指标。该指标为效益型,数值越大越优,表明水资源利用效率越高。

(11)河道内生态环境水量(亿m^3):是指维持河流正常生态环境功能的水量。河道内的生态环境水量包括输沙用水、河道生态基流用水。鄂尔多斯市水土流失严重,进入河道中的泥沙,需要借助一定的水流动力输沙;改善超标的水质,需要有相应的水量及其过程稀释污染物。河道内生态环境水量指标为区间型,在一定范围内既要满足减少泥沙淤积、生态环境的需求,又不致水资源浪费。

9.5　模型求解方法

9.5.1　系统实现

模型系统构建由宏观层、中观层和微观层构成的3层总分结构框架,组成逐层递阶求解。首先解决宏观层面的区域可供水量总体分配问题,其次解决工程布局、时空优化和水量在各用水部门之间分配等中观问题,最后由微观层次协调工程合理调度以及分区水量的优化分配问题。上一层模型的解可作为内部参数输入下一层模型中,通过参数传递,层层嵌套。模型系统的实现及数据传递图见图9-5-1。

9.5.2　模型求解

多目标遗传算法将水资源多目标优化配置问题当作生物进化问题模拟,以分给各区域、各部门的水量作为决策变量,对决策变量进行编码并组成可行解集,将决策者所获取的满意度的高低作为判断每一个体的优化程度的标准来进行优胜劣汰,从而产生新一代可行解集,如此反复迭代来完成水资源多目标优化求解,实现区域水资源的优化调配。

多目标遗传算法是在全局范围上逐步缩小范围的一种优化搜索方法。遗传算法基本操作就是种群中个体的一个逐步寻优的过程,通过遗传的代数来实现,下一代是在上一代的基础上进行寻优。遗传算法中种群是由个体组成的,其中个体对应水资源系统中的一

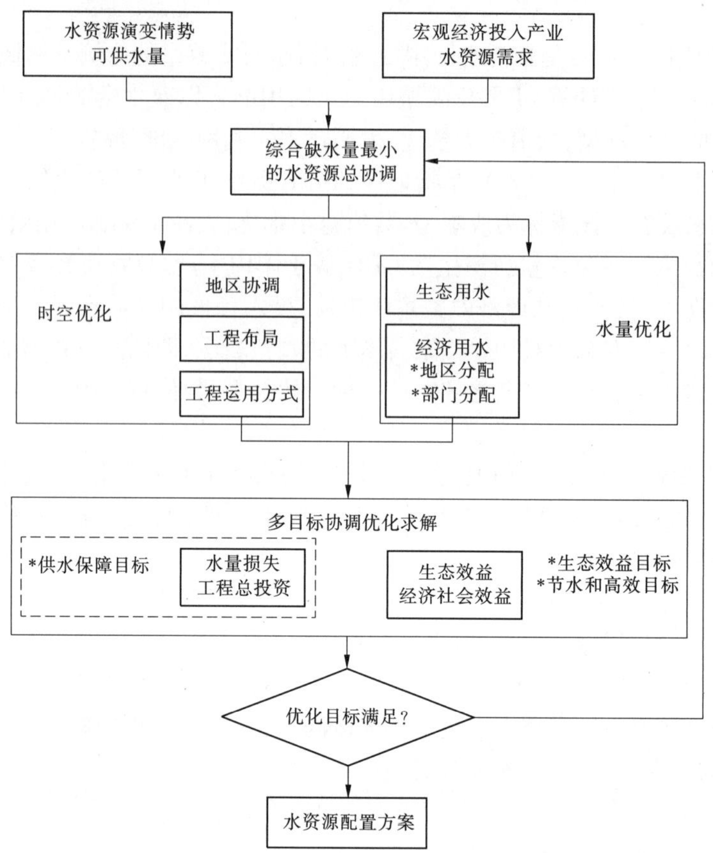

图 9-5-1　模型系统的实现及数据传递图

个基本的供水分配方案。水资源多目标优化决策的搜索目标是决策者的效用最大。种群规模是由其中个体数目决定的，种群越大，即个体越多，表示水资源预选的方案越多。

利用遗传算法的内在并行机制及其全局优化的特性，提出了基于多目标遗传算法的水资源优化配置方法，很好地解决了复杂水资源系统的优化配置问题。应用决策属性指标体系，建立基于实码加速遗传算法（Real coding based Accelerating Genetic Algorithm，简称 RAGA）求解多目标优化决策模型。研究表明，SGA 中的选择算子、杂交算子操作的功能随进行迭代次数的增加而逐渐减弱，在应用中常出现在远离全局最优点的地方 SGA 即停止寻优。算法转入重新构造实数编码，运行 SGA，如此加速，则优秀个体的变化区间逐步缩小，与最优点的距离越来越近，直至最优个体的目标函数数值小于某一设定值或算法运行达到预定加速次数，算法结束，此时把当前群体中最优秀个体作为 RAGA 的寻优结果。

为求解鄂尔多斯市水资源优化配置这一超大系统问题，采用大系统分解协调技术及嵌套遗传算法。首先，模型采用大系统分解协调方法将系统分解为区域优化（实现水量在不同区域的分配）和部门（实现用水在不同用水户之间的协调），由嵌套的外层遗传算法生成不同的水资源分配总量，传递给不同的区域以及区域的不同用水户，由区域优化和部门优化工程优化完成区域水资源的配置优化；其次，模型系统设置两个并行的子模型分别计算分区配置水量优化和用水部门的配置水量优化,分区配置水量优化采用逐步优化算法(Progressive Optimization Algorithm,简称 POA)提出水量分配时空过程、工程的规模、布局和运用方式等参数,部门配置水量优化采用嵌套的内层遗传算法生成不同部门用水量的配置方案及收益等参数;最后,系统采用系统优化的目标函数进行识别,并得出优化结果。基于嵌套加速遗传算法的多目标优化模型求解流程见图 9-5-2。

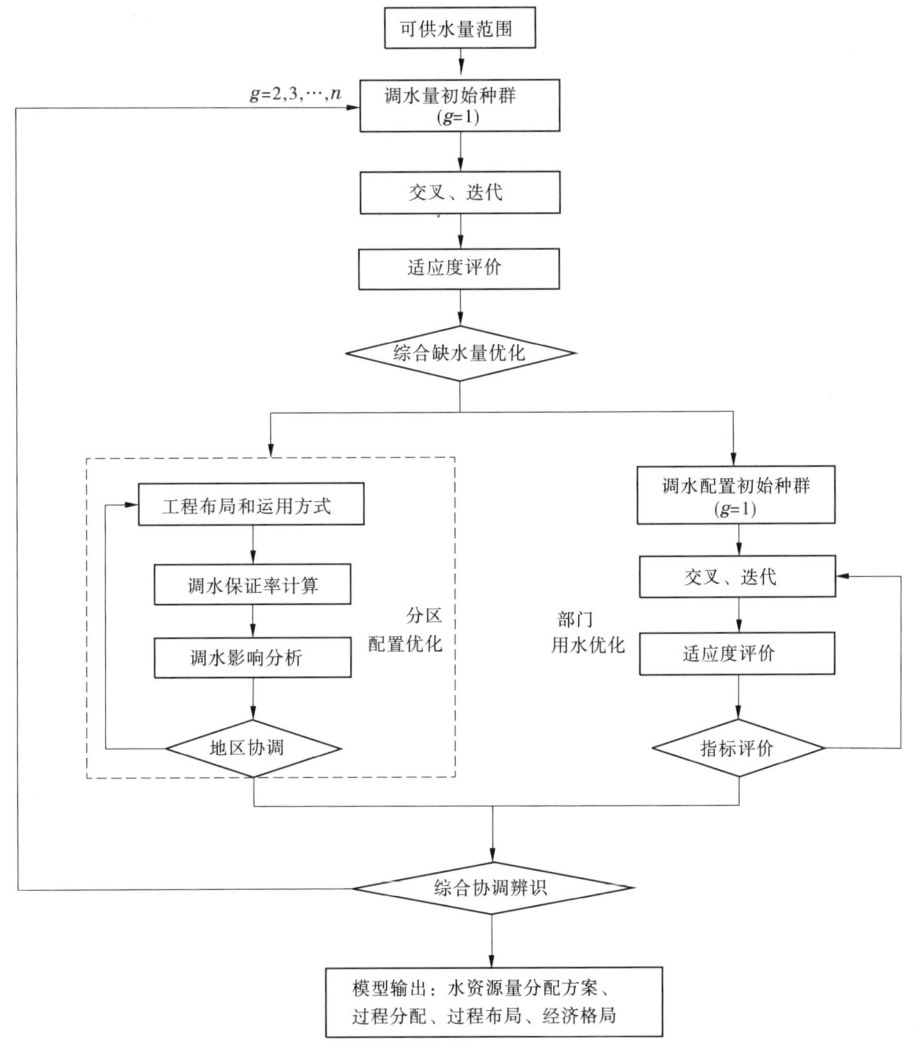

图 9-5-2　基于嵌套加速遗传算法的多目标优化模型求解流程

9.6　水资源优化的决策支持系统

人们为了解决各类决策问题,先后发展了数据处理系统、管理信息系统(MIS 系统)以及决策支持系统(Decision Support System,简称 DSS)。前两者只能解决定量问题即结构化问题,而决策支持系统不仅可以解决结构化问题,还能够解决半结构化和非结构化问题。它具有如下特点：

(1)数据和模型是 DSS 的主要资源；

(2)DSS 主要解决半结构化及非结构化问题；

(3)DSS 是用来辅助用户作决策的,但不是代替用户；

(4)DSS 的目的在于提高决策的有效性而不是提高决策的效率。

由此可见,决策支持系统是一个面向问题的基于计算机技术的人机交互信息系统,它集数据处理系统、专门模型系统和决策分析方法于一体,帮助决策者认识、分析和解决半结构化和非结构化问题,从而提高决策活动的效率。

区域水资源利用是一个涉及众多部门和区域、半结构化的多目标决策问题,它的多目标特征决定了水资源优化配置工作的复杂性。为对大量可供选择的水资源利用方案的利弊得失及不同决策的结果进行定量分析评价,快速灵活地为决策者提供必要的信息,迫切需要充分利用 GIS 技术和信息处理技术等,结合区域水资源开发利用现状,开发建立一个水资源优化决策支持系统,为决策者和管理者提供决策帮助。

9.6.1　系统建设目标

决策支持系统的目标是建立面向管理者和决策者的水资源综合管理和优化配置决策支持系统,集水资源多维尺度优化模型和优化算法、数据库技术、GIS 及空间信息技术为一体,根据需水量和供水条件的变化,经过分析计算,提出水资源可持续利用的优化配置成果,利用空间矢量表现和数据表格、图形的方式予以展示,并通过专家决策和人机交互制订配置方案,实现水资源利用的高效和智能化。

9.6.2　系统结构与功能

9.6.2.1　**系统总体结构**

对系统目标和系统建模思路及决策过程(见图 9-6-1)进行分析,针对区域水资源系统优化模型的要求,构建以方案决策为主体,GIS 技术为支撑,结合数字高程模型(DEM)和遥感影像(RS)数据,以空间地理环境为基础,叠加水资源属性信息、空间矢量信息,基于 C/S 结构的数据集中、表现丰富的水资源优化决策支持系统。

水资源决策支持系统设计为三层结构模式,分别为数据层、应用服务层和基于 GIS 交互控制平台。数据层为水资源决策提供信息支持和空间图层支持,包括水资源决策过程所需要的各类数据库。应用服务层包括各类模型和方法库,以及数据服务接口、地理信息服务组件等各类基础应用服务。基于 GIS 交互控制平台主要依靠设计的各类交互界面、应用服务提供的各类组件和服务接口,面向用户提供各类操作控制和信息查询。

9.6.2.2　**数据层**

根据要求,数据层主要收集、组织和构造与水资源开发利用有关的信息数据库和空间数据库。

1. 信息数据库

信息数据库主要包括社会经济信息库、水文水资源信息库、水利工程信息库、组织和机构信息库、图形图像库以及方案库等多个数据库。

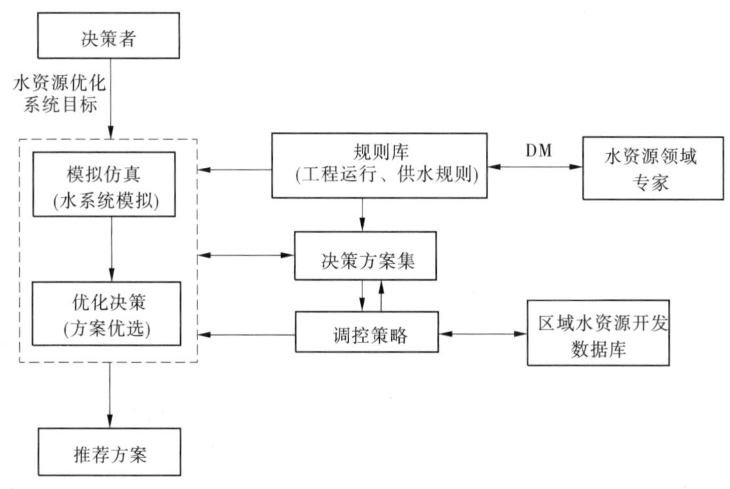

图 9-6-1　决策支持系统的建模思路及决策过程示意图

2. 空间数据库

空间数据库主要包括基础空间信息、专题空间信息、空间栅格信息三方面的内容。

基础空间信息主要包括河流、行政区划、水资源分区以及各类工程等专题图层，作为系统的基础底图为各类分析提供空间基础对比。

专题空间信息主要包括工程措施专题信息、配置方案专题信息、特殊专题区域等空间信息，如生态控制、水环境保护、防洪工程布局等各类空间专题图。

空间栅格信息主要包括区域不同分辨率的 DEM 数据以及 RS 数据。

9.6.2.3　应用服务层

1. 模型及方案库

针对水资源配置的若干问题，开发设计了一些专业模型，包括需水预测模型、水资源模拟模型（地面地下水联合调度）、多目标方案评价模型、区域水资源多维优化模型等，并将这些模型和模型控制模块以及相关数据接口进行集中控制管理，形成系统的模型方案库。

2. 基础应用服务

数据服务接口是对数据库中储存的数据进行查询、加工、处理，为系统和其他构件在不必了解数据库的结构和数据储存位置的前提下完成数据提取功能，主要功能有数据查询、数据统计等。

地理信息服务主要包括数据服务和基础信息服务。其中，数据服务主要为应用系统提供一套标准的空间基础图和专题图，基础信息服务包括电子图层管理以及电子地图的缩小、放大、漫游、定位、保存等基本操作功能等。

9.6.2.4　基于 GIS 的交互控制平台

为适应决策过程的需要，充分考虑决策者和专家在规划过程中的作用，系统设计了完善的人机交互界面，在基于二维和三维 GIS 平台下，用户可以在基于空间坐标的仿真环境下查询节点、区域上的信息，了解供用水以及需水情况，并选择不同参数查看不同时期水资源优化的结果，为决策分析提供帮助。

9.6.3　系统主要内容及其实现

9.6.3.1　基础信息的查询与管理

将划分为精细粒度的数据在行政区、水资源分区或者时间等多维度的基础上进行提取、统计、汇总，形成满足用户筛选条件的数据集。通过空间矢量表现和数据表格、图表的方式进行显示，实现用户对基础信息的查询和管理(见图 9-6-2)。

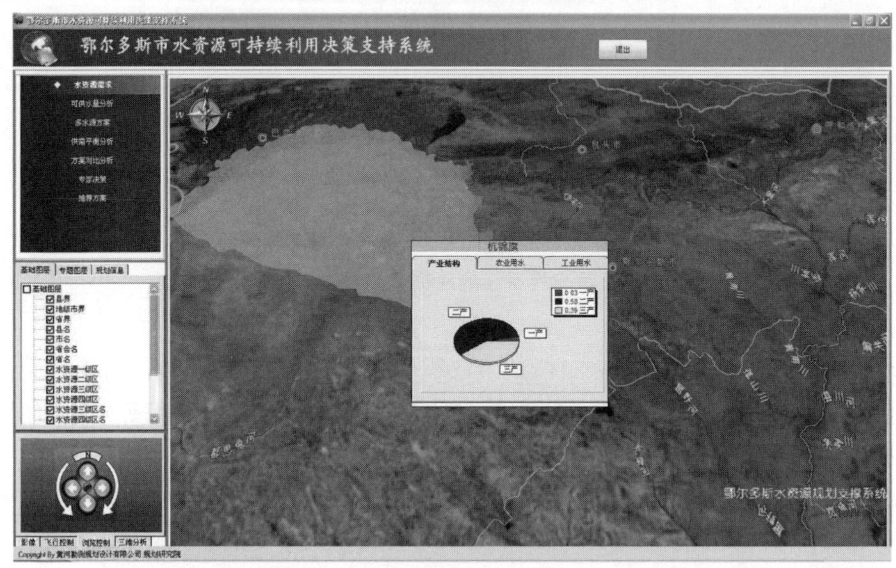

图 9-6-2　杭锦旗现状需水情况查询

9.6.3.2　方案对比与分析

将优化模型计算的成果，按照方案集的方式进行管理，通过在时间序列方面的模拟，为决策者提供直观、详细的方案信息(见图 9-6-3)。

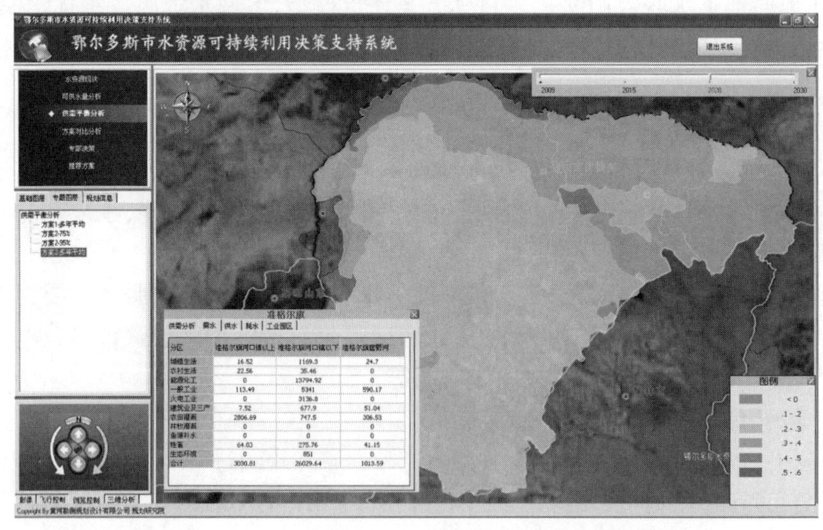

图 9-6-3　2020 年多年平均来水情况下的缺水深度

9.6.3.3　工程比选

利用决策支持系统空间三维平台,可以将工程直观地布置在地理信息环境下,通过直观的视觉和 DEM 数据及卫星影像提供的虚拟现实环境可以对工程的线路、取水口等方案进行查看和比选(见图 9-6-4)。

图 9-6-4　大路柳林滩引水工程方案

9.7　本章小结

本章针对鄂尔多斯市水资源系统的复杂问题,建立水资源综合调控优化的模型系统,为区域水资源供需分析、配置提供了决策支持技术支撑,取得了以下主要成果:

(1)通过分析鄂尔多斯市水资源利用的多目标特征,提出区域水资源综合调控的高效利用、生态改善和供水保障三大目标以及协调准则。

(2)研究区域水资源多目标利用的耦合关系,建立融合社会、经济与生态环境综合效益的水资源多目标优化模型体系,模型的主要功能包括:①模拟区域水资源系统主要功能和调控方式;②分析区域自然—人工二元模式的用水需求和供给;③区域总目标下与经济发展、社会公平、生态安全的协调与平衡;④区域水资源可利用量对经济社会发展和水源工程建设的指导。

(3)引入了多目标柔性决策的概念、理论和决策方法。在决策者有限理性的基础上,构建区域水资源柔性决策模式,建立决策属性目标满意度函数并采用多目标集成的方法构造了总满意度函数,作为水资源综合调控的决策依据。

(4)分析决策的控制指标和变量,采用嵌套的实数编码遗传算法优化求解,建立基于加速遗传算法的柔性决策模型,利用模型强大的搜索功能和交互模式求解决策者满意的方案,避免了多目标优化的维数灾问题。

第 10 章　面向可持续利用的水资源综合调控与合理配置

研究区域水资源综合调控手段，提出水资源三次平衡分析框架，优选与区域水资源承载力水平相适应的经济规模，提出水资源开发利用的方案。水资源合理配置是指在一定区域内，以公平、效率、安全、协调为原则，以经济、社会和环境最大综合效益为目标，通过各种措施，对不同时间和空间的水资源进行协调，实现以水资源的可持续利用支撑经济社会的可持续发展。研究在多次供需平衡的基础上提出区域水资源合理配置的方案，并对总体布局的确定和完善提供建议性成果。

10.1　区域可供水量分析

区域可供水量是一定时期各种水资源可形成供水的总量，一方面受水资源可利用量的限制，另一方面还受开发利用的工程、管理等约束。

10.1.1　典型缺水地区的水源利用策略

水资源来源于天然降水，降水产生地表径流，入渗地下形成土壤水和地下水。对于地处干旱、半干旱的鄂尔多斯市，解决缺水问题的关键是合理运筹调配各种水资源，实现多种水资源的良性循环，以达到当地水资源与过境水资源最佳的利用效益，建立以地表水和地下水为中心、加大劣质水利用力度的多种水资源合理调配框架体系。

10.1.1.1　有效拦蓄境内地表水：提高水资源调控能力

鄂尔多斯市境内有多条黄河支流，且位于上游，这些河流的径流普遍具有年内年际变化大的特点，目前鄂尔多斯市控制性水库较少，在现有条件下，当地地表水资源可供水量有限。应充分利用鄂尔多斯市境内现有的巴图湾等水库以及池塘、湖面、湿地等工程的调蓄作用，并适时兴建一批具有调蓄功能的水利工程，尽量拦蓄过境水，提高水资源控制能力、增加区域地表水的可供水量，同时有效补给地下水。

10.1.1.2　充分利用黄河水：增加可供水量

鄂尔多斯市位于黄河中上游，黄河流经鄂尔多斯市的河长约 770 km，多年平均过境水量近 300 亿 m^3，取水便利，是鄂尔多斯市的主要供水水源。根据《黄河可供水量分配方案》的细化方案，鄂尔多斯市分配黄河水指标为 7.0 亿 m^3（含支流）。而目前鄂尔多斯市实际消耗黄河水量仅为 6.32 亿 m^3 左右（含支流），因此黄河分水指标尚有一定的利用潜力。研究水平年应该根据鄂尔多斯市引黄工程能力和黄河水量配额，充分利用黄河水资源。

10.1.1.3　合理利用地下水：保护地下水和生态环境

鄂尔多斯市水资源贫乏，由于当地地表水资源可利用量匮乏，而近年来城市和农业用水靠大量开采地下水维持，目前地下水的开发利用已接近可开采量，部分地区出现地下水超采。研究水平年将按照《内蒙古自治区地下水保护行动计划实施方案》提出的地下水开发利用原则，提出鄂尔多斯市水资源利用的方案：逐步退还深层地下水开采量和平原区浅层地下水超采量；在尚有地下水开采潜力的地区适当增加地下水开采量；山丘区地下水开采量参照统计数据，基本维持现状开采量；在采煤区采取切实措施，防止地下含水层结构的破坏；根据区域来水条件采取丰灌枯用、冬灌夏用、开展漏斗区回灌工作及补源工作，逐步恢复和保护地下水位与生态环境。

10.1.1.4　用好再生水：开辟新水源，治理水污染，保护水环境

随着鄂尔多斯市工业和生活用水的增加，废污水排放量将逐年增加。随着区域经济社会的发展，水资源的短缺程度将进一步加剧，用好再生水将是鄂尔多斯市水资源合理配置的必然选择。用好再生水一方面可增加可供水量，有效缓解供需矛盾；另一方面可减少水环境污染、减轻环境压力。目前，鄂尔多斯市所有旗（区）和主要工业园区都已基本建成了污水处理厂，研究水平年必须提高污水收集率、处理深度和再利用量，保证污水处理达标并能够被有效利用。

10.1.1.5　有效利用矿井水：实现统一配置，统一管理

2009 年，鄂尔多斯市煤炭开采量 3.38 亿 t。截至 2009 年，全市 30 万 t/a 以上矿井共有 37 处，30 万 t/a 以下矿井共有 239 处，在建矿井 1 处。预计 2030 年煤炭开采量将突破 8.0 亿 t，随着研究水平年煤矿技改、升级以及对一些小矿井实施关停，矿井通过实施技改规模扩大、数量减少。随着矿井数减少，矿井水产出将更加集中，研究通过新建收集池、管网等对矿井水进行收集和利用，减少新鲜水的取用量。研究结合鄂尔多斯市矿井不同地质、底层含水条件，分析地下水的储存量，提出煤炭矿井水统一利用、统一配置、统一管理的方案，促进煤炭矿井水有效利用。

10.1.1.6　开发劣质水：变废为宝、改善区域环境

当前，一方面鄂尔多斯市水资源匮乏已成为经济社会可持续发展的主要制约因素；另一方面，鄂尔多斯市还有大量的劣质水资源没有得到安全、有效、规范的利用。鄂尔多斯市境内的劣质水包括地下水矿化度大于 2 g/L 的微咸水以及盐湖（淖）水，合理利用这部分水量不仅可缓解水资源供需矛盾，而且可改善局部区域的水盐平衡、降低盐分积累，进一步促进生态环境的良性循环。

10.1.1.7　留住天上水：加强雨水资源利用

采用人工汇集雨水技术，在雨季拦截降水，回补地下水，通过建立人工湿地，增强对降水的调蓄能力，一方面，减少径流流失，补充地下水储水量；另一方面，可淡化地下咸水与微咸水，逐步改善地下水水质，具有防涝防渍防盐、增强淋盐的作用。

鄂尔多斯市多年平均降水量仅为 265 mm，区域分布不均，东南部地区年降水可达 350 ~ 400 mm，且降水集中，雨强大，容易形成地面径流，因此具备雨水利用的条件，加强雨水资源利用也是增加可供水量的有效途径之一。可在东部的准格尔旗、乌审旗和伊金霍洛旗的山区、丘陵地带继续兴建集雨节灌水窖，并在现有规模以上住宅小区、企事业单位、学校、医院、宾馆等逐步兴建集雨环境用水工程，待建、在建规模以上住宅小区等配套建设集雨环境用水工程，现有街心花园（公园等）逐步兴建集雨环境用水工程，待建、在建

街心花园配套建设集雨环境用水工程，城市人行道路（板）及庭院、厂区、办公区等硬化带应采用高渗透性的建筑材料。

研究水平年鄂尔多斯市水资源利用将按照“多措并举”的原则，形成“多源互补、联合调配、丰枯调剂”的供水新格局，提高供水保证率和水源质量，确保核心区生活用水，保障工业发展用水需求。

10.1.2 可供水量分析

10.1.2.1 地表水可供水量

水环境保护和生态改善是鄂尔多斯市水资源配置的重要目标，由于鄂尔多斯市供水主要以黄河取水为主，境内河流的河道内生态环境用水量主要受取水工程引水量的影响，因此合理控制境内河流的引水量及其过程即可满足河流生态需水要求。

根据国务院“87”分水方案，多年平均内蒙古自治区获得黄河水指标为58.6亿m^3，年度分水指标根据黄河花园口断面天然径流量，采取“丰增枯减”的原则进行同比例调整。2008年，内蒙古自治区政府按照用水需求优先序、水资源统一配置、依法逐级确定、宏观指标与微观指标相结合的原则，对黄河耗水指标进一步在沿黄盟市进行细化分配，鄂尔多斯市多年平均分得黄河水量7.0亿m^3。

未来鄂尔多斯市地表水资源利用一方面考虑更新改造、续建配套现有水利工程以增加供水能力以及提高技术经济指标；另一方面，研究建设一批水利工程，重点新建中型水利工程，提高境内地表水调蓄能力。研究水平年，通过水利、水源工程的建设，充分利用黄河干流过境分配水量、有效利用境内黄河支流水量以及合理利用内流区地表水，预测鄂尔多斯市地表水供水量可达到9.02亿m^3，其中从黄河干流取水量7.42亿m^3、境内黄河支流供水量1.30亿m^3、内流区地表水供水量0.30亿m^3。研究水平年鄂尔多斯市地表水可供水量分析见表10-1-1。

10.1.2.2 地下水可供水量

结合现状鄂尔多斯市地下水实际开采情况、地下水可开采量及地下水位动态特征，以及研究水平年由于地表水开发利用方式和节水措施的变化所引起的地下水补给条件的变化，综合分析确定地下水开发利用潜力及其分布范围。根据鄂尔多斯市地下水开采潜力分布情况，提出研究水平年地下水工程更新改造、续建配套以及新增地下水工程布局。预测研究近期2015年鄂尔多斯市浅层地下水可供水量为10.63亿m^3，由于灌区实施农业节水灌溉，地下水供水量将减少到8.96亿m^3，生活用地下水量将有所增加。2020水平年和2030水平年，在鄂尔多斯市主要灌区实施田间节水、开展水源置换、增加地下水开采置换地表水，地下水供水量将分别为10.50亿m^3和10.55亿m^3。研究水平年鄂尔多斯市地下水可供水量分析见表10-1-2。

10.1.2.3 非常规水源可供水量

鄂尔多斯市境内主要的非常规水资源包括再生水、煤炭矿井水、微咸水、岩溶水以及雨水等。这些非常规水源的特点是经过处理后可以利用，在一定程度上能替代常规水资源。

表 10-1-1　研究水平年鄂尔多斯市地表水可供水量分析　（单位:亿 m^3）

分区		基准年	2015 年	2020 年	2030 年
水资源分区	黄河南岸灌区	5.42	3.83	3.12	3.09
	河口镇以上南岸	1.14	1.80	2.02	1.99
	石嘴山以上	0.02	0.34	0.42	0.44
	内流区	0.15	0.83	0.90	0.93
	无定河	0.21	0.42	0.42	0.42
	红碱淖	0.09	0.08	0.13	0.13
	窟野河	0.12	0.52	0.62	0.63
	河口镇以下	0.70	1.20	1.39	1.39
行政区	准格尔旗	0.83	1.26	1.44	1.44
	伊金霍洛旗	0.21	0.47	0.58	0.63
	达拉特旗	3.74	2.60	2.51	2.45
	东胜区	0.04	0.17	0.17	0.17
	康巴什新区	0.03	0.03	0.03	0.03
	杭锦旗	2.36	2.49	2.14	2.11
	鄂托克旗	0.42	0.62	0.62	0.62
	鄂托克前旗	0.05	0.37	0.45	0.47
	乌审旗	0.17	1.01	1.08	1.10
鄂尔多斯市		7.85	9.02	9.02	9.02

1. 再生水可供水量分析

城镇工业、生活废污水的再生利用不仅可改善水环境，而且可在一定程度上减轻新鲜水的供水压力。对缺水严重的鄂尔多斯市来说，污水处理后形成再生水可用于对水质要求不高的工业冷却水以及生态环境和市政用水，如城市绿化水、冲洗马路水、河湖补水等。

城镇污水再利用系统的基本构成包括水源收集与输送、处理消毒、再生水输配、再生水利用等环节。城镇污水深度处理除去悬浮物、有机物、氮、磷、微生物等，深度处理可采用活性炭吸附、臭氧活性炭、生物脱氮、离子交换、生物过滤、膜分离等技术。针对鄂尔多斯市城镇废污水情况，可采用生物 + 生态组合工艺和膜分离技术。

表 10-1-2 研究水平年鄂尔多斯市地下水可供水量分析 （单位：亿 m^3）

分区		基准年	2015 年	2020 年	2030 年
水资源分区	黄河南岸灌区	1.30	1.27	1.37	1.33
	河口镇以上南岸	3.10	2.99	2.83	2.81
	石嘴山以上	0.43	0.40	0.40	0.40
	内流区	3.33	3.20	3.15	3.13
	无定河	1.52	1.61	1.53	1.54
	红碱淖	0.14	0.14	0.14	0.14
	窟野河	0.84	0.89	0.92	1.04
	河口镇以下	0.11	0.13	0.16	0.16
行政区	准格尔旗	0.48	0.45	0.45	0.45
	伊金霍洛旗	0.88	0.85	0.85	0.86
	达拉特旗	3.46	3.27	3.01	3.00
	东胜区	0.46	0.50	0.52	0.60
	康巴什新区	0.04	0.10	0.12	0.16
	杭锦旗	1.64	1.58	1.77	1.74
	鄂托克旗	0.92	0.90	0.87	0.85
	鄂托克前旗	1.33	1.26	1.26	1.23
	乌审旗	1.56	1.72	1.65	1.66
鄂尔多斯市		10.77	10.63	10.50	10.55

1）生物+生态组合工艺

生物+生态组合工艺是利用土壤—微生物—植物组成的生态系统，对废污水中的微生物进行一系列的物理—化学—生物净化，处理水质可达到河道生态用水水质标准。工艺流程如图 10-1-1 所示。

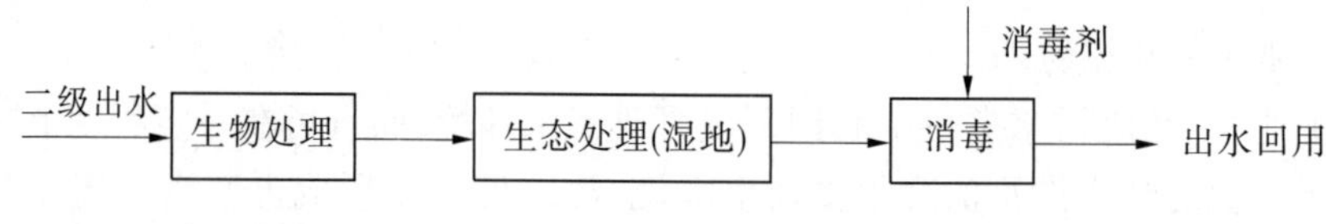

图 10-1-1 生物+生态组合工艺再生水生产工艺流程

2）膜分离工艺

膜分离工艺是采用微滤、超滤、反渗透等技术去除废污水中的有毒有害物质，对水中的有机物、氮、磷、微生物、无机盐及氯化物去除效率高，出水水质高，可达到工业和城镇环境用水水质标准。工艺流程如图 10-1-2 所示。

图10-1-2　膜分离工艺再生水生产工艺流程

据调查分析,2009年鄂尔多斯市城镇生活、第三产业以及工业废污水排放量为1.06亿m^3,而污水处理再利用量为0.14亿m^3,处理回用率低于14%。再生水利用率较低,与鄂尔多斯市当前的缺水形势不匹配。

目前,鄂尔多斯市主要城镇和工业园区已建成的污水处理厂有16座,废污水日处理能力28.3万t。研究水平年新建13座污水处理厂,以实现废污水处理厂覆盖主要城镇和所有的工业园区,到2030年实现废污水收集率达到100%,污水处理回用率达到62%。根据水功能区水质目标时空需求以及工业项目用水对再生水量和质的要求,落实再利用水的数量和用途。考虑对污水处理再利用需要新建的供水管路和管网设施实行分质供水,或者建设深度处理或特殊污水处理厂,以满足特殊用户对水质的目标要求。预测2015水平年鄂尔多斯市工业和城镇生活产生的污水量为1.42亿m^3,通过完善污水管网建设,加大处理回用力度,污水处理回用率达到42%,再生水利用量0.61亿m^3;预测2020水平年鄂尔多斯市污水产生量1.64亿m^3,通过加强回收处理再利用,污水处理回用率达到58%,实现再生水利用量0.88亿m^3;2030水平年城镇再生水利用量达到1.12亿m^3。研究水平年鄂尔多斯市再生水可供水量分析见表10-1-3。

2.煤炭矿井水可供水量分析

鄂尔多斯市境内现状的产煤区包括东胜、准格尔、桌子山和上海庙四大煤田。四大煤田已探明储量为1 240亿t,约占全市已探明储量的82.88%。四大煤田主要形成于石炭三叠纪和侏罗纪双纪复合煤田,石炭二叠纪煤系主要分布于东部准格尔旗—乌兰格尔、西部棋盘井一带。煤田构造简单,煤层赋存稳定,地层倾角为2°~5°,很少有断层、褶曲,瓦斯含量少,水文地质条件简单,适宜于兴建大型、特大型矿井。

煤炭矿井水经混凝沉淀后,浊度、色度、氟化物、硬度大大降低,另外B、Mn、SO_4^{2-}矿化度也得到部分去除,可满足洗煤用水、冷却水和城市绿化等杂用。煤炭矿井水开发利用不但可减少废水排放量,免交排污费,而且节省大量新鲜水,节约水资源费。鄂尔多斯市2009年煤炭开采量3.38亿t,煤炭开采产生的矿井水量为3 970.5万m^3,矿井水的实际利用量为1 638万m^3,利用率41%。预测鄂尔多斯市2015年、2020年和2030年煤炭开采量将分别达到6.0亿t、7.0亿t和8.0亿t,届时煤炭开采将产生的矿井水量分别为0.79亿m^3、0.93亿m^3和1.06亿m^3。研究水平年要对煤炭矿井水利用采取统一研究、统一分配、统一管理的策略,提高煤炭矿井水的处理和利用率。预测到2015水平年,鄂尔多斯市矿井水利用量可达到0.50亿m^3,2030水平年进一步达到0.71亿m^3,煤炭矿井水利用率达到67%。研究水平年鄂尔多斯市煤炭开采量及矿井出水利用量预测见表10-1-4。研究水平年鄂尔多斯市煤矿分布图见图10-1-3。

表 10-1-3　研究水平年鄂尔多斯市再生水可供水量分析　　（单位：亿 m³）

分区		基准年	2015 年	2020 年	2030 年
水资源分区	黄河南岸灌区	0	0	0	0
	河口镇以上南岸	0.06	0.15	0.19	0.23
	石嘴山以上	0	0.03	0.03	0.04
	内流区	0.01	0.08	0.12	0.14
	无定河	0	0.02	0.04	0.05
	红碱淖	0	0.02	0.01	0.01
	窟野河	0.03	0.22	0.33	0.46
	河口镇以下	0.04	0.09	0.16	0.19
行政区	准格尔旗	0.04	0.09	0.16	0.19
	伊金霍洛旗	0	0.11	0.14	0.15
	达拉特旗	0.03	0.09	0.09	0.11
	东胜区	0.04	0.10	0.16	0.25
	康巴什新区	0	0.02	0.05	0.08
	杭锦旗	0	0.04	0.07	0.10
	鄂托克旗	0.03	0.05	0.06	0.07
	鄂托克前旗	0	0.03	0.04	0.04
	乌审旗	0	0.08	0.11	0.13
鄂尔多斯市		0.14	0.61	0.88	1.12

表 10-1-4　研究水平年鄂尔多斯市煤炭矿井出水量及其可利用量预测　　（单位：亿 m³）

旗区	研究水平年矿井出水量				矿井水可利用量			
	基准年	2015 年	2020 年	2030 年	基准年	2015 年	2020 年	2030 年
准格尔旗	0.05	0.09	0.10	0.11	0.04	0.05	0.07	0.08
伊金霍洛旗	0.27	0.41	0.47	0.54	0.09	0.29	0.35	0.39
达拉特旗	0.01	0.02	0.02	0.02	0.01	0.01	0.02	0.02
东胜区	0.01	0.01	0.01	0.02	0	0.01	0.01	0.01
康巴什新区	0				0	0	0	0
杭锦旗	0	0.01	0.01	0.02	0	0.01	0.01	0.01
鄂托克旗	0.05	0.07	0.08	0.09	0.02	0.04	0.04	0.04
鄂托克前旗	0.01	0.10	0.13	0.14	0	0.05	0.06	0.07
乌审旗	0	0.08	0.11	0.12	0	0.04	0.07	0.09
合计	0.40	0.79	0.93	1.06	0.16	0.50	0.63	0.71

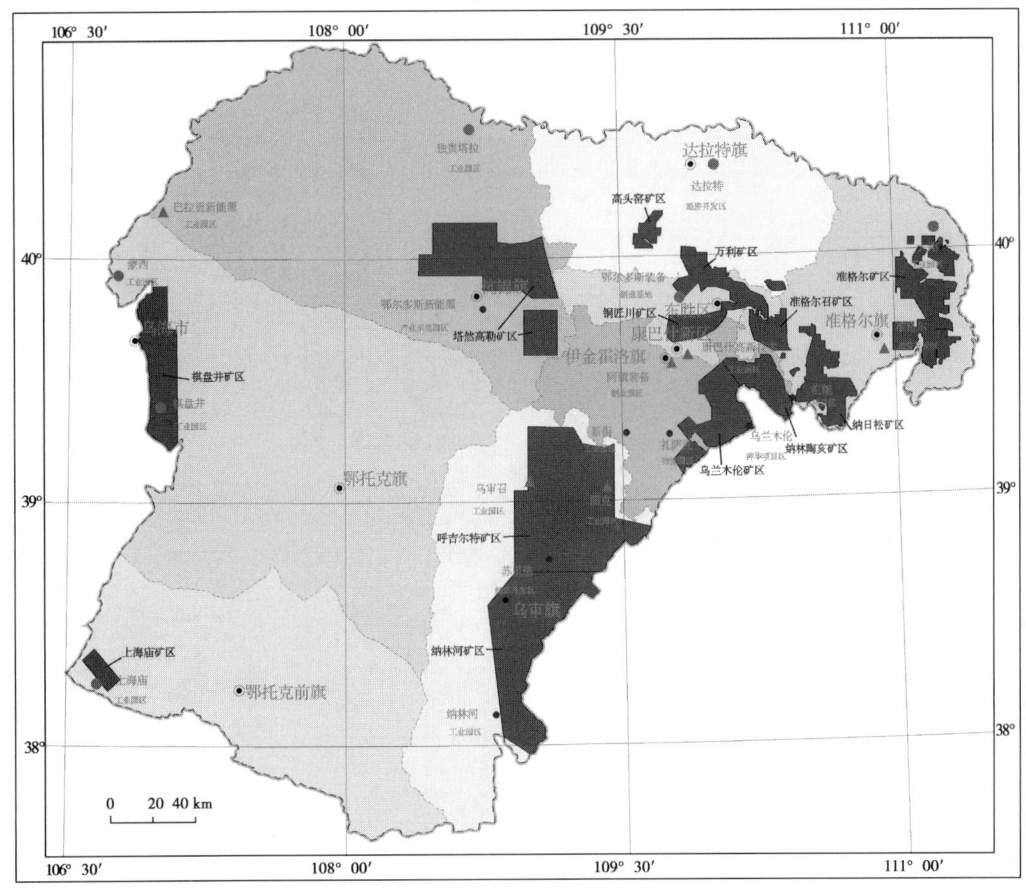

图 10-1-3　研究水平年鄂尔多斯市煤矿分布图

3. 微咸水可供水量分析

微咸水指矿化度为 2 ~5 g/L 的浅层地下水以及盐湖地表水。微咸水经脱卤去盐后可用于工业项目发展,随着微咸水淡化技术的成熟和淡化成本的降低,微咸水的利用空间将更加广阔,微咸水淡化技术已经成为微咸水分布区解决居民生活用水和工业用水的新途径,合理利用微咸水对缓解局部地区水资源紧缺状况具有积极作用。

在鄂尔多斯市的一些平原地区,微咸水的分布较广,可利用的数量也较大。据《鄂尔多斯市水资源评价报告》评价,1980 ~2009 年系列,鄂尔多斯市多年平均可以更新的地下水微咸水(矿化度为 2 ~5 g/L)资源量为 0.60 亿 m^3,主要分布在杭锦旗、达拉特旗和鄂托克旗,从水资源分区来看主要分布在河口镇以上黄河南岸、石嘴山以上以及内流区。另外,鄂尔多斯市杭锦旗的盐海子以及乌审旗的浩通查干淖尔均为地表咸水湖,处理利用工艺与地下水微咸水相同,因此可加以利用。鄂尔多斯市微咸水分布图见图 10-1-4。

由于现有水价、技术和经济等因素限制,2009 年鄂尔多斯市尚未开展微咸水的处理和利用。研究水平年随着水资源供需矛盾的进一步深化以及微咸水淡化技术的升级、水价补贴等措施的不断实施,鄂尔多斯市微咸水的处理利用量将逐步增加。预测研究近期 2015 水平年鄂尔多斯市微咸水利用量将达到 0.33 亿 m^3(其中,地表微咸水利用 700 万

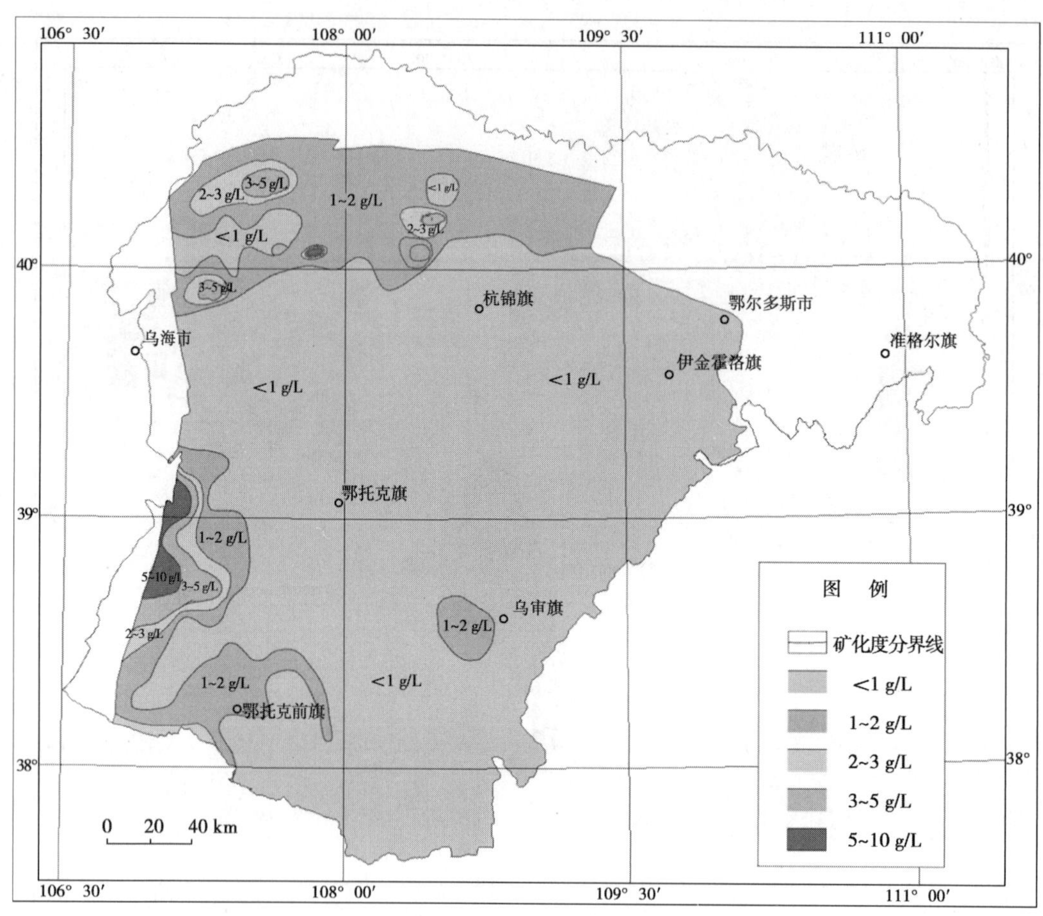

图 10-1-4　鄂尔多斯市微咸水分布图

m^3;地下水微咸水利用量 2 600 万 m^3,占多年平均地下微咸水评价量的 43.3%),2020 水平年和 2030 水平年将进一步达到 0.45 亿 m^3(其中,地下微咸水利用量达到 0.36 亿 m^3,占评价地下微咸水量的 60%)。研究水平年鄂尔多斯市微咸水利用量预测见表 10-1-5。

4. 岩溶水可供水量分析

岩溶水是指赋存于可溶性岩层的溶蚀裂隙和洞穴中的水,主要分为松散岩类孔隙水、碎屑岩类裂隙孔隙水、层状基岩裂隙水和基岩裂隙水及岩溶水。其中,松散岩类孔隙水又分为冲洪积潜水及承压水和冲湖积潜水,其分布一般很不均匀。岩溶水历来是岩溶地区的主要供水水源。据《鄂尔多斯市地下水资源评价报告》,鄂尔多斯市岩溶水主要分布于准格尔旗东部以及鄂托克旗的桌子山两大含水系统,评价 1956 ~ 2009 年系列岩溶水资源量为 1.52 亿 m^3,可开采量为 0.75 亿 m^3。鄂尔多斯市岩溶水分布及其资源量评价见表 10-1-6。

表 10-1-5　研究水平年鄂尔多斯市微咸水利用量预测　（单位：亿 m^3）

分区		评价资源量	基准年	2015 年	2020 年	2030 年
水资源分区	黄河南岸灌区	0.01	0	0	0	0
	河口镇以上南岸	0.22	0	0.14	0.22	0.22
	石嘴山以上	0.04	0	0	0	0
	内流区	0.15	0	0.19	0.23	0.23
	无定河	0	0	0	0	0
	红碱淖	0	0	0	0	0
	窟野河	0	0	0	0	0
	河口镇以下	0.18	0	0	0	0
行政区	准格尔旗	0	0	0	0	0
	伊金霍洛旗	0	0	0	0	0
	达拉特旗	0.11	0	0.07	0.10	0.10
	东胜区	0	0	0	0	0
	康巴什新区	0	0	0	0	0
	杭锦旗	0.24	0	0.12	0.16	0.16
	鄂托克旗	0.18	0	0.07	0.12	0.12
	鄂托克前旗	0.04	0	0	0	0
	乌审旗	0.03	0	0.07	0.07	0.07
鄂尔多斯市		0.60	0	0.33	0.45	0.45

表 10-1-6　鄂尔多斯市岩溶水分布及其资源量评价　（单位：亿 m^3）

旗（区）	含水系统	面积（万 km^2）	地下水资源量	可开采量
准格尔旗	准东岩溶含水系统	1 577	1.44	0.70
鄂托克旗	桌子山岩溶含水系统	1 647	0.08	0.05

岩溶水的富水性是由地质构造、裂隙及岩溶发育程度决定的。典型地段的水文地质勘探表明，在鄂托克旗桌子山棋盘井一带也赋存有质优量大的深埋隐伏岩溶水；准格尔旗东部黄河沿岸岩溶水水量丰富，水质好，便于集中开采，已建成唐公塔、陈家沟门、苏计沟等供水水源地。据调查，2009 年鄂尔多斯市岩溶水作为城镇生活供水水源利用量为 0.19 亿 m^3，主要分布在准格尔旗东部黄河沿岸。研究水平年要在岩溶区地下水的补给条件和水环境调查评价的基础上，适度利用岩溶水，增加可供水量。在准格尔旗的大路、沙圪堵和薛家湾以及鄂托克旗的棋盘井等城镇增加生活供水井。预测到 2030 年鄂尔多斯市岩溶水利用量增加到 0.35 亿 m^3，用于城镇生活。

5. 雨水利用分析

雨水利用是指在一定范围内,有目的地采用各种措施对雨水资源进行收集、净化和利用。雨水利用工程包括农村雨水利用工程(农村水窖、雨水调蓄池、湿地等)和城镇雨水利用工程(主要指建立包括屋面雨水集蓄系统、雨水截污与渗透系统、生态小区雨水利用系统等)。

现状鄂尔多斯市农村雨水利用工程相对分散,主要用水对象是农业灌溉和牲畜饮用,雨水收集利用量约 30 万 m^3。城镇雨水利用是综合考虑雨水径流污染控制、城镇防洪以及生态环境的改善等要求,收集雨水可用作喷洒路面、灌溉绿地、蓄水冲厕等城市杂用水。鄂尔多斯市多年平均降水量为 265 mm,但空间分布不均,东部地区降水量在 300 mm 以上的区域降水量相对集中,具备雨水利用的条件,研究水平年将在准格尔旗、伊金霍洛旗和乌审旗实施雨水利用 0.03 亿 m^3。

6. 非常规水源可供水量预测

据调查统计,2009 年鄂尔多斯市非常规水源利用量 0.74 亿 m^3。根据以上对再生水、煤炭矿井水、微咸水、岩溶水以及雨水利用的潜力及研究水平年可供水量分析的基础上,综合预测鄂尔多斯市研究近期 2015 水平年非常规水源利用量为 1.80 亿 m^3,研究中期 2020 水平年利用量可达 2.33 亿 m^3,研究远期 2030 水平年利用量可达 2.66 亿 m^3。研究水平年鄂尔多斯市非常规水源供水量预测见表 10-1-7。

表 10-1-7 研究水平年鄂尔多斯市非常规水源可供水量预测 (单位:亿 m^3)

分区		基准年	2015 年	2020 年	2030 年
水资源分区	黄河南岸灌区	0	0	0	0
	河口镇以上南岸	0.09	0.40	0.53	0.57
	石嘴山以上	0	0.08	0.09	0.11
	内流区	0.01	0.27	0.35	0.38
	无定河	0	0.06	0.12	0.15
	红碱淖	0	0.09	0.08	0.11
	窟野河	0.32	0.49	0.69	0.84
	河口镇以下	0.32	0.41	0.47	0.50
行政区	准格尔旗	0.38	0.46	0.55	0.58
	伊金霍洛旗	0.22	0.41	0.49	0.54
	达拉特旗	0.04	0.16	0.21	0.23
	东胜区	0.04	0.11	0.16	0.25
	康巴什新区	0	0.02	0.05	0.08
	杭锦旗	0	0.16	0.24	0.27
	鄂托克旗	0.05	0.21	0.27	0.28
	鄂托克前旗	0.01	0.08	0.10	0.12
	乌审旗	0	0.19	0.26	0.31
鄂尔多斯市		0.74	1.80	2.33	2.66

10.1.2.4　深层地下水应急供水

由于深层地下水主要由浅层、中层地下水垂向越流补给，且经深循环后，最终又向中层及浅层排泄，加之更新能力差，因此按照目前国际水资源管理的惯例，不将深层水作为目标开采层位，只作为备用水源。当区域遭受特大干旱、河流遇到地质灾害、污染等危机时，深层地下水作为城市应对用水危机的应急水源。

世界上许多干旱国家和地区正在开采或计划开采深层地下水，并且作为主要的供水水源。深层地下水的开采主要是开采其储存量，其可利用限度取决于是否允许消耗其储存量及允许消耗多少储存量。2009年鄂尔多斯市深层地下水开采量0.10亿m^3，集中在乌审旗境内的内流区，主要为城镇生活和第三产业供水。研究水平年新开采的深层地下水作为城镇应急水源。

10.1.3　多水源调配的策略

10.1.3.1　水源调配

鄂尔多斯市境内地表供水严重不足、地下水利用占主导地位、非常规水源利用潜力较大，水资源合理利用应处理好取用黄河水、当地地表水、地下水和非常规水源供水之间的关系，要在稳定外来水源供水的基础上，充分利用当地水源供水，积极利用污水处理再利用等非常规水源。

根据区域可供水量分析，鄂尔多斯市研究水平年供水方案包括现有工程的挖潜配套、在建和研究的水源工程、污水处理再利用、其他非常规水源利用工程等。研究供水源包括地表水、地下水、非常规水源（包括再生水、微咸水、岩溶水、雨水、矿井水）等7种水源以及深层地下水（作为应急水源）。供水对象包括城镇生活、农村生活、建筑业和第三产业、农业、一般工业、能源化工工业以及生态环境等几项用水。水源调配是一个非常复杂的系统工程，水源合理调配可提高供水效率、有效缓解水资源供需矛盾。根据研究水平年各种可能水源的特征和各项需水性质，提出鄂尔多斯市水资源调配关系图（见图10-1-5）。

鄂尔多斯市水资源调配的关系是：生活用水对水质要求较高，以地下水为主水源，岩溶水和地表水引水为辅助水源；工业用水以黄河水源为主，再生水、微咸水、矿井水等非常规水源利用为辅助水源；农业用水以地下水为主水源，引黄灌区逐步转向利用地下水灌溉；生态环境用水以地下水、再生水为主水源；深层地下水主要作为应急供水水源。

在区域水资源调配关系图的基础上，提出一套水资源系统运行规则，以指导水资源调配，这些规则总体构成了系统的运行策略。水资源系统运行策略包括以下几部分。

1. 供水规则

根据鄂尔多斯市需水预测中各项需水的特征，结合区域水资源开发利用的现状和历史等因素，提出需水满足优先序。供水规则包括公平和效益、均衡供水和分质供水等规则。

1）公平和效益规则

按照民生优先和尊重现状用水权的原则，需水中最优先满足的是生活需水和现状已取得用水权的需水。在此基础上，按照单位用水量效益从高到低的次序进行供水，依次为

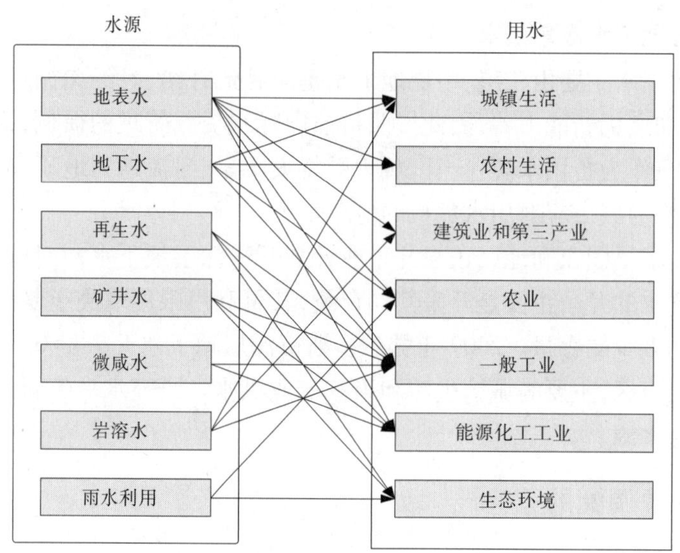

图 10-1-5　鄂尔多斯市水资源调配关系图

新增建筑业第三产业需水、新增工业需水、新增农业需水、其他需水等。在配置上，供水高效性原则的定量实施还要受到供水公平性原则的制约。

2）均衡供水规则

在水量不足情况下，水资源调配应在时段之间、地区之间、行业部门之间尽量比较均匀地分配缺水量，避免个别地区、个别行业部门、个别时段的大幅度集中缺水而形成深度破坏，做到缺水损失最小，防止配水过度集中于经济效益好的地区和行业部门，以利于地区、行业部门和人群均衡发展。

3）分质供水规则

在优质水量有限的条件下，在调配过程中为了满足各行各业的需水要求，需要实行分质供水。根据不同行业对供水水质的要求不同，按照现阶段的用水质量标准，Ⅴ类水可以供农业及一般生态使用等；Ⅳ类水可以供工业、农业及一般生态系统使用；Ⅲ类水及优于Ⅲ类水可以供各行各业使用，即优质水优先满足水质要求较高的生活和工业的需要，然后满足农业和生态环境的需要。

2. 水源的供水次序

按照多水源联合调配，地表水、地下水、非常规水源的利用相互补偿的原则，在水源调配中，根据各种水源特点拟定各种水源的运行秩序。

1）非常规水源优先

鄂尔多斯市可利用的非常规水源包括再生水、矿井水、微咸水、雨水等。研究水平年鄂尔多斯市应优先利用非常规水源，作为工业发展的水源，非常规水源利用中宜根据各地区的非常规水资源分布情况，优先利用再生水、矿井水和微咸水，既可增加经济发展的可供水量，又可缓解环境压力。

2）地表水利用中以黄河干流取水优先

黄河干流流经鄂尔多斯市的多年平均过境径流量达 300 亿 m^3，保证率相对较高，可作为工业发展的稳定水源,合理取用黄河水可调节鄂尔多斯市水资源的空间分布不均。境内黄河支流地表水应优先利用水库蓄水,通过增加支流调蓄工程建设,增加支流地表水供水量。合理利用内流区水系地表径流。内流区河流主要受基流补给,径流相对稳定,可用作工业水源,而且内流区地表水得不到有效利用也将被蒸发损耗。研究水平年在保障区域生态环境用水需求的前提下合理利用内流区河流的地表径流。

3) 可开采的地下水优先

鄂尔多斯市境内的浅层地下水水质相对较好,是生活用水、农业灌溉的良好水源,可作为调节水源,除满足生活需水外,地下水开采量可根据降水量的丰枯情况对农业灌溉水进行调节。

3. 特殊情况下的供水安全保障

当黄河流域或鄂尔多斯市出现特殊干旱时期,在系统的缺水量达到较大程度的情况下,符合启动应急水资源条件时,启用应急供水预案,允许部分区域超采部分浅层地下水、少量开采深层地下水,并动用区内蓄水水库死水位以下的可利用水,以保障区域国计民生供水。

10.1.3.2 水源调配平衡

鄂尔多斯市属干旱半干旱缺水地区,在能源化工产业迅速发展背景下,对水资源需求强烈,水资源供需矛盾十分尖锐,水资源调配要实现社会水循环供、用、耗、排过程的平衡和良性循环。鄂尔多斯市社会水循环过程见图 10-1-6。

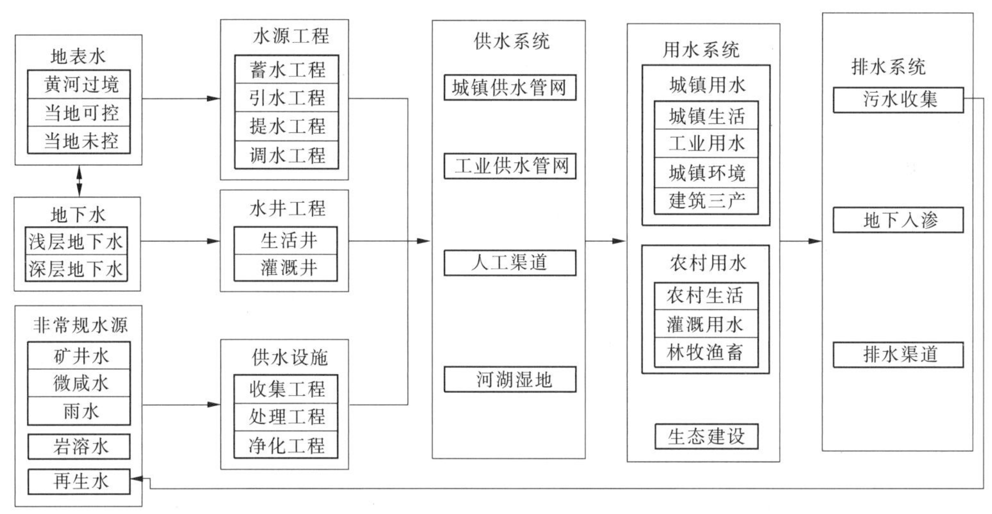

图 10-1-6 鄂尔多斯市社会水循环过程

水源调配平衡主要体现在以下四个方面:

(1) 农业灌区地下水的水盐平衡及地下水均衡。鄂尔多斯市南岸灌区长期以来沿袭引黄灌溉,大引大排的灌溉模式导致盐分积累,土壤盐渍化,水资源调配应注意地下水的合理利用,以有效降低地下水位,实现水盐平衡。

（2）区域地下水均衡。实现区域地下水收入项与支出项的平衡，避免由地下水开采引起的地下水位下降、生态退化，控制区域各类补给量与各类排泄量平衡，维持地下水的天然均衡关系。

（3）供、用、耗、排水平衡。协调各种水源，满足不同用水户对水量、水质以及用水时段的要求，平衡用水、耗水、排水的关系，实现水资源的永续利用。

（4）河流生态平衡。一定质和量的水体是维持河流生态功能的重要载体，协调废污水排放、污染物入河量的控制，确保河流水质满足水功能区目标，实现人水和谐。

10.2 水资源供需分析的总体思路与调配原则

10.2.1 供需分析的总体思路

水资源供需分析是统筹考虑区域水资源的供需形势，分析水资源的余缺程度，实现包括需水方案、供水工程方案和水源调控调度策略的优化。根据鄂尔多斯市不同水平年的需水预测及供水预测等成果，针对区域水资源存在的问题，分析现实可行的各种措施，以高方案（方案一）为基础，通过逐步提高调控力度，提出具有代表性、方向性的水资源供需分析方案。

鄂尔多斯市水资源供需分析方案设置是在一次供需分析的基础上，以需水高方案为“初始方案”，逐步优化。水资源供需二次分析是在一次供需分析的基础上，考虑优化区域产业规模、调整结构和布局，压缩需水总量；水资源供需三次分析是在二次供需分析的基础上，通过区域发展高效生态农业和灌溉水源置换研究，增加地表水的可供水量；三次供需分析措施实施后，根据鄂尔多斯市供需形势，提出解决资源性缺水的政策建议。

10.2.2 水资源供需分析的计算条件

（1）供需分析的水资源量采用1956～2009年54年系列，选取典型年进行分析计算。考虑到黄河天然径流系列的变化，不同来水条件下，鄂尔多斯市黄河分水指标采用变动值。

（2）根据鄂尔多斯市行政区划和水系分布，并考虑主要用水户、控制节点要求和工程情况，采用的计算单元为水资源分区套乡镇，将鄂尔多斯市划分为82个计算单元，按区域水系连接起来，形成鄂尔多斯市水资源供需分析节点图（见图10-2-1）。

（3）考虑主要水利工程的建设周期以及生效年限。

（4）在进行供需平衡计算时，考虑地表水、地下水、非常规水源的统一调配及主要河流的可利用量等的约束。

（5）采用水资源系统优化的决策支持的模型系统，对鄂尔多斯市3个水平年、多方案水资源供需进行分析，提出水资源供需分析、供用耗排水平衡以及生态平衡。

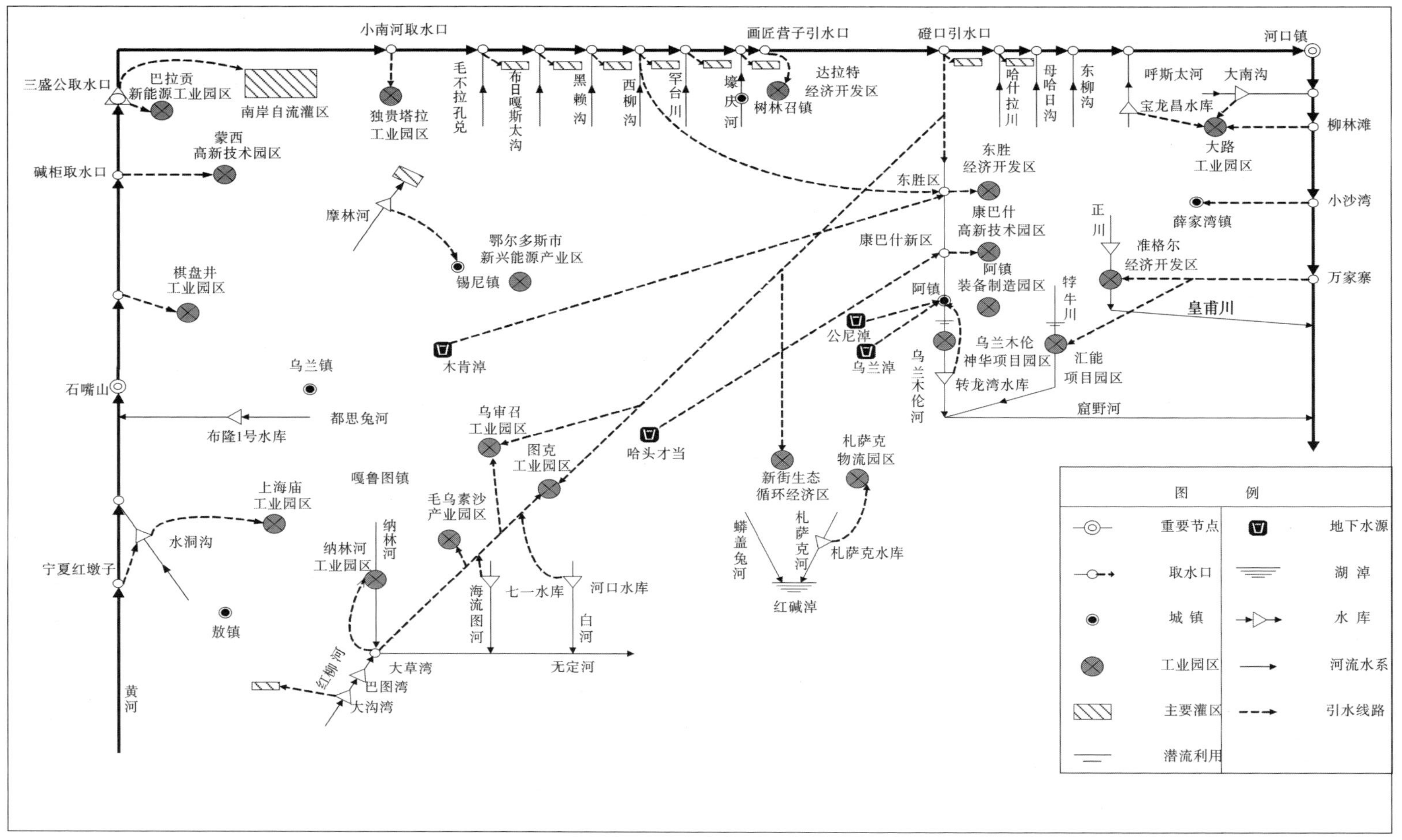

图 10-2-1　鄂尔多斯市水资源供需分析节点图

10.3 水资源供需平衡分析

基准年鄂尔多斯市需水量为 19.63 亿 m^3,在考虑地下水维持现状开采量的前提下,多年平均供水量为 19.46 亿 m^3。其中,地表水供水量为 7.85 亿 m^3,地下水供水量为 10.87 亿 m^3,非常规水源利用量为 0.74 亿 m^3(矿井水利用量为 0.16 亿 m^3,岩溶水利用量为 0.19 亿 m^3,潜流利用量为 0.24 亿 m^3,再生水利用量为 0.15 亿 m^3),缺水量为 0.17 亿 m^3。

黄河天然径流量变化影响鄂尔多斯市的分水指标,中等枯水年份($P=75\%$)鄂尔多斯市黄河分水指标减少为 5.85 亿 m^3。考虑中等枯水年份在地下水有开采潜力的地区适度增加开采量,基准年鄂尔多斯市可供水量为 19.35 亿 m^3,缺水量为 0.28 亿 m^3。中等枯水年份基准年鄂尔多斯市水资源供需平衡结果见表 10-3-1。

中等枯水年份($P=75\%$)基准年鄂尔多斯市供水量为 19.37 亿 m^3。其中,地表水供水量 7.34 亿 m^3(黄河流域地表水供水量 7.06 亿 m^3,耗水量 5.85 亿 m^3,内流区地表供水量 0.26 亿 m^3),地下水供水量 11.21 亿 m^3(中等枯水年份增加浅层地下水开采量 0.34 亿 m^3),非常规水源供水量 0.82 亿 m^3(中等枯水年份增加岩溶水利用量 0.08 亿 m^3)。

特殊枯水年份($P=90\%$)鄂尔多斯市黄河分水指标进一步减少为 4.53 亿 m^3。特殊枯水年份主要调控措施:一是农业采取非充分灌溉、适度减少农业用水量,二是在浅层地下水有开采潜力的地区增加开采量以及增加岩溶水供水量,并可启动深层地下水的应急水源。通过采取应急水源供水策略,特殊枯水年份基准年鄂尔多斯市可供水量 18.76 亿 m^3,缺水量 0.88 亿 m^3,主要为农业灌溉水量不足和鱼塘补水现象。

从基准年鄂尔多斯市水资源供需分析结果来看,鄂尔多斯市水资源基本可支撑区域现状经济发展规模,除在达拉特旗的河口镇以上黄河南岸部分渠灌区农业灌溉水量不能保证外,基准年基本无集中缺水现象。

从水资源开发利用的程度来看,黄河流域地表水尚有部分潜力,但主要支流调蓄和供水工程不足,开发利用率不高,研究水平年应加强工程调节,提高境内支流的利用率。基准年地下水可开采量仍有富余,但由于开采量的空间分布不合理,部分地区地下水位已持续下降并出现地下水漏斗等问题,研究水平年应根据现状地下水的可开采潜力分布情况,调整地下水开采利用的空间布局,在现状地下水超采区适度减少开采,在地下水有潜力的区域适当增加地下水开采量。鄂尔多斯市境内的微咸水、矿井水等非常规水源储量丰富,然而长期以来一直未得到有效利用,污水处理率不高,利用量较少,研究水平年应增加非常规水源的利用量,增加可供水量、缓解常规水源的供水压力。

表 10-3-1　基准年鄂尔多斯市水资源供需平衡结果　（单位：亿 m^3）

水平年	保证率 P（%）	需水量	供水量					缺水量	缺水率（%）
			地表水	地下水	应急水源	非常规水源	合计		
基准年	50	19.63	7.85	10.87		0.74	19.46	0.17	0.9
	75	19.63	7.34	10.87	0.34	0.82	19.37	0.26	1.3
	90	19.63	5.78	10.87	1.13	0.98	18.76	0.88	4.5

10.3.1　水资源供需一次分析

根据水资源供需分析的总体思路，水资源供需一次分析是基于研究水平年各旗（区）及工业园区提出的需水高方案，在充分考虑采用新工艺、实施强化节水的基础上，提出需水量预测成果；可供水量分析是考虑现有工程挖潜、新增水源工程以及非常规水源利用等措施后，预测研究水平年的供水量，以上述供需方案进行的分析。

按照水资源"一次平衡"思想，考虑各研究水平年方案一需水量及各种水源的调配，进行长系列水资源供需计算，得出"一次平衡"分析下供需平衡结果，见表 10-3-2。

表 10-3-2　研究水平年鄂尔多斯市水资源一次供需分析　（单位：亿 m^3）

水平年	保证率 P（%）	需水量	供水量					缺水量	缺水率（%）
			地表水	地下水	应急水源	非常规水源	合计		
2015 年	50	26.10	9.02	10.63		1.81	21.46	4.64	17.8
	75	26.10	7.63	10.63	0.56	1.91	20.73	5.37	20.5
	90	26.10	6.26	10.63	1.05	2.02	19.96	6.14	23.5
2020 年	50	29.99	9.02	10.21		2.33	21.56	8.43	28.1
	75	29.99	7.61	10.21	0.33	2.47	20.62	9.37	31.2
	90	29.99	6.23	10.21	1.07	2.61	20.12	9.87	32.9
2030 年	50	33.71	9.02	10.26		2.66	21.94	11.77	34.9
	75	33.71	7.62	10.26	0.64	2.81	21.33	12.38	36.7
	90	33.71	6.20	10.26	1.25	3.03	20.74	12.97	38.5

2015 水平年通过充分利用黄河过境水、有效利用境内河流水量、合理利用地下水、积极利用非常规水源等措施，研究水平年鄂尔多斯市可供水量增加到 21.46 亿 m^3。其中，地下水按照可开采量控制减少 0.24 亿 m^3，非常规水源利用量增加到 1.81 亿 m^3（增加 1.07 亿 m^3），地表水利用量增加 1.17 亿 m^3。水资源供需一次分析结果显示，50% 来水条件下 2015 水平年鄂尔多斯市缺水量为 4.64 亿 m^3，缺水率为 17.8%。

2015 水平年（$P = 50\%$）来水条件下，2020 水平年和 2030 水平年，鄂尔多斯市的供水量分别为 21.56 亿 m^3 和 21.94 亿 m^3，供需矛盾突出，区域缺水量分别为 8.43 亿 m^3 和

11.77 亿 m^3,缺水率分别上升到 28.1% 和 34.9%。中等枯水年($P=75\%$)和特殊枯水年($P=90\%$),鄂尔多斯市缺水更加严重。

水资源供需一次分析表明,现状供水设施还有一定潜力,研究水平年通过新增水源工程、提高工程调蓄能力,可在一定程度上增加供水量。然而鄂尔多斯市当地水资源贫乏、黄河取水受分水指标限制,供水量增加有限,研究水平年水资源供需矛盾将十分突出。

水资源供需一次分析表明,按照高方案发展,研究水平年在充分节水、挖潜后,供水量仍不能满足经济社会发展需求,鄂尔多斯市水资源问题的缓解需要从压缩产业规模、调整产业结构、优化生产力布局三方面采取综合措施加以实现。

10.3.2 水资源供需二次分析

水资源供需二次分析是一次分析的对比方案。水资源供需二次分析是在压缩产业规模、调整产业结构、优化生产力布局基础上,提出的需水量低方案(方案二,见第九章《水资源需求预测》),可供水量与一次分析相同。

水资源供需二次分析,研究水平年鄂尔多斯市水资源需求量较一次分析有所减少,2015 水平年水资源需求量为 22.03 亿 m^3,较一次供需分析(方案一)需水量减少 4.07 亿 m^3;2020 水平年和 2030 水平年需水量分别减少为 25.04 亿 m^3 和 28.09 亿 m^3。

水资源供需二次分析,2015 水平年鄂尔多斯市多年平均供水量为 21.46 亿 m^3,缺水量 0.57 亿 m^3,缺水率为 2.6%,主要为农业灌溉水量不足,缺水量为 0.30 亿 m^3,工业缺水量为 0.27 亿 m^3。2020 水平年,鄂尔多斯市多年平均供水量为 21.56 亿 m^3,缺水量为 3.49 亿 m^3,缺水率为 13.9%,缺水主要表现为工业缺水,缺水地区主要分布在工业聚集地区及发展比较快的地区;2030 水平年,鄂尔多斯市多年平均供水量 21.94 亿 m^3,缺水量 6.15 亿 m^3,缺水率达 21.9%,缺水加深。研究水平年鄂尔多斯市水资源供需二次分析结果见表 10-3-3。

10.3.2.1 2015 水平年水资源供需二次分析结果

水资源供需二次分析,2015 水平年,鄂尔多斯市多年平均供水量 21.46 亿 m^3,缺水量 0.57 亿 m^3,缺水率为 2.6%。主要为农业灌溉缺水,缺水量为 0.30 亿 m^3,工业缺水量为 0.27 亿 m^3。2020 水平年,鄂尔多斯市多年平均供水量 21.56 亿 m^3,缺水量为 3.49 亿 m^3,缺水率为 13.9%,缺水主要表现为工业缺水,缺水地区主要分布在工业聚集地区、发展比较快的地区。2030 水平年,鄂尔多斯市多年平均供水量 21.94 亿 m^3,缺水量 6.15 亿 m^3,缺水率达 21.9%,缺水加深。

特殊枯水年份($P=90\%$),在地表水资源进一步减少的情况下,通过采用应急水源等措施增加供水保障,研究近期 2015 水平年鄂尔多斯市供水量 19.96 亿 m^3。其中,地表水供水量 6.26 亿 m^3,地下水供水量 11.68 亿 m^3(特殊枯水年份,增加浅层地下水开采量为 1.05 亿 m^3),非常规水源供水量 2.02 亿 m^3(特殊枯水年份,增加微咸水、岩溶水等非常规水源利用量 0.21 亿 m^3)。特殊枯水年份,2015 水平年鄂尔多斯市缺水量为 2.07 亿 m^3,其中,农业灌溉缺水量为 1.83 亿 m^3,工业缺水量为 0.24 亿 m^3。

表 10-3-3　研究水平年鄂尔多斯市水资源供需二次分析结果　（单位：亿 m^3）

水平年	保证率 P（%）	需水量	供水量				缺水量	缺水率（%）
			地表水	地下水	非常规水源	合计		
2015 年	50	22.03	9.02	10.63	1.81	21.46	0.57	2.6
	75	22.03	7.63	11.19	1.91	20.74	1.29	5.9
	90	22.03	6.26	11.68	2.02	19.96	2.07	9.4
2020 年	50	25.05	9.02	10.21	2.33	21.56	3.49	13.9
	75	25.05	7.61	10.54	2.47	20.62	4.43	17.7
	90	25.05	6.23	11.28	2.61	20.12	4.93	19.7
2030 年	50	28.09	9.02	10.26	2.66	21.94	6.15	21.9
	75	28.09	7.62	10.90	2.81	21.33	6.76	24.1
	90	28.09	6.20	11.51	3.03	20.74	7.35	26.2

10.3.2.2　研究中远期水平年水资源供需二次分析结果

2020 水平年，鄂尔多斯市多年平均供水量 21.56 亿 m^3，缺水量 3.48 亿 m^3，缺水率为 13.9%，缺水主要表现为工业缺水，缺水地区主要分布在工业聚集地区、发展比较快的地区。2030 水平年，鄂尔多斯市多年平均供水量 21.94 亿 m^3，缺水量 6.15 亿 m^3，缺水率达 21.9%，缺水加深。

水资源供需二次分析表明，按照低方案发展，通过工程挖潜、积极利用各种非常规水源，研究近期水资源供需可基本实现平衡。但由于鄂尔多斯市水资源已经比较脆弱、可供水量有限，难以支撑 2020 水平年、2030 水平年经济社会进一步发展的需求，必须采取应对措施保障经济社会发展的用水需求，实施水源置换，为区域经济社会谋求水源支撑是缓解中长期发展水资源短缺的有效途径。

10.3.3　水资源供需三次分析

鄂尔多斯市中远期供需矛盾突出、缺水严重，增加可供水量是缓解供需矛盾的有效途径，二次分析黄河分水指标已消耗殆尽，非常规水源潜力已基本开发，地下水尚有部分潜力，然而国家产业政策不允许地下水用于发展工业项目，因此要增加可供水量必须走水源置换的路子。针对二次分析中存在的缺水问题，在对主要地下水源地的勘察及水量、水质分析评价的基础上，提出在黄河南岸灌区发展高效生态农业、实施水源置换的水资源供需三次分析。

高效生态农业和水源置换需要选择具备地下水开采条件，并能够实施高效节水灌溉的农业，将原来以取黄河地表水灌溉的部分灌域改造成为以开采当地地下水灌溉为主的灌域，并配套实施田间高新节水措施。通过用水水源优化、灌溉方式调整和配套高新节水设施，提高水资源利用效率、减少对地表水的需求。

根据《鄂尔多斯市水资源调查评价报告》及《重点地下水源地水文地质勘察报告》，对鄂尔多斯市南岸灌区地下水量和水质进行综合评价，结合灌域分布及水源情况，选择杭锦旗的独贵杭锦引黄灌域和达拉特旗的中和西扬黄灌域，作为发展高效生态农业、开展水源置换灌域。据评价，杭锦旗的独贵杭锦引黄灌域多年平均地下水可开采量 0.48 亿 m^3，地下水质良好，符合农田灌溉要求，现状基本未得到利用，具有开发潜力。达拉特旗的中和西扬黄灌域多年平均地下水量 0.36 亿 m^3，地下水质良好，现状开采利用量少。在地下水赋存条件良好的两大灌域，适当开采地下水灌溉农业不仅可降低地下水位，减少地表灌溉造成的盐分积累，而且有利于实现水盐平衡、减少潜水无效蒸发、减少地表输水损失。

研究中期 2020 水平年和远期 2030 水平年，发展高效生态农业和水源置换研究面积 16.71 万亩。其中，独贵杭锦灌域 11.0 万亩，中和西灌域 5.71 万亩。鄂尔多斯市高效生态农业和水源置换方案见表 10-3-4。

表 10-3-4　鄂尔多斯市高效生态农业和水源置换方案

灌域名称	灌溉面积（万亩）	发展范围	现状用水量（万 m^3）	研究水平年需水量（万 m^3）
独贵杭锦	11.0	独贵塔拉镇 8.9 万亩，吉日嘎朗图镇 2.1 万亩	5 500	3 732
中和西	5.71	中和西镇 4.4 万亩，昭君坟镇 1.31 万亩	2 855	1 629

注：两大灌域现状均为黄河地表水，调整为以地下水灌溉为主，地表水灌溉 1 次为辅。

通过在两大灌域发展高效生态农业、同步实施灌溉水源置换，独贵塔拉引黄灌域灌溉水综合利用系数可从现状的 0.60 提高到 0.80，需水量较现状减少 1 768 万 m^3，而中和西扬黄灌域灌溉水综合利用系数可从现状的 0.48 提高到 0.80，需水量较现状减少 1 226 万 m^3。根据两大灌域地下水可开采条件，研究水平年分别增加开采地下水 2 100 万 m^3 和 900 万 m^3 灌溉农业，并在秋浇使用黄河水，置换黄河地表水支持工业发展用水，增加鄂尔多斯市可供水量，在此基础上进行水资源供需三次分析。

水资源供需三次分析，采用水源置换南岸灌区由渠灌改为以井灌为主，灌溉水利用系数可从渠灌的 0.74 提高到 0.80，研究中期 2020 水平年鄂尔多斯市需水量减少为 24.99 亿 m^3，多年平均供水量 21.85 亿 m^3，较二次分析增加供水量 0.29 亿 m^3，缺水量 3.14 亿 m^3，缺水率为 12.6%。2030 水平年需水量减少为 28.05 亿 m^3，多年平均可供水量 22.22 亿 m^3，缺水量 5.83 亿 m^3，缺水率 20.8%。研究水平年鄂尔多斯市水资源供需三次分析结果见表 10-3-5。

10.3.3.1　2020 水平年

中等枯水年份（$P=75\%$），考虑积极增加供水等措施，2020 水平年鄂尔多斯市供水量 20.91 亿 m^3。其中，地表水供水量 7.61 亿 m^3，地下水供水量 10.83 亿 m^3（中等枯水年份，增加浅层地下水开采量 0.33 亿 m^3），非常规水源供水量 2.47 亿 m^3（中等枯水年份，增加微咸水、岩溶水等非常规水源利用量 0.14 亿 m^3）。中等枯水年份，2020 水平年鄂尔多斯市缺水量为 4.08 亿 m^3，主要为工业缺水，缺水量为 2.05 亿 m^3，中等枯水年份农业灌溉缺水量达 1.38 亿 m^3；从空间分布来看，缺水分布在鄂尔多斯市的 7 旗，东胜区和康巴什新区用水可基本得到保证。

表 10-3-5　研究水平年鄂尔多斯市水资源供需三次分析结果　（单位：亿 m^3）

水平年	保证率（%）	需水量	可供水量				缺水量	缺水率（%）
			地表水	地下水	非常规水源	合计		
2020 年	50	24. 99	9. 02	10. 50	2. 33	21. 85	3. 14	12. 6
	75	24. 99	7. 61	10. 83	2. 47	20. 91	4. 08	16. 3
	90	24. 99	6. 23	11. 57	2. 61	20. 41	4. 58	18. 3
2030 年	50	28. 05	9. 01	10. 55	2. 66	22. 22	5. 83	20. 8
	75	28. 05	7. 62	11. 19	2. 81	21. 62	6. 43	22. 9
	90	28. 05	6. 20	11. 80	3. 03	21. 03	7. 02	25. 0

特殊枯水年份（$P=90\%$），通过采用应急水源等增加供水保障措施，2020 水平年鄂尔多斯市供水量 20. 41 亿 m^3。其中，地表水供水量 6. 23 亿 m^3，浅层地下水供水量 11. 57 亿 m^3（特殊枯水年份，增加浅层地下水开采量 1. 07 亿 m^3），非常规水源供水量 2. 61 亿 m^3（特殊枯水年份，增加微咸水、岩溶水等非常规水源利用量 0. 28 亿 m^3）。特殊枯水年份，鄂尔多斯市缺水量为 4. 58 亿 m^3。其中，农业灌溉缺水量 2. 35 亿 m^3，较多年平均增加 1. 44 亿 m^3。

10. 3. 3. 2　**2030 水平年**

水资源供需三次分析，中等枯水年份（$P=75\%$）考虑积极增加供水等措施，2030 水平年鄂尔多斯市可供水量为 21. 62 亿 m^3。其中，地表水供水量 7. 62 亿 m^3，浅层地下水供水量 11. 19 亿 m^3（中等枯水年份，农业增加浅层地下水开采量 0. 64 亿 m^3）；非常规水源供水量 2. 81 亿 m^3（中等枯水年份，增加微咸水、岩溶水等非常规水源利用量 0. 15 亿 m^3）。中等枯水年份，2030 水平年鄂尔多斯市缺水量为 6. 43 亿 m^3，主要为工业缺水，缺水量达 4. 61 亿 m^3，农业灌溉水量不足，缺水较多年平均增加 0. 60 亿 m^3，缺水率为 22. 9%。

特殊枯水年份（$P=90\%$），通过采用应急水源等增加供水保障措施，2020 水平年鄂尔多斯市供水量为 21. 03 亿 m^3。其中，地表水供水量 6. 20 亿 m^3，浅层地下水供水量 11. 80 亿 m^3（特殊枯水年份增加浅层地下水开采量 1. 07 亿 m^3）；非常规水源供水量 3. 03 亿 m^3（特殊枯水年份，增加微咸水、岩溶水等非常规水源利用 0. 28 亿 m^3）。特殊枯水年份，鄂尔多斯市缺水量为 7. 02 亿 m^3，其中农业灌溉缺水量 4. 20 亿 m^3，较多年平均增加 3. 29 亿 m^3。

从水资源供需三次分析结果可以看出，在适宜的灌域开展高效生态农业和水源置换是缓解研究中期鄂尔多斯市水资源供需矛盾的有效途径。在充分实施一系列节水、开源等措施后，2020 水平年鄂尔多斯市供需矛盾得到一定程度的缓解，缺水量减少到 3. 14 亿 m^3。但这还不能解决鄂尔多斯市中远期发展问题，水资源不能满足能源化工产业的发展需求，资源性缺水将长期困扰鄂尔多斯市的经济社会发展，破解区域发展的水资源瓶颈问题必须从更高的层次、更广的范围着手，增加区域可供水量，支持国家能源基地发展需求。

10.3.4 水资源供需分析实现的平衡关系

10.3.4.1 区域耗水平衡

1. 基准年取水、耗水平衡

从地表水的消耗来看，50%来水年份下，基准年鄂尔多斯市地表取水7.85亿m^3（其中，黄河取水6.81亿m^3、境内支流取水0.61亿m^3、内流区取水0.26亿m^3），黄河流域地表耗水量6.32亿m^3低于多年平均黄河分水指标7.0亿m^3，总体来看地表水利用尚有潜力，但所余指标已不多。

中等枯水年（$P=75\%$），鄂尔多斯市地表取水7.34亿m^3。其中，黄河流域地表水供水量7.08亿m^3，内流区地表供水量0.26亿m^3。

特殊枯水年份（$P=90\%$），鄂尔多斯市地表取水量6.78亿m^3。其中，黄河流域地表水供水量6.52亿m^3，内流区地表供水量0.26亿m^3。

基准年鄂尔多斯市地表取水、耗水量见表10-3-6。

表10-3-6 基准年鄂尔多斯市地表取水、耗水量 （单位：亿m^3）

保证率（%）	黄河流域地表取水量								黄河地表耗水总量	内流区地表供水
	工业			农业			生活及生态	合计		
	引黄	支流	小计	引黄	支流	小计				
50	1.16	0.12	1.28	5.65	0.49	6.14	0.17	7.59	6.32	0.26
75	1.16	0.12	1.28	5.33	0.38	5.71	0.09	7.08	6.85	0.26
90	1.16	0.12	1.28	4.94	0.24	5.18	0.06	6.52	5.52	0.26

2. 研究水平年取水耗水平衡

研究水平年要考虑对地表耗水控制，实现取水与耗水的平衡，地表耗水量的平衡受取水量和用水后的退水量的制约，由于工业水重复利用率、农业灌溉水利用效率以及城镇管网漏失率等的提高，未来区域退水系数和退水量将有所减少。模型通过多水源联合调配，实现地表水消耗控制。

2015水平年，50%来水条件下，鄂尔多斯市多年平均地表水供水量9.02亿m^3。其中，黄河流域干流供水量7.42亿m^3，黄河支流供水量1.30亿m^3，黄河流域地表水消耗6.99亿m^3，内流区地表供水量0.30亿m^3。中等枯水年份（$P=75\%$），地表水供水量7.63亿m^3，其中，黄河流域地表水供水量7.33亿m^3，耗水量5.85亿m^3，达到中等枯水年份5.85亿m^3的黄河分水指标，内流区地表供水量0.30亿m^3。特殊枯水年份（$P=95\%$），地表水供水量6.26亿m^3，其中，黄河流域地表水供水量5.96亿m^3，耗水量4.53亿m^3，达到特殊枯水年份4.53亿m^3的黄河分水指标，内流区地表供水量0.30亿m^3。

2020水平年，鄂尔多斯市多年平均地表水供水量9.02亿m^3。其中，黄河干流水供水量7.41亿m^3，黄河支流供水量1.30亿m^3，黄河流域地表水消耗7.02亿m^3，内流区地表供水量0.30亿m^3。中等枯水年份（$P=75\%$），地表水供水量7.59亿m^3，其中，黄河流域地表水供水量 7.29 亿 m^3,耗水量 5.85 亿 m^3,达到中等枯水年份黄河分水量指标 5.85 亿 m^3,内流区地表供水量 0.30 亿 m^3。特殊枯水年份($P=95\%$)地表水供水量 6.23 亿 m^3,其中,黄河流域地表水供水量 5.93 亿 m^3,耗水量 4.53 亿 m^3,达到特殊枯水年份黄河分水指标 4.53 亿 m^3,内流区地表供水量 0.30 亿 m^3。

2030 水平年,鄂尔多斯市多年平均地表水供水量 9.01 亿 m^3。其中,黄河干流水供水量 7.41 亿 m^3,黄河支流供水量 1.30 亿 m^3,黄河流域地表水消耗 7.02 亿 m^3,内流区地表供水量 0.30 亿 m^3。中等枯水年份($P=75\%$),地表水供水量 7.59 亿 m^3,其中,黄河流域地表水供水量 7.29 亿 m^3,耗水量 5.85 亿 m^3,达到黄河分水指标,内流区地表供水量 0.30 亿 m^3。特殊枯水年份($P=95\%$),地表水供水量 6.20 亿 m^3,其中,黄河流域地表水供水量 5.90 亿 m^3,耗水量 4.53 亿 m^3,内流区地表供水量 0.30 亿 m^3。研究水平年鄂尔多斯市地表取水、耗水量平衡见表 10-3-7。

表 10-3-7　研究水平年鄂尔多斯市地表水取水、耗水量平衡　（单位:亿 m^3）

水平年	保证率(%)	取水量								黄河地表耗水总量	内流区地表供水
		工业			农业			生活及生态	合计		
		引黄	支流	小计	引黄	支流	小计				
2015 年	50	3.38	0.85	4.23	4.04	0.39	4.43	0.06	8.72	6.99	0.30
	75	3.38	0.85	4.23	2.81	0.26	3.07	0.03	7.33	5.85	0.30
	95	3.38	0.85	4.23	1.54	0.17	1.71	0.02	5.96	4.53	0.30
2020 年	50	4.61	0.87	5.48	2.81	0.39	3.20	0.04	8.72	7.06	0.30
	75	4.61	0.87	5.48	1.57	0.24	1.81	0.02	7.31	5.85	0.30
	95	4.61	0.87	5.48	0.27	0.16	0.43	0.02	5.93	4.53	0.30
2030 年	50	4.90	0.89	5.79	2.52	0.33	2.85	0.07	8.71	7.02	0.30
	75	4.90	0.89	5.79	1.25	0.22	1.47	0.03	7.29	5.85	0.30
	95	4.90	0.89	5.79	0.05	0.03	0.08	0.03	5.90	4.53	0.30

10.3.4.2　高保证率用户供需平衡

鄂尔多斯市是我国重要的能源化工基地,也是西部重要的中心城市。模型通过优化实现生活用水和工业用水的供水量稳定,满足高保证率用水量的需求,从水源上来看,组织各种水源保证水源稳定。

1. 生活采用优质、稳定水源

在人口增长和生活水平提高等因素推动下,鄂尔多斯市城镇生活和农村生活的需水量不断增长,生活需水量从现状的 0.42 亿 m^3 增长到 2030 年的 12.33 亿 m^3。生活供水水源以优质的地下水、岩溶水为主,局部不具备水源条件的区域采用地表水满足,保障生活用水 100% 地满足。

2. 形成工业水源网络,增强工业供水稳定性

优化地表水源的调配。推进东胜、康巴什中心区和重要工业园区双水源和多水源建

设，积极安排与建设应急储备水源。以黄河主要取水工程为龙头，着手构建镫口引水、画匠营子引黄和大草湾引水线路“纵贯南北”，以万家寨引水、小南河、碱柜和上海庙形成地表水、地下水与矿井水、微咸水、再生水等非常规水源的“多源互补”；加强地下水合理开采和有效保护，形成“丰枯调剂”；加强水源地之间和供水系统之间的联合调配，形成“供应保障、结构合理，稳定可靠、配置高效”覆盖城乡的区域供水保障体系；提高各区域特别是城镇和工业园区用水保证率，为特殊干旱年份提供稳定水源，实现从“基本保障”向“安全保证”过渡。研究水平年鄂尔多斯市工业供水水源平衡，见表 10-3-8。

表 10-3-8　研究水平年鄂尔多斯市工业供水水源平衡　（单位：亿 m^3）

水平年	保证率（%）	地表水源			非常规水源利用				总供水量
		引黄	支流	小计	再生水	微咸水	矿井水	小计	
2015 年	50	3.38	0.85	4.23	1.38	0.33	0.49	2.20	6.43
	75	3.38	0.85	4.23	1.38	0.33	0.49	2.20	6.43
	95	3.38	0.85	4.23	1.38	0.33	0.49	2.20	6.43
2020 年	50	4.61	0.87	5.48	1.43	0.45	0.55	2.43	7.91
	75	4.61	0.87	5.48	1.43	0.45	0.55	2.43	7.91
	95	4.61	0.87	5.48	1.43	0.45	0.55	2.43	7.91
2030 年	50	4.90	0.89	5.79	1.38	0.45	0.55	2.38	8.17
	75	4.90	0.89	5.79	1.38	0.45	0.55	2.38	8.17
	95	4.90	0.89	5.79	1.38	0.45	0.55	2.38	8.17

3. 农业灌溉水量弹性控制

特殊干旱年份，鄂尔多斯市的地表水可供水量比正常年份大幅减少，水资源应急调配的对策主要是：压缩需求、挖掘供水潜力、增强水资源应急调配能力和制订应急预案。

（1）实施非充分灌溉。为保证居民生活和重要行业部门正常合理的用水需求，在发生特殊干旱等极端事件时，通过采取农业非充分灌溉措施压低农业用水量，并实施农业灌溉地下水，减少对地表水的需求量，在 $P=95\%$ 的特殊干旱年份，2015 年农业用水较多年平均灌水减少 1.50 亿 m^3，2020 年则减少 1.44 亿 m^3。

（2）利用应急水源。建设一批应急水源工程，在丰水年和正常年份，主要利用地表水，有效涵养地下水，使地下水储量逐步得以恢复；在特殊干旱年份，地表水量供给不足时，由地下水补充。适当增加地下水开采和利用深层承压水作为应急；对水质要求不高的用水部门，适当调整新鲜水和再生水的供水比例，增加微咸水、矿井水等非常规水源的利用。

10.3.4.3　河流生态用水平衡

根据鄂尔多斯市水资源及其开发利用现状调查，近年来鄂尔多斯市社会经济用水不断增长，对河流生态水量的保障产生了一定影响，尤其是在枯水年份甚至无法满足最小生态基流的要求。枯水季节，乌兰木伦河东胜区、康巴什新区、阿镇等中心城区河段水质恶化、河道断流，河流生态环境也面临着突出问题。

实施可持续发展战略、保证经济发展的同时，保持生态环境良好是鄂尔多斯市实现协调发展的原则性目标，是生态水利建设的基本要求，也是水资源可持续利用的必要性条件。研究水平年要根据河流水系的特征，合理配置河道内外水量，满足生态环境需水量；结合水功能区划和污染防治研究，加强废污水的排放控制的管理，提高污水处理水平，确保枯水期生态环境不致进一步恶化。

1. 黄河主要支流的水资源利用分析

鄂尔多斯市境内黄河支流除无定河外的其他水系多属季节性河流，在水资源配置时对各河流水资源开发利用控制以评价的地表水可利用量为上限。在对河道外主要经济用水配置后，通过反馈，检验水资源开发利用程度是否超过河流地表水可利用量，复核主要河流河道内生态需水是否得到满足。研究水平年黄河支流地表水利用方案见表 10-3-9。

表 10-3-9　研究水平年黄河支流地表水利用方案　（单位：万 m^3）

水系	河流	天然径流	地表可利用量	现状供水量	研究供水量
十大孔兑	毛不拉孔兑	1 344	202	69	69
	布日嘎斯太沟	1 536	230	106	106
	黑赖沟	2 140	321	207	307
	西柳沟	3 356	503	377	377
	罕台川	2 823	423	254	354
	壕庆河	773	116	95	95
	哈什拉川	3 738	561	258	358
	母哈日沟	1 205	181	99	99
	东柳沟	1 522	228	108	128
	呼斯太河	1 965	295	290	649
	小计	20 402	3 060	1 863	2 542
窟野河	乌兰木伦河	13 040	1 956	1 003	1 089
	犻牛川	7 162	1 074	216	230
	小计	20 202	3 030	1 219	1 319
皇甫川	正川	9 448	1 417	151	0
	十里长川	2 334	350	547	600
	小计	11 782	1 767	698	600
无定河	纳林河	6 183	2 473	982	2 179
	红柳河	5 910	2 364	678	2 615
	海流图河	10 921	4 055	488	2 404
	小计	23 014	8 892	2 148	7 198
孤山川		3 112	622		
都思兔河		1 004	201	122	222
黄河其他小支流		14 331	2 006	1 781	1 403
合计		93 847	19 578	7 831	13 284

注：无定河配置地表水量 0.68 亿 m^3，最终配置方案应以无定河流域综合研究配置方案为准，红碱淖水资源利用以红碱淖水资源综合研究为准。

从表 10-3-9 可以看出，研究水平年黄河支流地表水供水量 1. 30 亿 m^3，不超过地表水可利用量 1. 96 亿 m^3，主要支流的开发利用得到有效控制，可满足河流生态环境需水量。

2. 内流区主要河流的水资源利用分析

鄂尔多斯市境内的内流区多分布于降水稀少的半干旱和干旱地区，干旱贫水、生态脆弱，对内流河的开发坚持利用与保护相结合、以保护为主的原则。研究水平年，内流河地表水利用量从现状的 0. 26 亿 m^3 增加到 0. 30 亿 m^3，控制不超过可利用量 0. 45 亿 m^3。研究水平年内流区主要河流地表水利用方案见表 10-3-10。

表 10-3-10　研究水平年内流区主要河流地表水利用方案　（单位：万 m^3）

水系	河流	天然径流	可利用量	现状地表供水量	研究水平年地表供水量
摩林河		2 961	888	303	742
红碱淖	木独石犁河	398	119	105	109
	札萨克河	1 493	448	342	360
	松道沟河	223	67	52	65
	蟒盖兔河	2 100	630	366	381
	小计	4 214	1 264	865	915
内流区北部河流		17 786	2 377	1 424	1 310
合计		24 961	4 529	2 592	2 967

红碱淖流域在鄂尔多斯市境内有札萨克河、蟒盖兔河、木独石犁河、松道沟河四条河流，多年平均径流量 4 214 万 m^3，现状地表水利用量 865 万 m^3，地下水开采量 1 371 万 m^3，近年来由于气候变化，降水量减少，流域水量减少，红碱淖水面持续萎缩。研究水平年将适度压缩红碱淖流域用水量，到研究中期 2020 水平年，伊金霍洛旗红碱淖多年平均地表水利用量 915 万 m^3，地表水利用率 28. 7%，不超过流域地表可利用量，地下水开采 1 410万 m^3，不超过浅层地下水可开采量，可保障入湖水量要求。

10. 3. 4. 4　灌区地下水平衡

模型模拟灌区二元水循环过程，分析灌区地下水的补、排关系，控制灌区地下水的长期平衡。研究水平年，地下水的补给项包括大气降水、天然水体补给、山丘区侧向补给以及灌溉水补给。降水入渗系数、引黄灌溉综合入渗系数、地表水灌溉入渗系数以及井灌回归补给系数考虑研究水平年的水资源利用效率等因素的影响。研究水平年鄂尔多斯南岸灌区地下水参数见表 10-3-11。

根据系列分析，50% 降水条件，2015 水平年鄂尔多斯南岸灌区地下水总补给量 16 940. 9 万 m^3。其中，降水补给量 5 350. 0 万 m^3、地表水体补给量为 3 517. 9 万 m^3、井灌回归补给量 634. 0 万 m^3、山丘区侧向补给量 7 439. 0 万 m^3，形成地下水资源量 15 402. 0 万 m^3，2015 水平年地下水开采量 1. 27 亿 m^3，控制不超过地下水总补给量和可开采量，实现灌区地下水的平衡。研究水平年鄂尔多斯南岸灌区地下水补给及资源量分析结果见表 10-3-12。

表10-3-11 研究水平年鄂尔多斯南岸灌区地下水参数

灌区名称	降水入渗系数	引黄灌溉综合入渗系数		地表水灌溉入渗系数		井灌回归补给系数	
		现状	水平年	现状	水平年	现状	水平年
达拉特黄河南岸灌区	0.123～0.135	0.355	0.26	0.33	0.255	0.13	0.118
杭锦旗南岸灌区	0.097～0.111	0.285	0.22	0.315	0.25	0.13	0.118

表10-3-12 研究水平年鄂尔多斯南岸灌区地下水补给及资源量分析结果 （单位:万 m^3）

灌区名称	水平年（年）	降水补给量	山丘区侧向补给量	地表水体补给量		井灌回归补给量	总补给量	资源量
				引黄灌溉补给量	自产地表水灌溉补给量			
达拉特旗南岸灌区平原区	2015	2 995.8	3 339.0	1 287.5	3.0	376.4	8 001.7	7 391.7
	2020	2 995.8	3 340.0	1 045.0	3.0	311.9	7 695.7	6 986.5
	2030	2 995.8	3 341.0	912.0	3.0	285.4	7 537.2	6 901.2
杭锦旗南岸灌区平原区	2015	2 354.3	4 100.0	2 218.0	9.4	257.6	8 939.3	8 010.4
	2020	2 354.3	4 100.0	1 747.6	9.4	211.3	8 422.6	7 631.9
	2030	2 354.3	4 100.0	1 432.6	9.4	198.8	8 095.1	7 309.7
黄河南岸灌区	2015	5 350.0	7 439.0	3 505.5	12.4	634.0	16 940.9	15 402.0
	2020	5 350.0	7 440.0	2 792.6	12.4	523.1	16 118.1	14 618.3
	2030	5 350.0	7 441.0	2 344.6	12.4	484.1	15 632.1	14 210.9

10.3.5 水资源供需分析的结论与平衡建议

10.3.5.1 水资源供需分析结论

研究水平年水资源供需分析结论：一次分析通过对比解决了鄂尔多斯市未来经济社会发展规模、结构和生产力布局问题；二次分析基本实现研究近期2015水平年鄂尔多斯市水资源的供需平衡，提出了水资源开发、利用和保护的方案，达到水资源对近期经济社会发展支撑的目标；三次分析从高效生态农业发展和水源置换方面提升供水能力和水资源保障程度，在一定程度上解决了研究中期2020水平年经济社会发展的水资源需求问题。各水平年分析结果如下。

1. 基准年

总体来讲，基准年鄂尔多斯市缺水量不多、缺水范围不大（除部分工业项目不能开工以及农牧灌溉水量不足外，无明显缺水），水资源开发尚存在一定的潜力；现状的主要问题是水资源潜力区与产业聚集区的需水空间不匹配，水资源配置不合理、空间转移不灵活。

2. 近期

充分考虑节水、开源等措施，研究近期2015水平年鄂尔多斯市水资源仍不能满足高方案发展（地方发展愿景）的用水需求，一次分析多年平均缺水4.64亿m^3，缺水率为18.0%；按照低方案发展，采取节水措施，合理确定区域发展规模并实施潜力区水资源开发，二次分析缺水量为0.57亿m^3，缺水率为2.6%。解决近期水资源短缺问题的重点对策是：强化节水、严格管理，适度压缩伊金霍洛旗窟野河汇能和神华工业区、新街工业园区以及杭锦旗鄂尔多斯市新能源园区的产业规模；实施农业非充分灌溉，适度减少农业灌溉用地表水量。

3. 中期

研究中期2020水平年，鄂尔多斯市工业需水保持快速增长，在农业实施节水后，总需水量仍保持较快增长态势。随着灌区农业节水的深入推进，灌区地下水开采量减少，灌区地下水还有一定开采潜力，而地表供水已达到分水指标。按照低方案发展，二次分析2020年鄂尔多斯市缺水仍高达3.48亿m^3，主要为新增工业项目水源得不到保障，水资源供需矛盾突出。通过在引黄灌区发展高效生态农业、开展水源置换合理调配水源，可在一定程度上缓解区域水资源供需矛盾，三次分析2020水平年缺水量减少到3.14亿m^3，缺水率降低为12.5%。解决中期水资源短缺问题的重点对策是：进一步强化水资源管理，实施农业非充分灌溉、适度减少灌溉面积、压缩农业灌溉用地表水量，适当限制高耗水、低产出产业的无序发展。水资源短缺问题的解决应通过争取高层支持、积极争取跨区域水权转换等。

4. 远期

研究远期2030年，鄂尔多斯市水资源开发利用达到极限承载能力，水资源供需矛盾仍十分突出，2030水平年鄂尔多斯市三次供需分析缺水量5.83亿m^3，缺水率为20.7%。能源化工基地建设、产业升级和进一步发展将受到水资源短缺的严重制约。鄂尔多斯市资源性缺水和经济社会发展的矛盾深化将危及国家能源安全，解决鄂尔多斯市远期水资源问题期待国家宏观层面的政策支持和南水北调西线工程的调水解决。

10.3.5.2　水资源平衡策略

鄂尔多斯市在进行区域发展研究和战略布局时，应充分考虑区域水资源承载能力和开发利用的潜力，紧密结合水资源的支撑条件，慎重发展，长远考虑，统筹全局，科学制订面向水资源安全和生态安全的重点产业发展规划，制订与水资源承载能力相适应的产业规模和布局方案。

（1）优化资源配置。通过优化重点产业发展布局，集约配置资源，推进形成主体功能区，加快调整产业布局结构，形成科学可持续的资源配置模式。

（2）发展循环经济。鄂尔多斯市是内蒙古循环经济试点，现状工业布局较为分散，亟须通过优化重点产业发展布局，形成循环产业链条，推动全市循环经济发展。

（3）提高经济增长质量。积极引导生产要素向优势区域、优势产业、优势企业集中，促进龙头企业与配套关联企业良性互动，培育一批具有较强市场竞争力、产品特色突出的产业集聚区和产业集群。

(4)推进清洁生产。合理开发和集约高效利用资源，不断提高资源综合利用能力，从“高消耗、高污染、低效益”向“低消耗、低污染、高效益”转变，实现清洁发展和可持续发展。

(5)适度减少引黄灌溉面积。在国家耕地管理政策许可的范围内，在不损害农民利益的前提下，适度压减引黄灌溉面积，实施退灌还水，减少灌溉对黄河引水指标的占用。

在水资源分配时，要严格按照推荐的合理配置方案实行区域、行业、部门水量分配，实施总量控制；在监督和管理时，实施严格的水资源管理制度，提高监管力度，保证水资源的高效利用，建立实施水资源严格管理的法制和制度体系。

10.4　水资源合理配置

水资源合理配置是可持续开发和利用水资源的有效调控措施之一，是解决水资源供需矛盾、各类用水竞争、经济与生态环境用水效益、当代社会与未来社会用水、各种水源相互转化等一系列复杂关系中相对公平的、可接受的水资源分配方案。2002 年我国颁布的《全国水资源综合研究大纲》明确了水资源合理配置的定义，即在流域或特定的区域范围内，遵循高效、公平和可持续的原则，通过各种工程与非工程措施，考虑市场经济的规律和资源配置准则，通过合理抑制需求、有效增加供水、积极保护生态环境等手段和措施，对多种可利用的水源在区域间和各用水部门间进行的调配。

10.4.1　水资源配置原则

根据鄂尔多斯市水资源需求态势，遵循公平、高效和可持续利用的原则，遵循自然规律和经济规律，对区域范围内不同形式的水资源，通过工程与非工程措施，进行区域间和各用水部门间的科学配置过程。水资源配置原则包括以下五个方面。

(1)水资源配置要以改善生态环境、促进经济社会可持续发展为出发点。

鄂尔多斯市经济社会发展要求以区域水资源的可持续利用支撑经济社会的可持续发展，因此在鄂尔多斯市进行水资源配置时，要以促进经济社会可持续发展和改善区域生态环境为出发点。研究近期 2015 水平年，在水资源开发利用中充分考虑水资源和水环境承载能力，切实保护生态环境，促进经济社会发展；研究中期 2020 水平年，通过积极争取管理政策支持，进一步改善区域环境状况，促进经济社会可持续发展，协调人与自然的和谐关系；研究远期 2030 水平年，期望通过借助国家高层次的政策支持推进区域经济社会的发展和生态环境保护。

(2)水资源配置要协调水资源开发利用与经济发展布局的关系。

鄂尔多斯市水资源配置要发挥水资源作为战略性经济资源和基础性自然资源对经济社会发展的支撑作用，根据统筹城乡发展、建设国家级能源化工基地的要求，协调水资源供给与区域经济发展布局的关系，提出水资源开发利用的总体格局，促进经济结构调整、城镇化进程以及生态环境建设。

(3)水资源配置要协调好生活、生产、生态用水的关系。

在水资源配置总体格局下,保障区域用水基本公平,经济和生态用水均衡。生活用水必须优先保证,在此前提下,要以水资源的可持续利用支持工农业生产的发展,但是工农业生产发展的规模和水平要受到水资源量的制约,同时要提高工农业生产的用水效率。因此,在水资源配置中要统筹兼顾,协调好生活、生产、生态用水的关系。

(4)公平优先、兼顾效率原则。

在总体调控目标下兼顾市场机制,把保证城镇供水安全放在首位,适当考虑现有用水指标的分配和使用情况,满足社会发展对饮水安全的要求,在确保生活用水基础上优先保障各区域、各行业的最低用水需求。在满足公平原则下体现高效益用户优先用水原则,充分发挥市场在水资源配置中的导向作用,通过水源优化配置为水源服务功能转换提供方向和决策建议,实现区域水资源高效利用。

(5)地表水、地下水和非常规水源统一配置。

2000 年以来,鄂尔多斯市供用水量大量增加,地表水消耗接近分水指标,地下水开采量大量增加,部分地区地下水利用量超过可开采量,常规水资源利用的潜力已不大。未来区域发展对水资源需求量仍将持续增长,加强非常规水源的有效利用对于缓解水资源的供需矛盾具有重要意义。因此,在水资源配置中,要统一配置地表水、地下水以及各种非常规水源。充分考虑地表水和地下水的空间分布,按照总量控制和地下水采补平衡的原则,统一考虑地表水和浅层地下水资源的配置,严格限制并逐步削减地下水超采量,在地下水尚有潜力的地区,适当考虑增加地下水的开发利用,在具备非常规水源利用的地区合理研究、统一配置、高效利用。

10.4.2 水资源配置方案

鄂尔多斯市水资源配置是按照建设国家级能源化工基地的目标和要求,根据高效、公平和可持续的原则,从技术、经济、环境和社会等方面推荐与之相适应的水资源配置方案,在水资源节约和保护的基础上,提出水资源的合理开发、高效利用和有效保护的方向与总体格局。根据研究水平年鄂尔多斯市水资源供需分析成果,按照高效、公平和可持续的原则提出不同时期水资源配置方案。

10.4.2.1 2015 水平年水资源配置方案

2015 水平年以区域水资源承载能力为约束,以产业规模优化、结构和布局调整为手段,通过工程措施提高供水能力和供水保障程度,提出的水资源配置方案可基本满足近期经济发展对水资源的需求。2015 水平年配置河道外各旗(区)供水量为 21.46 亿 m^3。其中地表水 9.02 亿 m^3(黄河干流过境水 7.42 亿 m^3、黄河支流水 1.30 亿 m^3、内流区供水 0.30 亿 m^3),占 42.0%;地下水 10.63 亿 m^3,占 49.5%;非常规水源水 1.81 亿 m^3(再生水 0.61 亿 m^3、矿井水 0.49 亿 m^3、微咸水 0.33 亿 m^3、岩溶水 0.35 亿 m^3、雨水 0.03 亿 m^3),占 8.5%。2015 水平年鄂尔多斯市水资源配置方案见表 10-4-1。

表 10-4-1　2015 水平年鄂尔多斯市水资源配置方案　（单位：亿 m^3）

分区		供水量				用水量					
		地表水	地下水	非常规水源	合计	生活	工业	建筑、三产	农业	生态环境	合计
水资源分区	黄河南岸灌区	3.83	1.27	0	5.10	0.03	0.03	0	5.02	0.02	5.10
	河口镇以上南岸	1.80	2.99	0.40	5.19	0.13	2.10	0.05	2.76	0.15	5.19
	石嘴山以上	0.34	0.40	0.08	0.82	0.01	0.41	0.01	0.34	0.05	0.82
	内流区	0.83	3.20	0.27	4.30	0.08	0.98	0.03	3.06	0.15	4.30
	无定河	0.42	1.61	0.07	2.10	0.02	0.45	0.02	1.48	0.13	2.10
	红碱淖	0.08	0.14	0.09	0.31	0	0.13	0	0.18	0	0.31
	窟野河	0.52	0.89	0.49	1.90	0.35	0.92	0.13	0.29	0.21	1.90
	河口镇以下	1.20	0.13	0.41	1.74	0.10	1.41	0.07	0.10	0.06	1.74
行政分区	准格尔旗	1.26	0.44	0.46	2.16	0.11	1.48	0.07	0.44	0.06	2.16
	伊金霍洛旗	0.47	0.85	0.41	1.73	0.07	0.74	0.05	0.81	0.06	1.73
	达拉特旗	2.60	3.28	0.16	6.04	0.11	0.94	0.03	4.92	0.04	6.04
	东胜区	0.17	0.50	0.11	0.78	0.26	0.26	0.07	0.07	0.12	0.78
	康巴什新区	0.03	0.10	0.02	0.15	0.04	0.03	0.02	0	0.06	0.15
	杭锦旗	2.49	1.58	0.17	4.24	0.04	0.53	0.01	3.51	0.15	4.24
	鄂托克旗	0.62	0.90	0.21	1.73	0.04	0.81	0.02	0.76	0.10	1.73
	鄂托克前旗	0.37	1.26	0.08	1.71	0.02	0.41	0.01	1.22	0.05	1.71
	乌审旗	1.01	1.72	0.19	2.92	0.03	1.23	0.03	1.50	0.13	2.92
鄂尔多斯市		9.02	10.63	1.81	21.46	0.72	6.43	0.31	13.23	0.77	21.46

从水资源配置的结果来看，研究近期 2015 水平年，地表水供水量进一步增长，地下水供水略有减少，再生水等非常规水源利用量大幅度增加，形成以地表水、浅层地下水水源为中心，多种水源联合的多源供水结构，改变目前供水结构单一、过度依赖常规水源的现状，提高水资源保障能力和系统应急能力。

从水资源的利用效率来看，研究近期农业用水量进一步减少，农业灌溉水综合利用系数显著提高；工业尤其是能源化工工业用水量快速增长，工业用水的重复利用率大幅提高；居民生活用水保障程度得到改善。

10.4.2.2　2020 水平年水资源配置方案

2020 水平年，通过实施水源置换和发展高效生态农业，可为工业发展提供水源支撑，在一定程度上缓解鄂尔多斯市水资源供需矛盾。2020 水平年，配置河道外各旗（区）供水量为 21.85 亿 m^3，其中，地表水 9.02 亿 m^3，占 41.3%；地下水 10.50 亿 m^3，占 48.0%；非常规水源水 2.33 亿 m^3，占 10.7%。2020 水平年鄂尔多斯市水资源配置方案见表 10-4-2。

表 10-4-2 2020 水平年鄂尔多斯市水资源配置方案 （单位：亿 m^3）

分区		供水量				用水量					
		地表水	地下水	非常规水源	合计	生活	工业	建筑、三产	农业	生态环境	合计
水资源分区	黄河南岸灌区	2.69	1.38	0	4.07	0.03	0.05	0.01	3.96	0.02	4.07
	河口镇以上南岸	2.18	2.82	0.54	5.54	0.15	2.64	0.06	2.52	0.17	5.54
	石嘴山以上	0.42	0.40	0.09	0.91	0.01	0.50	0.01	0.33	0.06	0.91
	内流区	0.91	3.15	0.34	4.40	0.09	1.16	0.05	2.94	0.16	4.40
	无定河	0.42	1.53	0.12	2.07	0.02	0.49	0.03	1.40	0.13	2.07
	红碱淖	0.13	0.14	0.08	0.35	0	0.18	0	0.17	0	0.35
	窟野河	0.59	0.92	0.69	2.20	0.52	0.97	0.16	0.28	0.27	2.20
	河口镇以下	1.68	0.16	0.47	2.31	0.12	1.93	0.07	0.10	0.09	2.31
行政分区	准格尔旗	1.73	0.45	0.54	2.72	0.13	2.01	0.07	0.42	0.09	2.72
	伊金霍洛旗	0.58	0.86	0.49	1.93	0.10	0.90	0.06	0.79	0.08	1.93
	达拉特旗	2.42	3.01	0.22	5.65	0.13	1.26	0.04	4.17	0.05	5.65
	东胜区	0.17	0.52	0.16	0.85	0.35	0.18	0.09	0.07	0.16	0.85
	康巴什新区	0.03	0.12	0.05	0.20	0.10	0.02	0.02	0	0.06	0.20
	杭锦旗	1.94	1.77	0.24	3.95	0.04	0.82	0.02	2.91	0.16	3.95
	鄂托克旗	0.62	0.87	0.27	1.76	0.04	0.85	0.03	0.73	0.11	1.76
	鄂托克前旗	0.45	1.26	0.10	1.81	0.02	0.52	0.02	1.20	0.05	1.81
	乌审旗	1.08	1.64	0.26	2.98	0.03	1.36	0.04	1.41	0.14	2.98
鄂尔多斯市		9.02	10.50	2.33	21.85	0.94	7.92	0.39	11.70	0.90	21.85

注：无定河配置地表水量包括流域内 0.42 亿 m^3 和内流区 0.26 亿 m^3，共 0.68 亿 m^3，最终配置方案应以黄河支流分水方案为准。

从水资源配置结果来看，研究中期 2020 水平年，工业用水量得到提高，农业利用地表水有所减少，非常规水源利用强度进一步加大。研究措施可在一定程度上缓解区域供需矛盾，形成对经济社会发展的支撑作用；但受鄂尔多斯市水资源短缺的制约，中远期区域仍将出现严重缺水的情况，单纯的技术优化已不能解决鄂尔多斯市的水资源需求。

从水资源空间配置来看，研究中期 2020 水平年，鄂尔多斯市配置方案优先保证了东胜区和康巴什新区作为城市核心区的用水需求，在一定程度上能满足主要工业园区工业项目发展需水量；配置方案按照宽浅式破坏的原则，通过缺水在各区域、各园区合理分配，保障区域均衡发展的需求，不致对发展造成深层次的影响。

10.4.2.3 研究远期 2030 水平年水资源配置方案

研究远期 2030 水平年，水资源不能满足远期发展需求，鄂尔多斯市水资源供需矛盾突出，缺水将十分严重，因此单独依赖技术手段已不能实现供需平衡，必须借助高层管理和政策支持，解决国家级能源基地的发展需求问题。从配置方面向国家高层提出政策和管理的建议包括：实施流域范围的跨区水权转换、开展减淤换水、拦沙换水等综合治理措施，并尽快实施南水北调西线工程。

10.4.2.4　研究水平年用水结构变化

从用水结构方面分析，研究水平年工业用水量从现状的 2.45 亿 m^3 增加到 2020 年的 7.90 亿 m^3，占总用水量的比例从 12.6% 提高到 36.2%；生活用水从 0.42 亿 m^3 增加到 0.96 亿 m^3，所占比例从 2.2% 提高到 4.4%；生态环境用水从 0.58 亿 m^3 增加到 0.90 亿 m^3，所占比例从 3.0% 提高到 4.1%；建筑业及第三产业用水量从 0.24 亿 m^3 增加到 0.39 亿 m^3，所占比例从 1.2% 提高到 1.8%；农业用水量从现状的 15.77 亿 m^3 减少到 11.70 亿 m^3，所占比例从 81.0% 降低到 53.5%。鄂尔多斯市用水结构变化见图 10-4-1。

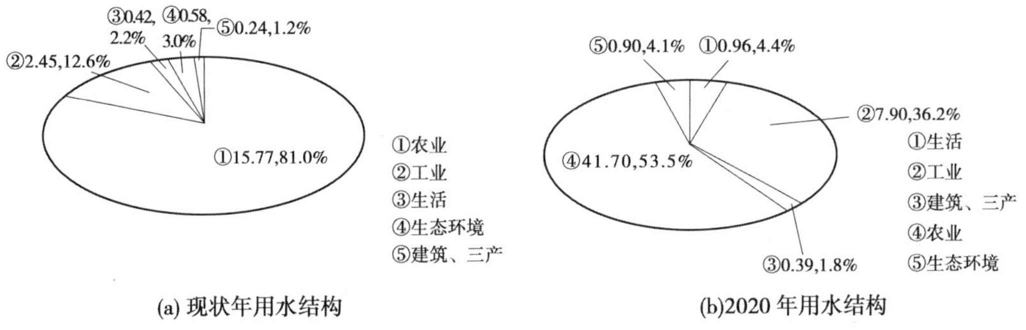

(a) 现状年用水结构　　(b)2020 年用水结构

图 10-4-1　鄂尔多斯市用水结构变化　（单位：亿 m^3）

从供水结构分析，研究水平年非常规水源利用量从现状的 0.74 亿 m^3 增长到 2020 年的 2.33 亿 m^3，是供水增长的主体，占总供水量的比例从现状的 3.8% 提高到 10.7%；地表水供水量从现状的 7.85 亿 m^3 增加到 9.02 亿 m^3，基本达到地表水资源可利用量的上限，所占比例从现状的 40.2% 增加到 41.3%；地下水开采量有所减少，从现状的 10.87 亿 m^3 减少到 2020 水平年的 10.50 亿 m^3，但占总供水量的比例从现状的 55.4% 降低到 48.0%。

10.4.3　水资源配置的总体布局

根据现状和研究水平年水资源供需平衡分析和配置方案，提出的研究水平年鄂尔多斯市水源利用的总体格局是：以黄河干流过境水和当地浅层地下水为中心，提高污水处理能力，促进再生水利用，加大非常规水源利用，形成多水源联合利用的总体格局。

从水资源利用的空间布局来看，东南部山丘区以水源涵养为主，加强水资源保护和水土保持建设，加快兴建中小型水利工程，提高供水能力和水资源的利用程度，优化产业布局，抑制高耗水产业的发展，优先解决城乡饮水安全和城镇供水安全；中部区包括东胜区、康巴什新区、阿镇，是鄂尔多斯市的核心区，也是城镇生活用水中心，需要以区域发展总体研究为导向，以优质的地下水供水为主，加强城市水源网络系统建设，提高供水保障程度；

北部及沿黄灌区，以南岸灌区田间节水配套为核心，发展高效生态农业，优化种植结构并大力推进节水改造，降低农业用水量，加强沿黄取水工程建设、提高工业用水的保障能力；西部内流区主要以区域生态环境保护为中心，加强生态环境用水保障和水源的保护。

从用水格局来看，配置方案在优先满足生活用水、保障基本生态环境用水的基础上，通过水量配置引导产业规模布局优化，实现产业发展布局与水资源配置格局的协调。当前，鄂尔多斯市的农业灌区主要集中在沿黄地区，未来能源化工产业发展向沿河区集中。

研究以提高黄河干流和境内支流水量合理利用和优化调配为目标，以沿水利工程体系建设为核心，以高效农业生态节水发展和水源置换为手段，加大地表水利用，支撑大型能源基地建设；研究水平年，鄂尔多斯市将加快形成以东胜区、康巴什新区以及阿镇为中心的核心区建设，形成区域性的城市中心，研究以城市供水和保障网络建设为目标，以加强水源地勘查和工程建设为手段，支撑现代农业和现代服务产业的发展，推进现代化城市体系的形成。牧区的发展不仅对推动鄂尔多斯市小康社会和新农村建设具有重要意义，而且对区域生态环境建设意义重大，牧区水源保障条件相对较差，研究水平年通过合理布局牧区水利工程，优化牧区地下水利用，保障农牧民的饮水安全、维持区域生态良性发展、保障牧业发展用水。

10.5 本章小结

在分析鄂尔多斯市水资源利用存在的主要问题的基础上，根据区域水资源与国民经济及生态环境协调的要求，提出区域水资源可持续利用的水资源分析及配置方案，取得的主要成果如下：

(1)研究各种水资源条件，提出多水源联合优化的策略。按照各不同用户对水质的要求，提出黄河过境水、境内地表水、地下水、微咸水、矿井水、岩溶水、雨水等多种水源联合调配的策略，实现优水优用。根据各种水源的评价成果，分析各种水源的可利用量预测方案。

(2)利用水资源系统优化模型，开展区域不同水平年的水资源供需分析。水资源供需分析采用交互动态优化模式：经济高规模的“一次分析”区域缺水严重，2020 年缺水率高达 28.1%，水资源不能承载；在压缩规模、调整结构的“二次分析”区域缺水量有所减少，2015 年水资源缺水量减少到 0.57 亿 m^3，基本实现近期水资源供需平衡，2020 年和 2030 年缺水量依然较高；提出开展水源置换的“三次分析”，2020 年缺水率降低至 3.14 亿 m^3，在一定程度上缓解了水资源供需矛盾，但不能根本解决资源性缺水问题。

(3)按照水资源可持续利用和区域经济社会发展与生态环境保护协调的原则，提出区域水资源水源、用水、空间、时间和管理 5 方面合理配置方案，促进区域水资源的高效利用，提高水资源的承载能力，实现生态环境良性转变，支持经济社会的可持续发展。

第 11 章　基于水环境承载能力的水资源保护

随着鄂尔多斯市经济社会的迅速发展,水资源利用量不断增大,废污水排放量与日俱增,重点河段水污染问题突出,科学评价水环境承载能力,以指导用水总量控制和提高用水效率,对于实现水资源高效利用和有效保护,改善水环境质量具有重要意义。

11.1　区域水质现状

11.1.1　地表水资源质量

11.1.1.1　河流水质现状

根据《地表水环境质量标准》(GB 3838—2002),对鄂尔多斯市境内 25 条河流的 49 个监测断面水质监测结果进行评价,水质现状符合Ⅰ～Ⅱ类水质的断面 3 个,占 6.1%;Ⅲ类水质的断面 15 个,占 30.6%;Ⅳ类水质的断面 8 个,占 16.4%;Ⅴ类水质的断面 3 个,占 6.1%;劣Ⅴ类水质的断面 20 个,占 40.8%。鄂尔多斯市地表水水质现状评价见图 11-1-1。

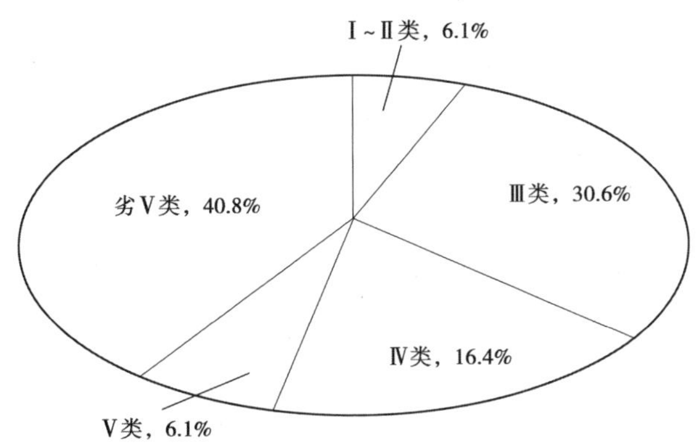

图 11-1-1　鄂尔多斯市地表水水质现状评价

从河流来看,达拉特旗境内的十大孔兑上游水质现状符合地表水Ⅲ类水质(除哈什拉川外),下游均有不同程度的污染。准格尔旗境内的地表水水质现状污染严重,其中,黑岱沟、皇甫川、孤山川水质现状基本为Ⅴ类至劣Ⅴ类。伊金霍洛旗境内窟野河水质现状为Ⅲ类至劣Ⅴ类,个别河段污染严重;红碱淖流域上游水质现状为Ⅱ～Ⅲ类,现状水质较好。乌审旗境内河流无定河水质现状为Ⅳ类至劣Ⅴ类。杭锦旗境内摩林河是鄂尔多斯市境内最长的内陆河,常年有水,水质现状为劣Ⅴ类(矿化度较高),水质较差。鄂托克旗境内都思兔河上游水质现状为Ⅲ类,水质较好;都思兔河下游水质现状为劣Ⅴ类,水质较差。

11.1.1.2　水功能区水质

根据《内蒙古自治区水功能区划》(2010 年 12 月)，鄂尔多斯市主要河流中共划分为一级水功能区 41 个，其中：保护区 5 个，保留区 1 个，开发利用区 23 个，缓冲区 12 个，河长1 333.7 km；二级水功能区 25 个，其中：饮用水水源区 4 个，工业用水区 5 个，农业用水区 15 个，过渡区 1 个，河长 944.0 km。

依据《地表水环境质量标准》(GB 3838—2002)和《中国水功能区划(试行)》水质目标进行水质评价和达标分析。评价基本项目为水温、pH、溶解氧、高锰酸盐指数、化学需氧量(COD)、五日生化需氧量(BOD_5)、氨氮、铜、锌、氟化物、砷、汞、镉、铬(六价)、铅、氰化物、挥发酚、石油类等 18 项。饮用水水源区增加硫酸盐、氯化物、硝酸盐、铁、锰等 5 个评价项目。

采用单因子评价法对鄂尔多斯市境内主要水功能区 23 条河流 41 个水质监测断面的水质进行综合评价，一级水功能区中水质达标 25 个，达标率为 61%；达标河长 721.5 km，达标率为 54.1%。鄂尔多斯市水功能区水质评价结果见图 11-1-2。

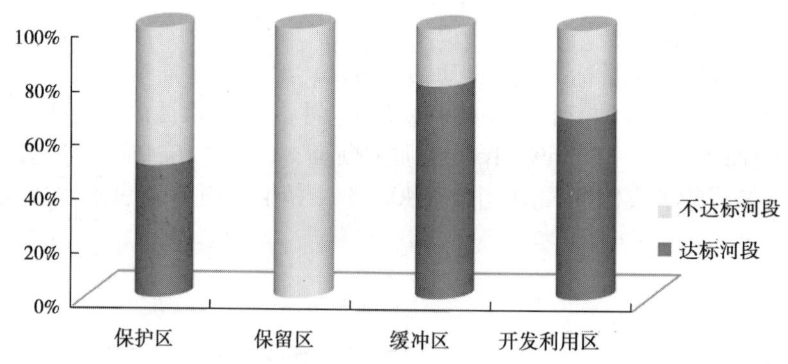

图 11-1-2　鄂尔多斯市水功能区水质评价结果

11.1.2　地下水资源质量

本次地下水水质评价对象为浅层地下水，包含了矿化度大于 2 g/L 的浅层地下水，主要包括地下水化学特征、地下水水质现状、地下水水源地水质评价等方面内容。

11.1.2.1　地下水化学特征

鄂尔多斯市浅层地下水主要接受大气降水的入渗补给，由于地下水径流途径短，排泄条件较好，水交替循环作用强烈，且含水层的易溶盐含量一般较低，地下水水质较好，地下水化学类型主要为重碳酸型，矿化度一般小于 1 g/L。

在都思兔河、摩林河下游、无定河沿岸地区和一些较大湖泊周边一带，地下水水质较差，地下水化学类型一般为硫酸型，局部为氯化物型，矿化度多大于 2 g/L。

11.1.2.2　地下水水质现状

鄂尔多斯市地下水水质评价面积为 7.15 万 km^2，评价区地下水资源量为 18.22 亿 m^3。其中，Ⅱ类水分布面积占总评价面积的 0.4%，地下水资源量占评价区地下水资源总量的 0.3%；Ⅲ类水分布面积占总评价面积的 51.2%，地下水资源量占评价区地下水资源总量的 62.8%；Ⅳ类水分布面积占总评价面积的 11.0%，地下水资源量占评价区地下水资源总量的 8.8%；Ⅴ类水分布面积占总评价面积的 37.4%，地下水资源量占评价区地下水资源总量的 28.1%。

11.1.2.3　地下水水源地水质评价

本次地下水水质评价的主要城镇地下水集中式饮用水水源地包括中心城区西柳沟水源地、中心城区伊旗阿镇水厂水源地、达拉特旗展旦召水源地、准格尔旗苏计沟水源地、准格尔旗家沟门水源地、鄂托克旗乌兰镇水源地、鄂托克前旗敖镇水源地、杭锦旗锡尼镇水源地、乌审旗嘎鲁图镇水源地等 9 个。

本次采用《地下水质量标准》(GB/T 14848—93)对鄂尔多斯市主要城镇的地下水集中式饮用水水源地进行了水质评价。评价结果表明：鄂尔多斯市主要城镇地下水集中式饮用水水源地水质总体质量良好，均达到了地下水Ⅲ类水质标准要求，可满足饮用水水质要求。

研究以鄂尔多斯市水环境保护和城镇饮水安全为目标、水功能区为控制单元，水域纳污能力为约束条件，制订入河污染物总量控制方案，提出水环境综合保护措施；分析鄂尔多斯市浅层地下水超采的原因，制订地下水长期监测方案和保障措施；对鄂尔多斯市重点城镇水源地进行调查，提出重点城镇水源地保护措施。统筹协调社会经济发展与地表水和地下水资源保护、流域上下游、左右岸等关系，以水资源的可持续利用促进社会经济的可持续发展。鄂尔多斯市水资源保护研究技术路线见图 11-1-3。

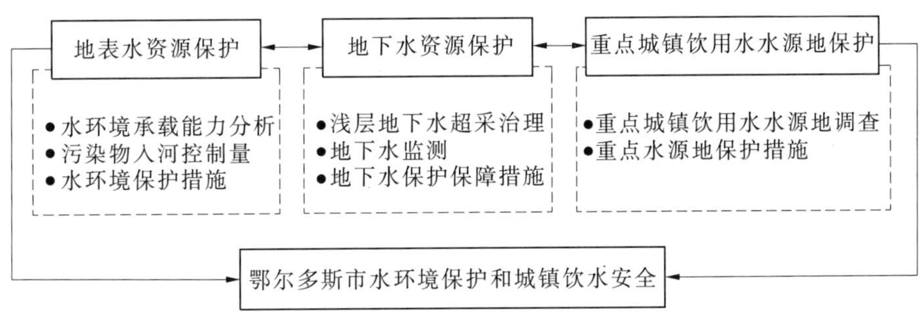

图 11-1-3　鄂尔多斯市水资源保护研究技术路线

11.2　水环境承载能力分析

水环境承载能力是指在一定的水域，其水体能够被继续利用并仍保持良好的生态系统时所能容纳污水及污染物的最大能力，通常以纳污能力或水环境容量来量化计算。基于《内蒙古自治区水功能区划》所确定的鄂尔多斯市各黄河支流及内陆河流的水质保护目标对鄂尔多斯市的水环境承载能力进行分析研究。

基于水环境承载能力的鄂尔多斯市地表水资源保护技术路线如图 11-2-1 所示。

11.2.1　水功能区划

根据《内蒙古自治区水功能区划》，内蒙古自治区的水功能区划采用两级分类体系，一级功能区分四类：保护区、保留区、开发利用区、缓冲区；二级功能区划分是在一级区划

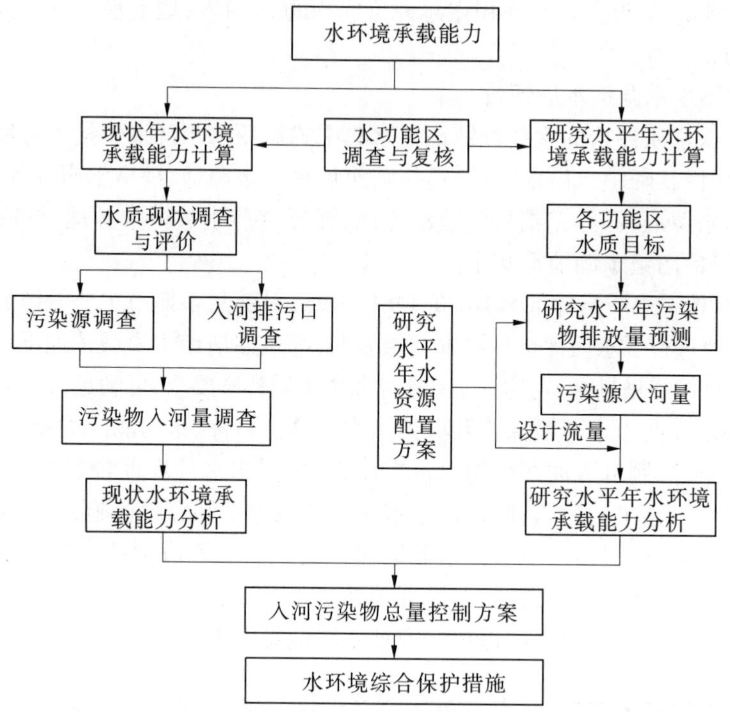

图 11-2-1 基于水环境承载能力的鄂尔多斯市地表水资源保护技术路线

的开发利用区进行的，分七类，包括：饮用水水源区、工业用水区、农业用水区、渔业用水区、景观娱乐用水区、过渡区和排污控制区。地表水水功能区划分级分类系统见图 11-2-2。

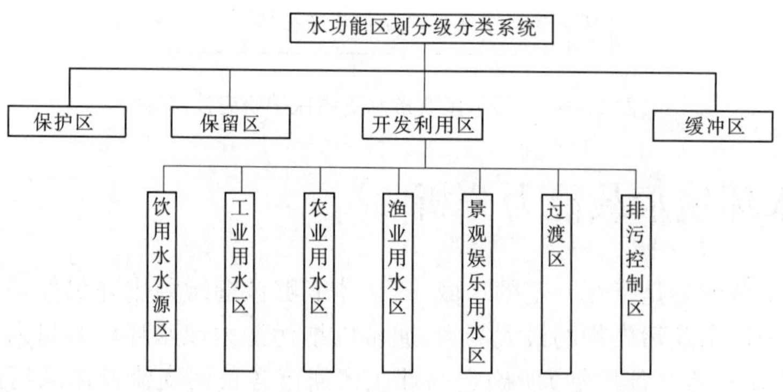

图 11-2-2 地表水水功能区划分级分类系统

鄂尔多斯市地表水功能区划分表见表 11-2-1。在一级区划中有 15 个比较重要的省界缓冲区、入干流水库水源地缓冲区及源头保护区，其中伊金霍洛旗的乌兰木伦水库是康巴什新区第一水厂水源，水库以上为重要的源头保护区。二级区划有 3 个饮用水源区，分别为都思兔河的源头至敖伦淖牧场、乌兰木伦河的高家塔至乌兰木伦段及东乌兰木伦河，都是鄂尔多斯市敏感地带的重要水域。

表 11-2-1　鄂尔多斯市地表水功能区划分表

一级功能区	二级功能区	河流(湖库)	范围		水质代表断面	长度(km)	现状水质	水质目标
			起始断面	终止断面				
都思兔河鄂托克旗保留区		都思兔河	源头	敖伦淖牧场	包乐浩晓	34.4	劣Ⅴ	Ⅳ
都思兔河鄂托克旗开发利用区	都思兔河鄂托克旗饮用水区	都思兔河	敖伦淖牧场	陶斯图	苦水沟	123.4	劣Ⅴ	Ⅳ
都思兔河蒙宁缓冲区		都思兔河	陶斯图	入黄河口	陶斯图	8	劣Ⅴ	Ⅳ
毛不拉孔兑杭锦旗开发利用区	毛不拉孔兑杭锦旗农业用水区	毛不拉孔兑	霍吉太沟入口	隆茂营(入黄前 5 km)	图格日格	73.2	Ⅳ	Ⅳ
布日嘎斯太沟达拉特旗开发利用区	布日嘎斯太沟达拉特旗农业用水区	布日嘎斯太沟	库计沟入口	乌兰水库坝址	乌兰水库	47.1	Ⅴ	Ⅳ
黑赖沟达拉特旗开发利用区	黑赖沟达拉特旗农业用水区	黑赖沟	高家坡(哈拉汗沟入口)	石头(入黄前 5 km)	东方红大队	65.9	劣Ⅴ	Ⅳ
西柳沟达拉特旗开发利用区	西柳沟达拉特旗农业用水区	西柳沟	大路壕	西刘定圪堵	龙头拐	50.6	Ⅳ	Ⅳ
罕台川达拉特旗开发利用区	罕台川东胜区饮用水区	罕台川	纳林沟门	水泉子坝	响沙湾	41.7	Ⅳ	Ⅳ
哈什拉川达拉特旗开发利用区	哈什拉川达拉特旗农业用水区	哈什拉川	纳林沟门	新民堡	黑土崖	21.2	Ⅳ	Ⅳ
母哈日沟达拉特旗开发利用区	母哈日沟达拉特旗农业用水区	母哈日沟	三眼井	西山份子	白尼井	37.5	Ⅲ	Ⅲ
东柳沟达拉特旗开发利用区	东柳沟达拉特旗农业用水区	东柳沟	榆树塔	入黄河口	石拉塔	42.6	Ⅴ	Ⅳ
呼斯太河达拉特旗开发利用区	呼斯太河达拉特旗农业用水区	呼斯太河	公益盖	入黄河口	呼斯太	57.6	Ⅴ	Ⅳ
大沟准格尔旗开发利用区	大沟准格尔旗农业用水区	大沟	孔兑沟入口处	大沟门	大沟门	21.3	Ⅳ	Ⅳ

续表 11-2-1

一级功能区	二级功能区	河流(湖库)	范围		水质代表断面	长度(km)	现状水质	水质目标
			起始断面	终止断面				
龙王沟准格尔旗开发利用区	龙王沟准格尔旗农业用水区	龙王沟	源头	陈家沟门	陈家湾	25.2	Ⅳ	Ⅳ
龙王沟准格尔旗缓冲区		龙王沟	陈家沟门	入黄河口	薛家湾	9.8	劣Ⅴ	Ⅳ
黑岱沟准格尔旗开发利用区	黑岱沟准格尔旗工业用水区	黑岱沟	源头	李家圪堵	西城	22.4	Ⅲ	Ⅲ
黑岱沟准格尔旗缓冲区		黑岱沟	李家圪堵	入黄河口	李家圪堵	10.2	Ⅲ	Ⅲ
十里长川准格尔旗开发利用区	十里长川准格尔旗农业用水区	十里长川	源头	长滩	长滩	55.7	Ⅳ	Ⅳ
十里长川蒙陕缓冲区		十里长川	长滩	入纳林川	长滩	25.7	Ⅳ	Ⅳ
纳林川(皇甫川)准格尔旗源头保护区		纳林川	源头	纳林	纳林	48	Ⅳ	Ⅲ
纳林川(皇甫川)准格尔旗开发利用区	纳林川(皇甫川)准格尔旗农业用水区	纳林川	纳林	郭家坪	沙圪堵	29	劣Ⅴ	Ⅳ
纳林川(皇甫川)蒙陕缓冲区		纳林川	郭家坪	前坪	郭家坪	16	劣Ⅴ	Ⅲ
清水川准格尔旗开发利用区	清水川准格尔旗农业用水区	清水川	源头	五字湾	赵家圪堵	23.6	Ⅲ	Ⅲ
清水川蒙陕缓冲区		清水川	五字湾	省区交界	五字湾	8	Ⅲ	Ⅲ
孤山川准格尔旗源头保护区		孤山川	源头	庙沟门	羊市塔	31.8	Ⅲ	Ⅲ
牸牛川准格尔旗源头保护区		牸牛川	源头	头道柳	头道柳	41.6	Ⅲ	Ⅲ
牸牛川准格尔旗开发利用区	牸牛川准格尔旗工业用水区	牸牛川	头道柳	新庙	新庙	21.7	Ⅳ	Ⅳ
牸牛川蒙陕缓冲区		牸牛川	新庙	省界	新庙	10	Ⅳ	Ⅳ
乌兰木伦河(窟野河)伊金霍洛旗源头保护区		乌兰木伦河	源头	乌兰木伦水库	阿腾席热水文站	39	Ⅳ	Ⅲ

续表 11-2-1

一级功能区	二级功能区	河流(湖库)	范围		水质代表断面	长度(km)	现状水质	水质目标
			起始断面	终止断面				
乌兰木伦河(窟野河)伊金霍洛旗开发利用区	乌兰木伦河(窟野河)伊金霍洛旗工业用水区	乌兰木伦河	乌兰木伦水库	乌兰木伦(张家畔)	乌兰木伦	40	Ⅳ	Ⅳ
乌兰木伦河(窟野河)蒙陕缓冲区		乌兰木伦河	乌兰木伦(张家畔)	大柳塔	窟野河出省处	18	Ⅳ	Ⅲ
东乌兰木伦河伊金霍洛旗开发利用区	东乌兰木伦河伊金霍洛旗饮用水区	东乌兰木伦河	源头	入乌兰木伦河口	王家塔	20	Ⅲ	Ⅲ
无定河陕蒙缓冲区		无定河	金鸡沙	大沟湾	金鸡沙水库	48.4	Ⅳ	Ⅲ
无定河乌审旗开发利用区 1	无定河乌审旗工业用水区	无定河	大沟湾	巴图湾水库坝址	巴图湾水库	44.6	Ⅳ	Ⅳ
无定河蒙陕蒙缓冲区		无定河	巴图湾水库坝址	蘑菇台	蘑菇台	15.8	Ⅳ	Ⅳ
无定河乌审旗开发利用区 2	无定河乌审旗农业用水区	无定河	蘑菇台	河南畔	河南畔	10	Ⅲ	Ⅲ
无定河蒙陕缓冲区		无定河	河南畔	雷龙湾	河南畔	10	Ⅲ	Ⅲ
纳林河乌审旗保护区		纳林河	呼和芒哈二组	苏利图芒哈	苏利图芒哈	10	Ⅲ	Ⅲ
纳林河乌审旗开发利用区	纳林河乌审旗工业用水区	纳林河	苏利图芒哈	大草湾	大草湾	49.7	Ⅳ	Ⅳ
海流图河乌审旗开发利用区	海流图河乌审旗农业用水区	海流图河	查干陶亥	深水台一队	深水台	20	Ⅴ	Ⅳ
海流图河乌审旗省界缓冲区		海流图河	深水台一队	曹家峁	海流图河出省	5	Ⅴ	Ⅳ

11.2.2　纳污能力

11.2.2.1　计算模型

纳污能力是指在满足水域功能要求的前提下,按给定的水功能区水质目标值、设计水量、排污口位置及排污方式下的功能区水体所能容纳的最大污染物量。

本研究采用一般河流水功能区纳污能力计算的一维模型:

$$u\frac{\partial C}{\partial X} = -k \cdot C \tag{11-2-1}$$

解得:

$$C(x) = C_0\exp(-k \cdot \frac{x}{u}) \tag{11-2-2}$$

式中:$C(x)$为控制断面污染物浓度,mg/L;C_0 为起始断面污染物浓度,mg/L;k 为污染物综合自净系数,1/s,k 值一般以 1/d 表示,计算时应换算成 1/s;x 为排污口下游断面距控制断面纵向距离,m;u 为设计流量下岸边污染带的平均流速,m/s。

将计算河段内的多个排污口概化为一个集中的排污口,概化排污口位于河段中点处,相当于一个集中点源,污水排放量为 Q_P,该集中点源的实际自净长度为河段长的一半,设河段长度为 L,则污染物自净长度为 $L/2$,见图 11-2-3。

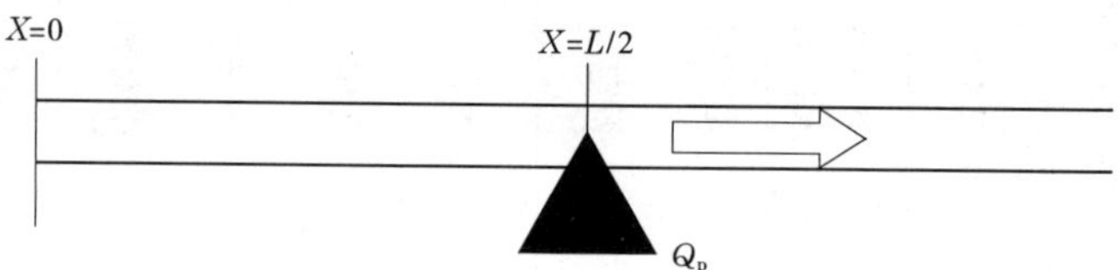

图 11-2-3　排污口概化示意图

因此,对于功能区下断面,其污染物浓度为:

$$C_{x=L} = C_0\exp(\frac{-kL}{u}) + \frac{M}{Q_r}\exp(\frac{-kL}{2u}) \tag{11-2-3}$$

式中:Q_r 为设计流量;M 为污染物最大允许入河速率,g/s。

则功能区纳污能力 M 应为

$$M = (C_s - C_0\exp(\frac{-kL}{u}))\exp(\frac{kL}{2u})Q_r \tag{11-2-4}$$

11.2.2.2　纳污能力核定

本次纳污能力核定水平年分为现状年和研究水平年,2015 年、2020 年和 2030 年为研究水平年,纳污能力控制时间段示意图如图 11-2-4 所示。纳污能力核定原则如下:

(1)保护区、保留区和部分水质较好、用水矛盾不突出的缓冲区,其水质目标原则上是维持现状水质,现状污染物入河量为其纳污能力。

(2)所有的开发利用区和需要改善水质的保护区、保留区、缓冲区,纳污能力通过模型计算核定。

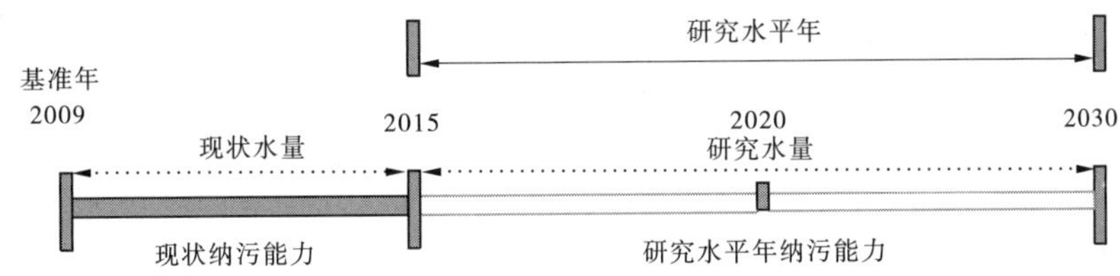

图 11-2-4　纳污能力控制时间段示意图

现状年鄂尔多斯市主要河流一般采用近 10 年最枯月平均流量或 90% 保证率最枯月平均流量，敏感地带的重要水域采用 95% 保证率最枯月平均流量；部分支流选取 75% 保证率的枯水期平均流量作为纳污能力计算的设计流量。

鄂尔多斯市各旗(区)水域纳污能力汇总见表 11-2-2，各水功能区纳污能力计算结果见表 11-2-3。

表 11-2-2　鄂尔多斯市各旗(区)水域纳污能力汇总

旗(区)	水平年	纳污能力(t/a)	
		COD	氨氮
准格尔旗	现状	1 588.6	61.2
	研究	1 460.7	66.0
伊金霍洛旗	现状	323.1	20.9
	研究	249.3	14.1
达拉特旗	现状	41.9	2.0
	研究	38.9	1.9
东胜区	现状	20.3	0.9
	研究	20.3	0.9
康巴什新区	现状	0	0
	研究	0	0
杭锦旗	现状	9.0	0.4
	研究	9.0	0.4
鄂托克旗	现状	691.3	43.7
	研究	659.0	41.4
鄂托克前旗	现状	0	0
	研究	0	0
乌审旗	现状	4 258.9	379.1
	研究	3 902.8	287.6
鄂尔多斯市	现状	6 933.1	508.2
	研究	6 340.0	412.3

从表 11-2-2 可知，根据鄂尔多斯市水资源现状，考虑研究水平年地表水取用情况，计算得出现状年鄂尔多斯市水功能区 COD 的纳污能力为 6 933.1 t/a，氨氮的纳污能力为

表 11-2-3　鄂尔多斯市各水功能区纳污能力计算结果

水资源三级区	水功能区		水平年	COD				氨氮			
	一级	二级		水质目标(mg/L)	设计水量(m^3/s)	综合衰减系数(1/d)	纳污能力(t/a)	水质目标(mg/L)	设计水量(m^3/s)	综合衰减系数(1/d)	纳污能力(t/a)
毛不拉孔兑鄂尔多斯高平原区	毛不拉孔兑杭锦旗开发利用区	毛不拉孔兑杭锦旗农业用水区	现状、研究	30	0.009 5	0.2	9.0	1.5	0.009 5	0.1	0.4
布日嘎斯太沟黄河南岸平原区	布日嘎斯太沟达拉特旗开发利用区	布日嘎斯太沟达拉特旗农业用水区	现状、研究	30	0.006 3	0.2	6.0	1.5	0.006 3	0.1	0.3
黑赖沟南岸灌区1区平原区	黑赖沟达拉特旗开发利用区	黑赖沟达拉特旗农业用水区	现状、研究	30	0.002 2	0.2	2.1	1.5	0.002 2	0.1	0.1
西柳沟南岸灌区1区平原区	西柳沟达拉特旗开发利用区	西柳沟达拉特旗农业用水区	现状、研究	30	0.015 7	0.2	14.6	1.5	0.015 7	0.1	0.7
罕台川黄河南岸平原区	罕台川达拉特旗开发利用区	罕台川东胜区饮用水区	现状、研究	30	0.023 0	0.2	20.3	1.5	0.023 0	0.1	0.9
哈什拉川南岸灌区1区平原区	哈什拉川达拉特旗开发利用区	哈什拉川达拉特旗农业用水区	现状、研究	30	0.008 4	0.2	7.6	1.5	0.008 4	0.1	0.4
母哈日沟南岸灌区2区平原区	母哈日沟达拉特旗开发利用区	母哈日沟达拉特旗农业用水区	现状、研究	20	0.004 9	0.2	3.1	1	0.004 9	0.1	0.2
东柳沟南岸灌区3区平原区	东柳沟达拉特旗开发利用区	东柳沟达拉特旗农业用水区	现状、研究	30	0.002 5	0.2	2.4	1.5	0.002 5	0.1	0.1
呼斯太河南岸灌区4区平原区	呼斯太河达拉特旗开发利用区	呼斯太河达拉特旗农业用水区	现状	30	0.006 6	0.2	6.2	1.5	0.006 6	0.1	0.3
			研究	30	0.003 4	0.2	3.2	1.5	0.003 4	0.1	0.2

续表 11-2-3

水资源三级区	水功能区		水平年	COD				氨氮			
	一级	二级		水质目标(mg/L)	设计水量(m^3/s)	综合衰减系数(1/d)	纳污能力(t/a)	水质目标(mg/L)	设计水量(m^3/s)	综合衰减系数(1/d)	纳污能力(t/a)
都思兔河平原区	都思兔河鄂托克旗保留区		现状、研究	30	0.434 7	0.2	157.7	1.5	0.434 7	0.1	13.5
	都思兔河鄂托克旗开发利用区	都思兔河鄂托克旗饮用水区	现状	30	0.457 3	0.2	317.3	1.5	0.457 3	0.1	16.8
			研究	30	0.419 2	0.2	301.7	1.5	0.419 2	0.1	15.6
	都思兔河蒙宁缓冲区		现状	30	0.457 3	0.2	216.3	1.5	0.457 3	0.1	13.4
			研究	30	0.419 2	0.2	199.7	1.5	0.419 2	0.1	12.3
乌兰木伦河平原区	乌兰木伦河(窟野河)蒙陕缓冲区		现状	20	0.442 3	0.25	176.8	1	0.442 3	0.15	10.1
			研究	20	0.357 3	0.25	151.8	1	0.357 3	0.15	8.4
	东乌兰木伦河伊金霍洛旗开发利用区	东乌兰木伦河伊金霍洛旗饮用水区	现状	20	0.168 0	0.25	83.5	1	0.168 0	0.15	4.3
			研究	20	0.083 0	0.25	48.5	1	0.083 0	0.15	2.3
	乌兰木伦河伊金霍洛旗开发利用区	乌兰木伦河(窟野河)伊金霍洛旗工业用水区	现状	30	0.168 0	0.25	62.8	1.5	0.168 0	0.15	6.5
			研究	30	0.083 0	0.25	49.0	1.5	0.083 0	0.15	3.4
乌兰木伦河山丘区	乌兰木伦河伊金霍洛旗源头保护区			20	1.637 7	—	—	1	1.637 7	—	—

续表 11-2-3

水资源三级区	水功能区		水平年	COD				氨氮			
	一级	二级		水质目标(mg/L)	设计水量(m^3/s)	综合衰减系数(1/d)	纳污能力(t/a)	水质目标(mg/L)	设计水量(m^3/s)	综合衰减系数(1/d)	纳污能力(t/a)
牸牛川山丘区	牸牛川准格尔旗源头保护区			20	0.392 9	—	—	1	0.392 9	—	—
	牸牛川准格尔旗开发利用区	牸牛川准格尔旗工业用水区	现状	30	0.899 8	0.2	772.6	1.5	0.899 8	0.1	0
			研究	30	0.579 8	0.2	500.9	1.5	0.579 8	0.1	10.7
	牸牛川蒙陕缓冲区		现状	30	0.899 8	0.2	277.2	1.5	0.899 8	0.1	30.7
			研究	30	0.579 8	0.2	189.0	1.5	0.579 8	0.1	19.9
正川山丘区	正川(皇甫川)准格尔旗源头保护区			20	0.606 6	—	—	1	0.606 6	—	—
	正川(皇甫川)准格尔旗开发利用区	正川(皇甫川)准格尔旗农业用水区	现状、研究	30	0.606 6	0.2	52.6	1.5	0.606 6	0.1	12.0
	正川(皇甫川)蒙陕缓冲区		现状	20	0.606 6	0.2	0	1	0.606 6	0.1	4.7
			研究	20	0.442 3	0.25	176.8	1	0.442 3	0.15	10.1
十里长川山丘区	十里长川准格尔旗开发利用区	十里长川准格尔旗农业用水区	现状	30	0.357 3	0.25	151.8	1.5	0.357 3	0.15	8.4
			研究	30	0.168 0	0.25	83.5	1.5	0.168 0	0.15	4.3
	十里长川蒙陕缓冲区		现状	30	0.083 0	0.25	48.5	1.5	0.083 0	0.15	2.3
			研究	30	0.168 0	0.25	62.8	1.5	0.168 0	0.15	6.5

续表 11-2-3

水资源三级区	水功能区		水平年	COD				氨氮			
	一级	二级		水质目标（mg/L）	设计水量（m^3/s）	综合衰减系数（1/d）	纳污能力（t/a）	水质目标（mg/L）	设计水量（m^3/s）	综合衰减系数（1/d）	纳污能力（t/a）
纳林河平原区	纳林河乌审旗保护区			20	1.659 6	—	—	1	1.659 6	—	—
	纳林河乌审旗开发利用区	纳林河乌审旗工业用水区	现状	30	1.659 6	0.25	954.2	1.5	1.659 6	0.15	43.4
			研究	30	1.339 6	0.25	798.2	1.5	1.339 6	0.15	36.0
红柳河毛乌素沙地区	无定河陕蒙缓冲区		现状	20	0.323 1	0.25	0	1	0.323 1	0.15	6.3
			研究	20	0.323 1	0.25	91.0	1	0.323 1	0.15	6.3
	无定河乌审旗开发利用区 1	无定河乌审旗工业用水区	现状	30	1.262 2	0.25	318.2	1.5	1.262 2	0.15	39.6
			研究	30	0.762 2	0.25	282.7	1.5	0.762 2	0.15	25.2
	无定河蒙陕蒙缓冲区		现状	30	1.262 2	0.25	205.1	1.5	1.262 2	0.15	38.8
			研究	30	0.762 2	0.25	162.3	1.5	0.762 2	0.15	24.0
	无定河乌审旗开发利用区 2	无定河乌审旗农业用水区	现状	20	1.262 2	0.25	0	1	1.262 2	0.15	3.0
			研究	20	0.762 2	0.25	156.5	1	0.762 2	0.15	2.3
	无定河蒙陕缓冲区		现状	20	1.262 2	0.25	0	1	1.262 2	0.15	16.0
			研究	20	0.762 2	0.25	156.5	1	0.762 2	0.15	8.1

续表 11-2-3

水资源三级区	水功能区		水平年	COD				氨氮			
	一级	二级		水质目标(mg/L)	设计水量(m^3/s)	综合衰减系数(1/d)	纳污能力(t/a)	水质目标(mg/L)	设计水量(m^3/s)	综合衰减系数(1/d)	纳污能力(t/a)
大沟—龙王沟黄河南岸平原区	大沟准格尔旗开发利用区	大沟准格尔旗农业用水区	现状、研究	30	0.013 7	0.2	12.9	1.5	0.013 7	0.1	0.6
大沟—龙王沟库布齐沙漠区	龙王沟准格尔旗开发利用区	龙王沟准格尔旗农业用水区	现状、研究	30	0.041 4	0.2	39.0	1.5	0.041 4	0.1	1.6
大沟—龙王沟山丘区	龙王沟准格尔旗缓冲区		现状、研究	30	0.470 1	0.2	434.3	1.5	0.470 1	0.1	11.5
孤山川山丘区	孤山川准格尔旗源头保护区			20	0.202 7	—	—	1	0.202 7	—	—
海流图河—白河毛乌素沙地区	海流图河乌审旗开发利用区	海流图河乌审旗农业用水区	现状	30	2.715 8	0.3	1 293.6	1.5	2.715 8	0.2	126.5
			研究	30	2.172 7	0.3	1 060.7	1.5	2.172 7	0.5	101.2
	海流图河乌审旗省界缓冲区		现状	30	2.715 8	0.25	1 487.9	1.5	2.715 8	0.15	105.6
			研究	30	2.172 7	0.25	1 194.9	1.5	2.172 7	0.15	84.5
合计			现状				6 933.1				508.2
			研究				6 340.0				412.3

508.2 t/a;研究水平年 COD 纳污能力为 6 340.0 t/a,氨氮的纳污能力为 412.3 t/a。研究水平年纳污能力减小主要是由于取水量增加,造成设计水量减少。从各旗(区)来看,乌审旗纳污能力最大,其余各旗(区)从大到小依次为准格尔旗、鄂托克旗、伊金霍洛旗、达拉特旗、东胜区和杭锦旗。

由各水功能区纳污能力计算结果可知,海流图河乌审旗省界缓冲区和海流图河乌审旗开发利用区纳污能力最大,现状年 COD 纳污能力分别为 1 487.9 t/a 和 1 293.6 t/a,氨氮纳污能力分别为 105.6 t/a 和 126.5 t/a;研究水平年,COD 纳污能力分别为 1 194.9 t/a 和 1 060.7 t/a,氨氮纳污能力分别为 84.5 t/a 和 101.2 t/a。

11.2.3　污染物排放量预测

在水资源配置成果基础上,以旗(区)为计算单元预测研究水平年污染物排放量。

11.2.3.1　废污水达标率、处理率确定

鄂尔多斯市各旗(区)已建污水处理厂 16 座,其中大部分可达到《城镇污水处理厂污染物排放标准》(GB 18918—2002)一级 B 标准,部分可达到《城镇污水处理厂污染物排放标准》(GB 18918—2002)一级 A 标准,合计总处理能力达到 28.3 万 t/d。据调查,鄂尔多斯市现状年城镇生活污水管网收集率约为 59%,污水达标处理率为 71%,污水回用率为 35%;现状年工业污水管网收集率约为 80%,污水达标处理率为 96%,污水回用率为 24%。鄂尔多斯市不同水平年城镇生活、工业废污水达标率、处理率见表 11-2-4 和表 11-2-5。根据国家环保法规,所有工业污染源自 2015 年开始全部实现达标排放;预测污染物排放量时完全按照以上要求进行。

表 11-2-4　鄂尔多斯市不同水平年城镇生活废污水达标率、处理率　(%)

水平年	污水管网收集率	污水达标处理率	污水回用率
2015 年	85	100	42
2020 年	90	100	58
2030 年	100	100	62

表 11-2-5　鄂尔多斯市不同水平年工业废污水达标率、处理率　(%)

水平年	污水管网收集率	污水达标处理率	污水回用率
2015 年	85	100	42
2020 年	95	100	58
2030 年	100	100	62

11.2.3.2　生活污水污染物浓度确定

城镇生活污水现状年污染物平均浓度采用入河排污口调查实测平均浓度。未经处理的生活污水排放浓度参考现状年的调查成果,一般取 COD 为 300 mg/L,氨氮为 30 mg/L。污水处理厂排放浓度采用《城镇污水处理厂污染物排放标准》(GB 18918—2002)的规定限值,即城镇污水处理厂出水排入国家和省确定的重点流域及湖泊、水库等封闭、半封闭水域时,执行一级标准的 A 标准(COD≤50 mg/L,氨氮≤5 mg/L),排入 GB 3838 地表水

Ⅲ类功能水域(划定的饮用水源保护区除外)、GB 3097 海水二类功能水域时,执行一级标准的 B 标准(COD≤60 mg/L,氨氮≤8 mg/L)。

11.2.3.3 研究水平年工业废水污染物浓度确定

根据现状年工业污染源污染物排放平均浓度,充分考虑循环经济对工业项目清洁生产水平的要求,自 2015 年起,鄂尔多斯市工业污染源污染物排放全部达到《城镇污水处理厂污染物排放标准》(GB 18918—2002)一级 B 标准,工业污染物平均浓度采用 COD 浓度为 60 mg/L,氨氮浓度为 8 mg/L;自 2020 年起,工业污染源污染物排放全部达到《城镇污水处理厂污染物排放标准》(GB 18918—2002)一级 A 标准,工业污染物平均浓度采用 COD 浓度为 50 mg/L,氨氮浓度为 5 mg/L。

11.2.3.4 计算方法

生活污水排放量采用生活需水乘以生活排水系数,同时扣除中水回用量的方法进行估算;生活污水中主要污染物排放量采用生活污水排放量乘以生活污水平均浓度来估算。工业废水排放量采用工业需水量乘以工业排水系数进行估算,工业废水中主要污染物排放量采用工业废水排放量乘以工业废水污染物达标浓度来估算。

11.2.3.5 计算结果

按照以上技术方法要求,计算得出研究水平年 2015 年、2020 年、2030 年鄂尔多斯市废污水排放总量分别为 6 062.49 万 t、5 981.98 万 t、6 916.38 万 t,污染物排放总量分别为:COD 4 924.06 t、2 991.01 t、3 458.18 t,氨氮 561.96 t、299.09 t、345.83 t,详见表 11-2-6 ~ 表 11-2-8。

从污染物排放量来看,研究水平年由于鄂尔多斯市循环经济的发展,随着工业用水重复利用率和污水回用率的大幅提高,工业废水排放量逐年减小且完全实现达标排放,污染物排放量逐渐减少,对于该地区节能减排、和谐发展具有十分重要的现实意义。

表 11-2-6 2015 年鄂尔多斯市各旗(区)污染物排放量预测成果表

旗区	废污水排放量(万 t/a)			COD 排放量(t/a)			氨氮排放量(t/a)		
	工业	生活	合计	工业	生活	合计	工业	生活	合计
准格尔旗	929.78	471.23	1 401.01	557.87	487.30	1 045.17	74.38	48.73	123.11
伊金霍洛旗	596.35	291.36	887.71	357.81	327.25	685.06	47.71	32.73	80.44
达拉特旗	435.97	286.34	722.31	261.58	309.65	571.23	34.88	30.96	65.84
东胜区	220.88	912.73	1 133.61	132.53	987.03	1 119.56	17.67	98.70	116.37
康巴什新区	5.62	205.51	211.13	3.37	227.56	230.93	0.45	22.76	23.21
杭锦旗	353.03	95.45	448.48	211.82	114.95	326.77	28.24	11.49	39.73
鄂托克旗	333.19	133.73	466.92	199.91	161.04	360.95	26.65	16.10	42.75
鄂托克前旗	127.59	72.23	199.82	76.56	83.22	159.78	10.21	8.32	18.53
乌审旗	476.12	115.38	591.50	285.67	138.94	424.61	38.09	13.89	51.98
鄂尔多斯市	3 478.53	2 583.96	6 062.49	2 087.12	2 836.94	4 924.06	278.28	283.68	561.96

表 11-2-7　2020 年鄂尔多斯市各旗(区)污染物排放量预测成果表

旗区	废污水排放量(万 t/a)			COD 排放量(t/a)			氨氮排放量(t/a)		
	工业	生活	合计	工业	生活	合计	工业	生活	合计
准格尔旗	807.09	399.87	1 206.96	403.54	199.93	603.47	40.35	19.99	60.34
伊金霍洛旗	613.54	325.15	938.69	306.77	162.58	469.35	30.68	16.26	46.94
达拉特旗	475.65	304.33	779.98	237.83	152.17	390.00	23.78	15.22	39.00
东胜区	130.51	989.02	1 119.53	65.26	494.51	559.77	6.53	49.45	55.98
康巴什新区	2.75	230.65	233.40	1.38	115.33	116.71	0.14	11.53	11.67
杭锦旗	428.66	110.30	538.96	214.33	55.15	269.48	21.43	5.52	26.95
鄂托克旗	349.07	140.40	489.47	174.54	70.20	244.74	17.45	7.02	24.47
鄂托克前旗	100.73	80.09	180.82	50.37	40.04	90.41	5.04	4.00	9.04
乌审旗	362.68	131.49	494.17	181.34	65.74	247.08	18.13	6.57	24.70
鄂尔多斯市	3 270.68	2 711.30	5 981.98	1 635.36	1 355.65	2 991.01	163.53	135.56	299.09

表 11-2-8　2030 年鄂尔多斯市各旗(区)污染物排放量预测成果表

旗区	废污水排放量(万 t/a)			COD 排放量(t/a)			氨氮排放量(t/a)		
	工业	生活	合计	工业	生活	合计	工业	生活	合计
准格尔旗	687.30	537.21	1 224.51	343.65	268.60	612.25	34.37	26.86	61.23
伊金霍洛旗	463.39	489.00	952.39	231.69	244.50	476.19	23.17	24.45	47.62
达拉特旗	407.17	486.43	893.60	203.58	243.22	446.80	20.36	24.32	44.68
东胜区	94.88	1 397.91	1 492.79	47.44	698.96	746.40	4.74	69.90	74.64
康巴什新区	2.60	443.56	446.16	1.30	221.78	223.08	0.13	22.18	22.31
杭锦旗	458.14	211.47	669.61	229.07	105.74	334.81	22.91	10.57	33.48
鄂托克旗	303.68	210.32	514.00	151.84	105.16	257.00	11.18	10.52	21.70
鄂托克前旗	87.64	147.30	234.94	43.82	73.65	117.47	4.38	7.37	11.75
乌审旗	283.05	205.33	488.38	141.52	102.66	244.18	14.15	10.27	24.42
鄂尔多斯市	2 787.85	4 128.53	6 916.38	1 393.91	2 064.27	3 458.18	139.39	206.44	345.83

11.2.4　污染物入河控制量

11.2.4.1　点污染源入河污染物量

根据全国水资源综合规划技术细则,充分考虑鄂尔多斯市的实际情况和节水减排再利用的要求,确定研究水平年污染物入河量,按照以下公式计算:

$$C_{入} = C_{排} \times \lambda$$

式中:$C_{入}$为研究水平年主要污染物的入河量,t;$C_{排}$ 为研究水平年主要污染物的排放量,t;λ 为研究水平年主要污染物的入河系数。

研究水平年主要污染物的排放量为生活污水和工业废水主要污染物排放量之和;考虑研究水平年城镇污水管网建设和管网收集率不断提高,入河系数将不断增大,研究水平年主要污染物的入河系数在现状入河系数基础上,结合各旗(区)发展水平,按照一定百分比递增予以确定,具体见表 11-2-9。

表 11-2-9 鄂尔多斯市主要污染物入河系数一览表

水平年	准格尔旗	伊金霍洛旗	达拉特旗	东胜区	康巴什新区	杭锦旗	鄂托克旗	鄂托克前旗	乌审旗
2015 年	0.59	0.57	0	0.63	0	0	0	0	0
2020 年	0.60	0.58	0	0.64	0	0	0	0	0
2030 年	0.61	0.59	0	0.65	0	0	0	0	0

根据预测,达拉特旗、康巴什新区、杭锦旗、鄂托克旗、鄂托克前旗和乌审旗废污水及污染物不入河,全部陆域排放;准格尔旗废污水主要排入龙王沟,伊金霍洛旗和东胜区主要排入乌兰木伦河。鄂尔多斯市研究水平年 2015 年、2020 年、2030 年 COD 入河量分别为 1 435.35 t、1 709.21 t、993.79 t;氨氮入河量分别为 166.81 t、191.43 t、99.38 t。鄂尔多斯市主要污染物入河量一览表见表 11-2-10。

表 11-2-10 鄂尔多斯市主要污染物入河量一览表 (单位:t/a)

旗区	2015 年		2020 年		2030 年	
	COD	氨氮	COD	氨氮	COD	氨氮
准格尔旗	617.30	75.76	615.29	72.48	362.37	36.24
伊金霍洛旗	289.82	35.26	389.39	45.72	272.11	27.21
达拉特旗	0	0	0	0	0	0
东胜区	528.23	55.79	704.53	73.23	359.31	35.93
康巴什新区	0	0	0	0	0	0
杭锦旗	0	0	0	0	0	0
鄂托克旗	0	0	0	0	0	0
鄂托克前旗	0	0	0	0	0	0
乌审旗	0	0	0	0	0	0
鄂尔多斯市	1 435.35	166.81	1 709.21	191.43	993.79	99.38

11.2.4.2 控制量、削减量的确定

按照全国水资源综合规划水资源保护规划技术要求,结合鄂尔多斯市确定的水资源保护目标,根据研究水平年纳污能力和污染物入河量,制定出各旗(区)研究水平年污染

物控制量和削减量。

2015 年，鄂尔多斯市饮用水源区水质基本达标，其余水功能区水质达标率达到 85% 以上；2020 年，鄂尔多斯市水功能区水质达标率达到 90% 以上；2030 年，所有水功能区水质达标。

2015 水平年、2020 水平年、2030 水平年污染物入河控制量和削减量按照研究水平年纳污能力确定。若功能区入河量小于纳污能力，一般按照污染物入河控制量等于入河量确定，若区域今后社会经济发展潜力较大，视具体情况部分水功能区入河控制量可按纳污能力进行控制；对于功能区水质目标实现后的各研究水平年污染物排放量与研究水平年纳污能力相差不大的功能区，功能区入河控制量等于研究水平年纳污能力，削减量等于预测污染物入河量减去污染物入河控制量；对于功能区水质目标实现前的各研究水平年污染物排放量远远大于研究水平年纳污能力的功能区，按照功能区污染物入河量 2015 年削减 50%、2020 年削减 70%、2030 年削减完成实现水质目标计算，入河削减量等于污染物入河量减去污染物入河控制量。

由此核定各研究水平年污染物入河削减量。2015 年，鄂尔多斯市 COD 入河削减量为 412.17 t/a，氨氮入河削减量为 51.97 t/a；2020 年，COD 入河削减量为 221.31 t/a，氨氮入河削减量为 37.62 t/a；2030 年，COD 入河削减量为 500.70 t/a，氨氮入河削减量为 62.01 t/a，见表 11-2-11。

表 11-2-11　鄂尔多斯市污染物入河削减量成果表

旗区	水平年	入河控制量		入河削减量	
		COD(t/a)	氨氮(t/a)	COD(t/a)	氨氮(t/a)
准格尔旗	2015 年	615.29	72.48	0	0
	2020 年	362.37	36.24	0	0
	2030 年	375.00	37.50	0	0
伊金霍洛旗	2015 年	319.35	29.93	70.04	15.79
	2020 年	249.31	14.14	22.80	13.08
	2030 年	249.31	14.14	32.29	14.02
东胜区	2015 年	362.41	37.05	342.13	36.18
	2020 年	160.80	11.39	198.51	24.54
	2030 年	20.28	0.88	468.41	47.99
鄂尔多斯市	2015 年	1 297.05	139.46	412.17	51.97
	2020 年	772.48	61.77	221.31	37.62
	2030 年	644.59	52.52	500.70	62.01

从表 11-2-11 可知，削减重点地区是东胜区，研究水平年污染物入河削减量占鄂尔多斯市污染物入河削减总量的 80% 以上，2030 年占鄂尔多斯市污染物入河削减总量的 94%。

11.2.5 水资源保护措施

11.2.5.1 工业污染控制

1. 加快工业园区污水处理厂建设，确保工业污水全部达标排放

在2020年以前，鄂尔多斯市所有工业园区均配套建设污水处理厂。拟建乌兰木伦工业园区污水处理厂、汇能工业项目区污水处理厂等13个污水处理厂，新增污水处理能力15.7万t/d（见表11-2-12）。由此，可满足2020年鄂尔多斯市工业园区巨大污水处理量的需求，实现工业污水全部达标排放的目标。

表11-2-12 鄂尔多斯市各工业园区拟建污水处理厂一览表

<table>
<tr><th>旗(区)</th><th>拟建污水处理厂</th><th>执行标准名称</th><th>设计日处理量(t/d)</th></tr>
<tr><td rowspan="4">伊金霍洛旗</td><td>乌兰木伦工业园区污水处理厂</td><td rowspan="13">《城镇污水处理厂污染物排放标准》(GB 18918—2002)一级A标准</td><td>15 000</td></tr>
<tr><td>汇能工业项目区污水处理厂</td><td>10 000</td></tr>
<tr><td>札萨克物流园区污水处理厂</td><td>6 000</td></tr>
<tr><td>新街生态循环经济区污水处理厂</td><td>6 000</td></tr>
<tr><td>达拉特旗</td><td>达拉特旗经济开发区污水处理厂</td><td>25 000</td></tr>
<tr><td rowspan="2">杭锦旗</td><td>独贵特拉工业园区污水处理厂</td><td>15 000</td></tr>
<tr><td>鄂尔多斯新能源产业示范区新兴产业园区污水处理厂</td><td>15 000</td></tr>
<tr><td>鄂托克旗</td><td>鄂托克乌兰轻工项目区污水处理厂</td><td>5 000</td></tr>
<tr><td>鄂托克前旗</td><td>上海庙经济开发区污水处理厂</td><td>15 000</td></tr>
<tr><td rowspan="4">乌审旗</td><td>毛乌素沙地治理产业化示范基地污水处理厂</td><td>5 000</td></tr>
<tr><td>纳林河化工项目区污水处理厂</td><td>10 000</td></tr>
<tr><td>乌审召化工项目区污水处理厂</td><td>10 000</td></tr>
<tr><td>图克工业项目区污水处理厂</td><td>20 000</td></tr>
<tr><td colspan="3">合计</td><td>157 000</td></tr>
</table>

2. 加强入河排污口监督管理

开展入河排污口普查登记工作，对全市范围内直接或通过沟、渠、管道、泵站、涵闸等设施向河道、湖泊、渠道、水库排放污水的排污口及城镇集中入河排污口进行全面登记，分类管理；严格新建、改建、扩大入河排污口的审批工作，坚持入河排污口审批与水功能区监督管理制度、取水许可制度及水域纳污能力等相结合，进一步严格审批程序，做到科学设置、规范审批入河排污口；建立健全各项工作制度，逐步形成入河排污口监督管理长效机制；举办入河排污口监督管理培训班，对入河排污口普查登记、监督管理、审批程序等进行辅导培训，进一步提高排污口管理人员的业务水平和工作技能。

3. 全面实行污染物排放总量控制和排污许可证制度

根据水功能区纳污能力计算结果，结合工业污染源调查成果，在研究区工业污染源实

现达标排放的基础上,将水功能区污染物排放总量和削减目标分解落实到每个企业。

对所有工业园区和新建、改扩建项目,在严格执行环境影响评价制度和环保"三同时"制度的同时,由环保部门依据当地的水功能区纳污能力核定允许排放量,没有排放容量的功能区首要任务是对现有污染源进行治理,严格控制新建项目的审批,认真实施环境容量"一票否决制"。各地新建、改扩建项目、"以新带老"项目中承诺的总量控制措施必须具体、完善。

环保部门对达标排放且排放的水污染物总量在允许范围内的工业企业,核发排污许可证,对达标排放但总量超过控制指标的,当地政府责令限期治理。

对建设项目试生产期间可核发临时排污许可证,竣工验收后核发正式排污许可证。

4. 大力发展循环经济和推行清洁生产

大力发展循环经济,全面推行清洁生产,加快工业污染源从末端治理为主导向生产全过程控制的转变,实现节能、降耗、减污、增效,一步到位削减污染物排放量。市级相关部门要贯彻落实有关政策,加强全社会节水工作,提高水的重复利用率。鼓励发展高效节水工艺技术设备,淘汰高耗水工艺、技术设备,提高污水回用率。采用水污染治理技术以及清洁生产、技术改造等措施和增加城镇污水处理厂处理能力,实现废污水的资源化。积极引入市场机制,拓宽融资渠道,鼓励和吸收社会资金及外资投向流域污水处理、回用工程等项目的建设和运营,加快流域废污水治理的步伐,力争到 2020 年,鄂尔多斯市工业用水重复率达到 85% 以上,污水回用率达到 58% 以上。

5. 实施环境监督员制度

在重点工业污染源区,向社会聘请环境监督员进驻重点排污企业。环境监督员主要履行的职责为:监督企业污染防治设施的实施及运行,并定期向当地环保部门汇报;当发现企业出现超标排放时,有责任对企业的超标排污行为加以制止,并及时向当地环保部门通报;在企业中做好环境保护、安全生产宣传,以及相关技术培训等工作。

6. 建立健全突发水污染事件应急机制

各工业园区所在旗(区)应根据本区域水资源、水环境特点及工业污染源情况,分别制订《应对突发水污染事件应急预案》,明确应对突发水污染事件的组织机构、预警预防、应急响应、后期处置与保障措施,建立健全突发水污染事件应急机制,提高应对和处置突发水污染事件的能力,最大程度减少突发性水污染事件造成的危害,保障供水安全和生态环境安全,维护社会稳定。

11.2.5.2　城镇污水排放控制

目前,鄂尔多斯市东胜区、康巴什新区以及各旗府所在城镇均建有污水处理厂,但是,除东胜区和康巴什新区外,其余各城镇污水排放管网建设不完善,造成排污分散,散排、乱排现象严重,并且雨污不分,污水收集率低。在今后应加大城镇污水管网的建设力度,提高污水收集率,统一设置排污口。拟对鄂尔多斯市 9 个旗(区)进行污水管网建设改造,2015 年建设管网 75.00 km,更换管网 19.00 km;2020 年建设管网 112.00 km,更换管网 27.00 km;2030 年建设管网 109.00 km,更换管网 28.00 km。鄂尔多斯市各城镇污水排放管网建设方案见表 11-2-13。

表 11-2-13　鄂尔多斯市各城镇污水排放管网建设方案

旗(区)	水平年	管网改造		投资(万元)
		新增(km)	更换(km)	
准格尔旗	2015 年	6.00	2.00	640
	2020 年	10.00	3.00	1 040
	2030 年	8.00	3.00	880
伊金霍洛旗	2015 年	7.00	2.00	720
	2020 年	12.00	4.00	1 280
	2030 年	10.00	4.00	1 120
达拉特旗	2015 年	8.00	2.00	800
	2020 年	12.00	3.00	1 200
	2030 年	12.00	3.00	1 200
东胜区	2015 年	15.00	5.00	1 600
	2020 年	25.00	6.00	2 480
	2030 年	25.00	6.00	2 480
康巴什新区	2015 年	10.00	2.00	960
	2020 年	15.00	2.00	1 360
	2030 年	15.00	2.00	1 360
杭锦旗	2015 年	8.00	2.00	800
	2020 年	10.00	3.00	1 040
	2030 年	10.00	3.00	1 040
鄂托克旗	2015 年	7.00	1.00	640
	2020 年	9.00	2.00	880
	2030 年	9.00	2.00	880
鄂托克前旗	2015 年	6.00	1.00	560
	2020 年	8.00	1.00	720
	2030 年	9.00	2.00	880
乌审旗	2015 年	8.00	2.00	800
	2020 年	11.00	3.00	1 120
	2030 年	11.00	3.00	1 120
鄂尔多斯市	2015 年	75.00	19.00	7 520
	2020 年	112.00	27.00	11 120
	2030 年	109.00	28.00	10 960

11.3　地下水资源保护

地下水资源的开发利用在鄂尔多斯市经济社会发展中发挥了重要作用。2000～2009 年的 10 年间，当地地下水开采量从 6.98 亿 m^3 增加到 10.77 亿 m^3，增加了 3.79 亿 m^3，增幅 54.3%。随着地下水开采量的增大，部分地区出现了地下水超采现象，引发了一系列的地质环境问题。此外,鄂尔多斯市地下水利用与保护方面还存在监测能力不足、水价偏低、管理薄弱等问题,不利于地下水资源的管理与保护。

11.3.1　浅层地下水超采治理

11.3.1.1　超采区现状

1. 超采区数量

根据《内蒙古自治区地下水保护行动计划》,鄂尔多斯市地下水现状有 10 个超采区。其中,东胜区 1 个,达拉特旗 3 个,鄂托克旗 3 个,鄂托克前旗 2 个,乌审旗 1 个。分别为:东胜区城区超采区、达旗树林召超采区、达旗白泥井超采区、达旗解放滩超采区、鄂托克旗内蒙古白绒山羊种羊场超采区、鄂托克旗阿尔巴斯赛乌素草业公司超采区、鄂托克旗棋盘岩溶水超采区、鄂托克前旗敖镇水源地超采区、鄂托克前旗三段地超采区、乌审旗查干苏莫超采区。鄂尔多斯市超采区超采情况见表 11-3-1。

表 11-3-1　鄂尔多斯市超采区超采情况

行政区域	超采区名称	超采区类型	超采区面积（万 km^2）	超采量（万 m^3）
东胜区	东胜区城区超采区	一般超采区	49.5	139.00
达拉特旗	达旗树林召超采区	一般超采区	78.6	883.00
	达旗白泥井超采区	一般超采区	133.4	1 535.00
	达旗解放滩超采区	一般超采区	58.5	659.00
鄂托克旗	鄂托克旗内蒙古白绒山羊种羊场超采区	一般超采区	98.9	70.91
	鄂托克旗阿尔巴斯赛乌素草业公司超采区	严重超采区	11.8	174.28
	鄂托克旗棋盘岩溶水超采区	严重超采区	26.3	176.60
鄂托克前旗	鄂托克前旗敖镇水源地超采区	一般超采区	32.0	25.00
	鄂托克前旗三段地超采区	一般超采区	54.0	44.30
乌审旗	乌审旗查干苏莫超采区	一般超采区	95.9	162.83
鄂尔多斯市			638.9	3 869.92

2. 超采区面积

鄂尔多斯市各超采区面积较小,均为小型超采区。其中,面积最大的超采区为达旗白泥井超采区,为 133.4 万 km^2。鄂尔多斯市超采区面积合计为 638.9 万 km^2。其中,达拉特旗地下水超采区面积最大,占全市总超采区面积的 42.3%,其他依次为鄂托克旗 21.4%,乌审旗 15%,鄂托克前旗 13.5%,东胜区 7.8%。

3. 超采量

鄂尔多斯市现状超采量为 3 869.92 万 m^3。其中,达拉特旗超采量最大,占全市地下水超采量的 79.5%,其他依次为鄂托克旗 10.9%,乌审旗 4.2%,东胜区 3.6%,鄂托克前旗 1.8%。

11.3.1.2 地下水超采区治理方案

地下水超采产生的根本原因是地下水开采量大于地下水的可开采量，造成地下水静储量不断减少，水位持续下降，并诱发生态环境问题。因此，治理地下水超采的主要措施为减少地下水开采量，在强化节水的前提下，需要进行地下水压采的替代水源分析，通过替代水源工程建设，严格控制地下水开采，削减地下水超采量，使地下水系统逐步达到采补平衡，实现良性循环。结合鄂尔多斯市实际情况，以下从节约用水、利用当地地表水、开辟地下水新水源地等方面进行替代水源及压采方案分析。

1. 节约用水

1) 农业节水

鄂尔多斯市农业用水尚存在一定的节水潜力，可在井灌超采区推行农业高效节水工程，主要包括低压管道灌溉、喷灌、微灌等工程及设施。

对于达拉特旗的井灌超采区，由于地块面积较大，便于集中经营，主要是改造水源、铺设供水管线、配套高低压线路及电器设备、配套组合不同规模的指针喷灌设施，同时配备灵活机动的卷盘机以解决大型喷灌设备难以解决的死角问题。

对于鄂托克前旗敖镇水源地超采区、鄂托克旗阿尔巴斯赛乌素草业公司超采区等，由于井灌区相对规模较小，比较零散和独立，主要以配套单机喷灌设备为主。

2) 工业节水

工业节水主要是推行清洁生产，改进用水工艺和更新设备，提高水重复利用率，大力发展循环用水系统、串联用水系统和回用水系统，发展外排废水回用和零排放技术。

3) 生活节水

生活节水主要是全面推广节水器具，有效减少生活用水量；改造供水体系和改善城镇供水管网，有效减少渗漏损失，提高城镇供水效率等。

通过农业、工业和生活节水等多种措施，2015 水平年，可节约用水 1 488.44 万 m^3，相应压减地下水开采量 1 488.44 万 m^3。其中，达拉特旗 1 100 万 m^3，鄂托克旗 200.91 万 m^3，乌审旗 76.53 万 m^3，东胜区 71 万 m^3，鄂托克前旗 40 万 m^3。2020 水平年，可节约用水 2 500.33 万 m^3，相应压减地下水开采量 2 500.33 万 m^3。其中，达拉特旗 1 900 万 m^3，鄂托克旗 297.50 万 m^3，乌审旗 162.83 万 m^3，东胜区 90 万 m^3，鄂托克前旗 50 万 m^3。

2. 利用当地地表水

充分利用当地地表水，替代现有地下水水源，压缩地下水开采量，是地下水超采治理的有效手段。鄂尔多斯市达拉特旗井灌区可以充分利用黄河水，进行灌区灌溉用水，压减达旗树林召超采区、达旗白泥井超采区、达旗解放滩超采区等 3 个超采区部分地下水开采量。2015 水平年，3 个超采区分别利用黄河水 200 万 m^3、335 万 m^3、100 万 m^3；2020 水平年，3 个超采区分别利用黄河水 383 万 m^3、535 万 m^3、259 万 m^3。

3. 开辟地下水新水源地

根据超采区水资源条件，研究水平年将在鄂托克旗阿尔巴斯赛乌素草业公司超采区、鄂托克前旗敖镇水源地超采区、鄂托克前旗三段地超采区开辟地下水新水源地，提供压采的地下水开采量。2015 水平年，3 个超采区取水量分别为 64.42 万 m^3、5 万 m^3、10 万 m^3；

2020 水平年,3 个超采区取水量分别为 124.28 万 m^3、5 万 m^3、14.3 万 m^3。

4. 压采工程

压采工程是指在具备替代水源的前提下,为限制地下水开采,对现有的开采井进行封填。2015 水平年,鄂尔多斯市超采区共封填地下水井 1 104 眼。其中,达拉特旗 1 056 眼,鄂托克旗 6 眼,乌审旗 3 眼,鄂托克前旗 36 眼,东胜区 3 眼。2020 水平年,鄂尔多斯市超采区共封填地下水井 1 852 眼。其中,达拉特旗 1 788 眼,鄂托克旗 9 眼,乌审旗 6 眼,鄂托克前旗 44 眼,东胜区 5 眼。

5. 超采区压采方案

本次通过合理配置各类水源,统筹考虑节水、利用当地地表水、开辟其他地下水水源,开展替代水源工程建设,将替代水源输送到需要压采的地下水用水户,减少地下水开采量。到 2020 水平年,使地下水超采区逐步实现采补平衡,有效遏制地下水超采面积的扩展,防止出现新的地下水超采区和地质环境问题。

2015 水平年,鄂尔多斯市地下水超采区削减地下水开采量 2 202.8 万 m^3,占现状超采量的 56.9%,其中,节约用水 1 488.4 万 m^3,利用当地地表水 635.0 万 m^3,开辟地下水新水源地取水 79.4 万 m^3,封闭地下水井 1 104 眼,为实现全市地下水采补平衡打下了良好基础。

2020 水平年,鄂尔多斯市地下水超采区削减地下水开采量 3 869.9 万 m^3,全市基本实现地下水采补平衡。其中,节约用水 2 500.3 万 m^3,利用当地地表水 1 177.0 万 m^3,开辟地下水新水源地取水 192.6 万 m^3,封闭地下水井 1 852 眼。

鄂尔多斯市超采区压采方案见表 11-3-2 和表 11-3-3。

表 11-3-2　2015 年鄂尔多斯市超采区压采方案

行政区域	超采区名称	压采		替代水量(万 m^3)			
		封井数量(眼)	压采量(万 m^3)	节约用水	当地地表水	新水源	合计
东胜区	东胜区城区超采区	3	71.0	71.0			71.0
达拉特旗	达旗树林召超采区	294	500.0	300.0	200.0		500.0
	达旗白泥井超采区	542	835.0	500.0	335.0		835.0
	达旗解放滩超采区	220	400.0	300.0	100.0		400.0
鄂托克旗	鄂托克旗内蒙古白绒山羊种羊场超采区	1	40.9	40.9			40.9
	鄂托克旗阿尔巴斯赛乌素草业公司超采区	2	114.4	50.0		64.4	114.4
	鄂托克旗棋盘岩溶水超采区	3	110.0	110.0			110.0
鄂托克前旗	鄂托克前旗敖镇水源地超采区	20	25.0	20.0		5.0	25.0
	鄂托克前旗三段地超采区	16	30.0	20.0		10.0	30.0
乌审旗	乌审旗查干苏莫超采区	3	76.5	76.5			76.5
鄂尔多斯市		1 104	2 202.8	1 488.4	635.0	79.4	2 202.8

表 11-3-3　2020 年鄂尔多斯市超采区压采方案表

行政区域	超采区名称	压采		替代水量(万 m^3)			
		封井数量(眼)	压采量(万 m^3)	节约用水	当地地表水	新水源	合计
东胜区	东胜区城区超采区	5	139.0	90.0		49.0	139.0
达拉特旗	达旗树林召超采区	432	883.0	500.0	383.0		883.0
	达旗白泥井超采区	995	1 535.0	1 000.0	535.0		1 535.0
	达旗解放滩超采区	361	659.0	400.0	259.0		659.0
鄂托克旗	鄂托克旗内蒙古白绒山羊种羊场超采区	1	70.9	70.9			70.9
	鄂托克旗阿尔巴斯赛乌素草业公司超采区	3	174.3	50.0		124.3	174.3
	鄂托克旗棋盘岩溶水超采区	5	176.6	176.6			176.6
鄂托克前旗	鄂托克前旗敖镇水源地超采区	20	25.0	20.0		5.0	25.0
	鄂托克前旗三段地超采区	24	44.3	30.0		14.3	44.3
乌审旗	乌审旗查干苏莫超采区	6	162.8	162.8			162.8
鄂尔多斯市		1 852	3 869.9	2 500.3	1 177.0	192.6	3 869.9

11.3.2　地下水监测

鄂尔多斯市地下水监测主要包括超采区地下水监测和集中供水水源区地下水监测。

建立超采区地下水监测体系，通过监测超采区水位、水质等变化情况，可分析超采区地下水利用与治理变化情况，利于超采区治理与修复工作。

建立集中供水水源区地下水监测体系，可及时掌握集中供水水源区地下水动态变化特征，利于区域地下水资源的科学管理、合理利用和及时保护。

11.3.2.1　超采区地下水监测

按照《地下水监测规范》的监测站点布设密度要求，并结合每一个超采区的地下水含水介质特征、富水情况、补径排条件、超采状况等，进行水位、水质监测井的布设。监测井全部采用自动化监测，无线自动数据传输方式。

2015 水平年，鄂尔多斯市超采区布设水位监测井 23 眼，水质监测井 10 眼；2020 水平年，鄂尔多斯市超采区布设水位监测井 41 眼，水质监测井 10 眼，实现对超采区水位和水质变化的全面控制。

鄂尔多斯市超采区监测井布设情况见表 11-3-4 和表 11-3-5。

11.3.2.2　集中供水水源区地下水监测

本次研究主要针对日开采量大于 1 万 m^3 地下水集中供水水源区进行监测井的布设。鄂尔多斯市日开采量大于 1 万 m^3 地下水集中供水水源区有 6 个，分别为东胜区罕台川西柳沟集中供水水源区、达拉特旗展旦召集中供水水源区、鄂托克旗蒙西镇集中供水水源区、鄂托克旗棋盘井镇集中供水水源区、乌审旗浩勒报吉集中供水水源区、乌审旗哈头才当集中供水水源区。

按照《地下水监测规范》的监测站点布设密度要求，并结合每一个地下水集中供水水源区的水文地质条件等，进行水位、水质监测井的规划布设。监测井全部采用自动化监测，人工数据采集方式。

表 11-3-4　2015 年鄂尔多斯市超采区监测井布设情况

行政区域	超采区名称	水位监测井（眼）	水质监测井（眼）	合计（眼）
东胜区	东胜区城区超采区	2	1	3
达拉特旗	达旗树林召超采区	3	1	4
	达旗白泥井超采区	4	1	5
	达旗解放滩超采区	2	1	3
鄂托克旗	鄂托克旗内蒙古白绒山羊种羊场超采区	3	1	4
	鄂托克旗阿尔巴斯赛乌素草业公司超采区	2	1	3
	鄂托克旗棋盘岩溶水超采区	1	1	2
鄂托克前旗	鄂托克前旗敖镇水源地超采区	1	1	2
	鄂托克前旗三段地超采区	2	1	3
乌审旗	乌审旗查干苏莫超采区	3	1	4
鄂尔多斯市		23	10	33

表 11-3-5　2020 年鄂尔多斯市超采区监测井布设情况

行政区域	超采区名称	水位监测井（眼）	水质监测井（眼）	合计（眼）
东胜区	东胜区城区超采区	3	1	4
达拉特旗	达旗树林召超采区	5	1	6
	达旗白泥井超采区	8	1	9
	达旗解放滩超采区	3	1	4
鄂托克旗	鄂托克旗内蒙古白绒山羊种羊场超采区	6	1	7
	鄂托克旗阿尔巴斯赛乌素草业公司超采区	3	1	4
	鄂托克旗棋盘岩溶水超采区	2	1	3
鄂托克前旗	鄂托克前旗敖镇水源地超采区	2	1	3
	鄂托克前旗三段地超采区	3	1	4
乌审旗	乌审旗查干苏莫超采区	6	1	7
鄂尔多斯市		41	10	51

2015 水平年,鄂尔多斯市地下水集中供水水源区布设水位监测井 27 眼,水质监测井 6 眼;2020 水平年,鄂尔多斯市地下水集中供水水源区布设水位监测井 52 眼,水质监测井 8 眼,实现对地下水集中供水水源区水位和水质变化的全面控制。

鄂尔多斯市地下水集中供水水源区监测井布设情况见表 11-3-6 和表 11-3-7。

表 11-3-6　2015 年鄂尔多斯市地下水集中供水水源区监测井布设情况

行政区域	集中供水水源区名称	水位监测井（眼）	水质监测井（眼）	合计（眼）
东胜区	东胜区罕台川西柳沟集中供水水源区	1	1	2
达拉特旗	达拉特旗展旦召集中供水水源区	1	1	2
鄂托克旗	鄂托克旗蒙西镇集中供水水源区	7	1	8
	鄂托克旗棋盘井镇集中供水水源区	8	1	9
乌审旗	乌审旗浩勒报吉集中供水水源区	4	1	5
	乌审旗哈头才当集中供水水源区	6	1	7
鄂尔多斯市		27	6	33

表 11-3-7　2020 年鄂尔多斯市地下水集中供水水源区监测井布设情况

行政区域	集中供水水源区名称	水位监测井（眼）	水质监测井（眼）	合计（眼）
东胜区	东胜区罕台川西柳沟集中供水水源区	1	1	2
达拉特旗	达拉特旗展旦召集中供水水源区	1	1	2
鄂托克旗	鄂托克旗蒙西镇集中供水水源区	14	2	16
	鄂托克旗棋盘井镇集中供水水源区	16	2	18
乌审旗	乌审旗浩勒报吉集中供水水源区	8	1	9
	乌审旗哈头才当集中供水水源区	12	1	13
鄂尔多斯市		52	8	60

11.3.3　保障措施

11.3.3.1　加强领导,明确责任

各级地方人民政府应充分认识地下水保护的重要性和加强治理的紧迫性,把地下水保护规划的实施工作纳入本地区实施可持续发展战略、改善生态与环境、落实科学发展观、建设生态文明的重要议事日程。应对本辖区内的地下水保护工作负总责,明确责任人和工作机制,实行严格的问责制。协调各部门的工作职责,统筹安排,精心组织,切实落实地下水保护的有关措施。

11.3.3.2　建立和完善地下水管理制度

建立和完善以总量控制为基础的最严格地下水管理制度,加强对地下水开发利用与保护的监督管理和分类指导,重点提出实施最严格地下水资源管理制度建设。

1. 实施地下水开采总量控制,落实最严格的水资源管理制度

各旗(区)要根据本研究提出的本区域内地下水总量控制指标,逐级分解落实到各乡镇和工业园区,制订地下水年度用水计划,依法对本行政区域内的地下水年度用水实行总量控制。

2. 划分禁采、限采区,严格地下水管理和保护

根据有关法规规定,鄂尔多斯市和各旗(区)应尽快核定并公布禁采和限采范围,制定并颁布实施地下水禁采、限采区划具体办法,逐步削减地下水超采量,实现采补平衡,依法推动地下水利用和保护工作。

3. 实施开采许可制度

严格执行建设项目水资源论证制度。在限采和禁采区,擅自开工建设和投产的项目一律责令停止。严格地下水取水许可审批管理,对取用地下水总量达到或超过控制指标的地区,暂停审批建设项目新增地下水取水;对取水总量已接近控制指标的地区,严格限制审批或不批新增取用地下水;对已有的开采许可要重新核定、审批。对违反地下水开发、利用、保护规划造成地下水功能降低、地下水超采、地面沉降、水体污染的,应该承担治理责任。

4. 建立公众参与制度

地下水利用和保护涉及方方面面,要遵循社会意愿,维护群众切身利益,建立公众有效参与的渠道和制度。鼓励社会团体及个人积极参与地下水超采治理工作,提高地下水利用和保护工作的社会监督水平,鼓励单位和个人积极举报违章凿井和私采滥采地下水的行为。通过开展地下水利用和保护信息发布,提高地下水利用和保护工作的透明度,拓宽公众参与管理的渠道。借鉴用水户协会的经验,结合灌区开采计量和监控系统建设,推广公众参与利用和保护的先进经验,实现广泛参与的地下水管理体系。

11.3.3.3　加强地下水集中供水水源地保护

加强对城镇地下水水源地保护的监管力度,搞好水源地安全防护、水土保持和水源涵养。坚决取缔地下水水源保护区内的直接排污口和其他破坏地下水的污染源。重点解决城镇集中式地下水饮用水水源地水质不达标的问题,保障城镇饮水安全。建立地下水集中供水水源地的登记保护制度,通过压采、控制面源污染等措施,切实涵养和保护好地下水供水水源地,发挥其正常供水和应急供水功能。

11.3.3.4　经济调节机制

建立地下水资源费超计划、超定额的累进加价制度,合理确定工业、生活和农业用水定(限)额。对于定(限)额内的地下水资源费保持不变,对于超计划或超定额控制目标的,要大幅度提高水资源费标准,运用经济手段推进地下水利用和保护工作。

合理确定地下水资源费和其他水源的比价关系,提高地下水水资源费征收标准,依法扩大水资源费征收范围,加大水资源费征收力度,使地下水供水成本不低于其他水源的供水成本。通过调整水价和地下水资源费等经济手段来控制超采区地下水超采。

为了减轻对地下水的压力，必须从政策上向低污染、高效用水的行业倾斜，严格控制人口增长和城市化进程速度。对高耗水行业要征收惩罚性水资源费，鼓励节水型产业发展。这种经济调节力度要进一步加大，提高政策的有效性。

11.3.3.5 加大资金投入

加大资金投入，确保资金落实，保障利用与保护的目标实现。各级地方人民政府应将地下水利用和保护方面的工程建设与管理工作经费纳入本级国民经济和社会发展规划，作为基础设施建设的优先领域，在资金预算中优先给予安排。

11.4 重点城镇饮用水水源地保护

11.4.1 重点水源地概况

此次重点城镇饮用水水源地保护包括鄂尔多斯市人民政府2010年11月批复的《鄂尔多斯市重点城镇饮用水水源保护区划定方案(城镇部分)》(以下简称《方案》)确定的14个集中式饮用水水源地以及本次研究的鄂尔多斯市镫口引黄口和鄂尔多斯市鄂托克旗乌兰敖包水源地、鄂尔多斯市伊旗乌兰淖水源地、鄂尔多斯市伊旗公尼召水源地、鄂尔多斯市伊旗门克庆水源地、鄂尔多斯市伊旗满来梁水源地、鄂尔多斯市伊旗新街水源地、鄂尔多斯市准格尔旗陈家沟门水源地等7处集中式饮用水地下水水源地。

其中，东胜区(包括康巴什新区)6个，其他旗区16个；地表水源地3个，地下水水源地19个；在用水源地8个，备用水源地14个。22个水源地实际(设计)总取水量为13 180.50万~15 910.50万t/a，服务人口244万~280万人。

11.4.2 重点水源地保护措施

饮用水水源地保护是水污染治理的重要组成部分，是水资源保护的首要任务。此次重点城镇饮用水水源地保护包括《方案》确定的10个集中式饮用水水源地以及本次研究的1处引黄口和9处地下水水源地。根据《饮用水水源保护区划分技术规范》(HJ/T 338—2007)，集中饮用水水源地都应设置饮用水水源保护区，饮用水水源保护区分一级保护区和二级保护区，根据有关规定对水源地保护区范围进行等级划分。

11.4.2.1 水源地保护范围

根据《饮用水水源保护区划分技术规范》(HJ/T 338—2007)对主要地表水源地，地表水体水质不应低于《地表水环境质量标准》(GB 3838—2002)Ⅲ类标准。水库一级保护范围为水库外1 000 m，江河一级保护范围为取水点上游1 000 m、下游300 m；水库二级保护范围为一级保护范围外1 000 m，江河二级保护范围为取水点一级保护范围上游2 000 m、下游1 000 m，在保护区范围内严禁从事有污染水源的活动。

地下水源井周围30 m范围内确定为一级保护区，在一级保护区内禁止建设与取水设施无关的建筑物，禁止倾倒、堆放工业废渣、粪便和其他有害废弃物，禁止输运污水的渠道、管道和输油管道通过本区。水源开采井区边界处1 500~2 000 m确定为二级保护区，在二级保护区内禁止建设化工、电镀、皮革、造纸、制浆、冶炼、放射性、印染、染料、炼焦、炼油及其他有严重污染的企业，已建成的要限期治理、转产或搬迁；禁止设置城市垃圾、粪便和易溶、有毒有害废弃物堆放场及转运站，已有的上述场站要限期搬迁；禁止利用未经净化的污水灌溉农田，已有的污灌农田要限期改用清水灌溉；化工原料、矿物油类及有毒有害矿产品的堆放场所必须有防雨、防渗措施。准保护区范围：二级保护区以外的河谷地带确定为准保护区范围。在准保护区范围内禁止建设城市垃圾、粪便和易溶、有毒有害废弃物的堆放场站，因特殊需要设立转运站的，必须经有关部门批准，并采取防渗漏措施。

为保障城镇供水安全，需采取饮用水水源地综合管理措施及工程治理措施。

11.4.2.2　综合管理措施

1. 饮用水水源地管理体制、机制与制度建设

从防治研究区内城镇饮用水水源地水体污染、保障城镇人民群众饮水安全，增加有效供给、保护水源地水质水量的角度，提出切实可行的保护城镇饮用水水源地的法律、行政、经济、技术、宣传教育等方面的制度与措施。

编制科学的城镇饮用水水源地安全建设方案，制定饮用水水源地保护和管理对策，完善饮用水水源地的安全保障机制，统筹协调好生产、生活、生态用水关系，为今后一个时期城镇饮用水水源地保护、建设和管理提供科学依据。

通过强化法制、改革体制、完善城镇饮用水水源地法规体系及相关制度建设，利用法律和经济手段规范、调节水事行为。

加强对生态与环境的保护措施与制度建设，制止对生态与环境的破坏，逐步修复生态与改善环境，控制水土流失造成的面源污染；建立与实施入河污染物总量控制与排放总量控制制度，建立地下水资源保护管理制度。制定切实可行的措施，加强水源地的保护和建设。

加强城镇饮用水水源地监控系统建设，建设水质预报和突发水污染事故的预警预报系统，加强城镇饮用水水源地监管能力建设。

2. 饮用水水源保护区监督管理

将鄂尔多斯市水源地划分为 29 个城镇集中式饮用水水源保护区，还有 10 个饮用水水源地需要划定保护区，其中一级保护区面积 105.91 km^2，二级保护区面积 57.00 km^2。

对于未列入《方案》的其他城镇以管井抽水方式取水的地下水饮用水水源地，以井群外围各单井半径为 30 ~ 50 m 圆的外切线所包含的区域作为保护区，保护区外围 60 ~ 100 m 的范围作为准保护区。此类保护区数量有 6 处，分别为鄂尔多斯市伊旗乌兰淖水源地保护区、鄂尔多斯市伊旗公尼召水源地保护区、鄂尔多斯市伊旗门克庆水源地保护区、鄂尔多斯市伊旗满来梁水源地保护区、鄂尔多斯市伊旗新街水源地保护区、鄂尔多斯市准格尔旗陈家沟门水源地保护区。

为保证水源地水量、水质能满足保护目标的要求，利用城镇饮用水水源地保护工程等措施，对各水源地进行监督管理。保护饮用水水源地不受污染，是关系到人民群众身心健康和地区经济建设顺利进行的一件大事，各级政府要充分认识水源地保护工作的重要性，增强水源地污染治理的紧迫感和责任感，把预防水源地水质污染列入重要议事日程。

要根据水源地保护的要求，在水源地不同的保护区建立地下水位、水质监测网，加大经费投入，对水源地水质进行动态监测，建立水量、水质预警系统，确保各水源地正常运

行，保证城镇供水安全，并通过水源地水文地质条件，水位、水质变化的研究，为水源地的合理开发利用提供科学依据。

保护区：饮用水地下水源地保护区位于各水源地开采井群周围，在此范围内严禁垦荒、放牧、倾倒垃圾、乱砍滥伐、开辟旅游点等任何有污染的行为。准保护区：位于保护区外，包括河流对水源地地下水的主要补给区，不得在准保护区内建设污染环境的厂矿企业，设置污水排放口，控制农药、化肥的使用，防止农药化肥下渗、淋溶对地下水源及补给区水体的污染。准保护区的作用是保证集水有足够的滞后时间，防止病原菌以外的其他污染，以及为今后开采留有余地。

禁止在饮用水水源地保护区内设置排污口。在河流、湖库新建、改建或者扩大排污口，应当经过有管辖权的水行政主管部门或者流域管理机构同意，由环境保护行政主管部门负责对该建设项目的环境影响报告书进行审批。

11.4.2.3　工程治理措施

1. 地表水水源地隔离防护措施

为防止人类活动对水源地保护区水量、水质造成影响，对主要饮用水水源地保护区设置隔离防护设施。隔离防护是指通过在保护区边界设立物理或生物隔离设施，防止人类活动等对水源地保护和管理的干扰，拦截污染物、防止直接进入水源地保护区。隔离工程原则上沿着划定的水源地保护区的边界建设，同时根据具体情况合理确定隔离工程配套管护措施，以防止人为破坏。

考虑当地实际情况，设施主要为物理隔离工程（护栏、围网等）。对札萨克水库和乌兰木伦水库水源地的保护区进行物理隔离，具体做法是：取水口周边地区进行物理隔离，根据当地地形环境，札萨克水库设置坝址上游 2 000 m、下游 200 m、宽 1.5 km 的围栏，隔离区面积 1.2 km^2，隔离区长度 9.5 km；乌兰木伦水库设置坝址下游 1 000 m 至上游 2 000 m，宽 400 m 的围栏，隔离区面积 3.3 km^2，隔离区长度 7.4 km。鄂尔多斯市地表水水源地隔离防护措施一览表见表 11-4-1。

表 11-4-1　鄂尔多斯市地表水水源地隔离防护措施一览表

水源地名称	隔离工程类型	隔离防护面积（km^2）	隔离区长度（km）
札萨克水库	围网	1.2	9.5
乌兰木伦水库	围网	3.3	7.4

2. 地下水水源地隔离防护措施

地下水饮用水水源地保护及污染综合整治工程包括隔离工程、污染控制工程两部分。根据鄂尔多斯市地下水水源地的实际情况，不考虑污染控制工程。

鄂尔多斯市主要城镇的地下水饮用水水源保护区应建设隔离工程，考虑当地实际，全部采用物理隔离工程（护栏、围网等），隔离工程建设与地表水水源地保护区隔离防护工程类似。对于列入《方案》的 9 处地下水水源地，以划定的一级保护区范围为准设置隔离防护区，对于未列入《方案》的规划水源地，以井群外围半径为 30 ~ 50 m 圆的外切线所包含的区域设置隔离区。鄂尔多斯市地下水水源地隔离防护措施一览表见表 11-4-2。主要隔离措施为围网，隔离区总面积约 386.565 km²，隔离区总长度约 153.53 km。

表 11-4-2　鄂尔多斯市地下水水源地隔离防护措施一览表

水源地名称	隔离工程类型	隔离区面积（km²）	隔离区长度（km）
中心城区西柳沟水源地	围网	7.19	9.50
中心城区木肯淖尔水源地	围网	270.83	58.32
中心城区哈头才当水源地	围网	81.86	32.06
中心城区伊旗水厂水源地	围网	1.26	3.98
达拉特旗展旦召水源地	围网	0.16	1.42
准格尔旗苏计沟水源地	围网	0.014	0.42
准格尔旗陈家沟门水源地	围网	0.015	0.43
鄂托克旗乌兰镇水源地	围网	2.99	6.13
鄂托克前旗敖勒召其镇水源地	围网	12.17	12.36
杭锦旗锡尼镇水源地	围网	0.096	1.10
乌审旗嘎鲁图镇水源地	围网	0.31	1.97
伊旗乌兰淖水源地	围网	2.25	5.32
伊旗公尼召水源地	围网	2.23	5.29
伊旗门克庆水源地	围网	2.81	5.94
伊旗满来梁水源地	围网	0.98	3.51
伊旗新街水源地	围网	0.40	2.24
额托克旗棋盘井水源地	围网	1.00	3.54
合计		386.565	153.53

11.5　本章小结

以鄂尔多斯市水环境保护和城镇饮水安全为目标、水功能区为控制单元，水域水环境承载能力为约束条件，制订了入河污染物总量控制方案，提出了水环境综合保护措施，制定了地下水长期监测方案和保障措施，并对重点城镇水源地进行了调查，提出了重点城镇水源地保护措施。主要成果如下：

（1）根据鄂尔多斯市水资源及分布状况，分析区域水域纳污能力设计条件，计算得出现状年鄂尔多斯市水功能区 COD 的纳污能力为 6 933.1 t/a，氨氮的纳污能力为 508.2 t/a；以鄂尔多斯市水资源配置方案作为区域水污染预测初始边界，结合确定的各水平年水污染治理模式，对研究水平年纳污能力进行分析，研究水平年 COD 纳污能力为 6 340.0 t/a，氨氮的纳污能力为 412.3 t/a。根据研究水平年纳污能力和污染物入河量，制定出鄂尔多斯市研究水平年污染物控制量和削减量,2015 年鄂尔多斯市 COD 入河削减量为 412.17 t/a,氨氮入河削减量为 5 197 t/a;2020 年 COD 入河削减量为 221.31 t/a,氨氮入河削减量为 37.62 t/a;2030 年 COD 入河削减量为 500.70 t/a,氨氮入河削减量为 62.01 t/a。从工业污染控制和城镇污水排放控制两方面提出了地表水资源的保护措施。

(2)对鄂尔多斯市浅层地下水 10 个超采区的现状进行了详细调查,现状浅层地下水总超采量为 3 869.92 万 m^3,从节约用水、利用当地地表水、开辟地下新水源地等方面提出了浅层地下水的超采治理方案;提出了地下水超采区监测和集中供水水源区监测的地下水监测方案;明确了鄂尔多斯市地下水资源保护的保障措施。

(3)明确提出 14 个重点城镇饮用水水源地的保护范围,对本次新增的 8 个水源地列为水源保护区并重新划分了一级保护区和二级保护区,针对各水源保护区提出了饮用水水源地综合管理措施及工程治理措施。

第 12 章　水资源可持续利用方案研究

以矿产资源为依托，以水资源安全供水为保障，通过结构、规模和布局调控，建立经济的空间布局；以区域水资源可利用量为约束，通过工程调控，建立水资源利用的格局；以水环境容量为条件，通过污染物处理再利用的调控，构建水资源保护的框架。实现水资源可持续利用、供水安全以及生态环境改善目标。

12.1　分区水资源利用与保护

12.1.1　准格尔旗

12.1.1.1　水资源分区与用水现状

准格尔旗位于鄂尔多斯市东部，多年平均降水量为 349.3 mm。地形从布尔陶亥苏木坝梁到大路镇老山沟一线，形成明显的分水岭，境内的主要水系有呼斯太河、大沟、十里长川、纳林川、塔哈拉川、孔兑沟、塔哈拉川（龙王沟）、黑岱沟、孤山川、牸牛川。

鄂尔多斯市水资源利用分区将准格尔旗划分为河口镇以上黄河南岸、河口镇以下黄河沿岸以及窟野河流域 3 个水资源分区。2009 年，准格尔旗总人口为 32.15 万人，城镇人口为 20.09 万人（按第三口径用水人口统计，下同），城镇化率达到 62.49%。2009 年，准格尔旗地区国内生产总值 539.47 亿元，位列鄂尔多斯市之首。2009 年，准格尔旗供水量为 16 966 万 m^3。其中，地表水供水量为 8 319 万 m^3，占供水总量的 49.0%；地下水供水量为 4 757 万 m^3，占总供水量的 28.0%，非常规水源（包括再生水、潜流利用和岩溶水）供水量为 3 890 万 m^3，占 23%。准格尔旗现状供用水量见表 12-1-1。

表 12-1-1　准格尔旗现状供用水量　（单位：万 m^3）

分区	供水量				用水量					
	地表水	地下水	非常规水源	合计	生活	工业	建筑、三产	农业	生态环境	合计
河口镇以上黄河南岸	1 331	2 744	30	4 105	33	66	24	3 982	0	4 105
河口镇以下	6 988	1 071	3 241	11 300	740	8 501	369	1 204	486	11 300
窟野河	0	942	619	1 561	38	1 114	11	398	0	1 561
合计	8 319	4 757	3 890	16 966	811	9 681	404	5 584	486	16 966

12.1.1.2　研究水平年水资源需求预测

研究水平年准格尔旗经济将快速发展，其带动对水资源需求的快速增长。据预测，研究近期 2015 水平年，准格尔旗人口将增长到 39.54 万人，GDP 总量达到 1 154 亿元，需水量增长到 21 573 万 m^3;研究中期 2020 水平年准格尔旗人口达到 40. 27 万人,GDP 达到 1 926亿元,需水量达到 34 277 万 m^3。

12. 1. 1. 3　水资源供需分析与配置

研究水平年,准格尔旗在黄河干流扩建柳林滩取水口,在呼斯太河新建宝隆昌水库,在大沟新建大路水源工程,实施万家寨引水,加大非常规水源利用等措施,提高供水能力。根据鄂尔多斯市水资源"三次供需分析",近期 2015 水平年,准格尔旗供水量为 21 573 万 m^3,达到供需平衡;研究中期 2020 水平年,准格尔旗供水量 27 235 万 m^3,缺水量为 7 042 万 m^3,缺水率为 20. 5%,主要为工业缺水,工业缺水量占工业需水量的 25. 9%,缺水将影响工业的进一步发展。研究水平年准格尔旗水资源供需分析如表 12-1-2 所示。

表 12-1-2　研究水平年准格尔旗水资源供需分析　(单位:万 m^3)

水平年	水资源分区	需水量	供水量	缺水量		
				农业	工业	合计
2015 年	河口镇以上黄河南岸	3 128	3 128	0	0	0
	河口镇以下	17 355	17 355	0	0	0
	窟野河	1 090	1 090	0	0	0
	合计	21 573	21 573	0	0	0
2020 年	河口镇以上黄河南岸	3 021	3 021	0	0	0
	河口镇以下	30 239	23 103	0	7 042	7 042
	窟野河	1 017	1 111	0	0	0
	合计	34 277	27 235	0	7 042	7 042

根据鄂尔多斯市水资源配置方案,研究水平年,准格尔旗的供用水结构将进一步优化。从供水来看,研究近期 2015 水平年,准格尔旗配置供水量 21 573 万 m^3,较现状增加供水 4 608 万 m^3,其中地表供水 12 595 万 m^3,较现状增加 4 275 万 m^3;地下供水 4 393 万 m^3,略有减少;非常规水源供水 4 585 万 m^3,增加 694 万 m^3。研究中期 2020 水平年,准格尔旗供水量达到 27 235 万 m^3,其中,地表供水 17 302 万 m^3,地下供水 4 498 万 m^3,非常规水源供水 5 435 万 m^3。从用水来看,工业用水量不断增加,从现状的 9 680 万 m^3 增加到 2020 水平年的 20 134 万 m^3;生活用水从现状的 811 万 m^3 增加到 1 281 万 m^3;农业用水量逐步减少,从现状的 5 584 万 m^3 减少到 2020 水平年的 4 233 万 m^3。研究水平年准格尔旗水资源配置方案见表 12-1-3。

12. 1. 2　伊金霍洛旗

12. 1. 2. 1　水资源分区与用水现状

伊金霍洛旗位于鄂尔多斯市南部, 多年平均降水量 322. 3 mm,境内河流大多为季节

表 12-1-3　研究水平年准格尔旗水资源配置方案　（单位：万 m³）

水平年	分区	供水量				用水量					
		地表水	地下水	非常规水源	合计	生活	工业	建筑、三产	农业	生态环境	合计
2015 年	河口镇以上黄河南岸	499	2 579	50	3 128	35	117	6	2 970	0	3 128
	河口镇以下	12 014	1 252	4 089	17 355	1 032	14 079	569	1 027	648	17 355
	窟野河	82	562	446	1 090	42	607	51	390	0	1 090
	合计	12 595	4 393	4 585	21 573	1 109	14 803	626	4 387	648	21 573
2020 年	河口镇以上黄河南岸	366	2 605	50	3 021	32	113	8	2 868	0	3 021
	河口镇以下	16 843	1 587	4 673	23 103	1 221	19 431	677	1 017	851	23 197
	窟野河	93	306	712	1 111	28	590	51	348	0	1 017
	合计	17 302	4 498	5 435	27 235	1 281	20 134	736	4 233	851	27 235

性河流，旱季无水，汛期则峰高水急，含沙量高。境内河流分属外流河（黄河）水系和内陆河水系，外流河水系分布在东部丘陵区，属于黄河窟野河的支流，主要有乌兰木伦河和特牛川两大河流；内流河分布于西部波状高原砂质丘陵区，河流较短，流域面积小，较大的河流有艾勒盖沟、札萨克河等。

根据鄂尔多斯市水资源利用分区划分，将伊金霍洛旗划分为窟野河、无定河、内流区（不含红碱淖）以及红碱淖 4 个水资源分区。2009 年，伊金霍洛旗总人口为 16.45 万人，其中，城镇人口为 10.63 万人，城镇化率达到 64.62%。2009 年，伊金霍洛旗地区生产总值 393.49 亿元。2009 年，伊金霍洛旗供水量为 13 053 万 m³，其中，地下水供水量为8 792 万 m³，占总供水量的 67.4%，是现状伊金霍洛旗的主要供水水源；地表水供水量为 2 087 万 m³，占总供水量的 16.0%；非常规水源（包括潜流利用和再生水）供水量为 2 174 万 m³，占 16.6%。伊金霍洛旗现状供用水量见表 12-1-4。

表 12-1-4　伊金霍洛旗现状供用水量　（单位：万 m³）

分区	供水量				用水量					
	地表水	地下水	非常规水源	合计	生活	工业	建筑、三产	农业	生态环境	合计
窟野河	1 077	3 336	2 174	6 587	245	2 445	222	3 255	420	6 587
无定河	0	20	0	20	4	0	1	5	10	20
内流区（不含红碱淖）	331	4 065	0	4 396	102	18	24	4 247	5	4 396
红碱淖	679	1 371	0	2 050	32	85	17	1 902	14	2 050
合计	2 087	8 792	2 174	13 053	383	2 548	264	9 409	449	13 053

12.1.2.2 研究水平年水资源需求预测

研究水平年,伊金霍洛旗将加快市重点园区阿镇装备制造基地建设,推进汇能工业和神华乌兰木伦两大企业园区建设,带动札萨克物流园区以及新街高效生态园区发展。据预测,研究近期 2015 水平年,伊金霍洛旗人口将增加到 25.44 万人,GDP 总量达到 854 亿元,需水量为 20 278 万 m^3;研究中期 2020 水平年,伊金霍洛旗达到 32.98 万人,GDP 总量达到 1 463 亿元,需水量为 24 894 万 m^3。

12.1.2.3 水资源供需分析与配置

研究水平年,伊金霍洛旗通过东引万家寨、镫口北调黄河水,积极利用本地水源,加大非常规水源利用等措施,提高水资源配置能力。根据鄂尔多斯市水资源"三次供需分析",研究近期 2015 水平年,伊金霍洛旗供水量 17 264 万 m^3,缺水量 3 014 万 m^3,缺水率为 14.9%,基本实现供需平衡;研究中期 2020 水平年,伊金霍洛旗供水量 19 238 万 m^3,缺水量 5 656 万 m^3,缺水率为 22.7%,主要为工业缺水,占工业需水量的 40.7%,缺水将制约区域工业的快速发展。研究水平年伊金霍洛旗水资源供需分析见表 12-1-5。

表 12-1-5 研究水平年伊金霍洛旗水资源供需分析 (单位:万 m^3)

水平年	水资源分区	需水量	供水量	缺水量		
				农业	工业	合计
2015 年	窟野河	12 202	9 846	800	1 556	2 356
	无定河	29	29	0	0	0
	内流区(不含红碱淖)	4 226	4 226	0	0	0
	红碱淖	3 821	3 163	0	658	658
	合计	20 278	17 264	800	2 214	3 014
2020 年	窟野河	16 431	11 461	776	4 194	4 970
	无定河	39	39	0	0	0
	内流区(不含红碱淖)	4 206	4 206	0	0	0
	红碱淖	4 218	3 532	0	686	686
	合计	24 894	19 238	776	4 880	5 656

根据鄂尔多斯市水资源配置方案,研究水平年伊金霍洛旗的供用水结构将发生较大变化。从供水来看,研究近期 2015 水平年,伊金霍洛旗配置供水量 17 264 万 m^3,较现状增加 4 211 万 m^3,其中,地表供水 4 705 万 m^3,较现状增加 2 618 万 m^3;地下供水 8 481 万 m^3,较现状减少 312 万 m^3;非常规水源利用 4 078 万 m^3,增加 1 905 万 m^3;研究中期 2020 水平年,伊金霍洛旗供水量达到 19 238 万 m^3,其中地表供水 5 816 万 m^3,地下供水 8 509 万 m^3,非常规水源利用 4 913 万 m^3。从用水来看,工业用水量不断增加,从现状的 2 548 万 m^3 增加到 2020 年的 9 020 万 m^3,农业用水逐步减少,从现状的 9 409 万 m^3 减少到 2020 年的 7 843 万 m^3。研究水平年伊金霍洛旗水资源配置方案见表 12-1-6。

表 12-1-6　研究水平年伊金霍洛旗水资源配置方案　（单位：万 m^3）

水平年	分区	供水量				用水量					
		地表水	地下水	非常规水源	合计	生活	工业	建筑、三产	农业	生态环境	合计
2015 年	窟野河	3 358	3 296	3 192	9 846	563	6 134	417	2 185	547	9 846
	无定河	0	29	0	29	4	0	3	8	14	29
	内流区（不含红碱淖）	510	3 717	0	4 227	112	0	35	4 071	9	4 227
	红碱淖	837	1 439	886	3 162	34	1 272	39	1 795	22	3 162
	合计	4 705	8 481	4 078	17 264	713	7 406	494	8 059	592	17 264
2020 年	窟野河	3 986	3 389	4 086	11 461	854	7 324	492	2 106	685	11 461
	无定河	0	39	0	39	4	0	4	8	23	39
	内流区（不含红碱淖）	535	3 671	0	4 206	140	0	46	3 999	21	4 206
	红碱淖	1 295	1 410	827	3 532	35	1 696	46	1 730	25	3 532
	合计	5 816	8 509	4 913	19 238	1 033	9 020	588	7 843	754	19 238

12.1.3　达拉特旗

12.1.3.1　水资源分区与用水现状

达拉特旗位于鄂尔多斯市北部，多年平均降水量为 295.3 mm，境内河流皆属黄河水系，从西向东依次为毛不拉孔兑，布日嘎斯太沟（丁红沟）、黑赖沟、西柳沟、罕台川、壕庆河、哈什拉川、木哈尔河、东柳沟、呼斯太河合称为十大孔兑（其中，毛不拉孔兑与呼斯太河分别是达拉特旗与杭锦旗和准格尔旗的界河）。根据鄂尔多斯市水资源利用分区划分，将达拉特旗划分为河口镇以上和黄河南岸灌区 2 个水资源分区。

达拉特旗是鄂尔多斯市传统的农业区，2009 年，达拉特旗总人口为 30.10 万人，城镇人口为 15.35 万人。2009 年，地区生产总值 280.03 亿元，供水量为 72 454 万 m^3，其中，地表水供水量 37 448 万 m^3，占供水总量的 51.7%，是现状达拉特旗的主要供水水源；地下水供水量34 648万 m^3，占供水总量的 47.8%；非常规水源（包括再生水和矿井水）供水量 358 万 m^3，占 0.5%。达拉特旗现状供用水量见表 12-1-7。

12.1.3.2　研究水平年水资源需求预测

达拉特旗煤炭资源丰富，根据国家产业政策和鄂尔多斯市发展大煤炭、大煤电、大煤化的工业发展战略，全面实施园区带动、项目推动战略，构筑沿河工业经济走廊，以煤电能源、芒硝化工等为主导，已建成了以煤化工为主导产业的达拉特经济开发区。预测研究近期 2015 水平年，达拉特旗 GDP 达到 627 亿元，需水量增长到 62 101 万 m^3；研究中期 2020 水平年，GDP 达到 1 085 亿元，需水量 63 506 万 m^3。

表 12-1-7 达拉特旗现状供用水量 （单位：万 m^3）

分区	供水量				用水量					
	地表水	地下水	非常规水源	合计	生活	工业	建筑、三产	农业	生态环境	合计
河口镇以上	5 564	21 606	358	27 528	640	5 492	283	20 696	30	27 141
黄河南岸灌区	31 884	13 042	0	44 926	80	300	31	44 901	0	45 312
合计	37 448	34 648	358	72 454	720	5 792	314	65 597	30	72 454

12.1.3.3 水资源供需分析与配置

研究水平年，达拉特旗通过新建镫口二期和画匠营子水源工程、加大非常规水源利用等措施，提高供水能力。根据鄂尔多斯市水资源"三次供需分析"，研究近期 2015 水平年，达拉特旗供水量 60 393 万 m^3，缺水量 1 708 万 m^3，缺水率为 2.8%，缺水表现为黄河河口镇以上灌区农业灌溉地表水源无法保障；研究中期 2020 水平年，达拉特旗供水量 56 559万 m^3，缺水量 6 947 万 m^3，缺水率为 12.3%，工业缺水严重，占工业需水量的 11.0%。研究水平年达拉特旗水资源供需分析见表 12-1-8。

表 12-1-8 研究水平年达拉特旗水资源供需分析 （单位：万 m^3）

水平年	水资源分区	需水量	供水量	缺水量		
				农业	工业	合计
2015 年	河口镇以上	31 279	29 893	1 708	0	1 708
	黄河南岸灌区	30 822	30 500	0	0	0
	合计	62 101	60 393	1 708	0	1 708
2020 年	河口镇以上	35 019	31 490	1 700	1 829	3 529
	黄河南岸灌区	28 487	25 069	3 418	0	3 418
	合计	63 506	56 559	5 118	1 829	6 947

根据鄂尔多斯市水资源配置方案，研究水平年，达拉特旗的供用水结构将发生深刻变化。从供水来看，研究近期 2015 水平年，达拉特旗配置供水量 60 393 万 m^3，较现状减少 12 061 万 m^3，其中，地表水 26 023 万 m^3，较现状减少 11 425 万 m^3；地下水 32 730 万 m^3，较现状减少 1 917 万 m^3；非常规水源供水 1 640 万 m^3，较现状增加 1 282 万 m^3；研究中期 2020 水平年达拉特旗供水量进一步减少到 56 559 万 m^3，其中地表供水 24 200 万 m^3，地下供水 30 135 万 m^3，非常规水源利用 2 224 万 m^3。从用水来看，工业用水量不断增加，从现状的 5 792 万 m^3 增加到 2020 年的 12 627 万 m^3，农业用水逐步减少，从现状 65 597 万 m^3 减少到 2020 年的 41 711 万 m^3，减少 23 886 万 m^3。研究水平年达拉特旗水资源配置方案见表 12-1-9。

表 12-1-9　研究水平年达拉特旗水资源配置方案　（单位：万 m³）

水平年	分区	供水量				用水量					
		地表水	地下水	非常规水源	合计	生活	工业	建筑、三产	农业	生态环境	合计
2015 年	河口镇以上	7 880	20 373	1 640	29 893	963	9 099	257	18 848	405	29 572
	黄河南岸灌区	18 143	12 357	0	30 500	120	333	36	30 332	0	30 821
	合计	26 023	32 730	1 640	60 393	1 083	9 432	293	49 180	405	60 393
2020 年	河口镇以上	10 342	18 924	2 224	31 490	1 219	12 132	329	17 337	473	31 490
	黄河南岸灌区	13 858	11 211	0	25 069	154	495	46	24 374	0	25 069
	合计	24 200	30 135	2 224	56 559	1 373	12 627	375	41 711	473	56 559

12.1.4　东胜区和康巴什新区

12.1.4.1　区域概况和水资源分区

东胜区和康巴什新区位于鄂尔多斯市的中部，属于温带大陆性气候，多年平均降水量 396.4 mm，境内主要部分属黄河水系，小部分属内流区，乌兰木伦河穿过市区，是城市的主要水体。根据鄂尔多斯市水资源利用分区划分，将东胜区和康巴什新区划分为：河口镇以上黄河南岸、窟野河和内流区 3 个水资源分区。

据统计，2009 年，东胜区和康巴什新区总人口为 44.40 万人，城镇人口为 40.08 万人，城镇化率达到 90.3%。东胜区和康巴什新区地区生产总值达到 507.40 亿元。2009 年，东胜区和康巴什新区供水量为 6 161 万 m³，其中，地下水供水量为 5 044 万 m³，占总供水量的 81.9%，是现状东胜区和康巴什新区的主要供水水源；地表水供水量为 673 万 m³，占总供水总量的 10.9%；非常规水源（包括再生水和矿井水）供水量为 444 万 m³，占 7.2%。东胜区和康巴什新区现状供用水量见表 12-1-10。

表 12-1-10　东胜区和康巴什新区现状供用水量　（单位：万 m³）

分区	供水量				用水量					
	地表水	地下水	非常规水源	合计	生活	工业	建筑、三产	农业	生态环境	合计
河口镇以上	218	461	0	679	94	130	76	222	157	679
窟野河	334	4 099	444	4 877	1 213	1 416	792	626	830	4 877
内流区	121	484	0	605	50	258	49	209	39	605
合计	673	5 044	444	6 161	1 357	1 804	917	1 057	1 026	6 161

12.1.4.2　研究水平年水资源需求预测

东胜区和康巴什新区是鄂尔多斯市的核心区，鄂尔多斯市制定核心区发展的战略研究不断拉大城市框架，形成西部区域的中心城市，重点发展服务业。预测研究近期 2015

年,东胜区和康巴什新区人口将分别增长到 71.86 万人和 12.39 万人,GDP 分别达到 1 080亿元和 182 亿元,需水量分别增加到 7 829 万 m^3 和 1 516 万 m^3;研究中期 2020 年,东胜区和康巴什新区人口将达到 91.17 万人和 24.35 万人,GDP 分别达到 1 736 亿元和 425 亿元,需水量分别为 8 524 万 m^3 和 2 065 万 m^3。

12.1.4.3 水资源供需分析与配置

研究水平年,考虑多种水源措施保障东胜区和康巴什新区的供水,在建的乌审旗哈头才当水源地可基本保障康巴什新区研究水平年用水需求,东胜区水源研究北引黄河地表水,并建设鄂托克旗木肯淖尔地下水水源地,同时加强污水处理后再利用。根据鄂尔多斯市水资源三次供需平衡分析结果,研究近期和研究中期基本满足核心区的用水需求。研究近期 2015 水平年,东胜区供水量 7 829 万 m^3,较现状增加 2 376 万 m^3;研究中期 2020 水平年,供水量达到 8 524 万 m^3。研究水平年东胜区水资源配置方案见表 12-1-11。

研究近期 2015 水平年,康巴什新区供水量 1 516 万 m^3,较现状增加 808 万 m^3;研究中期 2020 水平年,供水量达到 2 065 万 m^3。研究水平年康巴什新区水资源配置方案见表 12-1-12。

表 12-1-11 研究水平年东胜区水资源配置方案 (单位:万 m^3)

水平年	分区	供水量				用水量					
		地表水	地下水	非常规水源	合计	生活	工业	建筑、三产	农业	生态环境	合计
2015 年	河口镇以上黄河南岸	0	714	0	714	99	206	58	201	150	714
	河口镇以下	1 500	3 990	1 060	6 550	2 447	2 114	644	308	1 037	6 550
	窟野河	220	345	0	565	54	206	45	198	62	565
	合计	1 720	5 049	1 060	7 829	2 600	2 526	747	707	1 249	7 829
2020 年	河口镇以上黄河南岸	0	672	0	672	76	128	71	203	194	672
	河口镇以下	1 500	4 255	1 612	7 367	3 413	1 477	785	306	1 386	7 367
	窟野河	175	310	0	485	53	128	56	197	51	485
	合计	1 675	5 237	1 612	8 524	3 542	1 733	912	706	1 631	8 524

表 12-1-12 研究水平年康巴什新区水资源配置方案 (单位:万 m^3)

水平年	分区	供水量				用水量					
		地表水	地下水	非常规水源	合计	生活	工业	建筑、三产	农业	生态环境	合计
2015 年	窟野河	285	1 007	224	1 516	443	324	189	9	551	1 516
2020 年	窟野河	346	1 242	477	2 065	951	184	290	11	629	2 065

12.1.5　杭锦旗

12.1.5.1　区域概况和水资源分区

杭锦旗多年平均降水量 281.2 mm，境内的主要水系分为外流河和内流河。外流河主要有发源于杭锦旗的毛不拉孔兑，内流河主要有摩林河，发源于伊和乌素苏木的哈夏图泉流。根据鄂尔多斯市水资源利用分区划分，将杭锦旗划分为：河口镇以上黄河南岸、南岸灌区和内流区 3 个水资源分区。

据统计，2009 年杭锦旗总人口为 10.07 万人，城镇人口为 5.04 万人，城镇化率达到 50.04%，地区国内生产总值 41.79 亿元。2009 年，杭锦旗供水量为 40 022 万 m^3，其中，地表水供水量为 23 556 万 m^3，占总供水量的 58.9%，是现状杭锦旗的主要供水水源；地下水供水量为 16 435 万 m^3，占总供水量的 41.0%；非常规水源（指再生水）供水量为 31 万 m^3，占 0.1%。杭锦旗现状供用水量见表 12-1-13。

表 12-1-13　杭锦旗现状供用水量　（单位：万 m^3）

分区	供水量				用水量					
	地表水	地下水	非常规水源	合计	生活	工业	建筑、三产	农业	生态环境	合计
河口镇以上	134	4 433	0	4 567	18	14	18	4 248	269	4 567
黄河南岸灌区	22 347	94	0	22 441	56	0	11	22 222	152	22 441
内流区	1 075	11 908	31	13 014	147	123	50	11 673	1 021	13 014
合计	23 556	16 435	31	40 022	221	137	79	38 143	1 442	40 022

12.1.5.2　研究水平年水资源需求预测

杭锦旗工业起步相对较晚，基础薄弱，在建的独贵塔拉工业园区是自治区级重点工业园区。另外，杭锦旗也制定了"一区两园"布局安排，"两园"即位于巴拉贡镇、伊和乌素苏木的发电园区和位于锡尼镇的新兴产业园区。发电园区以风电、太阳能热发电、光伏发电、抽水蓄能、生物质能、化学储能等发电产业为主导。研究水平年，杭锦旗一方面面临工业园区发展用水需求增长，另一方面实施高效生态农业后的农业需水减少。预测研究近期 2015 年，杭锦旗 GDP 达到 174 亿元，需水量增加到 43 361 万 m^3；研究中期 2020 年，GDP 达到 452 亿元，需水量为 44 904 万 m^3。

12.1.5.3　水资源供需分析与配置

根据鄂尔多斯市水资源三次供需平衡分析结果，通过新建小南河水源工程和摩林河水库，加大非常规水源利用等措施，研究近期 2015 水平年，杭锦旗供水量 42 379 万 m^3，缺水量 982 万 m^3，缺水率为 2.3%，为工业缺水和农业灌溉水量不足；研究中期 2020 水平年，杭锦旗供水量 39 529 万 m^3，缺水量 5 375 万 m^3，缺水率为 12.0%，主要为农业缺水，占总缺水量的 58.9%。研究水平年杭锦旗水资源供需分析见表 12-1-14。

表 12-1-14 研究水平年杭锦旗水资源供需分析 （单位：万 m^3）

水平年	水资源分区	需水量	供水量	缺水量		
				农业	工业	合计
2015 年	河口镇以上	8 133	8 133	0	0	0
	黄河南岸灌区	20 935	20 470	465	0	465
	内流区	14 293	13 776	0	517	517
	合计	43 361	42 379	465	517	982
2020 年	河口镇以上	11 190	9 777	0	1 413	1 413
	黄河南岸灌区	18 766	15 601	3 165	0	3 165
	内流区	14 948	14 151	0	797	797
	合计	44 904	39 529	3 165	2 210	5 375

根据鄂尔多斯市水资源配置方案，研究水平年杭锦旗的供用水结构将有所调整。从供水来看，研究近期 2015 水平年杭锦旗配置供水量 42 379 万 m^3，较现状增加 2 357 万 m^3；其中地表水供水量 24 904 万 m^3，较现状增加 1 349 万 m^3，地下水供水 15 848 万 m^3，较现状减少 587 万 m^3，非常规水源利用 1 627 万 m^3，较现状增加 1 596 万 m^3。研究中期 2020 水平年杭锦旗供水量达到 39 529 万 m^3，其中地表水 19 417 万 m^3，地下水 17 689 万 m^3，非常规水源利用 2 423 万 m^3。从用水来看，工业用水量不断增加，从现状的 137 万 m^3 增加到 2020 年的 8 177 万 m^3，农业进一步实施节水和水源置换，用水逐步减少，从现状的 38 144万 m^3 减少到 2020 年的 29 135 万 m^3。研究水平年杭锦旗水资源配置方案见表 12-1-15。

表 12-1-15 研究水平年杭锦旗水资源配置方案 （单位：万 m^3）

水平年	分区	供水量				用水量					
		地表水	地下水	非常规水源	合计	生活	工业	建筑、三产	农业	生态环境	合计
2015 年	河口镇以上	3 500	4 409	224	8 133	30	3 733	20	4 053	297	8 133
	黄河南岸灌区	20 114	356	0	20 470	102	0	12	20 192	164	20 470
	内流区	1 290	11 083	1 403	13 776	223	1 552	59	10 868	1 074	13 776
	合计	24 904	15 848	1 627	42 379	355	5 285	91	35 113	1 535	42 379
2020 年	河口镇以上	5 000	4 332	445	9 777	39	5 612	37	3 773	316	9 777
	黄河南岸灌区	13 075	2 526	0	15 601	154	0	24	15 240	183	15 601
	内流区	1 342	10 831	1 978	14 151	239	2 565	110	10 122	1 115	14 151
	合计	19 417	17 689	2 423	39 529	432	8 177	171	29 135	1 614	39 529

12.1.6　鄂托克旗

12.1.6.1　区域概况和水资源分区

鄂托克旗多年平均降水量为 271.9 mm,境内河流水系比较发育,主要河流有都思兔河、吉力更特高勒、乌兰额勒根高勒、千里沟和内流区摩林河等。根据鄂尔多斯市水资源利用分区划分,鄂托克旗划分为河口镇以上黄河南岸、石嘴山以上和内流区 3 个水资源分区。

据统计,2009 年鄂托克旗总人口为 12.60 万人,城镇人口为 8.23 万人,城镇化率达到 65.3%,鄂托克旗地区生产总值 221.86 亿元。2009 年,鄂托克旗供水量为 13 863 万 m^3,其中,地下水供水量为 9 155 万 m^3,占总供水量的 66.0%,是现状鄂托克旗的主要供水水源;地表水供水量为 4 227 万 m^3,占总供水量的 30.5%;非常规水源(指再生水)供水量为 481 万 m^3,占 3.5%。鄂托克旗现状供用水量见表 12-1-16。

表 12-1-16　鄂托克旗现状供用水量　(单位:万 m^3)

分区	供水量				用水量					
	地表水	地下水	非常规水源	合计	生活	工业	建筑、三产	农业	生态环境	合计
河口镇以上	4 105	1 730	481	6 316	132	3 812	155	1 523	694	6 316
石嘴山以上	122	2 142	0	2 264	65	73	43	1 894	189	2 264
内流区	0	5 283	0	5 283	99	32	21	5 033	98	5 283
合计	4 227	9 155	481	13 863	296	3 917	219	8 450	981	13 863

12.1.6.2　研究水平年水资源需求预测

鄂托克旗目前建成工业园区有 3 个,产业定位各不相同。蒙西高新技术工业园区 1998 年建园,2008 年被列为国家级循环经济高新示范园区;棋盘井工业园区为综合园区,已形成煤炭、电力、冶金、化工、建材五大主导产业。乌兰轻工业科技园区产业定位是以农畜产品精深加工为主的轻工产品生产。蒙西棋盘井工业园区是内蒙古自治区重点建设的工业园区。预测研究近期 2015 年,鄂托克旗人口将增加到 14.01 万人,GDP 达到 546 亿元,需水量增加到 17 346 万 m^3;研究中期 2020 年,鄂托克旗人口达到 14.38 万人,GDP 达到 1 064 亿元,需水量为 19 017 万 m^3。

12.1.6.3　水资源供需分析与配置

根据鄂尔多斯市水资源三次供需平衡分析结果,通过新建棋盘井和改建碱柜取水口,加大非常规水源利用等措施,研究近期 2015 水平年,鄂托克旗供水量 17 346 万 m^3,实现水资源的供需平衡;研究中期 2020 水平年,鄂托克旗供水量 17 529 万 m^3,缺水量 1 488 万 m^3,缺水率为 7.8%,主要为工业缺水,占工业需水量的 14.6%。研究水平年鄂托克旗水资源供需分析见表 12-1-17。

表 12-1-17 研究水平年鄂托克旗水资源供需分析 (单位:万 m^3)

水平年	水资源分区	需水量	供水量	缺水量		
				农业	工业	合计
2015 年	河口镇以上	10 001	10 001	0	0	0
	石嘴山以上	2 232	2 232	0	0	0
	内流区	5 113	5 113	0	0	0
	合计	17 346	17 346	0	0	0
2020 年	河口镇以上	11 513	10 488	0	1 025	1 025
	石嘴山以上	2 461	2 090	40	331	371
	内流区	5 042	4 951	0	92	92
	合计	19 016	17 529	40	1 448	1 488

根据鄂尔多斯市水资源配置方案,研究水平鄂托克旗的供用水结构将发生重大变化。从供水来看,研究近期 2015 水平年,鄂托克旗配置供水量 17 346 万 m^3,较现状增加 3 483 万 m^3;其中,地表供水 6 205 万 m^3,较现状增加 1 978 万 m^3;地下供水 9 041 万 m^3,较现状减少 114 万 m^3;非常规水源供水 2 100 万 m^3,较现状增加 1 618 万 m^3。研究中期 2020 水平年,鄂托克旗供水量达到 17 529 万 m^3,其中,地表供水 6 182 万 m^3,地下供水 8 672 万 m^3,非常规水源利用 2 675 万 m^3。从用水来看,工业用水量不断增加,从现状的 3 917 万 m^3 增加到 2020 年的 8 498 万 m^3,农业灌溉实施节水用水量从现状的 8 450 万 m^3 减少到 2020 年的 7 222 万 m^3。研究水平年鄂托克旗水资源配置方案见表 12-1-18。

表 12-1-18 研究水平年鄂托克旗水资源配置方案 (单位:万 m^3)

水平年	分区	供水量				用水量					
		地表水	地下水	非常规水源	合计	生活	工业	建筑、三产	农业	生态环境	合计
2015 年	河口镇以上	6 083	1 839	2 079	10 001	155	7 804	153	1 246	643	10 001
	石嘴山以上	122	2 089	21	2 232	78	131	39	1 668	316	2 232
	内流区	0	5 113	0	5 113	132	128	19	4 733	101	5 113
	合计	6 205	9 041	2 100	17 346	365	8 063	211	7 647	1 060	17 346
2020 年	河口镇以上	6 060	1 782	2 646	10 488	178	8 406	170	1 058	676	10 488
	石嘴山以上	122	1 939	29	2 090	85	31	59	1 565	350	2 090
	内流区	0	4 951	0	4 951	152	61	28	4 599	111	4 951
	合计	6 182	8 672	2 675	17 529	415	8 498	257	7 222	1 137	17 529

12.1.7　鄂托克前旗

12.1.7.1　区域概况和水资源分区

鄂托克前旗位于鄂尔多斯市西部，多年平均降水量为 260.6 mm，境内的主要河流水系包括无定河上游支流红柳河以及黄河支流水洞沟。根据鄂尔多斯市水资源利用分区划分，将鄂托克前旗划分为石嘴山以上、无定河和内流区 3 个水资源分区。

据统计，2009 年鄂托克前旗总人口为 6.87 万人，城镇人口为 3.74 万人，城镇化率达到 54.5%，地区生产总值 36.57 亿元。2009 年，鄂托克前旗供水量为 13 886 万 m^3，其中，地下水供水量为 13 307 万 m^3，占总供水量的 95.8%，是现状鄂托克前旗的主要供水水源；地表水供水量为 525 万 m^3，占总供水量的 3.8%；非常规水源（指再生水和矿井水）供水量为 54 万 m^3，占 0.4%。鄂托克前旗现状供用水量见表 12-1-19。

表 12-1-19　鄂托克前旗现状供用水量　（单位：万 m^3）

分区	供水量				用水量					
	地表水	地下水	非常规水源	合计	生活	工业	建筑、三产	农业	生态环境	合计
石嘴山以上	47	2 180	27	2 254	20	27	19	2 009	179	2 254
无定河	478	3 079	0	3 557	12	46	11	3 366	122	3 557
内流区	0	8 048	27	8 075	122	89	40	7 749	75	8 075
合计	525	13 307	54	13 886	154	162	70	13 124	376	13 886

12.1.7.2　研究水平年水资源需求预测

近年来，鄂托克前旗致力于工业崛起，工业带动效益开始显现，工业经济保持快速增长态势，已建成上海庙经济技术开发区和敖镇工业园两大工业园区。上海庙经济技术开发区于 2001 年 12 月经内蒙古自治区政府批准建立，被列为内蒙古重点能源化工基地。预测研究近期 2015 年，鄂托克前旗人口增长到 7.39 万人，GDP 达到 196 亿元，需水量增加到 17 034 万 m^3；研究中期 2020 年，鄂托克前旗人口达到 7.71 万人，GDP 达到 526 亿元，需水量为 19 009 万 m^3。研究水平年鄂托克前旗水资源供需分析见表 12-1-20。

12.1.7.3　水资源供需分析与配置

根据鄂尔多斯市水资源三次供需平衡分析结果，通过新建宁夏红墩子和水洞沟水库，加大非常规水源利用等措施，研究近期 2015 水平年，鄂托克前旗供水量 17 034 万 m^3，实现水资源供需平衡；研究中期 2020 水平年，鄂托克前旗供水量 18 015 万 m^3，缺水量 994 万 m^3，缺水率为 5.2%，主要为工业缺水，占工业需水量的 16.2%。研究水平年鄂托克前旗水资源供需分析见表 12-1-20。

表 12-1-20　研究水平年鄂托克前旗水资源供需分析　　（单位：万 m^3）

水平年	水资源分区	需水量	供水量	缺水量		
				农业	工业	合计
2015 年	石嘴山以上	5 963	5 963	0	0	0
	无定河	3 448	3 448	0	0	0
	内流区	7 623	7 623	0	0	0
	合计	17 034	17 034	0	0	0
2020 年	石嘴山以上	7 941	6 978	0	963	963
	无定河	3 379	3 379	0	0	0
	内流区	7 689	7 658	0	31	31
	合计	19 009	18 015	0	994	994

根据鄂尔多斯市水资源配置方案，研究水平年鄂托克前旗的供用水结构将发生较大变化。从供水来看，研究近期 2015 水平年鄂托克前旗配置供水量 17 034 万 m^3，较现状增加 3 148 万 m^3；其中地表供水 3 672 万 m^3，较现状增加 3 147 万 m^3；地下供水 12 552 万 m^3，较现状减少 756 万 m^3；非常规水源供水 810 万 m^3，较现状增加 755 万 m^3。研究中期 2020 水平年鄂托克前旗供水量达到 18 015 万 m^3，其中地表供水 4 455 万 m^3，地下供水 12 583万 m^3，非常规水源利用 977 万 m^3。

从用水来看，工业用水量不断增加，从现状的 161 万 m^3 增加到 2020 年的 5 144 万 m^3，农业灌溉实施节水用水量减少，从现状的 13 125 万 m^3 减少到 2020 年的 11 967 万 m^3。研究水平年鄂托克前旗水资源配置方案见表 12-1-21。

表 12-1-21　研究水平年鄂托克前旗水资源配置方案　　（单位：万 m^3）

水平年	分区	供水量				用水量					
		地表水	地下水	非常规水源	合计	生活	工业	建筑、三产	农业	生态环境	合计
2015 年	石嘴山以上	3 247	1 945	771	5 963	24	3 974	28	1 716	221	5 963
	无定河	425	3 023	0	3 448	8	88	23	3 270	59	3 448
	内流区	0	7 584	39	7 623	153	27	76	7 230	137	7 623
	合计	3 672	12 552	810	17 034	185	4 089	127	12 216	417	17 034
2020 年	石嘴山以上	4 047	2 015	916	6 978	35	5 035	51	1 620	237	6 978
	无定河	408	2 971	0	3 379	8	106	46	3 157	62	3 379
	内流区	0	7 597	61	7 658	169	3	144	7 190	152	7 658
	合计	4 455	12 583	977	18 015	212	5 144	241	11 967	451	18 015

12.1.8　乌审旗

12.1.8.1　区域概况和水资源分区

乌审旗多年平均降水量 338.0 mm，境内的河流水系均属无定河支流，主要包括红柳河（无定河上游）及其支流纳林河、海流图河和白河。根据鄂尔多斯市水资源利用分区划分，将乌审旗划分为无定河和内流区 2 个水资源分区。

据统计，2009 年，乌审旗总人口为 9.90 万人，城镇人口为 5.20 万人，城镇化率达到 52.5%，地区生产总值 153.13 亿元。2009 年，乌审旗供水量为 18 240 万 m^3，其中，地下水供水量为 16 557 万 m^3，占总供水量的 90.77%，是现状乌审旗的主要供水水源；地表水供水量为 1 669 万 m^3，占总供水量的 9.15%；非常规水源（指再生水）供水量为 14 万 m^3，占 0.08%。乌审旗现状供用水量见表 12-1-22。

表 12-1-22　乌审旗现状供用水量　（单位：万 m^3）

分区	供水量				用水量					
	地表水	地下水	非常规水源	合计	生活	工业	建筑、三产	农业	生态环境	合计
无定河	1 669	12 090	14	13 773	135	149	75	12 484	930	13 773
内流区	0	4 467	0	4 467	88	358	50	3 860	111	4 467
合计	1 669	16 557	14	18 240	223	507	125	16 344	1 041	18 240

12.1.8.2　研究水平年水资源需求预测

近年来，乌审旗工业发展步伐加快，尤其是能源重化工产业主导地位不断增强。乌审旗工业研究一区两中心的产业格局，重点打造苏格里经济开发区，包括图克工业园区、乌审召项目区和呼吉尔特矿区，建设毛乌素沙漠治理产业化示范中心和纳林河矿区管理中心。预测研究近期 2015 年，乌审旗人口增加到 11.46 万人，GDP 达到 487 亿元，需水量增加到 29 254 万 m^3；研究中期 2020 年，乌审旗人口达到 12.68 万人，GDP 达到 995 亿元，需水量为 33 721 万 m^3。

12.1.8.3　水资源供需分析与配置

研究乌审旗通过新建大草湾和神水台、瓦梁水库，构建区域供水网络，加大非常规水源利用等措施，根据鄂尔多斯市水资源“三次供需分析”，近期 2015 水平年，乌审旗供水量 29 254 万 m^3，实现水资源供需平衡；研究中期 2020 水平年，乌审旗供水量 29 830 万 m^3，缺水量 3 891 万 m^3，缺水率为 11.5%，主要为工业缺水，占工业需水量的 22.3%。研究水平年乌审旗水资源供需分析见表 12-1-23。

根据鄂尔多斯市水资源配置方案，研究水平年乌审旗的供用水结构将发生较大变化。从供水来看，研究近期 2015 水平年，乌审旗配置供水量 29 254 万 m^3，较现状增加 11 014 万 m^3，其中，地表供水 10 102 万 m^3，较现状增加 8 432 万 m^3；地下供水 17 210 万 m^3，较现状增加 652 万 m^3；非常规水源利用 1 942 万 m^3，较现状增加 1 928 万 m^3；研究中期 2020

水平年，乌审旗供水量达到 29 830 万 m^3，其中，地表供水 10 788 万 m^3，地下供水 16 403 万 m^3，非常规水源利用 2 639 万 m^3。

表 12-1-23 研究水平年乌审旗水资源供需分析 （单位：万 m^3）

水平年	水资源分区	需水量	供水量	缺水量		
				农业	工业	合计
2015 年	无定河	17 485	17 485	0	0	0
	内流区	11 769	11 769	0	0	0
	合计	29 254	29 254	0	0	0
2020 年	无定河	18 735	17 241	0	1 493	1 493
	内流区	14 986	12 589	0	2 398	2 398
	合计	33 721	29 830	0	3 891	3 891

从用水来看，工业用水量不断增加，从现状的 507 万 m^3 增加到 2020 年的 13 581 万 m^3，农业灌溉实施节水用水量减少，从现状的 16 344 万 m^3 减少到 2020 年的 14 096 万 m^3。研究水平年乌审旗水资源配置见表 12-1-24。

表 12-1-24 研究水平年乌审旗水资源配置 （单位：万 m^3）

水平年	分区	供水量				用水量					
		地表水	地下水	非常规水源	合计	生活	工业	建筑、三产	农业	生态环境	合计
2015 年	无定河	3 802	13 034	649	17 485	175	4 436	194	11 482	1 199	17 486
	内流区	6 300	4 176	1 293	11 769	106	7 903	71	3 522	166	11 768
	合计	10 102	17 210	1 942	29 254	281	12 339	265	15 004	1 365	29 254
2020 年	无定河	3 788	12 270	1 183	17 241	228	4 744	220	10 794	1 255	17 241
	内流区	7 000	4 133	1 456	12 589	118	8 837	137	3 302	195	12 589
	合计	10 788	16 403	2 639	29 830	346	13 581	357	14 096	1 450	29 830

12.2 重点领域水源保障

12.2.1 农村饮用水安全保障

12.2.1.1 农村饮水现状及存在问题

鄂尔多斯市地广人稀、农村人口居住相对分散，供水困难，加之地下水多数含有严重超标的氟、砷、硫黄、硝等有害物质，因此农牧民饮水安全一直是水资源配置和管理的难题。近年来虽然新建了一些农村饮水解困工程，使一定数量的农牧民饮水困难得到了改善,但截至 2010 年底仍有相当数量农牧民饮水安全得不到保障。

现状鄂尔多斯市农村饮水安全问题主要表现为三个方面:

(1)用水方便程度不达标;

(2)水源保证率不达标;

(3)饮水水质不达标,尤其是氟含量、细菌指标超标以及饮用苦咸水。截至 2010 年底,鄂尔多斯市农村饮水不安全人数 21.47 万人,占农村总人口的 22.99%。

1. 用水方便程度不达标

鄂尔多斯市地处毛乌素沙地和黄土高原的过渡带高原丘陵沟壑区,沟深路远、缺少水源,居住位置距水源距离远,电力、交通条件较差,加之连年干旱,造成取汲水水源枯竭,取水时间较长,目前,存在用水不方便人口 2 373 人。主要分布在鄂托克旗和杭锦旗。

2. 水源保证率不达标

近年来因鄂尔多斯市气候干旱、水源干枯、水位下降、来水量减少,水源供水量出现不足,导致供水标准降低,保证率达不到标准。目前,尚有供水水源保证率不达标人口 1 950 人,主要分布在杭锦旗。

3. 饮水水质不达标

(1)氟超标:现状鄂尔多斯市共有氟超标 12.72 万人,分布在各个旗区。

(2)饮用苦咸水:主要危害是长期饮用易患结石病等慢性疾病,现状鄂尔多斯市有 3.29 万人饮用苦咸水,主要分布在准格尔旗、鄂托克旗、鄂托克前旗和乌审旗。

(3)细菌超标:部分河流水细菌超标,特别是夏季,肠胃疾病发病率较高,分布在伊金霍洛旗东部地区的乌兰木伦镇和纳林陶亥镇。现状鄂尔多斯市共有 7 538 人在饮用细菌超标水源。

(4)其他饮水水质指标超标:其他人为污染按污染类型可分为工业污染、生活污染、农药化肥污染、地膜污染和生物污染等,对人类身体健康影响极为严重。主要分布在达拉特旗、准格尔旗和乌审旗。

12.2.1.2　研究目标

根据农村饮水不安全问题及其危害程度、农村经济条件、发展要求,按照轻重缓急、统筹研究、突出重点的原则,研究近期 2015 水平年,全部解决现状 21.47 万人的饮水不安全问题。

12.2.1.3　保障措施

研究坚持“三个统筹,三个结合”,即农村供水统筹、各种水源合理开发统筹、饮水不安全村与饮水安全村工程建设统筹,集中供水与分散工程建设结合、水源布局近期与中远期结合、新建工程与原有可利用工程结合。研究近期实施农村饮水安全工程项目,构建整个农村供水工程体系,保障供水水质、水量要基本满足国家标准,不存在安全隐患。

根据鄂尔多斯市农村饮水不安全的特点,按照供水方式,主要安排有集中供水工程、分散供水工程两大类型,在人口稠密地区尽量发展小规模集中供水工程;在地广人稀的牧区、边远地区,采用分散供水工程;存在水质不达标问题的地区,在集中或分散供水工程中配备水质处理设备。研究实施工程 186 处,其中,集中供水工程 166 处,受益人口 19.43 万人;分散供水工程 20 处,受益人口 2.04 万人,研究工程的总投资为 2.06 亿元。

12.2.2 主要城镇供水保障

12.2.2.1 主要城镇供用水现状

据调查,2009 年,东胜区、康巴什新区及各旗府建成区人口 88.7 万人,城镇主要供水水源包括:集中式饮用水水源地 25 个,其中准格尔旗 4 个,伊金霍洛旗 2 个,达拉特旗 1 个,东胜区 4 个,康巴什新区 3 个,杭锦旗 4 个,鄂托克旗 5 个,鄂托克前旗 1 个,乌审旗 1 个;地表水(湖库)水源地 2 个,地下水水源地 23 个。

据统计,2009 年,主要城镇总供水量为 6 501 万 m^3,其中,地表水供水量为 746 万 m^3,占总供水量的 11.5%,地下水供水量为 4 629 万 m^3,占总供水量的 71.2%,非常规水源供水量为 1 126 万 m^3,占总供水量的 17.3%。2009 年,鄂尔多斯市主要城镇用水量为 6 501 万 m^3,其中,城镇生活用水量 2 746 万 m^3,占总用水量的 42.2%,一般工业用水量 371 万 m^3,占总用水量的 5.7%,建筑业和第三产业用水量 1 656 万 m^3,占总用水量的 25.5%,生态环境用水量 1 728 万 m^3,占总用水量的 26.6%。鄂尔多斯市主要城镇现状供用水量见表 12-2-1。

表 12-2-1 鄂尔多斯市主要城镇现状供用水量 (单位:万 m^3)

城镇名称	建成区(万人)	供水量					用水量			
		城镇生活	一般工业	建筑、三产	生态环境	合计	地表水	地下水	非常规水源	合计
薛家湾镇	14.2	472	3	235	117	827	329	141	357	827
阿勒腾席热镇	4.9	207	3	82	273	565		560	5	565
树林召镇	14.2	406	257	244	88	995		732	263	995
东胜区	36.8	1 225	68	872	781	2 946	102	2 415	429	2 946
康巴什新区	2.9	94	19	46	399	558	264	294		558
锡尼镇	3.7	107	15	54	22	198		167	31	198
乌兰镇	4.9	74	0	30	16	120		120		120
敖勒召其镇	3	83	2	37	17	139		112	27	139
嘎鲁图镇	4.1	78	4	56	15	153	51	88	14	153
合计	88.7	2 746	371	1 656	1 728	6 501	746	4 629	1 126	6 501

12.2.2.2 城镇供水存在的主要问题

1. 管理体制混乱,水源地多头管理

(1)管理体制不健全。虽然鄂尔多斯市成立了水务局,但还没有真正实现水务一体化,现状城镇水源地基本上处于多部门管理状态,既有市政管理的水源地、水利部门管理的水源地,还有各企事业自己管理的自备水源地,造成了在水环境保护、水资源开发利用等方面不协调、不统一。

(2)管理措施不到位。虽然一些水源地划分了保护区,采取了基本的隔离防护、封闭管理、明确保护区边界等措施,大部分水源地表面上划定了保护区,但实际上没有采取任何相应的保护措施，而且支持管理建设的有关技术标准体系也不完善，影响了水源地的管理建设。

2. 供水设施老化失修，管网漏失率高

由于供水设施老化失修，管网漏失率较高，现状鄂尔多斯市城镇管网漏失率高达21%，造成了水资源的极大浪费。加之供水设施管理不到位，损毁严重，影响了城镇供水的保障。

3. 水源地类型单一，缺乏应急水源，抗风险能力差

现状鄂尔多斯市城镇饮用水水源地类型单一，多为地下水源，在饮用水优先保障方面缺乏工程保证、制度保证和应急调控措施，抵御风险能力弱，战略储备、应急水源不足，多数城镇没有备用水源地，也没有开展相关研究，缺乏应急情况下的生活用水保障工程与应急预案。

4. 监测能力滞后，监测项目单一

目前，鄂尔多斯市大部分监测站存在着监测设备不足、监测能力滞后、监测项目单一的问题，特别是乡镇，水源地监测频率低、监测项目少、不能监测有毒有机物，不能实时反映水源地水质、水量状况，而且监测站现有的仪器设备远远不能满足监测项目的要求，因此各旗区均需购置适应新标准的仪器设备和灵活便捷的移动监测仪器设备。

12.2.2.3　主要城镇供水保障

随着城镇化进程的加快以及人民群众生活水平的不断提高，预测 2020 水平年，鄂尔多斯市主要城镇人口将达到 197.4 万人，需水量增长到 1.55 亿 m^3，城镇供水压力巨大，需要采取措施保障城镇供水安全。

1. 强化节水，控制水资源需求过快增长

建立鄂尔多斯市城镇用水、节水考核指标体系，加大对城镇计划用水和节约用水的管理力度，进一步降低供水及配水管网的漏失率，2020 水平年城镇管网漏失率降低到 14%；在居民住宅、机关、企事业单位推行使用节水器具，普及节水知识，搞好生活用水的节约；制定合理的水价政策，利用经济手段，推动节水工作的开展；强化国家有关节水技术政策和技术标准的贯彻执行力度，开展创建节水型企业和节水型城市的活动。2020 水平年，将鄂尔多斯市城镇需水量控制在 1.55 亿 m^3。

2. 加强污水处理力度，保护城镇供水水源地

提高污水处理率、增加污水处理再利用量，不但是减少污染、保护环境的必要途径，同时由于城镇污水量大而且集中，水量相对较稳定，经过处理后可成为稳定的供水水源，也是解决城镇缺水的一个重要途径。到 2020 水平年，鄂尔多斯市城镇污水处理再利用率由现状的不足 12% 提高到 2020 水平年的 58%，采取工程措施和非工程措施保护城镇供水水源地。

3. 多渠道开源，保障城镇发展的用水要求

当前，主要城镇的饮用水水源地安全面临水质恶化，部分水源地功能丧失；水量不足、保证率不高等问题，将新增一批城镇水源工程，其中包括乌审旗哈头才当水源地为康巴什新区供水、鄂托克旗木肯淖尔水源地和镫口引黄工程为东胜供水等，提高主要城镇的供水水平和保障能力，到 2020 水平年，鄂尔多斯市城镇供水可达到 1.55 亿 m^3，净增供水量 0.90 亿 m^3，基本满足未来城镇发展的水资源需求。

研究近期 2015 水平年、中期 2020 水平年鄂尔多斯市主要城镇供用水量见表 12-2-2 和表 12-2-3。

表 12-2-2　研究近期 2015 水平年鄂尔多斯市主要城镇供用水量　（单位：万 m^3）

城镇名称	需水量					供水量			
	城镇生活	一般工业	建筑、三产	生态环境	合计	地表供水	地下水	其他用水	合计
薛家湾镇	524	9	382	198	1 113		915	198	1 113
阿勒腾席热镇	364	8	129	405	906		501	405	906
树林召镇	600	651	231	193	1 675		1 395	280	1 675
东胜区	2 549	176	747	1 524	4 996	594	3 693	709	4 996
康巴什新区	443	38	189	615	1 285	285	851	149	1 285
锡尼镇	179	15	61	43	298		298		298
乌兰镇	88	0	35	24	147		116	31	147
敖勒召其镇	117	14	61	40	232		178	54	232
嘎鲁图镇	97	8	115	30	250	88	98	64	250
合计	4 961	919	1 950	3 072	10 902	967	8 045	1 890	10 902

表 12-2-3　研究中期 2020 水平年鄂尔多斯市主要城镇供用水量　（单位：万 m^3）

城镇名称	需水量					供水量			
	城镇生活	一般工业	建筑、三产	生态环境	合计	地表供水	地下水	其他用水	合计
薛家湾镇	705	15	479	337	1 536		1 412	124	1 536
阿勒腾席热镇	647	13	165	568	1 393		825	568	1 393
树林召镇	841	1 019	307	338	2 505		2 130	375	2 505
东胜区	3 535	245	913	2 000	6 693	999	4 457	1 237	6 693
康巴什新区	951	82	291	759	2 083	171	1 536	376	2 083
锡尼镇	201	34	111	58	404		404		404
乌兰镇	102	1	53	36	192		155	37	192
敖勒召其镇	139	32	116	56	343		277	66	343
嘎鲁图镇	125	14	132	51	322		252	70	322
合计	7 246	1 455	2 567	4 203	15 471	1 170	11 448	2 853	15 471

12. 2. 3　工业园区供水保障

12. 2. 3. 1　工业园区现状及供用水情况

鄂尔多斯市正在建设的工业园区有 15 个，研究园区 2 个，多个工业园区的建设与发展已经初具规模，一批国家级示范项目和大型央企、国企建设项目在工业园区落户。

据统计，2009 年，鄂尔多斯市工业园区用水量 1. 43 亿 m^3，用水量主要集中在准格尔旗大路等自治区级的重点园区内，用水量 1.15 亿 m^3，占工业园区总用水量的 80.0%；从现状供水水源来看，地表水源供水 8 437 万 m^3，占 59.1%；地下水源供水 3 705 万 m^3，占 25.9%，非常规水源供水 2 141 万 m^3，占 15.0%。鄂尔多斯市工业园区供用水现状见表 12-2-4。

表 12-2-4　鄂尔多斯市工业园区供用水现状　（单位：万 m^3）

工业园区		用水量	地表水源				地下水源	非常规水源					总供水
			黄河	支流	内流区	小计		再生水	疏干水	岩溶水	截伏流	小计	
自治区级工业园区	大路工业园区	2 322	1 264	474		1 738	0	0	0	49	535	584	2 322
	达拉特经济开发区	4 615	3 226	0		3 226	1 127	262	0	0	0	262	4 615
	独贵塔拉工业园区	4	0	0		0	4	0	0	0	0	0	4
	棋盘井蒙西工业园区	2 908	2 779	0		2 779	0	0	129	0	0	129	2 908
		904	0	0		0	612	292	0	0	0	292	904
	上海庙工业园区	27	0	0		0	0	0	27	0	0	27	27
	鄂尔多斯装备制造基地	722	0	0		0	722	0	0	0	0	0	722
	小计	11 502	7 269	474		7 743	2 465	554	156	49	535	1 294	11 502
市级工业园区	准格尔经济开发区	941	0	547		547	285	0	0	109	0	109	941
	乌审旗图克工业园区	28	0	0		0	28	0	0	0	0	0	28
		330	0	0		0	330	0	0	0	0	0	330
	巴拉贡新能源工业园区	5	0	0		0	5	0	0	0	0	0	5
	康巴什高新技术工业园区	43	0	0		0	43	0	0	0	0	0	43
	阿镇装备制造园区	34	0	0		0	34	0	0	0	0	0	34
	小计	1 381	0	547		547	725	0	0	109	0	109	1 381
企业自建工业园区	伊金霍洛旗汇能工业园区	676	0	0		0	0	0	263	0	413	676	676
	乌兰木伦神华项目区	639	0	62		62	515	0	62	0	0	62	639
	小计	1 315	0	62		62	515	0	325	0	413	738	1 315
新增工业园区	纳林河工业园区	0	0	0		0	0	0	0	0	0	0	0
	札萨克物流园区	85	0		85	85	0	0	0	0	0	0	85
	新街生态循环经济区	0	0	0		0	0	0	0	0	0	0	0
	鄂尔多斯新能源产业示范区新兴产业园区	0	0	0		0	0	0	0	0	0	0	0
	小计	85	0	0	85	85	0	0	0	0	0	0	85
合计		14 283	7 269	1 083	85	8 437	3 705	554	481	158	948	2 141	14 283

12.2.3.2 存在的主要问题

1. 工业园区分布分散,不利于水资源的循环再利用

鄂尔多斯市已建各类工业园区(经济开发区)、项目区 15 个,除沿黄河地带产业密集度相对较高外,其他地区的产业布局较为分散,规模集聚效益不突出。每个旗区都至少有 1 个工业园区、项目区,多个旗存在“一旗多园”,一个工业园区存在“区中园、园中园”的布局不合理情况,如乌审旗一个旗就布局了 4 个工业园区。产业布局分散加大了工业园区供水设施的建设和管理难度,不利于水资源的统一、高效、循环再利用,在一定程度上造成了水资源的浪费。

2. 园区产业同构现象严重、产业层次较低,水资源需求量大

鄂尔多斯市现有园区发展项目雷同,如大路、达拉特、图克、杭锦、纳林河、苏里格等工业园区内都分布有煤化工项目,使各园区产业结构差异不明显、产业零散、关联度低,没有形成一个园区一个优势产业集群的发展形态。现有工业园区主导产业主要集中于高耗能、高耗水及处于产业链低端的冶金、电力、建材、煤焦化等行业,高附加值、高效益、高技术含量的入园项目少,产业专业化、尖端化程度不高,大量项目的用水工艺不够先进,水资源需求量大,加重了水资源系统的供水压力。

3. 园区供水缺乏系统的论证,未建立供水网络

从技术角度来看,当前已建的工业园区大多没有开展园区的水资源专项论证,而是仅对单个项目进行水资源论证,水资源论证相互独立、不成体系,不利于水资源的中长期可持续利用;从供水设施建设方面来看,鄂尔多斯市主要工业园区尚未建立一套具有结构完善的、水源保证率高的供水网络系统,不仅影响了工业园区供水可靠性,而且影响区域经济的稳定发展。

12.2.3.3 工业园区供水保障研究

未来 20 年是鄂尔多斯市加快工业化、加快建设国家级能源化工基地的关键时期,鄂尔多斯市将以建设国家战略性生态能源和现代化工基地为目标,发挥资源优势,加快产业结构调整步伐,大力发展优势特色产业并着力培育新兴产业。工业快速发展需要充足的水资源作为保障,以保障鄂尔多斯市工业发展合理需求、支撑工业快速发展为目标,提出工业园区供水保障。

1. 合理确定园区规模,优化结构、合理布局

按照比较优势理论,结合区域水资源条件和其他资源禀赋,确定合理的园区产业规模、工业结构布局,减少对水资源的不合理需求。

2. 大力发展循环经济、推行节约用水

对新上工业项目按照国际先进工艺控制;促进工业企业节水改造,提倡清洁生产,逐步淘汰耗水量大,技术落后的工艺和设备,进一步加强需水管理,控制园区用水总量,推广节约用水新技术、新工艺,鼓励中水利用,循环利用。

3. 合理调配水资源

充分挖掘各种水源的供水潜力、合理调配水资源,积极开源、有效利用各种非常规水源,增加可供水量,采取多水源联合保障鄂尔多斯市主要工业园区的用水需求;新建一批

地表、地下及非常规水源工程，提高工业园区供水量和供水保证率，形成研究水平年供水保障体系，支撑工业快速发展。

研究新增一批工业园区供水的地表水源工程，并积极利用非常规水源。新建宁夏红墩子引水入水洞沟水库为上海庙工业园区供水，改扩建棋盘井、碱柜取水口分别为棋盘井和蒙西供水，新建小南河取水口为独贵塔拉工业园区供水，新建包头画匠营子二期工程为达拉特经济开发区供水，扩建柳林滩取水口向大路工业园区供水，新建包头镫口取水口实施北调黄河水向东胜区、阿镇、乌兰木伦神华项目园区、新街生态经济区、乌审召工业园区、图克工业园区供水，利用万家寨水库实施东水西调向准格尔经济开发区、汇能项目园区供水。

研究近期2015水平年，鄂尔多斯市主要工业园区供水量将达到5.74亿m^3，较现状增加供水4.31亿m^3，可基本实现主要工业园区水资源的供需平衡；研究中期2020水平年，主要工业园区供水量可进一步达到7.66亿m^3，缺水量1.69亿m^3，缺水率为18.1%。研究水平年鄂尔多斯市重要工业园区水资源供需分析见表12-2-5和表12-2-6。

12.2.4　重要灌区供水保障

12.2.4.1　重要灌区概况

鄂尔多斯市黄河南岸灌区位于黄河干流鄂尔多斯市段南岸，杭锦旗与达拉特旗境内，呈东西长、南北窄带状平原地形，东西长约398 km，南北宽5～40 km。南岸灌区地处荒漠草原和荒漠过渡带，长期以来“没有灌溉就没有农业”。现状灌溉规模为139.62万亩，其中，自流灌区面积32万亩，扬水灌区面积62.2万亩，井灌区45.42万亩。2001年，黄河南岸灌区被列入水利部首批全国大型灌区续建配套及节水改造范围。南岸自流灌区分布在杭锦旗沿黄地区，涉及杭锦旗巴拉贡、呼和木独、吉日格朗图三镇，由昌汉白、牧业、巴拉亥、建设四个灌域组成。扬水灌区分布在杭锦旗、达拉特旗沿黄地区，涉及杭锦旗的独贵塔拉、杭锦淖尔2个镇和达拉特旗的8个镇，二期规划将扬水灌区内的33个沿河提水泵站，按山洪沟分割成的自然地块条件整合为10个独立运行的浮船式泵站，调整后的10个灌域分别为独贵塔拉、杭锦淖尔、中河西、恩格贝、昭君坟、展旦召、树林召、王爱召、白泥井和吉格斯太灌域。2009年白泥井灌域更改为纯井灌区，不再直接引用黄河水进行灌溉。因此，现状扬水灌区由中河西、恩格贝、昭君坟、展旦召、树林召、王爱召和吉格斯太等7个灌域组成，扬黄灌溉面积47.31万亩，井灌面积50.42万亩。

12.2.4.2　灌区现状用水量

南岸灌区自2005年开始实施水权转换一期工程，至2007年底全面完成水权转换一期工程建设任务。因此，2007年、2008年、2009年三年平均灌溉用水量可反映灌区现状的用水水平，灌区用水统计显示，自流灌区三年平均用水量1.75亿m^3；扬水灌区三年平均用水量3.07亿m^3。黄河南岸灌区近年用水情况统计见表12-2-7。

表 12-2-5　2015 水平年鄂尔多斯市重要工业园区水资源供需分析

（单位：万 m^3）

工业园区		需水量	供水量												缺水量
			地表水源				地下水源	非常规水源						总供水量	
			黄河	支流	内流区	合计		再生水	微咸水	矿井水	岩溶水	雨水	合计		
自治区级工业园区	大路工业园区	6 780	4 400	1 400	0	5 800	15	565	0	0	400	0	965	6 780	0
	达拉特经济开发区	8 599	6 000	0	0	6 000	1 054	845	700	0	0	0	1 545	8 599	0
	独贵塔拉工业园区	3 558	3 500	0	0	3 500	0	58	0	0	0	0	58	3 558	0
	棋盘井蒙西工业园区	7 805	5 000	0	0	5 000	845	484	700	380	396	0	1 960	7 805	0
	上海庙工业园区	3 974	3 200	47	0	3 247	119	244	0	364	0	0	608	3 974	0
	鄂尔多斯装备制造基地	2 114	1 500	0	0	1 500	89	525	0	0	0	0	525	2 114	0
	小计	32 830	23 600	1 447	0	25 047	2 122	2 721	1 400	744	796	0	5 661	32 830	0
市级工业园区	准格尔经济开发区	2 505	1 200	624	0	1 824	348	333	0	0	0	0	333	2 505	0
	乌审旗图克工业园区(图克)	6 718	3 500	2 800	0	6 300	0	418	0	0	0	0	418	6 718	0
	乌审旗图克工业园区(乌审召)	1 185	0	0	0	0	381	104	700	0	0	0	804	1 185	0
	巴拉贡新能源工业园区	14	0	0	0	0	14	0	0	0	0	0	0	14	0
	康巴什高新技术工业园区	324	0	100	0	100	0	224	0	0	0	0	224	324	0
	阿镇装备制造园区	1 931	800	260	0	1 060	493	378	0	0	0	0	378	1 931	0
	小计	12 677	5 500	3 784	0	9 284	1 236	1 457	700	0	0	0	2 157	12 677	0
企业自建工业园区	伊金霍洛旗汇能工业园区	2 723	1 000	45	0	1 045	314	231	0	1 133	0	0	1 364	2 723	0
	乌兰木伦神华项目区	2 989	600	62	0	662	927	301	0	1 099	0	0	1 400	2 989	0
	小计	5 712	1 600	107	0	1 707	1 241	532	0	2 232	0	0	2 764	5 712	0
新增工业园区	纳林河工业园区	3 739	0	3 000	0	3 000	183	158	0	398	0	0	556	3 739	0
	札萨克物流园区	780	0	0	360	360	150	102	0	0	0	0	102	612	168
	新街生态循环经济区	1 150	0	0	0	0	0	120	0	0	0	0	120	120	1 030
	鄂尔多斯新能源产业示范区新兴产业园区	2 069	0	0	400	400	0	103	1 200	0	0	0	1 303	1 703	366
	小计	7 738	0	3 000	760	3 760	333	483	1 200	398	0	0	2 081	6 174	1 564
合计		58 957	30 700	8 338	760	39 798	4 932	5 193	3 300	3 374	796	0	12 663	57 393	1 564

表 12-2-6　2020 水平年鄂尔多斯市重要工业园区水资源供需分析

（单位：万 m^3）

工业园区		需水量	供水量											总供水量	缺水量
			地表水源				地下水源	非常规水源							
			黄河	支流	内流区	合计		再生水	微咸水	矿井水	岩溶水	雨水	合计		
自治区级工业园区	大路工业园区	19 168	10 300	1 400	0	11 700	410	1 292	0	0	400	80	1 772	13 882	5 286
	达拉特经济开发区	13 467	8 500	0	0	8 500	1 392	1 200	1 000	195	0	0	2 395	12 287	1 180
	独贵特拉工业园区	6 638	5 000	0	0	5 000	30	343	0	0	0	0	343	5 373	1 265
	棋盘井蒙西工业园区	9 431	5 200	0	0	5 200	748	560	1 200	372	514	0	2 646	8 594	837
	上海庙工业园区	5 997	4 000	47	0	4 047	258	289	0	627	0	0	916	5 221	776
	鄂尔多斯装备制造基地	1 477	340	0	0	340	40	1 097	0	0	0	0	1 097	1 477	0
	小计	56 178	33 340	1 447	0	34 787	2 878	4 781	2 200	1 194	914	80	9 169	46 834	9 344
市级工业园区	准格尔经济开发区	3 268	1 500	600	0	2 100	230	356	0	0	0	0	356	2 686	582
	乌审旗图克工业园区（图克）	9 225	3 700	3 000	0	6 700	100	566	0	0	0	0	566	7 366	1 859
	乌审旗图克工业园区（乌审召）	2 010	300	0	0	300	230	150	740	0	0	0	890	1 420	590
	巴拉贡新能源工业园区	216	0	0	0	0	216	0	0	0	0	0	0	216	0
	康巴什高新技术工业园区	184	0	184	0	184	0	0	0	0	0	0	0	184	0
	阿镇装备制造园区	2 696	1 000	260	0	1 260	904	532	0	0	0	0	532	2 696	0
	小计	17 599	6 500	4 044	0	10 544	1 680	1 604	740	0	0	0	2 344	14 568	3 031
企业自建工业园区	伊金霍洛旗汇能工业园区	4 210	1 000	45	0	1 045	150	261	0	1 534	0	0	1 795	2 990	1 220
	乌兰木伦神华项目区	4 572	1 000	62	0	1 062	590	411	0	1 299	0	0	1 710	3 362	1 210
	小计	8 782	2 000	107	0	2 107	740	672	0	2 833	0	0	3 505	6 352	2 430
新增工业园区	纳林河工业园区	5 153	0	3 000	0	3 000	360	231	0	698	0	0	929	4 289	864
	札萨克物流园区	932	0	0	360	360	150	132	0	255	0	0	387	897	35
	新街生态循环经济区	1 450	500	0	0	500	0	162	0	400	0	0	562	1 062	388
	鄂尔多斯新能源产业示范区新兴产业园区	3 362	0	0	600	600	0	378	1 600	0	0	0	1 978	2 578	784
	小计	10 897	500	3 000	960	4 460	510	903	1 600	1 353	0	0	3 856	8 826	2 071
合计		93 456	42 340	8 598	960	51 898	5 808	7 960	4 540	5 380	914	80	18 874	76 580	16 876

表 12-2-7 黄河南岸灌区近年用水情况统计 （单位：亿 m³）

年份	自流灌区			扬水灌区用水量	合计用水量	实灌定额（m³/亩）		
	引水量	退水量	用水量			自流	扬水	合计
1995～2004 年平均	3.6	0.93	2.67	2.97	5.64	1 125	463	697
2005	2.53	0.36	2.17	3.42	5.59	791	533	632
2006	2.32	0.48	1.84	3.42	5.26	725	533	609
2007	1.94	0.34	1.6	3.28	4.88	606	511	554
2008	2.34	0.48	1.86	3.24	5.1	731	505	592
2009	2.17	0.37	1.8	2.68	4.48	678	417	515

12.2.4.3 灌区节水

南岸引黄灌区在实施一期水权转换节水工程完成 1.3 亿 m^3 水量指标转换后，缺水问题仍是后续工业项目建设的主要制约因素。为此，鄂尔多斯市提出了在南岸灌区内全面建设以节水为中心的二期规划，通过对现有泵站与渠道的整合与调整、完善配套渠系节水改造工程、引进先进的喷滴灌高效节水技术设备、发展设施农业、进行畦田改造、全面配套建设现代管理信息化系统，提升灌区的灌溉水平和农业生产水平。

采取的主要节水方案包括：

（1）渠道衬砌。渠道衬砌 4 986.7 km（扬水灌区范围）。

（2）田间节水。渠灌改喷灌面积 24.92 万亩；渠灌改滴灌面积 10.08 万亩，畦田改造面积 44.92 万亩，井渠双灌 14.28 万亩。

（3）非工程措施。全灌区实施种植结构调整，加大饲草料和高附加值经济作物的种植比例，将粮、经、草比例由现状自流灌区的 64:26:10 和扬水灌区的 65:25:10 调整为 40:30:30。

通过灌区节水改造，可显著提高灌溉水利用效率，使自流灌区的灌溉水利用系数由 0.56 提高到 0.73，扬水灌区的灌溉水利用系数由 0.45 提高到 0.70。需水量由现状年的 6.46 亿 m^3 减少到 2020 水平年的 4.59 亿 m^3，减少 1.87 亿 m^3。

（4）供水保障。

农牧业是鄂尔多斯市的基础，坚持用先进物资条件装备农牧业，用现代科学技术改造农牧业，用现代经营形式发展农牧业，在加快工业化、城镇化的进程中，农牧业基础地位不仅没有削弱，反而得到巩固和加强。重要灌区主要采取的供水保障措施包括以下内容：

①提出高效生态农业建设的总体方案，加强田间节水工程建设，提高灌溉水利用效率。

②合理配置水源，积极利用灌区地下水，发展井灌或井渠结合，以灌代排的作用，既可节水、提高水资源的利用率，又可降低地下水位、防治土壤次生盐渍化；在杭锦旗独贵灌域和达拉特旗中和西灌域分别开展水源置换，利用地下水 2 500 万 m^3 和 1 000 万 m^3。

③加强灌区用水监测和管理，配备自动化测控管理系统，建成一个以信息采集系统为

基础的管理平台,全面提升灌区现代化管理水平。

通过多种调控手段的实施,正常来水年份研究中期 2020 水平年基本满足黄河南岸灌区用水需求,灌区缺水率控制在 10% 以内,保障粮食生产。黄河南岸灌区不同研究水平年水资源供需分析见表 12-2-8。

表 12-2-8　黄河南岸灌区不同研究水平年水资源供需分析　（单位:亿 m^3）

灌区名称	行政区	水平年	需水量			供水量		
			粮经	牧草	小计	地表	地下	小计
黄河南岸灌区	杭锦旗	2015 年	1.26	0.80	2.06	2.01		2.01
		2020 年	0.91	0.91	1.82	1.51	0.24	1.75
		2030 年	0.87	0.92	1.79	1.39	0.24	1.63
	达拉特旗	2015 年	2.33	0.69	3.02	1.83	1.19	3.02
		2020 年	2.09	0.68	2.77	1.63	1.08	2.71
		2030 年	1.91	0.80	2.71	1.69	1.05	2.74
	小计	2015 年	3.59	1.49	5.08	3.84	1.19	5.03
		2020 年	3.00	1.59	4.59	3.14	1.32	4.46
		2030 年	2.78	1.72	4.50	3.08	1.29	4.37

12.3　本章小结

以水资源可持续利用支撑区域经济社会发展为目标,分析区域水资源开发、利用、节约、保护等方面的要求,在水资源供需分析和配置的基础上提出了鄂尔多斯市各分区近期和中期的水资源配置方案,为水资源的科学分配和调度提供了基础。

在分析区域水资源安全形势的基础上,以保障区域供水安全,提高供水能力和保障能力为目的,提出重点领域水资源保障方案:

(1)农村饮水安全方面,提出集中与分散相结合的方案,解决 20 多万农村人口饮用水安全问题;

(2)合理调配城镇供水水源,保障城镇供水水量和水质的要求,城镇供水量从 0.65 亿 m^3 提高 1.55 亿 m^3,支撑城镇化建设对水资源的要求;

(3)多渠道开源、多水源保障,工业园区供水量从 1.43 亿 m^3 增加到 7.66 亿 m^3,提高工业园区供水保障水平;

(4)节水与改造并行,提高灌区灌溉对水源的要求,保障粮食生产。

第 13 章　水资源可持续利用的效果评价

13.1　水资源系统的总体效率评价

13.1.1　评价指标体系建立

从水资源系统的总体效率基本定义和原则入手，将水资源系统的总体效率评估体系分解为水资源综合利用效率、农业水利用效率、工业用水效率、生活用水效率、生态与环境可持续发展五个子集。

采用层次分析法建立鄂尔多斯市水资源系统的总体效率指标体系，通过指标对比全面分析鄂尔多斯市水资源系统的总体效率，见表 13-1-1。

表 13-1-1　鄂尔多斯市水资源可持续利用方案水资源系统总体效率评价

准则	评价指标	序号 $R_i(x)$	意义
水资源综合利用效率	用水弹性系数	1	用水增长与经济增长量化关系
	综合供水效率	2	水资源对供水效率的提高
	三产用水比例	3	水资源引导产业结构优化
	万元 GDP 用水量(m^3/万元)	4	用水效率
	人均综合用水量(m^3/万元)	5	用水水平
农业水利用效率	去变异农业水资源利用效率	6	农业客观用水效率
	亩均用水量(m^3/亩)	7	农业直观用水效率
	农业用水比例	8	用水结构
	节水灌溉比例(%)	9	农业节水发展
	灌溉水综合利用系数	10	农业灌溉用水效率
工业用水效率	工业用水比例	11	用水的比例
	工业万元增加值用水量(m^3/万元)	12	工业用水效率
	工业万元增加值取水量均降低率(%)	13	用水技术提升
	工业用水重复利用率(%)	14	工艺技术进步
生活用水效率	人均生活用水量(m^3/(人·a))	15	生活用水水平
	城镇人均生活用水量(m^3/(人·a))	16	城镇用水满足
	农村人均生活用水量(m^3/(人·a))	17	城乡饮水安全
	居民生活用水比例	18	生活用水的比例
生态与环境可持续发展	水资源可持续利用性指标(%)	19	水资源总体协调性
	污水回用率(%)	20	再生水利用比例
	生态用水量(亿 m^3)	21	绿地生态用水的满足程度
	万元 GDP 排放 COD(t/万元)	22	污染物排放情况

13.1.2 评价指标分类量化

由于各属性指标单位不一,无法公度,要进行规范化处理,使之无量纲化,形成决策支持向量。根据指标数据特点,评价指标体系中的指标可划分为效益型、成本型、区间型和均值型四类。

13.1.2.1 效益型指标

效益型指标指标越大越优。其包括国内生产总值、工业增加值、人均国内生产总值、人均粮食产量、农业灌溉水利用系数、边际产出六项指标,数值采用流域水资源决策模型计算输出。一般规范化处理采用式(13-1-1):

$$r_i(x) = \frac{x_i - x_{i\min}}{x_{i\max} - x_{i\min}} \tag{13-1-1}$$

13.1.2.2 成本型指标

成本型指标,指标越小越优。其包括工农业缺水量、工业用水定额,一般规范化处理采用式(13-1-2):

$$r_i(x) = \frac{x_{i\max} - x_i}{x_{i\max} - x_{i\min}} \tag{13-1-2}$$

13.1.2.3 区间型指标

对于区间型指标(指标要求在一定区间范围内),规范化处理采用式(13-1-3),指标的规范化采用式(13-1-3):

$$r_i(x) = \begin{cases} 1 - \dfrac{x_{i\min} - x_i}{\max\{(x_{i\min} - \min\limits_i x_{ij}), (\max\limits_i x_{ij} - x_{i\max})\}} & x_i < x_{i\min} \\ 1 & x_i \in [x_{i\min}, x_{i\max}] \\ 1 - \dfrac{x_i - x_{i\max}}{\max\{(x_{i\min} - \min\limits_i x_{ij}), (\max\limits_i x_{ij} - x_{i\max})\}} & x_i > x_{i\max} \end{cases} \tag{13-1-3}$$

式中:$x_{i\max}$、$x_{i\min}$分别为第 i 个指标值的最大值和最小值;x_i 为决策属性指标值;$r_i(x)$为指标特征值归一化的序列。

13.1.2.4 典型指标

根据我国温饱标准,人均粮食产量标准水平线为400 kg,即 $G_0 = 400$ kg/a,$x = G/G_0$,G 为实际人均粮食产量;$\alpha_1 = 0.75$(对应 $G_0 = 400$ kg/a,$u = 0.1$),$\alpha_2 = 1.125$(对应 $G_0 = 450$ kg/a,$u = 1.0$),人均粮食产量量化函数采用式(13-1-4):

$$r_i(x) = \begin{cases} 1.0 & x \in [\alpha_2, +\infty) \\ \dfrac{0.1}{\alpha_2 - 1}(x - 1) + 0.9 & x \in [1, \alpha_2) \\ \dfrac{0.8}{1 - \alpha_2}(x - \alpha_1) + 0.1 & x \in [\alpha_1, 1) \\ \dfrac{0.1x}{\alpha_1} & x \in [0, \alpha_1) \end{cases} \tag{13-1-4}$$

13.1.3　评价模型

水资源利用效果的综合评价采用：

$$S = \sum_{i=1}^{n} \omega_i R_i(x) \qquad (13\text{-}1\text{-}5)$$

式中：S 为区域水资源利用综合评价值；n 为评价指标数，$n = 1,2,\cdots,12$；ω 为各评价指标的权重，由式(13-1-9)确定；$R_i(x)$ 为指标的评价值。

水资源利用效果评价组成要素评价权重采用熵值确定。熵是信息论中测定不确定性的量，信息量越大，不确定性越小，熵也越小；反之，信息量越小，不确定性越大，熵也越大。熵值能够体现在评价的客观信息中指标的评价作用大小，是客观的权重。

鄂尔多斯市各水资源利用效果综合评价，各指标权重的信息熵法确定权重，可分为以下四个步骤：

步骤 1，以鄂尔多斯市 2000～2009 年为评价对象，建立评价对象指标集 $r_{ij}(x)$ $(i = 1,2,\cdots,22;\ j = 1,2,\cdots,10)$。从各年信息中可分别求出各指标所占的比重：

$$P_{ij} = \frac{r_{ij}(x)}{\sum_{j=1}^{10} r_{ij}(x)} \quad (i = 1,2,\cdots,22;\ j = 1,2,\cdots,10) \qquad (13\text{-}1\text{-}6)$$

步骤 2，根据指标的比重来计算其熵值：

$$e_i = -k\sum_{j=1}^{10} P_{ij}\ln P_{ij} \quad (i = 1,2,\cdots,22;\ j = 1,2,\cdots,10) \qquad (13\text{-}1\text{-}7)$$

步骤 3，计算指标的差异系数：

$$g_i = 1 - e_i \quad (i = 1,2,\cdots,22) \qquad (13\text{-}1\text{-}8)$$

步骤 4，各评价指标的权重：

$$\omega_i = \frac{g_i}{\sum_{i=1}^{n} g_i} \quad (i = 1,2,\cdots,22) \qquad (13\text{-}1\text{-}9)$$

熵值法是突出局部差异的权重计算方法，是根据某同一指标观测值之间的差异程度来反映其重要程度的。若各个指标的权重系数的大小根据各个方案中的该指标属性值的大小来确定时，指标观测值差异越大，则该指标的权重系数越大；反之越小。鄂尔多斯市水资源可持续利用方案水资源系统总体效率评价见表 13-1-2。

13.1.4　评价结论

利用建立的评价模型和指标体系对鄂尔多斯市现状年及研究水平年水资源系统总体效率评价指标进行对比分析，从 2009 年至 2030 年，鄂尔多斯市水资源总体利用综合评价值从现状的 0.497 提高到 2015 年的 0.534、2020 年的 0.569、2030 年的 0.603。可见，区域水资源可持续利用程度出现不断提高的趋势。从水资源利用效率来看，水资源利用方案实现的效果包括以下内容。

表 13-1-2　鄂尔多斯市水资源可持续利用方案水资源系统总体效率评价

评价指标	序号 $R_i(x)$	权重 ω	现状年	2015 年	2020 年	2030 年
用水弹性系数	1	0.023	0.16	0.12	0.12	0.11
综合供水效率	2	0.081	0.76	0.81	0.84	0.89
三产用水比例	3	0.073	86:13:1	66:32:2	57:41:2	51:47:2
万元 GDP 用水量(m^3/万元)	4	0.056	90.05	40.66	22.99	10.14
人均综合用水量(m^3/万元)	5	0.023	1 197	904	778	707
去变异农业水资源利用效率	6	0.056	0.053	0.056	0.059	0.06
亩均用水量(m^3/亩)	7	0.053	342	295	282	273
农业用水比例	8	0.048	0.81	0.62	0.53	0.48
节水灌溉比例(%)	9	0.051	38.9	72.5	100	100
灌溉水综合利用系数	10	0.049	0.65	0.74	0.79	0.79
工业用水比例	11	0.082	0.13	0.31	0.39	0.43
工业万元增加值用水量(m^3/万元)	12	0.053	21.68	24.15	19.20	10.52
工业万元增加值取水量均降低率(%)	13	0.041	73.89	-11.41	20.52	45.19
工业用水重复利用率(%)	14	0.044	70.52	79.20	87.33	93.00
人均生活用水量(m^3/(人·a))	15	0.029	25.64	29.92	33.28	38.34
城镇人均生活用水量(m^3/(人·a))	16	0.013	29.97	32.89	35.17	39.45
农村人均生活用水量(m^3/(人·a))	17	0.011	16.97	18.12	19.33	21.63
居民生活用水比例	18	0.019	0.02	0.03	0.04	0.04
水资源可持续利用性指标(%)	19	0.092	42.89	44.73	47.52	48.04
污水回用率(%)	20	0.042	11.86	42.55	58.00	62.15
生态用水量(亿 m^3)	21	0.023	0.78	0.82	0.85	0.89
万元 GDP 排放 COD(t/万元)	22	0.038	1.94	1.28	0.56	0.36

13.1.4.1　水资源利用效率提高

水资源合理配置引导用水效率的提高。单方水的产出效益将有很大程度的提高，2009 年鄂尔多斯市地区生产总值为 2 161 亿元，2030 年将达到 22 296 亿元，22 年间经济将增长 10 倍。工业万元增加值用水量从 2009 年的 21.68 m^3/万元降低到 2030 年的 10.52 m^3/万元，灌溉水综合利用系数从现状的 0.65 提高到 2030 年的 0.79，亩均用水量从 2009 年的 342 m^3/亩降低到 2030 年的 273 m^3/亩。

13.1.4.2　用水结构改善

水资源配置对经济社会的发展起到良好的引导作用，方案实施后，将带动产业结构的变化和调整,进一步影响用水结构。鄂尔多斯市的三次产业用水比例从 86∶13∶1演变为 51∶47∶2,第一产业用水量和用水比例都大幅减少,第二产业用水量和用水比例明显提高,第三产业用水有所提升。生活和生态环境用水量和用水比例逐步提高,生活用水量所占比例从 1% 提高到 2% ,生态环境用水量持续增加。

13. 1. 4. 3　水资源开发利用水平提高

现状年,鄂尔多斯市境内地表水开发利用率为 8. 8% ,方案拟新建中型蓄水工程 12 座,提水工程 5 座,引水工程 2 座。到 2030 年,水资源开发利用率将达到 13. 6% ;浅层地下水开采量将从现状的 10. 77 亿 m^3 减少到 10. 55 亿 m^3,布局有所调整;非常规水源利用量从现状的 0. 74 亿 m^3 提高到 2030 年的 2. 66 亿 m^3。总体来看,水资源开发利用程度不断提升,水资源可持续利用性指标从现状的 42. 89% 提高到 2030 年的 48. 04% 。

13. 1. 4. 4　人水关系和谐性增强

现状年鄂尔多斯市的污水回用率不足 12% ,通过污水收集、处理、再利用等综合措施的实施,2015 年污水回用率提高到 42% 以上,2030 年达到 62. 15% ,万元 GDP 排放的污染物 COD 从现状的 1. 94 t/万元下降到 2030 年的 0. 36 t/万元,境内河流的水质可得到显著提升。在水资源配置中,强调生态需水量的满足,未来生态用水量将在现状基础上有所提升,2030 年生态用水量将达到 0. 89 亿 m^3,在实施节水等措施下区域内绿地面积进一步提高,为建设区域生态文明提供水资源保障。

13. 2　方案实施的效果

鄂尔多斯市水资源可持续利用方案以水资源可持续利用支撑经济社会可持续发展为主线,大力推进节水型社会建设,着力提高水资源利用效率和水资源配置能力,通过合理抑制需求、有效增加供水、积极保护生态环境等手段和措施,可在一定时期保障未来区域经济社会持续稳定发展对水资源的需求。方案实施后,可以在加快区域节水型社会建设、缓解区域供需矛盾、支撑经济社会可持续发展等方面产生十分重要的作用,并给区域经济社会和生态环境建设带来巨大的效益。

13. 2. 1　促进节水型社会建设

鄂尔多斯市一方面水资源严重短缺,另一方面也存在用水管理粗放,浪费现象严重的问题。因此,未来经济发展必须坚持走节水之路,按照建设资源节约型和环境友好型社会的要求,提出了鄂尔多斯市节水型社会建设的总体思路、指标体系、工程措施、水资源可持续利用的管理制度以及与水资源特点相适应的产业布局。

通过发展高效生态农业,采取合理调整农作物布局和优化种植业结构、加快灌区的节水改造、发展田间节水增效工程和推广先进节水技术、因地制宜地发展牧区节水灌溉、大力发展旱作节水农业、积极推行林果业和养殖业节水等措施,促进高效节水型农业发展;工业确定合理的工业规模、采取优化区域产业布局和加大工业布局调整力度、大力发展循环经济与推广先进节水技术和节水工艺、强化企业计划用水和内部用水管理、积极利用非常规水源、组织实施节水重大技术开发及示范工程等措施,走新型工业化道路,提高工业用水效率;加强城镇供水管网建设,推广节水器具普及率。

方案实施后,鄂尔多斯市农业灌溉水综合利用系数由 2009 年的 0.65 提高到 0.79,农田灌溉亩均用水量由 2009 年的 342 m^3/万亩降低到 2030 年的 273 m^3/万亩;工业用水重复利用率由现状的 70.52% 提高到 93.00%,工业万元增加值用水量由现状年的 21.68 m^3/万元降低到 2030 年的 10.52 m^3/万元;城镇供水管网综合漏失率由 21% 降低到 10.9%。

方案实施后,在鄂尔多斯市初步建立节水型社会管理制度体系、与水资源和水环境承载能力相协调的经济结构体系、水资源合理配置和高效利用工程技术体系和自觉节水的社会行为规范体系,促进节约用水,提高用水效率,节水量达到 4.02 亿 m^3。

13.2.2　缓解水资源供需矛盾

鄂尔多斯市属资源性缺水地区,水资源短缺、水资源供需矛盾十分突出,近年来经济发展迅猛、水资源需求增长强劲,水资源不合理利用已导致一系列的资源环境问题,并加剧了供需矛盾。

水资源利用的总体思路是节水与开源相结合,多种水源联合调配。水资源利用的总体格局是:在节水中求发展,合理引黄、有效调蓄,优化配置、合理利用,可在一定时期内缓解鄂尔多斯市水资源供需矛盾。

13.2.2.1　提出水资源合理开发的格局

根据配置成果,水资源开发利用率不断提高,研究水平年鄂尔多斯市配置的地表水耗损总量为 7.0 亿 m^3,总体不超过黄河水量分配指标;浅层地下水开采量为 10.55 亿 m^3,不超过地下水可开采量。在现状超过可开采量的达拉特旗、鄂托克旗的部分地区,严格按照可开采总量控制,逐步实施地下水退减,通过产业结构调整、大力发展节水灌溉和非常规水源工程的建设,基本满足了经济社会发展对水资源的合理需求,使生态环境用水量得到保障;而在现状水资源尚存开发潜力的无定河流域、十大孔兑,加大境内地表水资源开发力度,同时注意对水资源的保护,保证水资源开发利用不超过其可利用量。

13.2.2.2　提出与水资源合理配置相适应的水利工程体系

鄂尔多斯市属资源性缺水地区,境内的众多河流水系属季节性河流,水资源年内、年际分布不均、可利用量有限,黄河是区域主要的供水水源。研究水平年通过在境内支流新建区域性的调蓄水库增加水资源调控能力;提高当地水资源开发利用率,增加黄河干流取水工程建设,调节水资源时空分布、优化区域间水资源调配;逐步退还经济社会用水造成的地下水超采量,并在地下水潜力区新建地下水井,提高地下水对生活的保障水平;根据非常规水源的分布情况,增加非常规水源的利用工程和技术投入,提高非常规水源的利用量,减少对地表水、地下水常规水源的依赖程度。

13.2.2.3　优选区域水资源合理利用模式

方案提出了不同情景的区域发展模式,并对需水进行了比选,经过水资源供需平衡分析成果的多次协调平衡后,优选出推荐方案。通过水资源供需“一次分析”明确了区域的产业规模和产业布局,“二次分析”提出了近期水资源利用方案,“三次分析”指出了中期水资源利用的方向。方案反映了今后相当长的时期内鄂尔多斯市国民经济和社会发展长期持续稳定增长对水资源的合理要求,能够促进人与自然和谐发展,符合“资源节约、环境友好型”社会建设的要求,可实现地区经济社会的可持续发展。

13.2.2.4　建立与水资源承载能力相协调的经济结构体系

2009 年,鄂尔多斯市第一、第二、第三产业结构为 2.8∶58.3∶38.9。充分发挥水资源配置的引导作用,调整三产结构和用水比例,不断巩固提高第一产业,加速发展第二产业,特别是加快提升第二产业中的工业比重,全面提升第三产业,以及积极调整优化各产业内部结构,根据地方自身特色有重点分阶段提高第二、第三产业比例和用水,适当压缩农业用水。做好种植结构和用水调整,加速粮、经、草三元种植结构的形成,转变农业生产方式,到 2030 水平年,鄂尔多斯市三次产业结构调整为 0.6∶53.6∶45.8。

根据水资源供需“一次分析”,2020 水平年,鄂尔多斯市多年平均缺水量为 7.80 亿 m^3,缺水率高达 26.6%;枯水年份,水资源更加紧缺,水资源短缺问题将严重制约鄂尔多斯市经济社会的发展。在充分考虑节约用水的情况下,通过多种措施、实施多水源联合调配,“三次分析”后,2020 水平年,鄂尔多斯市缺水量减少到 3.14 亿 m^3,缺水率将减少到 12.6%,配置方案的实施可以一定程度地缓解区域缺水状况,对保障区域供水安全发挥积极的作用。

13.2.3　支撑经济社会可持续发展

13.2.3.1　保障城乡用水安全

随着城镇化进程的不断加快及经济社会发展和人民生活水平的提高,生活用水所占的比重越来越大,对供水保证率和水质要求越来越高。据预测,到 2020 年,鄂尔多斯市主要城镇需水量达到 1.55 亿 m^3,其中,城镇生活需水量 0.72 亿 m^3;在农村推进“三区”规划和新农村建设,农村生活不断改善,预测 2020 年农村人畜饮水需求为 0.49 亿 m^3。

加快城镇供水水源地和供水管网等供水设施的保护、配套及完善,加快农村供水水源建设,通过新增供水工程措施和合理调度,全面改善设市区和城镇饮用水安全状况,集中式饮用水水源地得到全面保护,维持小康社会对饮用水安全的要求。方案实施后,2020 年,可向城镇生活增加供水 1.55 亿 m^3,解决城市新增用水需求;向农村人畜生活增加供水 0.49 亿 m^3,解决人畜饮用水问题;方案的实施,可基本满足城乡生活、生产用水需求,为加快鄂尔多斯市城市化进程和社会主义新农村建设提供水资源保障。

13.2.3.2　支撑能源重化工基地建设

鄂尔多斯市矿产资源丰富、地理位置优越,是我国规划的重要能源化工基地之一,经济基础相对比较好,能源资源的优势、国家政策的导向,都为该部分地区的快速发展奠定了坚实的基础。能源资源开发离不开水资源条件的基本支撑,但区域水资源匮乏,供需矛盾尖锐,难以承载经济社会可持续发展和生态环境良性维持的用水需求。

水资源配置按照效率优先、兼顾公平的原则,方案实施后,将向准格尔大路工业园区、达拉特旗经济开发区、杭锦旗独贵塔拉工业园区、鄂托克旗棋盘井和蒙西工业园区、鄂托克前旗上海庙工业园区以及乌审旗图克工业园区等重要能源工业基地增加供水 5.73 亿 m^3,可基本满足近期水平年新增用水需求,并在一定程度上解决中期 2020 水平年工业发展用水问题,支撑鄂尔多斯市成为国内最具竞争力的能源重化工基地。

通过布局调整,将原有分散布局的能源重化工现状调整为沿黄沿线集中布局的能源重化工产业带,有利于集中优势资源,尤其是水资源,支持具有世界竞争力的能源重化工园区的进一步打造。

13.2.3.3　提高农业供水的保证率

研究水平年,鄂尔多斯市水资源供需矛盾将更加突出,在特枯水年或枯水季节,工业、城市生活用水往往挤占了农业等行业用水,使农业用水得不到保障,遭受了巨大的损失。方案实施后,增加区域的可供水量,置换和减少工业、生活挤占的农业用水量,从而提高农业供水保证率,为增加粮食产量、提高农牧民收入提供水资源保障。

在水资源日趋紧缺的情况下,通过灌区节水改造、调整种植结构和推广抗旱节水农作物种植面积,在灌溉水量不增加的情况下,可以发展部分灌溉面积,保障粮食增产的需要。

13.2.3.4　促进区域协调发展

鄂尔多斯市在我国经济社会发展和生态环境建设中占据十分重要的地位,由于水土资源不匹配、资源禀赋不一,经济发展存在着日益明显的地域差异,区域经济发展不平衡,部分地区自然条件和生态环境较差,广大山丘区的坡耕地农业单产很低,畜牧业生产比较落后,林业基础薄弱。

方案兼顾各旗(区)发展的需求,统筹各种水源,协调各部门和各用水户的用水关系,在兼顾公平和效益的情况下进行全市水资源统一分配,对粮食主产区、经济水平欠发达地区、农村人畜饮水困难等地区的供水工程和农业用水给予优先安排,可加快民族地区和欠发达地区的发展,促进区域协调发展。通过新建支流调蓄工程、实施黄河干流取水工程,增加地区供水能力,解决区域水资源分布不均和支流缺水问题。

13.2.3.5　支撑经济快速发展

近 10 年来,鄂尔多斯市经济发展取得了辉煌的成就,2009 年地区生产总值为 2 161 亿元,人均 GDP 为 13.29 万元。未来 22 年,是鄂尔多斯市加快国家级能源基地建设、加快经济发展方式转变、加快推进富民强市战略、全面建设小康社会的关键时期,鄂尔多斯市提出了一系列的战略设想和宏伟蓝图。

蓝图的实现必须依赖稳定的水资源支撑,鄂尔多斯市水资源短缺,方案通过产业结构优化、水资源合理配置和高效利用、生态环境保护与建设等措施,以水资源合理配置和高效利用支持流域经济的持续高速发展。可以预见,方案的实施将促进区域经济继续保持快速增长的势头,保障鄂尔多斯市全面实现建设小康社会奋斗目标:到研究近期 2015 水平年,人均 GDP 达到 22.23 万元,跨入发达国家水平;研究中期 2020 水平年,人均 GDP 达到 33.83 万元,全面实现富民强市的目标。

13.2.4　促进人与自然和谐发展

生态环境是关系到人类赖以生存和发展的基本自然条件。在鄂尔多斯市进行水资源配置时,改变了过去忽视生态环境用水的做法,在保证生态环境用水的前提下来合理配置和保障经济社会用水。保障生态环境用水,有助于水循环的可再生性维持,是实现水资源可持续利用的基础。鄂尔多斯市生态环境的保护和改善,对保障区域经济社会的可持续发展有着重要的作用。

统筹协调人与自然、河道内外用水，严格按照可利用量控制水资源的开发，按纳污能力控制用水和排污，在促进经济发展的同时，河流生态状况得到明显改善；对地下水开采实行了严格的控制，研究水平年退还了浅层地下水的超采量 0.38 亿 m^3，实现地下水的采补平衡；注重城镇环境、湿地补水以及生态林草建设等生态建设用水，为生态环境建设提供水资源保障。通过加大污水处理力度、提高污水处理回用量、加强河湖污染治理和生态修复等措施，可有效降低排入河湖的污染物量，逐步恢复河湖水体功能，改善河湖生态环境。

方案实施后，除带来显著的经济效益、社会效益外，还将产生巨大的生态环境效益，促进人与自然的和谐发展。

13.2.4.1 城乡饮水安全建设的环境效益

通过加强城镇集中式饮用水水源地安全保障设施建设，不仅可以保障水量、水质不合格人口的饮水安全，还可加强城镇饮用水水源地的管理，防止在水源地管理范围内建设排污企业，加强面源污染治理，减少进入水源地的点源和面源污染负荷，保障城镇饮水安全，改善城镇生态环境。通过加强农村饮水安全建设，不仅可逐步改善饮水水量、水质不合格人口的饮水安全，还可逐步建立饮用水水源地保护制度，加强保护区内外的污染源治理，防止新的污染源产生，进行农村水系环境综合整治，改善农村生态环境。

13.2.4.2 节水型社会建设的环境效益

工业和城镇实施节水，可减少工业和城镇用水量，减少废污水和污染物排放量与入河量，为水环境的逐渐恢复创造条件。通过调整经济结构，转变经济增长方式，大力发展循环经济，可降低生活生产用水量，降低废污水和污染物的排放量，从而逐步改善生态环境。

13.2.4.3 水资源保护的环境效益

通过加强城镇污水处理设施建设，可逐步提高城镇污水处理程度，降低污染物的排放量和入河量。同时，污水处理设施的建设和有效运行，还为污水回用和污水资源化创造了条件。

13.2.4.4 水资源合理开发的环境效益

按照科学发展观的要求，方案坚持“合理开发、优化配置”的原则，将河流开发控制在水资源可利用量的限度以内，保障河湖生态环境用水需求，维护河流健康，促进人与自然和谐发展。

13.3 本章小结

以保障水资源可持续利用、经济社会持续发展、生态环境良性维持为主线，建立一套水资源科学的评价指标体系，经综合评价区域水资源利用和保护方案，可有效提高水资源和水环境承载能力，改善水资源与国民经济及生态环境的协调性，实行人与自然的良性和谐。主要评价包括：

(1)根据区域水资源可持续利用要求，采用层次分析方法，从水资源综合利用效率、农业水利用效率、工业用水效率、生活用水效率、生态与环境可持续发展五方面建立评价指标体系。经综合评价，鄂尔多斯市研究水平年水资源配置方案的水资源可持续利用水平得到显著提升。

(2)方案系统地提出了构建鄂尔多斯市水资源四大保障体系的框架:一是依据水资源与国民经济的互动关系,形成与经济社会发展相适应的水资源优化配置体系;二是合理利用其他水源,形成多种水源联合供水的保障体系;三是加快节水型社会建设,形成水资源高效利用的体系;四是理顺各种关系,建立现代水资源管理机制体系,建立水资源可持续利用的局面。

(3)水资源方案能够实现鄂尔多斯市水资源的合理开发、高效利用、优化配置、全面节约、有效保护和科学管理的总体目标。方案的实施,将极大地促进和保障鄂尔多斯市人口、资源、环境和经济的协调发展,产生巨大的社会经济效益和环境效益,可在一定时期和一定程度上解决和缓解区域水资源短缺,有效解决水污染和水生态环境失衡等问题,确保城乡饮水安全、城镇供水安全、粮食生产和工业园区的发展需求。

第 14 章　水资源可持续利用的管理制度与政策建议

14.1　管理制度研究

鄂尔多斯市水资源贫乏、供需矛盾突出，加强水资源管理制度建设是贯彻落实科学发展观、增强可持续发展能力的迫切需要。水资源管理制度建设要以全面提升水资源管理水平为目标，以体制和机制创新为重点，以加强能力建设为手段，从管理制度、体制机制、监测管理等方面提出一套建设思路。

14.1.1　建立水务一体化管理的体制

水资源不仅具有自然属性和生态属性，而且具有社会属性和经济属性。从水资源的本质属性来看，只有实行统一管理才能充分发挥管理所产生的社会、经济与环境三重效益。国内外实践证明，加强水资源统一管理，对涉水事务进行统一管理是水资源可持续利用的重要支撑。在鄂尔多斯市实施水务一体化管理，可为推进鄂尔多斯市水资源可持续利用创造良好的制度环境。

理顺水务管理体制。水务一体化要求建立权威、高效、协调、统一的水资源管理机构，对水资源的开发、利用、配置、节约、治理和保护进行全方位管理，实行统一规划、统一建设、统一取水许可、统一配置、统一调度、统一管理；从鄂尔多斯市水务一体化管理体制建设来看，要从市政府层面明确水利局为主管水行政的政府组成部门，对全市的防洪、供水、用水、排水、节水、污水治理和回用、水环境治理等实行统一管理。

加强水政执法能力、提高服务水平。实施水务一体化，建立水务管理的权威机构，建设全市的水信息基础平台，强化水政执法工作，践行最严格水资源管理制度。在此基础上完善水资源管理制度，建立事权清晰、分工明确、行为规范、运转协调的水资源管理工作机制，改善水利服务于经济发展的能力和水平。

推进城乡水资源统一管理。按照城乡统筹的要求，结合城乡建设和产业发展，对城乡供水、水资源综合利用、水环境治理和防洪排涝等实行统筹规划、协调实施，促进水资源优化配置。着手编制完善的农田水利基本建设规划、城乡供水总体规划、防洪总体规划等一系列规划，基本形成覆盖城乡的水务规划体系，并加强规划执行监管，切实做到以科学规划引领城乡水务一体化建设。

加快培育与完善水利基础产业。统一管理体制建立后，鄂尔多斯市在水利方面要加快从传统水利管理模式下的防洪保安、抗旱保收为主的单纯公益性、基础性产业向兼顾城乡供水、养殖、旅游和排污治理等多种经营性的产业发展，创立多渠道融资模式和多元化投资方式，推进水务投融资体制改革，积极采取政府主导、市场运作、社会参与的方式，鼓励社会资本投资水务基础设施的建设、运营和管理，促进水利基础产业的良性发展。

14.1.2　实施最严格水资源管理制度

在水资源可持续利用规划方案的基础上着手编制《鄂尔多斯市实行最严格水资源管理制度实施方案》，划定水资源管理的三条“红线”，实施最严格水资源管理制度，以水资源配置方案为基本依据，以总量控制为核心，建立严格的取水管理制度体系。

14.1.2.1　严格落实总量控制，实施用水总量控制制度

建立取水总量控制指标管理制度。在没有外来水源和国家政策支持的情况下，未来鄂尔多斯市水资源可利用总量是刚性的，也是今后地区经济发展的全部水资源家底。要充分发挥规划的基础导向和刚性约束作用，建立覆盖市、旗（区）、工业园区三级行政区域的取水许可总量控制指标体系。

建立严格的用水管理制度，加强用水管理。在取水总量控制指标体系的基础上，对用水超过用水指标的旗（区），新增建设项目取水应通过非常规水源或水权交易解决。严格水资源论证和取水许可制度，需取水的建设项目取水许可纳入联合审批，对超计划用水实行累进加价制度。鼓励各旗（区）、工业园区加大对微咸水、再生水、矿井水、雨水等非常规水源的利用，减轻常规水源的供水压力。

完善取水许可和水资源费征收管理制度。按照《取水许可和水资源费征收管理条例》，严格执行申请受理、审查决定的管理程序，加强取用水的监督管理和行政执法。加强流域建设项目水资源论证管理，除对建设项目实行水资源论证外，国民经济和社会发展规划、城市总体规划、区域发展规划、重大建设项目的布局、工业园区的建设规划、城镇化布局规划等宏观涉水规划，也要纳入水资源论证管理。建立水资源费调整机制，适时调整水资源费征收标准，对超计划或超定额取用水累进收取水资源费；完善水资源费征收管理制度，加大水资源费征收力度，加强水资源费征收使用的监督管理。

14.1.2.2　加强定额管理，实施用水效率控制制度

以提高用水效率为核心，推进节水型社会建设。在规划方案的基础上，制定行业用水定额标准，明确用水定额红线，强化对水资源需求的管理，提高用水效率和效益，抑制不合理用水需求。探索适宜地区经济条件、用水水平的节水型社会建设的模式与途径，加大节水型社会建设的推广力度。在农业节水方面，要以南岸灌区为重点，以发展高效生态农业为契机，进一步推进田间节水改造，大力推广先进实用的节水灌溉技术，实现农业用水的进一步减少；在工业节水方面，要以发展循环经济为中心，以提升工艺水平为重点，研究节水生产技术，提高工业水重复利用率，减少工业园区用水需求；在城市生活节水方面，要加强供水和公共用水管理，加快城市供水管网改造，全面推广节水器具，提高输水效率，减少水量损失。

加强定额管理，推进计划用水管理。根据年度用水总量控制指标和《内蒙古自治区用水定额》标准，合理确定区域年度取用水计划指标，全面实施计划用水管理，建立水资源的宏观控制和定额管理指标体系，完善计划用水单位档案。对计划管理单位实行按年度分月下达用水计划指标，按季度分月考核，对超计划取水的，征收超计划加价水费。在此基础上制定《计划用水指标核定管理办法》。

完善节水体制机制建设。鼓励用水企业的节水投入，对企业实施的节水技术改造、购置节水产品的投资额，按一定比例实行税额抵免；对实现废水“零排放”的企业减征污水处理费。新建设施农业必须建设用水计量设施，已有设施农业要逐步补建计量设施，对农业节水项目优先立项，并视情况给予贷款贴息支持。

14.1.2.3　加大生态环境保护，实施水功能区限制纳污制度

划定饮用水水源保护区范围，加强饮用水水源地保护。制定水源地保护的监管政策与标准，强化饮用水水源保护监督管理，完善水源地水质监测和信息通报制度，加快重要饮用水水源地综合治理。

以纳污能力为依据，强化水功能区监督管理。已规划核定水域纳污能力为依据，研究提出分阶段入河污染物排放总量控制计划。

加强重要河湖、湿地水生态保护。鼓励合理利用再生水、雨洪水等非常规水资源，实施河湖、湿地补水，开展重要河湖健康评估。

14.1.3　创建水资源管理的市场机制

近年来，鄂尔多斯市一些地方以水权和水市场为理论基础，已在南岸灌区开展农业节水和水权转换，为鄂尔多斯市加快培育水市场提供了有益的探索。要在实现水资源统一管理的基础上，建立机制，加强管理，逐步理顺水价，形成良性有序的水资源市场机制。运用市场化的手段不仅能够有效缓解工业缺水，还能够拓展融资渠道，使水资源产生出较高的经济效益和社会效益。

14.1.3.1　培育水资源全市合理流动的成熟、有序市场

培育水市场需要先明晰水权。与逐步建立完善的黄河水权制度相协调，逐步建立鄂尔多斯市总量控制、统一调度、水权明晰、可持续利用、政府监管和市场调节相结合的水权制度，明晰初始用水权、培育水权转让市场、规范水权转让活动，充分运用市场机制优化配置水资源。

规范取水许可审批程序，加强计划用水和节约用水监督管理，建立和完善取水许可单位和个人的公示制度与监督机制，定期向社会特别是向受影响的地区发布取水许可审批情况公告，接受社会监督。

14.1.3.2　理顺水价的形成机制

理顺水价的形成机制，有利于推进节水型社会建设。建立价格调节和激励机制。改革水价，体现不同水源的价值，提高地下水的价格，理顺当地水资源与非常规水资源的价格关系、黄河调水与当地水、地表水和地下水、优质水和劣质水、自备水源及集中供水水源之间的价格关系，确保实现同区同价、同质同价、优质优价。

14.1.3.3　加强管理、合理引导

政府健全以间接管理为主的宏观管理体系，合理引导市场的良性运行。一是引入竞争机制。供水、污水处理通过招标选择经营企业，政府制定相应的监管规则和服务质量标准体系，选择符合要求的中外企业经营供水和污水处理。二是将水价形成机制改革和企业经营管理体制改革结合起来，坚持两项改革相互促进的方针，实行政企分开，努力发挥市场机制对水资源配置的基础作用。

加强市场的制度建设。政府通过颁布一系列市场运行的规章、制度，规范市场行为，并通过强化法律监督、实行依法行政，引导市场按照法制化轨道运行。

14.1.4　建立水资源循环利用体系的有关制度

发展循环经济，按照“3R”减量化、再利用、资源化原则，逐步建立健全区域水资源循环利用体系，促进水资源健康循环和可持续利用。

根据区域水资源和水环境承载能力，按照优化开发、重点开发、限制开发和禁止开发的四类功能区域，合理调配经济结构，实现水资源开发利用的优化布局。

按照循环经济的发展模式，建立区域水资源循环利用体系的发展模式，逐步建立源水、供水、输水、用水、节水、排水、污水处理再利用的综合管理模式。

按照科学发展观和新时期治水思想的要求，切实转变治水观念和用水观念，以提高水资源利用效率和效益为核心，采取综合措施，依靠科技进步，提高节水水平。加大污水处理能力，增加再生水资源回用规模，推进水资源循环利用。

14.1.5　完善水功能区管理制度

切实加强水资源保护，制定水功能区管理制度，核定水功能区纳污能力和总量，依法向有关地区主管部门提出限制排污的意见。

结合鄂尔多斯市实际情况，对已划定水功能区进行复核、调整，核定水域纳污总量，制定鄂尔多斯市水功能区管理办法，制订分阶段控制方案，依法提出限排意见；制订地下水保护规划，全面完成地下水超采区的划定工作，压缩地下水超采量，开展区域地下水保护试点工作。要科学划定和调整饮用水水源保护区，切实加强饮用水水源保护。

完善入河排污口的监督管理。将水功能区污染物控制总量分解到排污口，加强排污口的监督管理；新建、改建、扩建入河排污口要进行严格论证和审查，强化对主要河段的监控，坚决取缔饮用水水源保护区内的直接排污口。

完善取用水户退排水监督管理。依据国家排污标准和入河排污口的排污控制要求，合理制定取用水户退排水的监督管理控制标准。对取用水户退排水加强监督管理，严禁直接向河流排放超标工业污水，严禁利用渗坑向地下退排污水。

14.1.6　建立水资源应急管理制度

鄂尔多斯市水资源短缺，年内和年际分配不均，特枯水年和连续枯水段时有发生，应从区域水资源安全战略高度出发，建立与区域特大干旱、连续干旱以及紧急状态相适应的水资源调配和应急预案。建立旱情和紧急情况下的水资源管理制度，建立健全应急管理体系，加强指挥信息系统，做好生态补水、调水工作，保证重点缺水地区、生态脆弱地区用水需求。推进城镇水源调度工作，开展水资源监控体系建设，完善鄂尔多斯市水资源管理系统建设，加强区域水资源监控，提高水资源管理的科学化和定量化水平。

进一步健全抗旱工作体系，加强抗旱基础工作，组织研究和开展抗旱规划，建立抗旱预案审批制度。继续推进抗旱系统建设，提高旱情监测、预报、预警和指挥决策能力，备足应急物资、专业救灾队伍，以应急需。

完善重大水污染事件快速反应机制，进一步加强饮用水水源地保护与管理，强化对主要河段排污的监管，提高处理突发事件的能力。

14.1.7 加强水资源管理能力建设

为切实提高水资源综合管理能力和管理水平，实现水资源管理向动态管理、精细管理、定量管理和科学管理的转变，适应新时期水资源管理需求，必须加强水资源管理信息化建设，加强以"水资源监测"、"信息化建设"为核心的水资源管理现代化建设，推进水资源管理的现代化，提高水资源的调控能力和水资源管理决策能力。

14.1.7.1 监测能力建设

加强监管，防范风险。鄂尔多斯市水资源基础研究薄弱，监测站点少，技术力量薄弱。今后，应重点加强水资源的监测工作，尤其是深入研究水资源的演化规律，提高水资源的定量预测预报能力，防范水安全风险。

加强水资源监测系统建设。制定实行水资源数量与质量、供水与用水、排污与环境相结合的统一监测网络体系；建立和完善供、用、排水计量设施，建立现代化水资源监测系统。

加强流域地下水的动态监测。鄂尔多斯市平原区地下水观测井总数不足，且绝大部分是利用生产井人工观测，观测质量和可靠性不高，在分布上也不合理。要加快建立起地下水监测系统，建设现代化信息传输和处理分析系统，形成区域一体的地下水信息采集、传输、处理、分析、发布的现代化系统，满足地下水监控和管理需要。

14.1.7.2 信息化能力建设

建成覆盖全市的水情报汛通信网络，形成多种信道互为备份的通信体系。利用通信卫星，全面实现雨量站和水位站自动报汛。加强应急报汛能力建设，重点部位实现移动报汛。建设覆盖流域的水文计算机广域网络系统，建立水文计算机网络安全平台，全面实现流域水情报汛自动化。

建设和完善不同河段暴雨洪水和局地突发性暴雨洪水预警预报系统。建设基于卫星的流域旱情监测系统，研发径流预报模型和干旱预测模型。加强气象灾害监测预警服务系统建设。建设完善防汛减灾、水资源管理与调度、水土保持生态环境监测、水资源保护、水生态保护、水利工程建设与管理、电子政务等应用系统。

14.1.7.3 水行政执法能力建设

加强各级水行政管理机构执法能力建设，重点做好执法队伍建设和执法设施建设，改善市、旗（区）水利部门基础设施和办公条件，加强网络建设力度，提高工作效率，维护良好的水事秩序。要大力培养人力资源，大力推进水利职工队伍的教育和技能发展，造就一支政治强、业务精、作风实、纪律严的队伍。落实水行政执法工作经费，配备执法交通工具、调查取证设备、信息处理等执法设施。

14.1.7.4 监督能力建设

为了对规划实施、防汛抗旱、水资源管理与调度、水资源保护、水土保持、水利工程建设与管理进行有效的监督，要建立完善相关的监督检查工作制度和标准体系，配置必要的设施和设备，加强监督队伍自身能力建设。

14.1.7.5　加强前期研究

加强水沙置换和生态补偿政策研究。针对重要的问题，加强前期研究工作，建立水资源管理信息系统，研究开展水土保持的减沙效应、煤炭开采的水资源效应、湿地的水资源循环、生态功能及生态需水、生态补偿政策、重点产业生态胁迫效应及补偿、水权转移与真实节水等重大课题的研究。

14.2　促进区域水资源可持续利用的政策建议

从近期来看，鄂尔多斯市水资源问题的关键是水资源的配置、利用不合理，因此应将水资源优化配置放在规划的突出位置，通过节约用水、合理配置、严格管理，抑制不合理需求、促进水资源高效利用。从长远来看，鄂尔多斯市发展最大的制约是水资源短缺、可利用量不足，因此必须从战略层面寻求解决鄂尔多斯市资源性缺水问题。

14.2.1　跨区域的水权转换

跨区域的水权转换是改变用水结构不合理现状的必然选择。从黄河流域的用水现状来看，2009 年，黄河流域农业用水量 303.85 亿 m^3，耗水量 245.05 亿 m^3，分别占黄河流域的 80.9% 和 79.9%。从内蒙古自治区黄河流域农业耗用地表水来看，农业用水量 69.69 亿 m^3、耗水量 54.23 亿 m^3，分别占内蒙古自治区耗用黄河水量的 90.3% 和 88.5%。农业区用水比例仍偏大、效率偏低，限制了工业发展用水，不符合国家经济发展的总体要求，有必要通过经济杠杆作用推动深层次的水权流动，为工业发展提供充足的水源支撑。

2003 年以来，在水利部指导下，运用水权水市场理论，黄委与宁夏、内蒙古两自治区水利厅及当地政府共同开展了水权转换试点工作，取得了较大进展，探索出了一条农业支持工业、工业反哺农业的新型经济社会发展道路。其中，在鄂尔多斯市开展了一、二期水权转换，一期水权转换进展顺利、实施效果明显，为工业发展提供水源 1.3 亿 m^3，极大地支持了工业经济的快速发展，二期水权转换在实施中。从水权转换实施的范围来看，之前的黄河水权转换重点是区内水权转换，主要是围绕流域内煤炭开发、深加工和能源转化项目的用水需求开展，转换水量有限，不能满足能源化工产业深度发展的需求。因此，有必要不断探索水权转换的新路子，在全流域范围内提高用水效率和效益，支持经济社会协调、持续、健康发展。

鄂尔多斯市煤炭资源十分丰富，能源化工产业需水量大、水资源供需矛盾突出。位于内蒙古自治区巴彦淖尔市的河套灌区是一个具有悠久灌溉历史的大型灌区，有着得天独厚的自流引黄灌溉条件。灌区由黄河三盛公枢纽引水自流灌溉，灌区控制面积约 1 100 万亩，现状灌溉面积为 860 万亩，年引水量约 50 亿 m^3，其中农业灌溉用水比例高达 90% 以上。由于渠系老化失修、灌排不配套，土地平整差，存在渠系渗漏、水资源利用效率低等问题，有较大的节水潜力。由于受矿产资源等条件制约，巴彦淖尔市工业发展缓慢、经济相对落后，政府、企业无力承担农业节水投资，因此灌溉设施改造滞后、灌溉用水效率低，农业灌溉水未得到有效利用。

从现实需求和可行性分析来看，实施跨区水权转换是必要且可行的。因此，建议在黄河流域进一步开展跨区域的水权转换。开展跨区域的水权转换可分两步实施:第一步,开展省(区)内的跨地区水权转换,促进省(区)内用水效率提高;第二步,实施跨省(区)的水权转换,鼓励省际水指标流动,提高黄河流域用水效率。在总结黄河流域水权转换试点实践经验和存在问题的基础上,进一步开展巴彦淖尔市河套灌区的跨区水权转换,有利于推进节约用水,提高水资源利用的效率与效益,减少农业灌溉用水、缓解供需矛盾;有利于增加水利投入,推进水资源的开发利用和生态环境保护;有利于实现水资源的持续利用和经济社会的协调发展,因此是非常必要和迫切的。

建议有关部门尽快提出河套灌区水权转换总体规划,制定巴彦淖尔市向鄂尔多斯市开展水权转让的组织实施和监督管理措施;研究提出水权转让过程中涉及相关利益方的补偿机制,完善水权市场机制和管理制度框架体系,保证水权合理有序流动。

14.2.2 挖沙减淤换水

目前,处理黄河下游泥沙淤积主要采用"拦、排、放、调、挖、用"等多种措施综合治理,"挖"是其中的有效措施之一。

挖沙换水是解决流域缺水与输沙用水矛盾的有效措施之一。根据减淤需要,在黄河下游主河槽挖沙,由鄂尔多斯市企业或政府出资,在孙口以上河段结合规顺河势,进行挖河疏浚;在黄河下游,结合规顺河势,采取挖沙疏浚等措施,以增加主槽的过流能力、减少河道淤积,提高下游河道防洪能力。由鄂尔多斯市政府或企业投资挖沙减淤的公益项目,置换的水量用于地区经济发展,实现经济发展与维持黄河健康生命共赢。由于挖沙换水是一个新的、探索性课题,涉及的问题较多,挖沙换水在满足用水需求的同时,会给黄河中下游河道来水来沙、河道冲淤及下游防洪等带来诸多影响,挖沙换水的量化指标等需要进一步开展研究。

但目前,挖沙减淤措施的资金大部分都没有落实,可尝试由上游政府或企业投资挖沙减淤的公益项目,置换的水量用于黄河上游地区的经济发展,实现流域经济发展与维持黄河健康生命共赢。经初步研究分析,通过挖沙,黄河下游孙口以下河道可基本保持冲淤平衡,每年的挖沙还可延长挖河减淤的实效性,初步估算可节省输沙用水量约 1 亿 m^3。节省下来的冲沙水量可为鄂尔多斯市等黄河上中游能源化工产业区经济发展用水提供发展水源。

建议流域管理层支持开展挖沙减淤换水等水沙综合治理的新途径、新方法研究,探索通过工程措施节约的黄河输沙用水量用于经济发展的有效模式,为南水北调西线工程实施前缓解黄河上中游经济发展提供有效途径,达到当地社会经济发展、地方生态环境改善和黄河治理有成效的多赢局面。

14.2.3 适度减少农牧灌溉面积的建议

在实施一、二期水权转换后,鄂尔多斯市包括南岸灌区在内的农业灌溉每年仍消耗黄河水资源量 5 亿 ~6 亿 m^3,农业灌溉用水产出低、消耗大,占据了大量的水资源,影响了工业发展。

建议国家结合鄂尔多斯市能源化工产业区的水土资源条件,尽快出台区域土地管理政策,实行水土总量双控制的制度,调整区域土地利用布局,重点支持国家级和自治区级开发区建设与煤电基地建设。建议国家出台土地管理政策,支持在水资源短缺的鄂尔多斯市能源化工产业区实施“以水定地,以水定发展”,允许在部分灌区退耕、退灌。对于水资源短缺的能源基地,在不损害农民利益的前提下,建议允许适度退减灌溉面积,减少农田灌溉面积、增加草场建设,实行退耕还草、退灌还水,适度退掉一部分和工业争水的灌溉耕地,既可在一定程度上改善生态环境,又可为工业发展提供必要水源、支撑工业发展。建立补偿机制,同步开展工业反哺农业,积极改变农业生产经营方式,大力发展生态农业和高产优质高效农牧业。

从近 20 年来鄂尔多斯市耕地面积和灌溉面积的变化情况来看,鄂尔多斯市耕地面积和灌溉面积增长主要发生在 1996 年以后,随着人口的增加和经济的发展,鄂尔多斯市耕地面积和灌溉面积分别增加了 225 万亩和 150 万亩。考虑近年来工业发展的用水需求,根据鄂尔多斯市主要灌区的分布情况,在鄂尔多斯市南岸灌区杭锦旗和达拉特旗灌区,选出 1/3 的灌溉面积(45 万亩)实施轮耕轮灌,每 3 年轮换一遍。

14.2.4　加快推进南水北调西线一期工程

南水北调西线工程从长江上游调水至黄河,规划总调水量 170 亿 m^3,分三期实施。南水北调西线一期工程从雅砻江、大渡河上游调水 80 亿 m^3 注入黄河源头,供水范围覆盖黄河上中下游的广大地区,可以利用黄河干流已建和规划的骨干工程的巨大调节库容,最大限度地解决黄河流域国民经济缺水问题。

南水北调西线工程是缓解黄河流域及相关地区水资源严重短缺局面的重大战略性基础设施,对促进西部大开发战略的实施、维持西北地区经济社会可持续发展、改善西北地区生态环境、促进黄河流域的治理开发,实现全面建设小康社会的目标,具有非常重要的意义和无可替代的地位与作用。

根据《南水北调西线一期工程项目建议书》成果,南水北调西线一期工程实施后,可向黄河中上游能源化工区增加供水 25 亿 m^3,加快黄河中上游能源化工区的建设,保障国家能源战略的有效实施和西部大开发的深入推进。因此,建议国家加快南水北调西线工程的前期工作,尽快实施南水北调西线工程向黄河补水,解决黄河资源性缺水问题。并且,建议在南水北调西线工程水量配置中,考虑鄂尔多斯市发展需求和严重缺水的实际情况,给予适当的配置倾斜。

14.3　本章小结

按照适应现代水资源管理的要求,从水资源管理体制、最严格管理制度、市场机制、水循环利用制度、水功能区管理、应急管理以及能力建设等 7 个方面,改革现有水资源管理制度,形成完善的管理制度体系,实现水资源的有序管理。

从促进区域水资源可持续利用的角度,提出实施跨区水权转换、挖沙换水、适度减少农业灌溉面积以及跨流域调水等 4 项建议。

参 考 文 献

[1] 钱正英. 中国水资源战略研究中几个问题的认识[J]. 河海大学学报,2001,29(3):1-7.
[2] 王建华,王浩,等. 社会水循环原理与调控[M]. 北京:科学出版社,2014.
[3] 王浩. 水资源战略转型的十年[J]. 中国水利,2012(19):11.
[4] 陈家琦,王浩. 水资源学[M]. 北京:科学出版社,2002.
[5] 王浩,陈敏建,秦大庸. 西北地区水资源合理配置与承载能力研究[M]. 郑州:黄河水利出版社,2003.
[6] 中国水利水电科学研究院. 西北地区水资源合理开发利用与生态环境保护研究[J]. 中国水利,2001(5):9-11.
[7] 冷疏影,宋长青,吕克解,等. 区域环境变化研究的重要科学问题[J]. 自然科学进展,2011,11(2):222-224.
[8] 宋长青,冷疏影. 21 世纪中国地理学综合研究的主要领域[J]. 地理学报,2005,60(4):546-552.
[9] 王浩,徐志侠,李丰龙. 面向最严格水资源管理制度的水资源论证关键技术分析[J]. 中国水利,2013(3):31-32.
[10] 王浩,严登华,贾仰文. 现代水文水资源学科体系及研究前沿和热点问题[J]. 水科学进展,2010,21(4):479-488.
[11] 王浩,王建华,秦大庸. 流域水资源合理配置的研究进展与发展方向[J]. 水科学进展,2004,15(1):123-128.
[12] 张建云. 重视气候变化影响做好最严格水资源管理制度体系设计[J]. 中国水利,2010(2):17-18.
[13] N. 伯拉斯. 水资源科学分配[M]. 戴国瑞,冯尚友,译. 北京:水利电力出版社,1983.
[14] 冯尚友. 多目标决策理论与方法应用[M]. 武汉:华中理工大学出版社,1990.
[15] 符淙斌,延晓冬,郭维栋. 北方干旱化与人类适应[J]. 自然科学进展, 2006,16(10):1216-1223.
[16] 符淙斌,温刚. 中国北方干旱化的几个问题[J]. 气候与环境研究,2002,7(1):22-29.
[17] 甘泓. 水资源合理配置理论与实践研究[D]. 北京:中国水利水电科学研究院,2001.
[18] 许新宜,王浩,甘泓,等. 华北地区宏观经济水资源规划理论与方法[M]. 郑州:黄河水利出版社,1997.
[19] 何其祥. 投入产出分析[M]. 北京:科学出版社,1999.
[20] 李智慧,杨金海,薛凤海. 投入产出方法在研究山西国民经济用水中的应用[J]. 水利学报,1997,(5):66-69.
[21] 吴殿廷. 区域经济学[M]. 北京:科学出版社,2003.
[22] 霍里斯,钱纳里. 发展的格局 1950 ~ 1970[M]. 北京:中国财政经济出版社,1989.
[23] 钱纳里,塞尔昆. 发展的型式[M]. 北京:经济科学出版社,1988.
[24] 钱纳里. 结构变化与发展政策[M]. 北京:经济科学出版社,1991.
[25] 陈敏建,王浩,王芳. 内陆干旱区水分驱动的生态演变机理[J]. 生态学报,2004,24(10): 2108-2114.
[26] 王启猛,张捷斌,付意成. 变化环境下塔里木河径流变化及其影响因素分析[J]. 水土保持通报,2010,30(4): 99-103.
[27] 王国庆,张建云,贺瑞敏. 环境变化对黄河中游汾河径流情势的影响研究[J]. 水科学进展,2006,17(6): 853-858.

[28] 贾仰文,王浩,等. 分布式流域水文模型原理与实践[M]. 北京:中国水利水电出版社, 2005.

[29] 孙栋元,伊力哈木,冯省利. 干旱内陆河流域地表水地下水联合调度研究进展[J]. 地理科学进展,2009,28(2):167-173.

[30] 龚增泰,徐中民. 干旱区内陆河流域水资源管理配置数学模型[J]. 冰川冻土,2002(8):380-386.

[31] 夏军,左其亭. 国际水文科学研究的新进展[J]. 地球科学进展,2006,21(3):256-261.

[32] 左其亭,郭丽君,平建华,等. 干旱区流域水文—生态过程耦合分析与模拟研究框架[J]. 南水北调与水利科技,2012,10(1):380-386.

[33] Stephanie K Kamp, F Stephen J Burges. A framework for classifying and comparing distributed hillslope and catchment hydrologic models[J]. Water Resources Research, 2007, 43: 1-24.

[34] Liu C M. Analysis of balance about water supply and demand in the 21st century of China, ecological water resource studying[J]. China Water Resources, 1999(10):18-20.

[35] Azaiez M N. A model for conjunctive use of ground and surface water with opportunity costs[J]. European Journal of Operational Research, 2002, 143(3):611-624.

[36] Sharma P, Sharma R C. Groundwater markets across climatic zones: a comparative analysis of arid and semi-arid zones of Rajasthan[J]. Indian J Agricult Econ., 2004, 59(1):138-150.

[37] 陈守煜. 复杂水资源系统优化模糊模式识别理论与应用[M]. 长春:吉林大学出版社, 2002.

[38] 陈基湘,姜学民. 试论自然资源分配的公平性[J]. 资源科学,1998,20(3):2-5.

[39] 韩春苗. 分布式水文模型与水资源配置模型耦合研究[D]. 北京:中国水利水电科学研究院, 2007.

[40] 严登华,王浩,杨舒媛,等. 干旱区流域生态水文耦合模拟与调控的若干思考[J]. 地球科学进展, 2008,23(7):773-778.

[41] 张奇. 湖泊集水域地表—地下径流联合模拟[J]. 地理科学进展,2007,26(5):1-10.

[42] 胡立堂,王忠静,赵建世,等. 地表水和地下水相互作用及集成模型研究[J]. 水利学报, 2007,38(1):54-59.

[43] 王蕊,王中根,夏军. 地表水和地下水耦合模型研究进展[J]. 地理科学进展,2008,27(4):37-41.

[44] 冯绍元,霍再林,康绍忠,等. 干旱内陆区自然—人工条件下地下水位动态的 ANN 模型[J]. 水利学报,2007,38(7):873-879.

[45] 赵丹,邵东国,刘丙军. 灌区水资源优化配置方法及应用[J]. 农业工程学报,2004,20(4): 69-73.

[46] 程国栋,肖洪浪,徐中民,等. 中国西北内陆河水问题及其应对策略——以黑河流域为例[J]. 冰川冻土, 2006, 28(3): 406-413.

[47] 陈晓宏,陈永勤,赖国友. 东江流域水资源优化配置研究[J]. 自然资源学报,2002,17(3):366-372.

[48] 蒋尚华. 基于不完整信息的交互式多目标决策方法研究[D]. 南京:东南大学,1998.

[49] 方创琳,鲍超. 黑河流域水—生态—经济发展耦合模型及应用[J]. 地理学报,2004,59(5):781-790.

[50] 黄晓荣,张新海,裴源生. 基于宏观经济结构合理化的宁夏水资源合理配置[J]. 水利学报,2004, 59(5):371-375.

[51] 彭少明,李群,杨立彬. 黄河流域水资源多目标利用的柔性决策模式[J]. 资源科学,2008,30(2): 254-260.

[52] 侯光才,赵振宏, 王晓勇. 黄河中游鄂尔多斯高原内流区与闭流区的形成机理[J]. 地质通报, 2008,27(8):1107-1114.

[53] 林学钰,王金生. 黄河流域地下水资源及其更新能力研究[M]. 郑州:黄河水利出版社,2006.

[54] 崔亚莉,张戈,邵景力. 黄河流域地下水系统划分及其特征[J]. 资源科学,2004,26(2):2-7.
[55] 张挺. 有关黄河内流区几个问题的探讨[J]. 人民黄河, 2003, 25(2):2-4.
[56] 侯光才,林学钰,苏小四,等. 鄂尔多斯白垩系盆地地下水系统研究[J]. 吉林大学学报:地球科学版, 2006,36(3):391-398.
[57] 侯光才,张茂省,王永和,等. 鄂尔多斯盆地地下水资源与开发利用[J]. 西北地质,2007, 40(1):1-25.
[58] 白玉岭. 鄂尔多斯市水权转换与节水型社会建设[J]. 中国水利,2007(19): 45- 46.
[59] 赵建世. 基于复杂适应理论的水资源优化配置整体模型研究[D]. 北京:清华大学,2003.
[60] 李学森. 跨流域调水系统调度决策方式及管理模式研究[D]. 大连:大连理工大学,2009.
[61] 李敏强. 遗传算法的基本理论与应用[M]. 北京:科学出版社,2002.
[62] 陈守煌. 复杂水资源系统优化模糊识别理论与应用[M]. 长春:吉林大学出版社,2002.
[63] 姚治君,王建华,江东,等. 区域水资源承载力的研究进展及其理论探析[J]. 水科学进展,2002,13(1):111-115.
[64] 汪堂献,王浩,马静. 中国区域发展的水资源支撑能力[J]. 水利学报,2000(11):21-26.
[65] 王国庆,张建云,贺瑞敏,等. 黄河中游气温变化趋势及其对蒸发能力的影响[J]. 水资源与水工程学报,2007,18(4):32-36.
[66] 常丹东,刁鸣军,王礼先. 黄河流域水土保持减水定额研究[J]. 中国水土保持科学,2005,3(2):57-64.
[67] 井涌. 人类活动对渭河流域地表水资源的影响分析[J]. 陕西水利,2011(1):33-34.
[68] 万伟锋,邹剑峰,张海丰,等. 鄂尔多斯市地下水资源评价关键技术研究[R]. 郑州:黄河勘测规划设计有限公司,2012.
[69] 王金生,王长申,滕彦国. 地下水可持续开采量评价方法综述[J]. 水利学报,2006,37(5):525-533.
[70] 万玉玉,苏小四,董维红,等. 鄂尔多斯白垩系地下水盆地中深层地下水可更新速率[J]. 吉林大学学报:地球科学版,2010,40(3):623-630.
[71] 俞发康. 鄂尔多斯白垩系盆地北区地下水可更新能力研究[D]. 长春:吉林大学,2007.
[72] 翟远征,王金生,左锐,等. 地下水年龄在地下水研究中的应用研究进展[J]. 地球与环境,2011,39(1):113-120.